U0186195

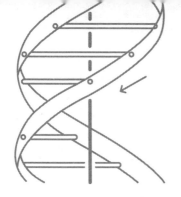

# 生命简史

[西班牙]

胡安·路易斯·阿苏亚加

著

姚云青

译

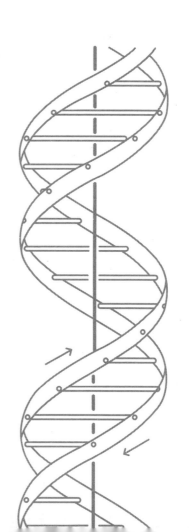

上海科学技术文献出版社
Shanghai Scientific and Technological Literature Press

果麦文化 出品

# 目录

# 生命之树

在古埃及的神庙和陵墓中，常常绘有一棵"生命之树"，此树在埃及宗教中具有非常重要的意义。生命之树是一棵枝叶繁茂的大树，树上长满了心形的树叶。但我们无法看出像主轴一样支撑这棵高耸大树的主树干究竟位于何处，只看到差不多粗细的树枝交织，从底部向树冠蔓延。这是一棵没有主导方向的大树。专家们认为，生命之树绘制的是一棵西克莫无花果树，是无花果树中的一种（埃及语叫作"nehet"），它联结起了三位埃及神话中主要的女神：努特、哈索尔和伊西斯。生命之树是一种女性化的植物。

在《物种起源》中，达尔文也曾用生命之树来象征生物的进化。书中并没有对应的插图，我们只在达尔文 1837 年的笔记中看到他曾亲手画过一幅生命之树的草图。尽管如此，通过语言描述，我们依然可以发现达尔文的进化之树同样没有主导方向，只有一个宽广而又枝叶繁茂的树冠向着四面八方蔓延，就像古埃及人的生命之树一样。

在达尔文设想的生命之树中还有许多枯枝败叶。大量叶子掉落地面，隐藏在碧绿的树冠之下。这些落叶代表着业已逝去的生物，如今我们只能通过化石得知它们的存在，但当年，这些干枯的树叶也曾在阳光下闪耀过。

在达尔文的进化树中，并非所有的枝干都是同样粗细。如果我们仔细观察，会发现某些细小的分支——如肺鱼和鸭嘴兽——这些小树枝在今时今日已显得无关紧要，但达尔文告诉我们，它们在历史上有过举足轻重的地位。

1

两股如今已经分开了很长时间的粗壮枝干是经这两根细枝发源并分流的：鱼类与两栖动物的分支从肺鱼开始，而爬行动物和哺乳动物则在鸭嘴兽之后开始分流。

　　为了理解生命的意义，我们需要自上而下地仔细审视这棵生命之树的整体，从粗枝干到细树枝，从树冠到干枯掉落的树枝，从散发芬芳的新叶到已经腐败的枯叶。从现在到过去。

# 前言

本书出自一位研究进化 40 年的科学家之笔，更准确地说，笔者研究的是进化历史中相当新的一段历史——我们人类的进化史。这也意味着，这本书的作者是一个古生物学家。

但作为一个古生物学家，我同样认为我们无法孤立地去解读人类的进化历史，仿佛有一些特定的规定仅仅适用于我们这些两脚兽；无法不去研究其他生物是如何进化的、无法不去参考能为认识人类进化带来启发的相关知识。

相反，尽管我的科学研究成果大多与人类的化石研究相关——并且我承认，我们进化的历史从某个特定阶段开始，出现了某种新的、决定性的要素，那就是文化和科技的发展——但我坚定地认为，进化的形式只有一种，它适用于世间所有的生物。因此，更准确的说法是，本书由一个古生物学家写成，但其中谈到的是进化的整体概念，只是这本书确实对我们人类的进化历程展现出了浓烈的兴趣。

更进一步来说，在人类古生物学这个学科中，有一种非常错误的理念——我们人类的进化被视作一个例外情况，有自己独特的一套准则，即把人类古生物学看作类似医学与人类学的学科（这两门科学只研究人类这一个物种），而不是类似生物学和古生物学的学科（这些科学研究所有的生物，包括现在的和过去的）。直到进化历史的尾声为止，我们人类的情况都不是一个例外（或者说并不比其他物种更为特殊）……尽管如今规则确实有所改变。

在古生物学中，有一部分工作涉及对生命历史的描述，以及讲述已经发生的进化事件。这一部分的古生物学纯粹是叙事性的，我们采用讲故事的方法来介绍。本书也有讲故事的成分，其中讲到了35亿年以来的生物进化历程，但同时也不忘探索它背后的解释。

面对任何一个历史事件，我们都不免会自问，这件事是否注定会发生，或是否注定会以这种形式发生；还是说恰恰相反，此事也有可能根本不会发生，或完全以另一种形式发生？很明显，同样的问题也适用于生物进化学。在一开始是否注定就会出现生命？在最后是否注定会出现一个拥有智慧并掌握技术的物种？出现这样的结果是否只是一个时间问题（不过确实需要很多时间：35亿年）？在我们自己的进化历史中，多少因素是出于偶然，多少因素又是注定的必然？

这些疑问带来的哲学思考对每个人都至关重要。如果我们发现，如科幻小说家描述的那般，宇宙中遍布着各种生命，有许多星球都发展出了与我们相类似的文明，我们会怎么想？如果归根到底，我们的情况没有任何特别之处，人类根本算不上是宇宙的中心，反而只是无足轻重、泯然众生的边缘一角，我们又该怎么想？

相反，如果科学家最终得出结论，在地球之外的星球上几乎不可能有生命存在（因为生命诞生的条件很苛刻，满足全部条件的概率微乎其微），但一旦在地球上（唯一真正有可能让生命诞生的地带）出现生命，最终不可避免地会出现与人类类似的某种生物，我们又该怎么想？也就是说，我们只能在地球上进化，但我们注定会走到这一步吗？

在第二种假设中，人类重新成为宇宙的中心，尽管我们的星球位于银河系的边缘，围绕着一颗不起眼的黄色恒星转动，而这个星系也和宇宙中我们能观察到的上亿个其他星系并无差别。

在这种假设中，尽管有哥白尼（他提出地球和其他行星一样绕着太阳转动）和达尔文（他提出我们和其他物种一样进化）的学说，我们人类的地位依然是独一无二的。

也许有朝一日，我们能够回答这些问题。据说在几年内我们就将知道在我们的星系中是否有其他星球存在生命迹象了，我们未来甚至有望能和外星人取得联系。但截至目前，我们依然只能局限于通过研究地球上发生过的进化历史来回答上述问题。

而这恰恰是一个古生物学家的工作。

我希望我在本书中阐明了自达尔文以来，科学家们对这些问题以及其他相关问题的回答中最根本的要点，其中有些理论还很新。我在书中列举了所有在相关学术研究历程中举足轻重的著作，这些作品也都非常值得一读。我相信，为了更好地理解这些科学讨论，阅读科学经典著作的效果要优于翻阅相关的专题杂志文章，也就是我们所说的"论文"。我也希望能在我写的这本书中尽可能地提供相关的知识，帮助大家更好地解答这些问题。

我自认非常幸运，能够在我从业的 40 年以来始终满怀激情地参与关于进化理论的这些探讨，我希望将这些时刻与读者们共享，因为这些学术讨论还不怎么为大众所知。在达尔文的时代和 20 世纪中叶的新达尔文主义时代，人们曾经以为关于进化的基本问题已经全部盖棺定论。看起来一切都已经阐述清楚了，后来的研究者们在这个进化生物的国度中已经算姗姗来迟者（我出生在 DNA 双螺旋结构被发现之后的一年）。当我完成我的大学学业时也一度曾经有过这样的想法，但幸运的是，事实并非如此。我们这一代的研究者依然有幸参与了许多重要的讨论，甚至在有些议题的探讨中做出了自己的贡献。那是生物学和地理学的光辉时代，因为在那个时代，地理学上重要的板块构造说同样尚未完成；而板块构造学是关于地球的科学研究的重要综合理论，其重大意义等同于进化论对生命科学的重要性，但它的诞生比进化论晚了一个世纪。

能够在这些荣耀的时刻亲身参与其中，与这些科学界的巨人们并肩共行，我们这一代是多么的幸运！

在开始解释本书的各个章节之前，我首先要明确一点，那就是本书不会去辩论进化事实的存在，因为对一个科学家来说，质疑这一点是荒谬的。进化的真实性不容置疑，而在生物学和古生物学研究已经达到如此高度的今天，我也不觉得还有必要花很多时间去证实进化的真实性[1]。

我们会在第一天的课程中学到，科学不会去问"为什么"（或"为了什么"）这样的问题，但读者您肯定会提出这样的问题。前不久我曾听一位宇宙学家在一场公众演讲中宣称，鉴于科学不会回答"为什么"这类的问题，因此提出这些问题是没有意义的，也不应该去提问。但实际上我们人类自从能够应用理性以来就一直在问"为什么"的问题，因此在我看来，不让人类个体去提出这样的问题是违背人性的。而且当然了，这位宇宙学家自己也在接下来的演讲中就"我们为何会在这里"这一问题分享了自己的观点。

本书的创新之处在于我不仅为读者提供所需的知识信息，同时我也坚信，具备科学的认知比在无知的情况下或基于教条主义的基础能更好地回答这些哲学问题。在本书中，我也会为大家介绍进化生物学中的重大发现，让大家了解在这一行中最优秀的科学家们实现的研究成果。因此，在这场探索答案的旅程中，我们不乏同行的伙伴。

同时，我也不会躲在一边，而是会说出我自己的看法，但要记住——选择权始终在读者您自己的手中。

请将我想象成您的一个朋友，将本书想象成我们之间的一场漫长的对话，在其中您可以提出问题，而我会基于我们目前对进化的全部认知来尽力作答。在这个过程中，我也会坦诚告诉您目前哪些议题的答案还存在争议，并向您介绍当今学界仍然存在的分歧，因为这场演出尚未结束。事实上，在科学界，这场演出永远不会结束，而在进化的领域，现在正是音乐响起的时刻。因此，对于一位科学老将来说，还能有精力随着音乐起舞可谓一大幸事。

我们共同开始的这场探寻之旅需要付出相当的努力（我不会否认这一点），与朝圣之旅有异曲同工之处，因此我将本书的各个章节称为"天"。我相信其中的每一章都能在一天之内一口气读完，就像朝圣之旅的一个个阶段（尽管有些天的时间会比较长，就像是攀登险峰）。我在此感谢您愿意花时间与我在旅途中相伴，并希望这场旅程最终会让您感觉不虚此行。

本书将分为两大部分，各部分的篇幅大致相同。第一部分是"物种的进化"，而第二部分叫作"人类的进化"。两个部分的标题就已经说明了一切。

第一天的课程对本书最重要的几个议题做了一番综述。这一天的课程从研究人文历史的特性开始。我们的历史只是一系列事件的简单集合（事情一项接着一项发生），还是具有某种倾向性？是否有些情况也许会与现在截然不同？同样的问题也适用于生命的历史，即进化本身。从达尔文开始，我们了解到推动进化发展的主要驱动力叫作"自然选择"，但关于自然选择是如何起作用的，却并没有一个明确的统一教义，相反，在同属于达尔文派的学术领域内，不同专业的生物学家之间——当然，还包括古生物学家，即生物学的历史分支的科学家——反而有许多有趣的争论。

所有这一切将我们带到了一片未被开垦的广阔地域——无人问津的荒地——但同时，我们在这里可以听到许多生物学家和非生物学家的声音，因此它也是一块所有人都能涉足的地盘。

在第二天的课程中，我们将着重介绍自19世纪以来的新智力活动——所谓的"科学"，此前被称为自然哲学——究竟包括哪些内容，科学给自身设置的界限又在哪里——很明确，即科学实验的边际在何处。

在科学的研究方法中，关于实验科学的内容更容易理解，顾名思义，实验科学是指在控制条件的前提下开展实验，来观察自然界的种种现象。物理学是我们常举的一个例子。人们常说，其他实验科学甚至会妒忌物理学中的数学公式具备的简单和优雅。

但这种说法对我并不适用。我对过去的历史，也就是曾经发生过的事情更感兴趣，因此我成了一个古生物学家。

在历史科学中，情况与自然科学不同，因此研究的方法也不同。我们不会在过去发生的事件中寻找历史的法则，就像寻找物理法则那样（比如重力法则），而是会寻找规律、重复性、类似性、模式性。一言以蔽之，寻找历史的规律。

尽管如此，历史科学和实验科学也有重要的共通之处：古生物学家和考古学家发现的遗迹（历史发现）在某种程度上就等同于物理学家、化学家、地理学家和生物学家在田野调查和实验室中实现的观察和所做的实验。

在第二天的课程中，我们还介绍了达尔文的自然选择进化理论的内容。这是一个很简单的理论，理解起来应该没有太大困难。关于进化，还存在其他的理论，但只有达尔文的理论被证实是正确的。

此外，我想在前言中阐明自己的立场。作为一位科学家，我信奉所谓的"自然客观原则"，即认为物质没有计划也没有目的。在我们这个领域中，这条原则就意味着进化并不是遵循着某个计划按部就班地发生的，而是对迄今为止持续不断在起作用的某些外部因素的回应，同样的说法也适用于物理学、化学、生物学和地理学。在这些科学中，科学家要研究的各种现象背后也不存在目的或意图。比如，地壳的变动可以用板块构造学来解释，但它不是为了实现某个早已存在的计划；而我们不要忘记，生物进化的变化是与大陆板块的移动紧密联系的，两者相伴而舞，我们无法在不考虑地理学的前提下孤立地理解进化。既然大陆的板块移动不是有计划地发生的，那么生物的进化也不可能有什么预设的计划。

这里，我们要做出自己的第一个重大决定：是愿意接受科学的研究方法，完全放弃大自然具有计划性的想法，改用物理法则取而代之，还是坚持反科学的信仰，坚信宇宙之中自有一个宏大的计划存在，一切都会按照这个计划按部就班地发生，绝不偏离方向？对后者来说，重点是要了解这个宏伟的计划是什么，在这种情况下，读者恐怕只能去别处寻找答案了。

我希望您会选择站在科学的一边。

在第三天的课程中，我们会探讨一些核心问题。生命究竟包括什么？如何定义生命？生命是如何从地球上诞生的？我们的出现纯属运气，还是某种不可避免的结果？这场探索将会带我们超越地球的范畴，进一步研讨在我们的星系中，在其他星球上生命是否是常见的，以及如果存在生命的话，它们会以怎样的方式呈现？是简单的细菌，还是更复杂的细胞？

关于这个问题，我们也会说出自己的看法。尽管目前几乎所有人都已认可外星生命存在的可能性，同时还在继续探索太阳系以外的星系（离我们最近的比邻星距我们仅四五光年之遥）存在生命的可能。我们希望很快就能知道答案，同时不要忘记，就在我们自己的太阳系中，也还不能完全放弃在火星，尤其是在木星的冰冻卫星"欧罗巴"上存在生命的可能性的观点。

终于，在第四天的课程中，我们开始讨论化石，从多细胞生命体的起源开始，探讨从它们那里发展出的动物（以及植物和真菌）。这一步是否花了很长时间？还是说时间相对较短，过程也还算简单？

动物的两大重要特性是有性繁殖和死亡，因此我们自然有必要研究有性繁殖究竟有什么好处。事实非常有趣，但代价也很高昂，也许是生命最高昂的代价之一。

第五天的课程讲的是我们常说的"征服陆地"，并一直讲到恐龙的灭绝和哺乳动物的胜利。如果5亿多年前，脊椎动物没有从海洋来到陆地，陆地上是否会成为昆虫、蜘蛛、蝎子、蜈蚣、蜗牛、蛞蝓、蚯蚓和其他小型无脊椎动物的天下？而如果恐龙没有灭绝，哺乳动物是否仍会是小体型、默默无闻的夜行性动物？

如您所见，本书中存在大量的思维实验，我们可以坐在一把扶手椅上静静地思索。我个人觉得这些思维实验十分有趣，归根结底，所有的科学理论难道不都是从某个坐在扶手椅上想出来的思维实验、从"如果……会怎样？"这个假设开始的吗？

在第五天的课程中，我们还会介绍一个对于理解进化来说至关重要的概念，那就是物种的分类。如果分类明晰，整个物种的全貌就会清楚很多；但如果分类搞错了，就很容易蒙蔽人或令人陷入混乱。近几十年来，生物学中开始使用一种新的分类系统，肯定会使您大吃一惊，因为它和传统的分类，也就是您过去可能学过的生物分类方法完全不一样。您可以这样想象：在新的分类中，鱼和爬虫不再作为生物学的分类存在。它们的名字从动物学的教科书中就此消失。

第六天的课程探讨的是一个始终困扰我们的重大议题——进化是否具有进步性？在本书学习到这个阶段时，我们应该已经对生物学和古生物学都有了很多了解，有充足的信息可以来应对这个已经困扰我们一段时间的问题了（这也是课时最长的一天，篇幅近40页，但我希望读者能从这堂课中有所收获）。

如果我们从35亿年以前、从地球上生命起始那时开始回顾，看着生命是如何从仅有细菌开始一直进化到今天这个地步的，那么现有的证据可以证明，生物在进化过程中存在复杂性增加的倾向。但如果在5亿年以前就已经存在的不同动物之间做比较，那这个进步性的问题就显得不那么明确了，在现代社会中，生物进化常常不可避免地会被拿来与科技的进化相比，在后者的情况中，我们会认为毫无疑问地存在进化的进步性，但我们会在这一天的学习中看到，在这一点上也仍有疑义。

最后我们还将探讨智力——以及脑容量——是否是衡量进步的直接标准；以及最重要的，神经系统的发展是否是动物进化或者至少是哺乳动物进化的主要标志。

在这里，您需要做出另一个重要的决定，那就是判断进化——即地球上的生命的历史——是否具有一个主旋律，即复杂性的不断增加。

认为"进化"就是"进步"的同义词的学派被称为"进步主义者"或"方向主义者"，他们和目的论者是不同的。目的论者当然也认为进化是呈直线地向着（不断的）进步而前进的，但进步主义者将其归因为自然法则，而不像目的论者那样，将其归因为某种宇宙层面的大计划、某个具有超自然特征的终极目标。

第七天的课程是本书第一部分的最后一个章节，重点探讨所谓的"趋同演化"现象。

进化在本质上是趋异的，这样才能解释生命丰富多样的形式和化石记录显示的多线进化趋势，其中大部分的生物最终会走向灭绝（想想达尔文的那棵树）。一种新的生命体出现（如同一种进化上的生物设计，是过去前所未见的），随后以此为基础延展出多种生命形式的大爆发，这在古生物学中被叫作趋异适应。趋异适应是进化创造力的体现，是生命杰出的创造，时不时地就会出现。任何一个在地理上广泛分布、形式多样、数量众多的生物群体都来自某种趋异适应，是过去曾经发生过的某个生物多样性大爆发的产物。

但在进化过程中，相反的案例也在不断增加，那就是趋同适应性，也就是说，同样模式的生命结构不断地重复出现，仿佛至少在这个星球上，生命的可能性就被局限在了一个固定的数目之内，因此所有的发展最终总会一次又一次地回归到这些仅有的模式之内，仿佛进化在发展过程中抄袭了自身。

我们现在就来看一个例子。蝙蝠在黑夜里会使用超声波定向并狩猎昆虫，这种机制被称为"回声定位"。海豚在黑暗的海洋中巡游时，也采取了同样的定位机制，尽管海豚和蝙蝠之间没有任何相似之处。更令人吃惊的是，还有两种鸟类（两者之间也没有相互关联）在黑暗的洞穴中飞行时，也会使用回声定位。这仿佛是在说，如果要在没有光线的环境中全速前进，不管是在空气中还是在水中，回声定位这种适应性都不可避免地出现了——只要这种适应的对象是鸟类和哺乳动物，或与之类似的生物。

如果趋同演化在生命的历史中占据了主导地位，那么我们就可以认为进化的发展，包括人类自身或某种与之类似的生物的发展，都是可以预测的。

这里出现了需要读者您来决定的下一个抉择：您认为进化从整体上、从大方向上来看，其发展趋势是不可避免的吗？进化是否注定会发展成现在这个情况？

但我们在这里还没有谈到人类的案例，还没有开始探讨人类，或至少是某种与我们高度相似的生物，是否可以预测一定会出现。我们会在本书的第二部分探讨这个议题。

如此这般，我们来到了第八天和第九天的课程，其中探讨了人类的进化。地球上的人类是否是孤独的存在，与我们最近的亲属只有黑猩猩和倭黑猩猩？自始至终，是否只存在一个人类的物种并进化至今，还是说在我们的物种中曾有多个不同的分支存在，但只有我们这一支存活到了最后？在这两章中，我们将回顾灵长类生物的历史，其中包括与我们最接近的人类祖先。

在这里，读者将再次面临一个新的选择：您需要决定，人类进化的路径是否是直线型的，也就是说，向着一个方向笔直地前进，还是有多种分支分布的，就像一棵树，甚至是错综复杂的，仿佛一簇茂密的灌木丛，尽管如今只剩下了其中的一支？

我相信，人类进化历史是直线型还是如喷泉一样呈树状发散、没有主线，对于解答相关的哲思来说，答案会是不一样的。

在第九天课程的末尾，我们还会介绍性别选择理论，达尔文曾用它来解释人类各个民族之间的差异。

在接下来三天课程中——第十、第十一天和第十二天——我们会重点探讨动物世界的利他主义和合作精神，这是维持社会组织团结稳固的基石。尽管许多人都默认动物愿意为了同族的其他伙伴甚至是为了整个物种直至生命本身（代表所有生灵）的利益而献身，但这个概念与达尔文主义的逻辑，即生命之间相互斗争（指代生物的各个个体）、只有适应性最高的生物能够生存的理念是相矛盾的。如果没有竞争，就不存在自然选择和适应性，也就没有达尔文主义了。

那么，动物的利他主义是否与达尔文主义无法兼容？我们这样问自己。

许多进化生物学家认为两者互不兼容，因为个体所有行动的目的就是通过不管直接还是间接的方式把自己的基因尽可能多地遗传给下一代。也就是说，不追求除了个体在基因上的成功之外的任何其他成功（生物所有的行动都是为了最大化基因遗传数量这个目的），我们也可以将之称为通过基因而永存。这是我们寿命有限的生物能做到的最接近永恒的方式了。

进化生物学家理查德·道金斯的观点则更为激进，他认为基因才是真正的主人，个体的存在都是为了复制基因而服务的，如有需要，基因可以毫不犹豫地牺牲它所寄生的身体——甚至能够从远程对其他身体产生影响！道金斯的"自私的基因"理论在传媒界获得了巨大的成功。

但如果自私才是生物的本性，为何又会存在那么多的动物社会，其中的个体愿意相互合作？对这个问题有好几种不同的解答，我在课程中将会一一介绍。

之前的所有疑问最终自然会令我们联想到人类的情况，我们会自问："我们是自身基因的奴隶吗？"或"基于我们的生物成功的关键，我们人类是如何进化到现在这种发达的社会的？"

有一种理由可以解释这种合作——动物之间的团结与利他主义的产生是群体间竞争的结果，而不是个体或基因间竞争的产物。生物学家爱德华·O. 威尔森是这个理论在当代最知名的捍卫者之一。根据这位进化学家的理论，个体确实会愿意为了群体的利益而牺牲，世界上存在真正的利他主义，而非隐藏着基因巨大的自私目的的虚假利他主义。有些昆虫，比如蜜蜂、蚂蚁和白蚁就能够在此基础上，构造非常复杂的社会结构，这被称为"群体选择"。根据威尔森和其他一些作者的理论，我们的社会也同样是群体选择的产物。

这一理论的黑暗面则是我们人类称道的"美德"：我们有时甚至会称颂在战争中献出生命的英雄主义行为，但是在无情的战争中，这一面只对英雄出身的群体来说才是正面的形象——因为英雄虽然牺牲了，但也曾击杀了敌人。这个群体内部认定的团结精神，对敌人的群体来说则象征着残忍无情。

在此时，您需要再次做出一个重大的决定——恐怕也是一个非常有深度的决定——因为这个决定会对我们产生直接的影响。我们在这里讨论的是动物与人类行为的区别，是基因与自由的真正定义。


第十三天和第十四天的课程将会探讨人类进化过程中智力、意识、符号思维能力和语言的出现。毫无疑问，这是非常重大的议题，但对此议题的两大主流解读又是相互对立的。其中一种解释是狩猎理论，或者叫作"杀手猿"理论，该理论认为类人猿从主要以素食为主的食物结构转变为以肉食为主的食谱是推动人类进化的主要驱动力（同时这也是我们人类时至今日依然具有暴力倾向的肇因，这个缺陷是我们从过去一直延续下来的）。而另一种理论则认为，人类的大脑主要是用来处理社会信息的器官，因此我们更应该在社会学中，而不是在生物环境中寻找进化的诱因。

但我们同时还需要解释动物的意识问题，以及人类的意识；我们常常假设，一部分动物具有知觉和情绪（出自主观经验）——自然包括哺乳动物和鸟类，也许还有一些其他类型的物种——两者结合起来能够成为思想。人类的思想具备以下特征：对自身的自我意识（对"我"的认知、个性、内省、反思）；对他人也拥有意识的认知（知道不仅"我知道"，同时"他们也知道"）；能够设想他人处境的能力（能够设身处地地想象其他人的反应）。此外，智力能力还包括：强大的记忆能力；想象力；对未来的远景和为此做出长远规划的能力（并因此愿意牺牲眼前利益来换取未来的长远收获）；语言能力和符号认知能力。

对达尔文主义者来说，以下问题是一个关键：智力的产生也是自然选择驱动的结果吗？如果是，那它的效果是什么，它的作用是什么？

最后，在今天，电脑通过编程和算法能够控制如此多的事物，因此我们不得不自问（我也请您共同思考这个问题）：我们人类的思想是否也是一系列算法的组合？我们是否也是算法本身？一台电脑是否有可能在有朝一日也萌生出自我意识，能够内省，有主观看法，知道自己有思想，也知道别人也同样具有思想，能够预判其他人的想法，能够用自己的意图来影响我们人类，甚至操纵人类，牺牲人类的利益来满足自身的利益，就像电影《2001太空漫游》中的电脑 HAL 一样？

在第十五天的课程中，我们——我和您一起——将投身最蛮荒的领域，来探讨在宇宙中是否只会出现一种有智慧、有意识、有符号认知能力和技术能力的生物，也就是我们人类或者说类人生物。如果真的有外星生物存在，如果它们真的会到访地球，它们会在本质上和我们人类一样吗？还是说，我们眼前会出现一些全新的生物，与我们在地球上见过的任何生物都不一样，是一种与我们完全不同的进化的产物，它们的出现是延续一条完全不同的进化道路产生的？这是一场大型的、刺激的思维实验，因为我们（至少在目前）没有办法真正去证实它。

由于已经到了最后一个工作日，我们同样也会设想——在我们的思维实验中——进化是否已经完结，还是说依然有可能再次出现新的生命，与我们目前已知的生命体都截然不同？进化的未来是什么？因为如果未来是可以预测的话，我们也将有可能回答这个问题。尽管答案有可能在数年之后就能看到，因为如今我们人类已经有能力凭我们自己的意愿改变任何物种的基因组，包括我们自己的，更不要提人类活动导致的大型物种灭绝了。

在旅程的最后是终章，在这个节点上，不同的旅者将会背着各自的行囊分道扬镳，踏上不同的道路。有些人也许在"我们为何在此"这个问题上最终找到了令自己满意的解答，另一些人则带着更大的困惑打道回府……但所有的朝圣之旅不都是这样的吗？有些人带回了明确的答案，另一些人则带着比来时更多的困惑踏上返程。

我在各种公开场合都曾表示过，尽管许多人会认为我们应该宣传科学是轻松有趣、毫不费力就能理解的，能够令我们度过一段愉快的时光，但我个人并不认为科学的普及应该以娱乐性为前提。我更相信的是，当我们学习科学时，我们不仅能了解到更多新的知识，同时这段学习的过程也会令我们变得更加聪慧。因此我更倾向于认为，科学的普及应该更有趣味性，在我看来这是比娱乐性更高的一个层级，尽管为了实现这一目标需要付出更多的努力。毕竟，归根结底，我们人类都想成为更有趣的人。

最后，我希望您能够在这本书中找到乐趣。

# 第一天
## 从无主之地到万众之地

在本书开始前，让我们先扪心自问，历史的本质到底是什么？迄今为止发生的一切，是否纯属偶然，只是一系列巧合事件的集合，既没有明确的规律，也不存在任何既定的发展方向？我们可讲述的历史到底是多种多样的，还是说，其本质只有一个？（我们也可以就本书真正的议题——进化提出同样的问题：生物进化的历史是有许多同等重要的版本呢，还是说其实所有版本都可简化为唯一一个统括一切的进化史？）在本章节的最后，我们还将探讨科学的极限——科学至何处结束，神学自何处开始？

公元前334年5月，亚历山大大帝在格拉尼库斯河战役中险些命丧沙场。如果他在这场战斗中真的阵亡了，历史将会发生怎样的改变？整个世界在此之后的发展是否都会发生变数？同样的问题也适用于其他各大帝国的奠基者。如果成吉思汗或恺撒在军旅生涯刚起步时便败于敌手甚至丧命，历史会发生怎样的变化？希特勒在第一次世界大战时受伤[1]，如果他当时就因此阵亡，

---

[1]  第一次世界大战爆发后，希特勒志愿参加了德国巴伐利亚预备步兵团第16团，在西线与英法联军作战，先后参加了第一次伊普雷战役、索姆河战役、阿拉斯战役、巴斯青达战役。

历史会变得如何？我们能因此避免第二次世界大战吗？还有，如果当年谋杀奥匈帝国皇储的阴谋能被成功挫败的话（这场谋杀当时能够成功多少也是因为皇储运气不好），我们是否也能因此避免第一次世界大战，从而自然也就同时回避了第二次世界大战？而在1962年古巴导弹危机发生时，人类或者至少说现代文明，是否真的到了危机边缘？

至于那些宗教或精神领袖，如佛祖、孔子、琐罗亚斯德、摩西、耶稣、穆罕穆德、马丁·路德等，如果缺了他们，历史是否也会变得与现在完全不同？如果历史发展的过程中，缺了像圣雄甘地或曼德拉这样的人物，又会怎样？

在这场辩论中，可能很多人都会赞成不用将艺术家考虑在内，无论是音乐家（巴赫、莫扎特、贝多芬、瓦格纳、威尔第），还是画家或雕塑家（米开朗琪罗、戈雅、维拉斯凯斯、凡·高、毕加索），又或是作家（塞万提斯、莎士比亚、狄更斯、洛尔迦），因为他们的贡献不足以改变历史进程（我们对于这方面的理解也有可能是大错特错的）。可能哲学家相对也没那么重要（德谟克利特、苏格拉底、柏拉图、亚里士多德、伊壁鸠鲁、卢克莱修、托马斯·阿奎那、斯宾诺莎、康德、黑格尔或尼采），不足以撼动历史。但也许那些政治、社会和经济学领域的思想家应该被列入考虑范围内（孟德斯鸠、伏尔泰、马尔萨斯、亚当·斯密、马克思），因为当他们在世时，其学术理论曾深刻影响人类历史上的众多决策。

而那些科学家们呢？如维萨里[I]、哥白尼、伽利略、牛顿、莱布尼茨、范·列文虎克、达尔文、孟德尔、洪堡[II]、巴斯德、爱因斯坦、居里夫人、

---

I　安德雷亚斯·维萨里（1514—1564），文艺复兴时期的解剖学家、医生，他编写的《人体构造》是人体解剖学的权威著作之一。他被认为是近代人体解剖学的创始人。

II　弗里德里希·威廉·海因里希·亚历山大·冯·洪堡（1769—1859），德国自然科学家、地理学家，被誉为现代地理学之父。

拉蒙－卡哈尔[I]、弗莱明[II]、沃森或克里克[III]这样的科学家们，是否永久地改变了历史的进程？

如果说在 1953 年时，沃森与克里克没有发现 DNA 的双螺旋结构，那么有没有可能就在此后不久，也许就在他们完成这一发现的剑桥实验室，迟早也会有其他研究者发现这一秘密？对于最后这个问题，任何科学家都会给出肯定的回答，原因就在于 DNA 结构毫无疑问地确实存在。换句话说，DNA 的存在是一个既定的事实，它是真实物质世界的一部分（它就存在于我们每个人自身的细胞之中），因此分子生物科学家迟早会发现它。而贝多芬的交响曲原本并不存在，所以它不是被发现的，而是被创造出来的。同样的理论也适用于圣地亚哥·拉蒙－卡哈尔发现的神经系统（当然这丝毫无损这位西班牙天才科学家的伟大贡献）。

微积分科学（大家都知道，就是积分和导数之类的），是由两位伟大的天才科学家艾萨克·牛顿和戈特弗里德·莱布尼茨分别独立发现的。如今我们还发现，古巴比伦人似乎早就知道了毕达哥拉斯定理，比毕达哥拉斯本人发现这一定理要早十余个世纪[2]。也许是这些古巴比伦人把这一知识流传后世，由希腊人发扬光大；但毕达哥拉斯也有可能是靠自己独立地发现了这个古巴比伦人之前已经掌握的定理。这是否能够证明，微积分以及毕达哥拉斯定理也是确实存在的[3]？但是，数学的世界具体在哪儿呢？

当年柏拉图的学院门口有一块标牌，上书"不懂几何者不得入内"。在柏拉图的世界中，没有规矩，不成方圆——也就是说，在所有事物中，除了其最本质的"真理"之外，还缺不了几何学与数学的存在。只有智者和

---

I  圣地亚哥·拉蒙－卡哈尔（1852—1934），西班牙病理学家、组织学家、神经学家，被誉为现代神经科学之父。

II  亚历山大·弗莱明爵士（1881—1955），苏格兰生物学家、药学家、植物学家，因 1928 年发现青霉素而闻名于世。

III  詹姆斯·杜威·沃森（1928—  ），美国分子生物学家；弗朗西斯·克里克（1916—2004），英国生物学家、物理学家及神经科学家。1953 年，二人共同发现了脱氧核糖核酸（DNA）的双螺旋结构，因此荣获 1962 年的诺贝尔生理学或医学奖。

哲人才能看到它们，而按照柏拉图的理论，这些真理自古以来一直存在，亘古不变。

回到关于历史的议题（为便于区分，我将用"人文历史"表示人类这种物种拥有的文化与社会学意义上的历史，并用"生物历史"表示生命本身的历史，包括我们人类自身的进化，也包括地球的进化）。假设亚历山大大帝在格拉尼库斯河战役中阵亡，波斯帝国仍将迟早被马其顿王国的某个王位继承人打败，甚至这一命运可能会来得更早。也有可能亚历山大的父亲腓力二世会亲自征服波斯——如果他没有被谋杀的话。当时他的死很可能是波斯国王一手策划的（至少亚历山大大帝日后是这么宣称的，这也是他借此攻打波斯帝国的借口）。

因为不管怎么说，当时的波斯帝国虽然庞大，但根基并不稳固，而且它的军队虽然人数众多，却都由一群唯利是图的雇佣兵军团组成，这些人在战斗时毫无道德底线可言。马其顿和波斯曾竞相争夺书写历史的权力，最终的结局我们都知道了[4]。

因此，我们真正的问题是：如果这些在各自的时代如此强势的英雄人物并未出现，当今的世界还会是我们现在知道的这一个吗？

假设当年是迦太基人战胜了罗马人，那么现在作者在写作本书（或是与本书极其类似的某本书）时，是否就将使用某种现代腓尼基语，而不是用源自拉丁语的罗马语系的现代分支来写作了？因为从根本上来说，这不就是一个欧洲地中海帝国（罗马）与一个同样源自地中海的非洲沿海帝国（腓尼基）的最本质差别吗？还是说，如果由迦太基人掌权，世界会因此变得与现在完全不同——有可能会好得多，也有可能会糟糕得多？首先，在那样一个世界里，还会有蒸汽机的发明引发的工业革命、信息革命、通信革命，并最终抵达我们目前已经开始的生物科学技术革命吗？（我们至今还不知道21世纪开始的这场革命最后将把我们带向何方[5]。）所有这些都是科技活动导致的必然结果，因此我们真正要问的应该是——迦太基人能够发展科技吗？

为了回答这一问题，我们可以参考加拿大作家罗纳德·赖特在2004年出版的著作《极简进步史》中的部分段落：

16世纪初发生的这一切确实非同寻常，可谓前无古人，后无来者。两种文明在长达15000年甚至更长的时间内毫无交流，各自发展，而在此时最终相遇。令人震惊的是，经历了那么长时间各自的发展路径之后，两大文明依然能够相互理解对方的机构。当埃尔南·科尔特斯登陆墨西哥时，他发现在这里的文明世界中同样存在马路、运河、宫殿、学校、法庭、市场、水渠、国王、神职人员、寺庙、农民、手工艺人、军队、天文学家、商人、运动、剧院、艺术、音乐、书籍等等概念。在地球的两端，两种文明独立发展，成果虽然在细节上有所差异，但本质却如此相似。

通过美洲的文明交汇经历，我们可以得出结论：我们人类是非常相似的生物，不管我们在何处生活，我们都会被同样的需求、欲望、期待与疯狂所支配。其他地区某些更小型文明的发展也证明了这一点。那些文明虽然没有达到美洲文明的复杂程度，但在许多地方也表现出类似的倾向性。

自旧石器时代美洲原住民的祖先越过白令海峡以来，欧洲社会与美洲社会（如阿兹特克文明或印加文明）在足足15000年的漫长时间中从未互相交流过，但却有着如此程度的文化及社会相似性，这个发现十分重要，它证明了人文历史的发展是可以预测的。其进化有着既定的方向，过去发生的历史无论如何注定会发生。当然，这并不是说所有的细节都注定不变，但整体的"脚本"是注定的。历史的大剧本不会记录你我的出生等细节，但确实已预告了整个世界发展的大趋势。

人文历史的发展就像一支箭，朝着既定目标射去。

另一位赖特——这次是一位美国作家罗伯特·赖特，在他1999年出版的著作《非零和博弈：人类命运的逻辑》中表示，人文历史毫无疑问存在发展的既定方向。人文历史的发展只有一个结局——随着社会的扩张，社会与科技的复杂程度也会同步提升。

在罗伯特·赖特看来，不同的人类文明只不过是人类社会发展中必经的不同阶段罢了，不管是原始文明还是发达文明，随着文明的演化，最终多少都会发展成同样复杂的社会形态。我们的社会发展至今，经济基础最早都是植根于狩猎、采摘、农业或畜牧业，这些初始社会形态可说是文明的活化石，时至今日，我们的社会仍源自这些初始社会形态，并未发生本质上的改变。当然，我们可以把人类文明的发展划分为不同的等级（根据人口密度、科技发展及社会结构等参数划分），但这完全不等于说，经济发展上落后的社会，在生物学或文明程度上也低人一等。我们在这里讨论的并非人种，而是文明体系。

罗伯特·赖特的这套理论不涉及任何种族主义，只为确认文明的进化只有一个最终方向，而没有多种不同的结局，而社会在发展演化的过程中，将始终朝着这唯一的方向前进。按照罗伯特·赖特的说法，无论是北美的印第安肖尼人、因纽特人，甚至是澳大利亚的土著（他们至今保留着当时的土著文化），这些文明在被发现时，都正在向着更复杂的形态进化，然而欧洲人踏上他们的土地，打断了这些文明的发展。当时，太平洋沿岸的北美印第安人事实上已经发展出了相当发达的社会结构，已不再需要仰赖农业和畜牧业生活（他们只开采自然资源，而在美洲大陆的西北部有相当丰富的天然资源）。

如果用图形说明的话，这种向着既定方向发展的理论可以用一根直线来表示，而非一棵有着多个分支的生命树（即古埃及人的理论）。

这两位赖特的人文历史进化理论的关键都在于趋同性，请记住这个重要的词。正是由于这种趋同性的存在，西班牙人、阿兹特克人和印加人各自社会中的许多机构才会如此相似，他们才能互相识别。如果在人文历史的发展中，趋同性占据主导地位的话，那么不管每件事是在什么地方发生的，都会有着某种趋势性，最终都是为同一个目标而服务的。而相反，如果在历史发展过程中少了趋同性的存在，那就意味着万事皆有可能，每种情况都是独一无二的，每个文明都将发展出自己独特的一套形态。那样的话由于变数太多，人文历史的发展趋势将变得不可预知。

1997年，鸟类学家和生物地理学家贾雷德·戴蒙德在他影响力深远的著作《枪炮、病菌与钢铁——人类历史的命运》中指出，他相信人文历史的发展并不取决于那些伟大的历史人物的存在，也不在于驱动他们行动的某种内因，而是在合适的外部环境条件（如气候条件、种群发展、某种有利的植物或地理环境）的推动下，社会技术的进步才到达了今日的这个程度。

戴蒙德相信，在此过程（整整 13000 年的时光）中，存在某种发展倾向，但事实上他并没有花很多精力去展示这种倾向性，不过他在书中解释了为何有些社会没能成功地沿着这条发展路径，从简单的社会形态——集体狩猎、从森林的植物中采集果实——发展到一个更为复杂的社会形态，从部落制、领主制[6]逐渐进化到国家制度。在所有案例中，都是因为有某种与该社会本身无关的外来环境变化阻碍了这种文明进化的实现。

推动文明朝着一致方向进化的原因如下——"当社会发展到一定的阶段，具有相当的复杂性时，其在相互竞争的过程中，如果条件允许，将倾向于向着更进一步的、更复杂的社会形态演化"。在所有情况中，进化的压力都来源于各种程度的竞争。在戴蒙德看来，从考古学和人类文明发展史的角度来说，较小的文明消失，以便为更大的文明让路，是一种必然趋势。

但戴蒙德也说了，在探讨人类文明的发展历史时，也要重视偶然因素的作用——还要将纯粹的人为干预和意外因素考虑在内，这些因素在很多情况下都与具有长期效应的客观事实——如地理、气候及生物环境条件无关。伟大的领袖人物、偶像和宗教同样也多多少少会影响人类文明的发展，但在戴蒙德看来，没有人敢说整个人文历史的发展主要就是这些具有影响力的伟人一手打造的成果，这与前文所述的思路整体一致。

贾雷德·戴蒙德的作品在当年曾经轰动一时，因为他试图在书中阐述人文历史发展的本质。他忽略了既有及现存的众多文明中的不同之处，提炼出所有这些文明共同具备的本质。戴蒙德尝试在一本书中概括总结整个人类历史的发展，使读者能够理解其本质，并了解其中最重要的部分，弄清过去发生的一切之所以会发生的原因。近年来，以色列历史学家尤瓦尔·赫拉利对他的理论做了最大程度的总结。赫拉利的理论我们稍后会另行讨论。

旧世界与新世界文明之间的相似之处十分引人入胜，也值得令人深思，但与此同时，它们也驱使人们提出了另一个没那么吸引人的命题，即两者之间依然存在差别。如果文明进化的趋同性来源于人类生物学上的天性特点（这也将帮助我们更好地了解自己），那文明之间的差异性则可归因于不同的人文历史在发展过程中外部环境条件的区别，也就是说，是由于生态、地理、地质及气候条件的不同所导致。作家彼得·沃森曾在其2011 年出版的著作《大分离：旧大陆与新大陆的历史与人性》中分析过这种差异导致的历史演化区别。一言以蔽之，彼得·沃森解释说这种文化差异是外部环境的差别导致的结果（比如，哪些动物适合在这个环境下饲养，哪些却只适合在另一种环境）。由于外部环境的不同，两地文明对于自然的解读也不同，并因此诞生出了不同的偶像与宗教，并随之影响了各自不同的历史发展。

总而言之，这就是这种历史分析的本质：解释不同的文明因何而一致，又因何而有所区别，它们的趋同性（模式和共通的标准）和趋异性（各自的独特之处）是什么。

在进化生物学中，趋向一致的进化叫作"趋同演化"——在进化过程中大致适应性一致；而进化中的差异则被称为"趋异演化"。然而，古生物学与人文历史之间是否具有可比性？在这另一段时间远远更长的生物的历史中，到底发生了什么？我们从中又能学到些什么？

随着文明进化理论的发展如今越来越受社会认可，人们自然会因此回忆起传统的生物学进化论，并将文明发展与进化论中生物从简单向复杂个体演化的过程相提并论，但两者之间有一个显著的差别，物种之间不像社会之间那样能够互相合并以形成另一个更为复杂的物种（或者说偶尔也会发生这种物种合并的情况，我们之后可以看到，某个复杂生物的细胞结构的起源有时会和与之相距甚远的另一个物种之间有所联系，发生这种现象的意义非常重要。再之后，我们还将看到，事实上，各种生物内部的组织结构就和一个社会的分工十分类似。最后，我们还将谈到一个终极话题：真正的动物和人类的社会结构）。

但我们慢慢来吧。首先，让我们来看看进化论本身是如何进化的。

达尔文发现进化论被认为是足以推动历史改变的标志性事件。自此之后，进化论的演化也始终推动着生物学的发展。这种理论被称为"自然选择论"，自 1859 年 11 月 24 日，达尔文出版《物种起源》（当时全名为《物种通过自然选择或在生存竞争中占优势的种族得以存活的方式的起源》）以来，这个理论已广为人知。

其实，在达尔文的时代，还有一位来自布尔诺（摩拉维亚，今捷克共和国）的名叫格雷戈尔·孟德尔的奥古斯丁教派修士，也曾发表过关于生物遗传学的重要解读，可惜的是，他的理论没有得到同时代的进化学研究者的重视。但在 20 世纪初，人们重新发现了孟德尔遗传定律的重要性，尽管这一理论与达尔文的进化论并不完全匹配，也很难通过对生物物种的外形观察和测量来验证其结论。

让我们来看看问题出在哪里。

个体或者其中的任意一个部分中所有可测量的参数，如重量、长度、颜色等等，都只在一个有限的范围内发生具有连续性的变量改动。一个物体可能重达 7.625 克或 7.626 克，抑或 7.627 克（如果我们使用十进位小数，也可以再精确到 7.6251 克或 7.6252 克，等等，而只要测量得足够精准，我们甚至能继续细化到两个、三个甚至四个十进位小数之后）。而与此相反，孟德尔定律中的遗传内容（日后才被称为基因）是固定且不连续的，而且其中一个特质可以通过不止一种方式来呈现，然而不同的方式之间又没有关联。回想孟德尔的豌豆遗传学实验，我们会发现，豌豆的质地要么是光滑的，要么是粗糙的（也就是说，只有这两种呈现方式）；在颜色上则只会呈现黄色或绿色（只有两种颜色）。也就是说，生物统计学要求可测量、有连续性，而遗传学则没有体现这种数值上的连续性。

单从结果来看，基因在遗传过程中时不时会发生剧烈的变化，即基因突变，通常这种突变会引起产生异常的个体的死亡。但是，我们是否因此可以说，新物种的出现都是突然之间发生基因突变的结果，而不是在漫长的时间里，由自然在各种不同的物种变体中自然选择、慢慢演化的结果呢？

达尔文的进化论与孟德尔的遗传学理论之间这种明显的冲突，直到 20世纪才通过第三套理论得以解决。当时，新达尔文主义诞生了，并很快在学术界成为最广泛流传的进化理论，它的出现整合了所有与之相关的生物学命题。遗传学家（或称遗传理论的研究者）发现，单个基因中携带的生物学特征（比如孟德尔豌豆遗传学实验中的颜色或粗糙度等特征）是很稀少的，而大部分生命体都是由不止一个基因组成的（即多基因生命体），这就解释了为什么一个物种中会出现各种特征的变量（例如人类的身高各有不同），但这些特征是可持续的，而非不连续的。用生物学的术语来讲，大部分的遗传特征具有连续性，而非分离性（这个词等同于"不同的""独特的"）。遗传学家在对果蝇的遗传实验研究中发现，它们在遗传过程中会发生基因突变，但影响力一般都比较微弱，不至于会杀死携带基因的个体，反而会因此增加族群的多样性。有了这些遗传学上的最新数据，自然选择论才再次成为进化论的主流学说。

新达尔文主义的出现，使得学界争议就此平息，但这种和平会是永恒的吗？

事实并非如此。自 1959 年起（这一年也正好是达尔文《物种起源》发表 100 周年），一套源自新达尔文主义的全新理论诞生了，该理论极度强调基因的重要性，古生物学家尼尔斯·艾崔奇将之称为"超达尔文主义"[7]。这并不是说发明这套理论的人认为自己多么超越常人，事实正好相反，在他们看来，超达尔文主义是新达尔文主义更完善的版本，是新达尔文主义必然的发展方向。尽管如此，我们接下来还是会用超达尔文主义者来指代这些在进化理论中应用基因学概念的研究者。他们的主要观点是，进化的源头是从分子级别的进化发源的。

我觉得能够形容这种理论的最恰当的比喻，就是"基因之河"，这一理论来自高产的英国进化生物学家理查德·道金斯 1995 年出版的同名代表作《基因之河》。

该理论将生命的历史类比为一条基因之河，这条"河"就像真正的河流一样，随着时间流逝在世界中流淌。基因本身并不会消失，尽管它们只存在于生物体内的细胞之中，但却能通过不断地自我复制实现永存。当然，我们这里说的并不是单个的具体基因——那些和所有的有机物一样，终究会逐渐衰退直至消失——而是指基因上携带的遗传信息。

根据这个理论，每一个单个的基因就像是河中的一滴水，而一个物种的所有基因信息的总和构筑了这条基因之河的水位和宽度。物种会在不知不觉中缓慢进化，部分基因会消失（由于物竞天择），另一部分基因会出现（由于突变），然而它们构筑的这条基因之河却始终如一地流淌，我们并不能因此就说这个物种变成了另一个。事实上，从这种观点来看，"物种"这个概念其实并不存在，存在的只有世代遗传的生物谱系，也就是所谓的"基因之河"。

有时，这条河也会分流，于是一个新的物种出现了，它可归为某种大生物体系内的新的分支。如果这两条基因之河沿着完全不同的方向继续发展，最终诞生的生命形态将会变得截然不同，令人完全看不出两者之间曾经有过关联之处。但在走到这一步之前，两条基因之河势必已经沿着不同的方向流淌了很久了。

从一条河流中生出多种分支的基因之河是从水平的视角对进化进行类比，而从垂直的视角来看，"生命之树"理论与之异曲同工。因此，达尔文的"生命之树"就是道金斯的"基因之河"。从基因之河的主河道中诞生的支流有时还没有到达海洋，就已在沙漠中枯竭。同理，在生命之树的进化过程中，有些分支也没有一直存活至今（事实上，大部分都没有），而是掉落到地面。

根据这套理论，进化学单纯只关乎物种的基因发展，这种生物学理论形成了一套数学模型——一系列关于突变概率和自然选择概率的方程式计算——来解释随着时间的流逝，基因是如何演化的。


那么，那些化石、古生物学研究等，在生物历史中又扮演了怎样的角色呢？难道它们对于进化论的研究就没有任何贡献吗？

根据某些生物进化学的研究者来看（如超达尔文主义者），化石中记载的信息，就是地球留下的历史档案，而古生物学家的工作仅仅在于：1. 展示进化的证据；2. 讲述这段历史。

或者说是这些历史，因为无论过去还是当下，都有那么多的物种曾经存在，有些甚至存在至今。然而考虑到所有已经灭绝的物种的总数，至今仍存活的物种相比之下不过是沧海一粟。例如，一百多万年前，曾有多种哺乳动物在阿塔普埃尔卡山一带定居，如今它们的存在却已湮灭殆尽。生命的历史就是这样由数百万种不同生物各自的历史统合而成的，其中不存在规律，也没有统一的结构。

古生物学家通常会被视为历史的见证人，或是这本庞大的进化画册中的纪念画收集者，他们无需钻研探索，只需描述自己看见的东西就好。尽管如此，有些古生物学家依然发出了自己的呼声，包括上文曾提到的尼尔斯·艾崔奇、著名的科普作家斯蒂芬·杰·古尔德，或是同为古生物学家的伊丽莎白·弗巴等。当然，讲述历史是一件很美好的事，而我们古生物学家还有幸能收获众多听众的聆听，但一位真正的科学家势必更加致力于从探索历史中获得启发。

因此，对于进化机制（或曰其中的原理）的探索有两种完全不同的研究方式。部分专家埋首于实验室（或田野调查）中，研究迄今仍存活的生命，调查它们当下的状态，从而得出结论；而另一批专家则专注挖掘骨架、牙齿、贝壳、甲壳、珊瑚、种子、树根、琥珀等化石文物，以期调查早在那个还没有科学的年代，当时的世界发生过什么。

在本章的标题中，我采用了"无主之地"这样一个说法，因为它指出了分隔这两个世界的不可逾越的宽阔鸿沟：一边是分子生物学的世界，基因的世界；另一边则是古生物学家通过历史和具体叙事构成的世界，其中充斥着早已死亡多时的生物残骸和化石。这是一个宽广的世界，其中没有任何能给出方向指导的地图或指南，只有极少数学者敢于一头扎入这样的世界中，而且他们有可能会就此迷失其中，再也找不到出口。

这个世界是如此广阔，包罗万象，任何学派都可介入其中，无论是科学的理念还是历史学的理念——在有些情况下，甚至包括神学理念。因此，在这片广阔的无主之地中，建立起了多个"城市"（学派），从每个"城市"中出发的探索者秉承着不同的理念，一头扎入未知的领域。他们有时会与从其他"城市"来的远征队擦肩而过，而有时则是孤军奋战。

尽管掉书袋非我所好，但确实，古往今来，古生物学家们普遍热衷理论，其中的代表性人物包括法国古生物学家、耶稣会士德日进，此人当年在法国和西班牙曾大受追捧[8]。时至今日，德日进的理论依然尚未灭绝，因为就像其他这类理论一样，他的学说势必会得到热衷神秘学的受众的支持。

时至今日，我仍然会时不时地遇到一个德日进的新的追随者，这常令我感到不可思议。最近的一次是在杂志上看到的一篇对西班牙语作家、学者卡门·里埃拉的采访。当问到"你是否相信来世"时，她回答："我可以给大家分享德日进的理论，根据该理论，我们共同构成了某种'存在'的一部分，而这种'存在'是永恒的，因此我们也能从中获得永恒。我这里说的'我们'不只是指我自己的子孙后代，还包括一切重要的事物。"在那本杂志上，"一切"一词还用斜体来强调这个词是她的回答的核心，即她感受到了某种比我们任何人都伟大得多的存在，这种存在与时光的流逝共存。

相反，对于新达尔文主义者而言，唯一的永恒恰恰只存在于活着的生物体内，具体地说，永恒通过它们的子孙后代延续。更准确地说，是它们不断复制、向后代传递的基因，仅仅是一些分子构成而已。

那么，在这个无主之地中，神学是否能占有一席之地呢？

如今有一种新鲜出炉的理论正试图将进化与创世（代表上帝的神迹）联系在一起。这一理论同样来自一位古生物学家——英国人西蒙·康威·莫里斯。鉴于该理论的根基并非全然谬误，也就是说，与通常那些冠以"创造科学"或"科学创世论"的拙劣学说不能相提并论，在此值得展开一番深入探讨。在传统的"科学创世论"中往往充斥着神创理论和其他歪门邪道；更有甚者，还包含许多封建迷信的内容。而康威·莫里斯则是一位新达尔文主义者，事实上，他与我本人以及大多数（就算不是全部）当代进化生物学家共属同一学派。

康威·莫里斯的理论中包括引人入胜的纯粹生物学领域的内容，值得仔细探讨。关于这些部分，我认同他的观点，也会从一个古生物学家的角度分析他的学说，尤其是我所专长的人类进化理论的部分。和对史前动物的研究一样，人类进化也是康威·莫里斯的科普作品的核心主题，尽管他钻研的那些物种的存在时间远早于人类（但同样能对进化理论的发展发挥重要作用）。

然而，在钻研生命的历史，从一个古生物学家的角度进行分析时，康威·莫里斯还引入了神学理论。我将以尽量客观的立场介绍这一理论，就这些神学理论是否足以构成坚实的科学基础给出我最不失偏颇的结论。然而，当一个人——不管是为了正式的理论研究，还是仅仅出于求知欲而探索——带着先入为主的宗教观念去研究进化史时，他一定能从这些古生物学领域中找到足以支持其论调的资源和相关的论据。对他们来说，引入神学的理论势必将比其他古生物学家（例如我）基于纯自然科学、否认神学作用来研究的方法更好用。

因此，这片所谓的"无主之地"，也可成为所有学派皆可占据一席之地的"万众之地"。

我要先警告大家，这是一个沼泽遍布的世界，四周充满陷阱；但冒险者、前瞻者和那些想象力丰富、不甘现状的研究者将出于好奇和欲望，争先恐后地奔赴这个世界。其中有些人的学说并未在学术期刊上正式发布，但随着时间的推移，他们的理念将通过内容丰富的科普作品等形式陆续问世。这片领域中比喻盛行，由于缺乏坚实的理论基础，科普作家们不得不大量使用类比的方式来解释他们的学说。其中，地理上的类比，如我们在前文中提到的"基因之河"，对于曾在这片无主之地上漫游的探索者们产生过深远的影响，而我们在未来还会看到更多。

最后，作为总结，在这片土地上，势必会出现一个重大问题——我们为何在此?

# 生命简史

VIDA. LA GRAN HISTORIA

进化论与宗教能够共存吗？

　　鉴于这个问题被广泛地提出，也许我们该在本书的开头就展开探讨，而非将其搁置到最后再作讨论。人们想知道，科学家是如何看待这个问题的。一个人有可能是科学家，又是有神论者（即相信上帝本人的存在）吗？更具体地说，一个人有可能是进化生物学家（或一名古生物学家，一直致力研究人类和其他生物在历史长河中的演变），同时又信奉基督教吗？（所谓的"宗教"可以具体到基督教这一教种，因为本书讨论的大部分科学家来自西方传统基督教国家。）本书无意对所有科学家的相关阐述展开全面的解读，但我会对书中将多次引用的几位科学家的观点做一个简短的总结。

　　首先，古生物学家康威·莫里斯认为，生物学理论无法验证创世论的真伪，但两者可以并存，甚至有可能相互之间有一种因果关系。另一位古生物学家斯蒂芬·杰·古尔德的观点与之类似，但没那么激进；他认为进化论与基督教可以并存，因为科学与宗教解读的是不同类型的奇迹。科学探索的是事物的特征（即根据事实作出推论），而宗教则更多的是在探索生命与道德的真谛。

　　进化生物学家戴维·斯隆·威尔逊[9]将宗教分解为两个维度的结构进行分析：横轴与人类行为有关，而竖轴则关乎神性。威尔逊认为，在横轴的范畴内，宗教与科学并无冲突；而在竖轴领域，如果想要激发人类的团结与合作，也有宗教之外的激励机制，因此两者也并不矛盾。威尔逊更欣赏某些纵轴上作用并不太明显的宗教（如佛教等），但总体而言，如果我的理解没错的话，他的结论是宗教和科学之间并无冲突。

相反，进化生物学家理查德·道金斯的观点则认为进化论与基督教（或者泛指所有宗教）是完全不能兼容的，两者之间势同水火。理查德·道金斯是这个议题领域最激进的科学家之一，他曾就此发表过大量的言论，网上可以很容易地查到。科学哲学家丹尼尔·丹尼特与道金斯的观点也基本一致。

当然了，科学理论和宗教所宣扬的教条、信仰和神迹之间本身并无交集（科学无法验证类似圣母无染原罪或是灵魂转世一类的理论；而宗教对于量子物理和进化论也没有发言权），但这并不能就此证明科学与宗教可以共存，至少生物哲学家约翰·杜普雷是这么认为的。根据杜普雷的理论，达尔文的贡献本身就是一种奇迹。他的发现揭露了这个世界以及我们在其中的生存之处的自然本质[10]。我们说过，杜普雷是一名哲学家。因此，他承认进化生物学中的这一重要贡献对于神学的影响。杜普雷认为，自达尔文之后，许多超自然学说和神秘学理论（如灵魂、幽灵、鬼怪、精神和神等）再无立足之地，因为如今有了一种更好的解释，来说明人类起源的自然本质，那就是进化论。他还总结说，有许多证据可以证明进化论的正当性，而却没有任何证据能够证明神的存在。事实上，自我们掌握了进化论以来，"人类的存在本身就能证明神的存在"这种理论就已经行不通了，正因为我们现在已经知道，是生物的进化创造了今日的我们。

杜普雷的结论并非源自偏见，而是基于以下原则给出的："我们对于某种存在的确信，必须基于最新的实证，基于亲身实践。"实际上，杜普雷认为在传统哲学领域，经验主义"在过去的数个世纪甚至上千年以来，对于西方哲学的发展一直至关重要"。

然而，另一位重要的科学哲学家迈克尔·雷斯则相信一位进化论学者也能同时做一名基督徒，尽管要兼顾两者并不那么容易（但他也补充道，生活中美好的事物通常总是不容易的）。理查德·道金斯反对宗教时过于激烈的态度令他感到羞耻，他认为那仿佛展现了人性中最坏的部分。雷斯认为，道金斯的咄咄逼人丢了与他一样的其他无神论者的脸，而这也是我对雷斯那些抨击反宗教人士的文章的看法——我不明白为什么要讨论这个议题就非得冒犯别人。

在这里，我还要补充一位名叫康纳·坎宁汉的英国神学家的观点。坎宁汉认为，进化论与信仰之间的这场战争是近年才出现的，而且是人为制造的，且只会影响像道金斯这样的超达尔文主义者，以及致力捍卫《圣经》文学性的诗创论者。坎宁汉认为，教会的态度不是自古有之的，它的态度转变是近年来的事——自20世纪基督教进入美国以来，根据坎宁汉的观点，进化论与基督教是可以完美兼容的，他在2010年出版的著作名为《达尔文的虔诚观念：为何超达尔文主义者与诗创论者都错了》，这个书名就清楚地表明了他的态度（坎宁汉还在英国广播公司录制的一档纪实节目《达尔文有没有杀死上帝？》中阐述过他的观点）。

作为总结，包括弗兰斯·德瓦尔在内的一批学者认为，宗教发挥的社会调节作用是科学不能替代的，因为如果宗教观念完全被人性及公民价值观所取代（他认为西方现在就在大规模地进行此类实验），转换过程将漫长而艰辛，且充满风险，因为之前的类似实验的结果都很糟糕[11]。

那么，如果有人想要寻求事物存在的意义，科学能够给他们合理的解释吗？

这个问题并不难回答，我会在这里试着解释一下。人们常说，科学的任务是回答"什么"和"怎么"，比如：地球上有什么？它是由什么组成的？它是怎么运作的（即造成这些自然现象的科学规律有哪些，它们是怎么运作的）？

但科学不会为世界运行的意义寻找答案，因此，科学家不会去探索"为什么"支配事物运行的法则是这些而不是那些。事情就是如此，科学家只需总结出规律，调查清楚运行原理就可以了。就像我们开灯时不会去自问为什么会有电力，而只会关心如何用电力来满足我们的需要。当我们打开电闸或者搭乘飞机时，我们也不会进行任何哲学意义上的探索。

"为什么"的问题并非一个科学上的问题，或者更准确地说，真正与科学无关的那个问题应该是"为了什么目的"，即这些原理的目标是什么？它们是为了什么目的而存在的？

在自然科学的探索中，科学家可以无视目的性，在物理、化学和地理的领域也一样，没有人会要求科学家对于他们研究的现象的"目的"作出说明。事实上，对于一位科学家来说，大海、山脉的存在不具备目的性。它们不是为了某个目的而在那里的，而只是单纯在过去由于某种地质结构变化而出现在那里的。

然而，在生物的研究中能够看出某种明显的目的性[12]的存在（终于谈到了意向性）。从生物结构上来看，很多进化很明显是为了某个目的（即古希腊人所说的"telos"）而发生的，不管是客观造成还是故意为之。眼睛是为了视物，翅膀的作用是飞行，爪子是用来狩猎，斑驳的皮毛是为了避免注意，肺的作用是为了呼吸空气，鳃的作用是在水里呼吸，胎盘素是给胎儿供给营养的，植物藏在土里的块茎能防止它被动物吃掉。以上所有案例中，每个器官都有自己的功能，甚至我们可以说实现这个功能就是它们的使命，而这个说法听起来更有目的性，更直奔主题。同样的模式在生理学领域也很常见。生长激素在发育过程中是不可或缺的，睡眠需要褪黑素，为了延续社会性则需要催产素（可说是它的使命之一），同理，人体必需的氧气需要一个个被称为血红蛋白的红色小球将其通过血液输送到体内的各个细胞。再看看行为学（伦理学）的领域。鹳鸟会用树枝搭建鸟巢；雄性鸨鸟在舞蹈时，只有一个目的——吸引雌性注意自己。

伟大的古希腊哲学家亚里士多德非常重视目的论在生物学中的作用，这是他研究生物的基础。事实上，时至今日，现代生物学家和古生物学家在研究某个生物器官或机能时，依然会遇到这个问题：他们会自问，自己观察到的生物结构是为了什么目的而存在的，它实现了（或曾经实现过，如果是研究某种化石的话）什么机能。

工程师设计的所有机械都是为了某个目的而创造出来的，每个机器都有其作用，具备一定的功能性。同理，我们也可以说，生物学家和古生物学家研究一个现存或已灭绝的生物的某个器官或机能时，原理就跟工程师研究一个机械没有什么不同。就像把工程研究颠倒一下，我们将这台名为生物的机器拆开，细细剖析其中每个零件的作用，即每个器官和它们所对应的功能。这就是生理学。

而这也就是达尔文当年面临的难题：如何解释这些进化（解剖发现的生物结构、机能或遗传行为都展现了明确的目的性）是在自然界的演化过程中自然形成的，而不是被刻意设计成这样的。我们很快就能看到，达尔文是如何一剑切开了这个戈尔迪乌姆之结[1]，解决了前人从未成功解决的这个难题，将生物学变为一门科学。

在进化过程中，生物从先祖处继承下来的遗传信息不断改进，这是理解为何每种生物都以某个具体模式行动的关键——在于物种。比如说，地面上的所有脊椎动物的起源都来自某些鱼类，因此所有这些动物在外表上都保留了一部分鱼的特质的共性，在进化过程中不断变化（成不同的物种）。根据该理论，我们也可以解释生物的结构特征，在被问到"为什么"时能根据历史的演化来回答。为什么我们的手上长着手指，脚上长着脚趾？为什么声音

---

I 戈尔迪乌姆之结是亚历山大大帝在弗里吉亚首都戈尔迪乌姆时的传说故事，一般作为使用非常规方法解决不可解难题的隐喻，据说当时亚历山大用剑劈开了无人能解开的绳结。

通过中耳的一串小骨头传递进耳中？为什么从一开始，我们的体内就有骨骼的存在？我们为何有大脑？人类为何在体内受精？答案来自我们的历史，我们的物种起源，可以用这种理论，解释我们是如何走到今天这一步。

换句话说，形态学家、胚胎学家、生理学家和民族学家研究的是影响生物演化的间接因素（某个个体的具体功能是什么，如何使用这些功能，它们如何推动族群的发展），而演化的终极起源（造成演化发生的原因），则需要从进化论中寻找答案。

事实上，古生物学家会建议将"物种为什么会变成现在这样"这个问题，改成"物种是如何演化到现在这个地步的"。可以想见，我们科学家不喜欢"为什么"这类的问题。

当我们自问"我们为何在此"时，真正令我们焦虑的不是科学上的解答，不是如何讲述生命的历史以及我们这个物种的起源，也不需要追溯至人类的第一个细胞。事实上，这是一个神学问题。

下面的篇章涉及本书的关键，我希望我能将我的观点阐述清楚：我认为，对于科学还不能解释的问题，基于已知事实来进行解答比基于未知事物来解答更好。而且我坚信，无论如何，寻找真理的过程不该与科学认知相冲突，相反，真理应该源自科学。

在这里很适合引用我在本书开头用过的引言。辛普森曾经吃惊地表示，（西方）宗教有一种恶劣的天赋，在每个有科学争议的议题上，它总能站在错误的一边，每次它支持的理论事后总能被证明是伪科学。尽管在辛普森看来，事情本不必如此的。

如果读者有兴趣知道，我可以告诉大家，本书的观点沿袭自德谟克利特、伊壁鸠鲁和卢克莱修[13]，并同样参考了雅克·莫诺、爱德华·O.威尔森和斯蒂芬·霍金等科学家的哲学理论。但我对于神学和宗教的看法无关紧要，因为我的目的主要是为了要尽力说明，在"源于科学"的基础上，论辩双方的观点完全南辕北辙，根本没有可兼容性。双方的观点如下：

——其中的一个观点认为，一种像人类这样拥有思想和思考能力的高智能生物注定会出现，因为它源自自然本身，本身就属于自然的本质之一。

——而另一方的观点则认为，我们进化成现在这个样子，只不过是进化过程中出现的无数可能性中的一种，只不过是在过去无数选择的十字路口做出的既定选择带来的随机结果。

从这两个不同的起点出发，双方都可以得出各自的结论，但由于有些结论超出了科学的界限，我在此不予评价。我们每个人都问过自己这个"终极问题"，而我们每个人都必须自己回答，而这也正是我们之所以是人类的理由——对于追寻"我们为何在此"的问题的执着。

为了回答这个"终极问题"，我们需要深入了解自然选择论的原理，不管听起来有多的不可思议，事实上它的本质就是通过一种盲目的机制[14]，它创造出物种的结构及功能设计时不带有任何的目的性。只有理解了这种机制，我们才能理解现存生物的多样性，才能理解它们是多么完美地融入了各自所在地的生态圈。原因看似不可思议，但同时又很简单——而只有一位天才发现了它的存在。这位天才名叫查尔斯·达尔文。

由这个问题开始，我们将进入下一天的议题。物竞天择并非"终极问题"的直接解答，但其答案与进化论之间并无冲突。

# 第二天
## 科研方法

　　为了验证进化论是否具有无可非议的地位，在现代生物学理论中是否还有其他类似的进化理论，首先，我们必须要了解一个科学理论的构成。这些知识也将有助于我们区分进化论和达尔文主义——尽管人们通常会将两者混为一谈，但实际上，这两个理论是不同的。


　　让我们从这个核心问题开始——在科学世界中，进化论的地位是否已经是毋庸置疑的了？

　　我们听到过诸多传闻：科研工作者对达尔文主义提出质疑；有一种与达尔文主义不同的论调——但同样符合科学原理——能够解释物种是如何演化至今的……

　　但毫无疑问，科学界普遍承认物种的进化，公认现有的物种是从已经消失的古老物种演化而来，源自一条很长的物种演化链。

　　换种方式说，当今的所有物种毫无例外地（包括我们人类在内）互相之间都有渊源，因为我们拥有共同的祖先。如果这个先祖离我们的时代越近，后代之间的相互关联就越紧密，参见家庭之间的亲属关系。一群有兄弟关系的人都出自一批同样有亲属关系的父母，这些父母的上一代则是同一对祖父母，以此类推。因此，这些人都源自同一个家族。

光从外表判断，很容易就能看出我们人类的祖先与黑猩猩之间具有更近的起源关系（直到人类进化，两个物种的发展开始分道扬镳）；而相比之下，我们与马之间的同源关系就要遥远得多，更不要提我们和袋鼠、乌龟、禽鸟、青蛙和鲷鱼之间能有什么共性了。然而事实上，上述所有动物都属于脊椎动物类——即和我们一样，体内有骨骼结构的存在——这也就意味着，我们和上述所有动物拥有同一个共同的祖先，那是世界上的第一个脊椎动物，生活在大约 5.25 亿年以前。

自从那时候以来，脊椎动物就开始一个接一个地进化，逐步演化出越来越多的分支，彼此之间的差异也越来越大，但所有脊椎动物都始终保留着其原始的身体结构——同样的生物学设计[15]构造，通过这个构造，我们才能识别出，所有这些动物（包括我们人类自己）都是早在 5 亿多年以前，生活在水中的某一个共同祖先的后代！

尽管如此，有人说进化论仅仅只是一个理论。这难道不会意味着上述理论都不甚可靠，也许有朝一日，之前的一切说法都会被推翻？毕竟在科学理论的发展历史上，之前不是没有过这样的先例。事实上是否存在这样的可能？还是说，进化论是无可辩驳的？是否所有的理论迟早都会发生变化？

事实上，这是所有问题中最难回答的一个，也更需要多花一些时间去思考。这是一个科学哲学领域的问题，是关于科学研究方法（如何运作）以及这种方法是否值得信赖的问题。认识论者（科学哲学家们）和科学家们自己都曾在这个问题上反复纠结，未来也还将继续探索下去。

也正因此，我们必须在一开始就勇敢地正视这个问题，不设借口，毫无保留。

确实，进化论是一项理论，但在科学世界中，最能激励人们思考、创新的概念就是一项理论。作为一项理论，也就意味着它可能会因为与事实证据不符而被推翻或者放弃。因为只有一项理论在出现与其理论相反的实证时，能够容忍自己的权威受到挑战，甚至在有些情况下能够承认自己是错误的，才称得上是科学。科学家不会死抱着教条不放（也不会将这些教条强加于任何人）。因为在所有行为中，对于权威理论的质疑精神，恰恰才是科学本质的精神所在。

但是，如果随着时间的推移，相关的证据和数据不断累积，而所有的这些事实都与该理论并不矛盾，那么这项理论就会越来越被巩固。我们可能可以在未来继续优化和完善这项理论，但它永远不会彻底被推翻。这样的理论将会成为一条备受推崇的科学理论。

过去曾经有过的错误理论之一就是相信地球是宇宙的中心（地心说）。它看起来很合理，符合我们的常识，因为在地球上的人看来，所有的星星（整个苍穹）和太阳都是围着我们在转的。但事实证明，这个理论就是一个彻底的错误，没有辩驳的余地。如今，我们热情地推崇另一个与之完全相反的理论，即地球是绕着太阳转的（日心说）。尽管日心说仅仅只是一个理论（就像我刚刚说的），但任何受过教育的人都不会怀疑地球以年为周期，沿着完整的环形轨道绕着太阳旋转的事实（或者说，我们是把地球绕太阳转完一圈的整体时长定义为"一年"）。

因此，从某种角度来说，科学界对进化论有过像对日心说同样多的质疑（但也同样有人认为它是毋庸置疑的）。

也许会出现这种误会，是因为在我们的日常对话中，口语中的"理论"一词——其实我们应该将其称为"假设"——指的是我们对某个现象做出某种可能的解释，但这种解释通常是基于经验、常识甚至直觉而做出的。

这种"理论"的生命周期通常很短，一般都只是为了就我们周围发生的种种小事做一个说明。然而，我们在日常生活中就政治、经济或体育等议题提出的这些通俗"理论"与真正的科学理论完全不是一回事。

但是我们都曾听闻有关"权威科学机构"的传闻；备受谴责的"学院派"，一个有如教会般层级森严的机制，一个科学界的犹太公会[1]，清规戒律一

---

I　犹太公会，古代以色列由七十一位犹太长老组成的立法议会和最高法院。

大堆，努力捍卫自己的利益，不能容忍自由辩论对既定教条提出挑战。这种所谓的"真正的权威"是否已成为不可辩驳的信仰，完全封闭，不容置疑？这样的传言是真的吗？我们是否还能相信科学？

尽管上述说法被广泛传播，但事实上，我们埋头钻研、为之献身的真正的科学，与上述描述恰恰相反。科学的本质决定了科学的研究方法，正是这种方法要求我们时刻保持警醒。一种科学理论的诞生通常都是为了解释某项事实而存在，是为了理解世界的一部分，当它所涉及的事实越广泛，这项理论的地位就越重要。但就像我之前所说的，科学理论永远不会被彻底验证后上升为某种教条主义。如果在未来我们发现某个实例（通过实验、观察或某项遗迹发掘）完全颠覆了该理论的核心，那么这项理论就必须被放弃。这时我们会说这项理论"被证伪"了，也就是被发现是错误的。科学理论永远不会彻底到达一个完全的完成形态。

正因如此，不管看起来是多么的不可思议，一项科学理论可以被推翻（或用我们的术语来说，"被证伪"），但永远不能被彻底验证，在未来永恒不变。因为（这正体现了科学的伟大和美好之处）科学理论始终要为新的实证或数据留有余地，允许用这些事实来检验其正确性。科学理论为未来的研究者开启的这扇大门将永远不会关闭。久经验证的理论——包括进化论在内，在未来依然容许新的科研工作者去完善和优化它。那些没有杀死我们的，将令我们变得更加强大。但当然了，科学家依然会持续地怀疑一切，也将永远愿意听取那些反对的意见。

人们常常会争论道（我一天到晚地听到这种说法），学术界已经变得非常保守，不愿意接受新的理论学说了，批评者们甚至认为，学术界会狂热地抹杀创新。看到这些信口雌黄的言论居然能在媒体中占据一席之地，实在令人惊讶。这也许是因为，比起艰涩的科学理论，这种基于瞎猜的通俗学说更好理解，听起来也更合理，尽管事实上这完全就是一派胡言。但我担心，那些教条主义者会更多地支持这种说法，而非支持科学本身。当然了，说这种话的人多为伪科学家，他们试图创造一些难懂的理论来反对科学，甚至打造出一副被学术界迫害的受害者形象（尽管我个人不觉得有谁在学术争论中受到迫害，也许只是这些人在媒体中的公关活动更为活跃，通过那些电视和广播节目获得大量受众，如今我们科学家也在考虑多多通过媒体渠道科普）。

我们有必要让大家知道，学术界的运作规则并不是像大家想象的这样。尽管和所有其他的人类活动一样，科学也还没有成为一门完美的学科，科学家也和其他人一样并非圣贤，但科学的机制设计本身就是鼓励异质、鼓励革新的……科学确认的一切都需要基于实证。这并不意味着科学家们有多么与众不同，而是因为科学的研究方法本身运作完美，这一机制的设计可谓是人文历史上和人类思想史上最杰出的成就之一。事实上，这个机制是我们认知真理时最有效的体系。科学界不会因为有人提出了一个人人都想得到、已经列入学校课本的理论而给予他什么奖励。学术杂志不会重复刊登对已知理论的报道，比如地球绕着太阳转，或关于 DNA 的分子遗传性研究。相反，科学界鼓励所有科学家从其他角度去研究问题。因此，这里才能诞生天才（以及诺贝尔奖对他们的奖励）。成功的秘诀在于颠覆，就像把煎饼翻个面儿。但确实，杰出的理论需要非同寻常的实证来加以证明，要说服同行信服这些新理论也从来都不是易事，哪怕这些同行再聪明、地位再高，他们也有犯错误的时候，也有可能会对某些真理视而不见。

总之，一位科学家的本质就是一位革命者，他挑战一切既定事实，始终怀疑权威，不会轻易相信自己听到的一切。所有科学家都是怀疑论者和革新者。这才是我作为科学家的本质，因此我不会无条件地接受"权威学院派"告诉我的一切。再说了，所谓的"学院派"具体指的是谁呢？科学界可没有犹太公会啊。

有什么标准可以找出真正的科学思辨，将科学理论区别于非科学理论？

在之前的介绍中，我们基本沿袭了 20 世纪一位重要的哲学家的研究理论。维也纳科学家（后来入籍英国）卡尔·波普尔爵士的理论认为，一个科学假说首先要符合它想要解读的事实依据，其次是能允许被证伪的。一种推翻科学假说的方法就是通过对未来的推论——对假说本身的逻辑陈述，推理得出结论，然后用事实将其推翻。比如说，如果一个理论认为，我们在一生中经历的一切都会被我们的后代所继承，那么根据该理论，我们的后代身上也会出现我们身上的疤痕；如果上一代的肢体有残缺，那后代在这件事情发生之前，其身体的对应部分也会先行残缺（假设这种肢体残缺是后天造成的话）。我们很容易就会发现，后者所说的这种假设并不成立。因此，我们就可以认定这整条继承理论都是错误的，父母的身体所经历的变化不会在事情发生前遗传给后代，不管这种变化是好是坏（同样，就算我们在年轻时积极运动，得到的锻炼成果也不会遗传给下一代）。

然而，在另外一些情境中，根据某些理论作出的推论则一次次地得到了事实的验证。如果发生这样的情况，该条假说就将继续成立，我们可以说它经过实证得到了巩固。举一个最近的例子，2017 年，几个物理学家因验证了引力波的存在而先后荣获阿斯图里亚斯王子奖和诺贝尔奖。引力波的存在是爱因斯坦的相对论理论中的必然结论。如果爱因斯坦的理论是正确的，引力波就必然存在。因此从某种角度来说，这些奖项也可说是授予爱因斯坦本人的。在过去这些年中，关于相对论的其他推论也都已经得到了证实，没有一个事实证据与之相悖（没有一个实验或科学观察的结果违反相对论的结论）。

辛普森将科学分为两类分支[16]：

1. 没有历史根基的科学，即预测性的科学，比如物理和化学（也可将之视为不受时间影响的科学），以及仅针对地球当今生态圈开展研究的地理学和生物学。在之前我们已经介绍了两个预测性科学的例子，一个来自生物学（没有被证实），另一个来自物理学（得到了证实）。

2. 基于历史的科学，辛普森将其称为"回溯性"的科学（因为当你研究历史时，你不能亲自观察或试验相关科学现象，只能通过过去的历史活动留下的痕迹和遗物回溯），比如历史生物学（或叫古生物学）以及历史地理学，即研究过去的生命、过去的地球的学科，显然，两者的历史是密切关联的。很显然，我们不能预测过去（而只能预测未来），但辛普森使用"回溯"一词来指代这些地理学家和古生物学家通过解读地球相关的档案记录，从而再现相关发展的科研方式。换句话说，这些科学家所预测的是"应该会存在的历史发现"。所有与历史有关的科学都使用这种研究方法。古生物学家提出假说重现一段历史，然后根据找到的化石证据，来验证相关假说是否成立。关于地球演化的历史也一样，历史地理学家通过这种方式推断过去的大陆与海洋的位置、冰川时代与火山时代的年份、山脉何时崛起、陨石坠落地球造成的冲击、海平面的升降，等等。

我们不能说回溯性的研究方法是不好的或是不科学的，因为正是通过这种研究方法，我们对于人文历史、生物演化以及地球发展的历史的认知正在不断完善。事实上，侦探也是用这种方法来调查犯罪的：追溯罪犯留下的痕迹，重新构建事实。这种方法被广泛认可，法庭就是依据其结论对被告做出释放或判刑的判决。

1924年12月，雷蒙德·达特发现了"汤恩小孩"的颅骨——历史上首个南方古猿的化石，并于次年在《自然》杂志上公布了这一发现。当时，这一发现被称为"猿类与人类之间的联系的证明"。根据进化论的理论，这一发现必然会存在，它证明了进化不仅只在动物中发生，也同样发生在我们人类的物种起源中。

达尔文发现始祖鸟化石时曾经非常高兴，因为它同时具有蜥蜴的牙齿和尾巴，以及鸟类的羽毛，是"爬虫类与飞禽类生物之间缺失的连接证明"。他在《物种起源》的第三版（1866年）问世时，满意地加入了对这块化石的相关描述。想必，他认为这一发现极大地巩固了他的理论。如果他在1859年第一次出版这部史诗级著作时，就已经发现了这块不可思议的化石，下笔时也一定会加倍的胸有成竹吧。在当时，古生物学是达尔文要面临的主要挑战之一，因为彼时根据他的理论所推导出的相关证据仍是缺失的。没有这些证据，他的理论就难以令人信服。

作为总结，古生物学家在科学研究中，利用回溯法来研究当今物种的历史起源，而根据发现的化石来验证或推翻他提出的相关推论，就像其他科学家（物理学家、化学家、生物学家）根据科学实验的结果来验证自己的科学预测一样。历史学家发现的各种生物的化石就等同于研究当代科学的那些科学家做的实验或从事的观测活动。因此，对于科学家来说，存在三种类别的科学实证：实验、观测、化石文物。

那么，我们可以将社会与人文历史也视为一门科学吗？

事实上，正是一位生物学家——贾雷德·戴蒙德——针对人文历史提出了这一说法，他认为人文历史与古生物学或历史地理学一样，都可视作一门科学。没有人会对"研究化石和过去的生态系统，或是研究古老的冰川、火山、海岸线和气候条件算不算科学"提出质疑，那么同理，贾雷德·戴蒙德提出，在研究人文科学时，我们应用的其实也是同样的科研模式。

历史（根据时间和地点的不同）有多种形态，而非单一不变，因此在研究历史时，要将其共性的部分以及其个性的部分区别开。为了能够科学地研究人类社会的历史，贾雷德·戴蒙德提出，应使用与研究自然科学相同的方法来研究历史的进程，这种方法通常被称为比较研究法或自然实验法。

在所谓的实验科学中，实验需要在控制环境的前提下进行，也就是说，实验者需要确保实验中所有其他变量都保持恒定（比如温度、实验媒介的化学成分或酸度等），在此前提下只需观察要研究的唯一一个对象的变化。这种方法被称为 ceteris paribus，这句拉丁语的意思是"其他条件不变"。通过这种研究方法，我们知道了水在 100 摄氏度时能够达到沸点，但仅在海拔高度为 0 的前提下（即在这个固定的气压下），而一旦我们爬上某个山顶，水就将会在更低的沸点沸腾了。

而在自然科学的研究中，我们却不能在实验室里模拟出山脉的升降、分离大陆或者朝着地球扔陨石；我们也不可能去改变地球的环境和温度，或是大规模地在实验室里再现进化过程（或研究宏观规模的进化），因此，在研究历史时，我们只能采用自然实验法，通过比较寻找规律。尽管地球只有一个，但地球上的每一片大陆都有其独有的历史，因此，我们有望通过对不同大陆的比较研究，寻找出其中的相同规律——或至少寻找出部分大陆之间的相同因素——来验证这些规律是否符合进化论的原理。

此外，地球曾经遭遇过五次大规模的灾难（比如有一次陨石的撞击导致了恐龙灭绝），每次灾难都会引起大范围的物种灭绝。尽管这些灾难并不会使地球上的生命演化瞬间回到原点，但有时可能会达到类似从零开始的程度，从中我们可以看出每次大灾难过后物种是如何重新开始进化的。就像马克·吐温曾说过的，历史不会重演，但总会惊人的相似。这句话应用在进化论上也同样成立。

除此之外还存在第三种可能，即通过研究不同的进化发展路径，也就是不同的生物类别，来寻找其中是否具有相同的规律。

在人文社会历史的研究中同样也存在大量的自然实验，所有实验的结果都几乎是相同的……但并非完全一致。有些情境非常类似，但不完全相同[17]。贾雷德·戴蒙德试图根据自然科学的比较研究法来回答一个问题：为何有些社会形态能从农业及狩猎模式进化到国家的形式，而另一些却失败了[18]？或者说，为何有些文明遭遇了经济和社会的崩溃，导致最终消失[19]，原因有可能是因为环境的变化不利于人类的活动，或是因为对自然资源的掌控有误[20]。

在著名的智利复活节岛的例子中（即拉帕努伊文明），当地的波利尼西亚土著砍伐光了岛上全部的植物，使得复活节岛变成了一片不毛之地。我曾和贾雷德·戴蒙德讨论过，在我看来，在遭遇卡斯蒂利亚人入侵以前，加纳利群岛的土著管理自己的森林资源（松树和月桂树）的情况就要好得多。尽管我并非这方面的专家，但我发现加纳利亚人对自然环境的管理要比复活节岛居民的管理方式可持续得多（如果波利尼西亚人是导致森林砍伐的罪魁祸首的话，但也有些专家认为是波利尼西亚人带来的老鼠在当地泛滥，啃光了植物种子，才导致森林无法重建）。

相反，在公元 800 年至 1000 年间发生的玛雅文明大崩溃则要归咎于一场漫长的大旱，根据最近的研究结果，这场旱灾深刻影响了当地的经济[21]。

再举一个关于自然实验法的应用的例子。贾雷德·戴蒙德比较了维京人对北大西洋岛屿的殖民模式（他们从一个岛屿转战至另一个，直到抵达一个叫作文兰的岛屿，也就是今日的美洲）和波利尼西亚人在太平洋群岛上的居住模式。由这两个如此不同的种族完成的两个大型实验中，有哪些结果是相同的，哪些又是不同的呢？

仔细想来，流行病学家们在研发药物时，同样也是使用这套科研方法。我们如何知道吸烟会导致肺癌？那是因为流行病学家发现，肺癌患者普遍有抽烟的习惯（或者说其中有许多人如此）。人们为何会认定转基因的菜籽油是导致所谓的西班牙非典型性肺炎的罪魁祸首？科学家们研究了患者的生活方式和他们所处的外部环境，企图从他们近年来的生活规律中找出某种共性。在营养学中，比较研究法和自然实验法同样被大量使用。哪个民族最为长寿？哪些人最不容易罹患心血管疾病？而哪些因素——比如饮食习惯或生活方式——能够解释其中的原因？

理查德·道金斯在其 2004 年出版的关于生命历史的著作《祖先的故事：生命起源的朝圣之旅》中警告我们需要警惕两种倾向性：一种是试图为已经发生的所有事情寻找规律和解释；另一种则是所谓的"现代荣耀论"，即认为过去发生的一切都是为了达到我们所在的这个时代而服务的，仿佛我们的祖先的人生目的就是致力于演化成现在这个样子。

然而，尽管道金斯从一开始警告我们不要对生命历史的演化方向过于想当然，但他也确实认可从某种角度论证这种可能的必要性，而这正是我们现在探讨的议题。有些人会认为，就算整个生态圈从零开始重新进化，进化结果也会与我们当今所在的这个时代没什么不同。会有这种想法也是情有可原的。当然，我们绝不能说生物进化的历史就是向着人类这种生命形态发展的历史，但从某种程度上来说，说它是"进化的历史"这一点本身并没有错。

但容我们稍后再来讨论这个议题吧。

---

## 生命简史
VIDA, LA GRAN HISTORIA

### 怀疑论者

科学最大的特点，就是它在每次发布一个具有积极意义的、划时代的全新理论时，态度总是十分谨慎。科学本身就是由不轻信的态度以及怀疑主义所定义的。有史以来最伟大的科学哲学家卡尔·波普尔爵士将怀疑主义发挥到了极致，甚至到了宣称进化论不是真正的科学理论的地步，理由是进化论是不可辩驳的（不能被证伪或者不能判断其真假），不过他后来还是改变了自己的看法，承认进化论是科学的理论之一。

其他科学哲学家尽管认可波普尔的坚持，同意应该将是否可证伪视作评判科学认知论的依据，但普遍认为他对进化论的评判标准过于僵化。比如杜普雷就认为，在有些情况下，一个科学理论已经积累了足够多的事实证据来证明其正确性，那么在这种情况下，该理论就应该已经是无可非议的了，必须将之视为是正确的。进化论的情况就是如此，它已经不仅仅是一个理论，而是成了一项无可辩驳的事实。物种进化已经是一项既定事实，我们要探索的只是它会发生的理由。

达尔文提出的自然选择机制能够很好地解释物种进化、适应环境的理由，如果将这个机制视为一种科学理论，那么它也许确实还有争议和进步的空间。换句话说，进化本身就是问题所在，而自然选择机制则是它的答案。

---

为什么那些伟大的科学理论总是如此令人难以理解？为何需要花费如此多的时间和精力来解读？这是否是因为这些科学理论违反人的本性和生活中的常识？

仔细回顾过去的话，我们会发现，伟大的科学发现通常总是那些科学天才出于对常识的怀疑所提出的不同想法，正因如此，这些理论通常要花很长时间才能被大众接受，因为它违背我们的惯常认知、违背我们的常规思考方式。这些传统的思维习惯也许有助于我们的日常生活（因此它才会被保留至今），但却无法帮助我们发现事物背后隐藏的真相。

比如，地球并不总是我们现在看到的这个样子。在过去的漫长时光中，它曾经历过许多地质变化——大陆板块之间互相移动、冲撞或分离，在远古时代，高山曾经从海中拔地而起——同时，物种则在不断进化。这些概念令人感到很难接受，因为在我们看来，一切明明都显得那么稳定。实际上这些变化是以非常缓慢的速度在发生的，从人类的视角观察根本感觉不到，只有将之放在一个极其漫长的时间范围内、在大规模的地理范畴中来观测才能发现。但这些理论都是真实的，而且也有方法可以证明。最直接的一点，就是这些现象不仅仅停留在过去，此时此刻仍在不停地发生。

如今我们看到的那些几千米高的高山，曾是一片汪洋，因此，如今我们仍能从山顶找到古代的海洋生物的化石。这些遗物就是证明。而如今，山脉仍在继续升高，其高度变化已经可以精确地测量。尽管听上去简直不可思议，但实际上时至今日，每年欧洲与北美都会分离得更远一点。如今这些距离上的变化已经可以被精确测量并得到证明，但直到一个世纪以前，在德国科学家阿尔弗雷德·魏格纳提出大陆漂移说之前，谁都没有想到过这一点。

再举一个例子。在真空环境下——不用考虑大气环境和摩擦力的影响时——两个物体必将同时坠地，不管两者之间的重量差别有多大。我们很难相信一个铅球和一张纸会以同样的速度下坠，但伽利略曾经在比萨斜塔上亲自演示过这个实验，证明事实就是如此，不管我们觉得这是否合理[22]。

现在，我们再来看一个相对论的例子[23]。我们所处的星系银河系的直径为10万光年，也就是说这就是我们从银河系的一端到最远处的另一端需要花费的时间。离我们最近的星系是仙女座星系，它比银河系最偏远的角落还要遥远，具体来说，两个星系之间的距离长达250万光年。由于距离过于遥远，我们只能打消星际旅行的念头，因为恒星之间的距离相隔太远了，没有人能够活着抵达目的地。

但是，这里爱因斯坦的理论提供了一个解决思路。如果我们用和光速几乎一致的速度旅行（当然这并不容易实现），那我们只需要五六十年的时间就能到达仙女座星系。为了达到接近光速的最大速度，每年需要加速一个 g，即地心引力的力量。到这里为止，没有什么令人感到奇怪的地方。然后，等我们到达仙女座星系后，在星际旅行间出生的我们的后代如果想要返回祖辈所在的故乡，那么他们又要再花五十多年的时间返程……但是，等到他们回到地球时，地球上从他们的父辈出发时算起，已经过去了六百万年！这怎么可能呢？这不是非常荒谬、非常疯狂的吗？而相关的解释听起来就更疯狂了：在星际旅行时，随着速度的不断增加，时间是会变慢的。听起来仿佛就是《爱丽丝梦游仙境》。

然而，相对论的理论确实从一开始，就是一个彻彻底底的科学理论，因为这个公式本身就是允许实际验证，能够找到事实证据来证明的。自从相对论问世以来，没有一个相关实验的结果与之相悖。时至今日依然如此。

这里我们不需要解释相关的量子力学知识（再说我也不确信我能解释得清楚），但显然，仅凭我们这个时代的传统物理知识，要理解量子力学是很困难的，尽管量子力学已经成为现代和未来科学发展的基础。

另一个违反常识的科学理论（这也是为何伟大的科学发现一开始总是听起来如此荒谬的原因），是人可能会因为肉眼根本看都看不见的微小生物（微生物）而死亡。我们看不见它们并不是因为我们视力不好，人们因此而死也并不是出于神的处罚，尽管这两个说法听起来更符合逻辑和常识。

关于自然发生说的看法又该如何解释？直到法国化学家巴斯德证明其错误性之前，所有人都认为，在日常生活中，从没有生命的物质（比如一个水坑）中能够诞生出生命来。

那么，我们是否需要成为一个天才，才能理解科学知识？平庸之辈就不配掌握科学吗？

幸运的是，一个人并不一定非要是一个天才才能成为科学家，而这恰恰是关于科学的最振奋人心的消息之一。与人类在其他创作领域的情况一样，只有真正的天才才能提出惊世的创新理论，但其他所有人都能理解这个理论，而且仅需普通的智力水平就能应用它。甚至，一个天才的创意在提出后，后人会觉得理解起来是非常简单的。据说，在达尔文生前，科学家托马斯·亨利·赫胥黎曾最为激进地捍卫过他的进化论和自然选择理论。他在初次听闻该理论时曾惊呼（我猜想他可能还猛地拍了一下脑门）："我怎么就没想到，真是个大蠢货！"[24]就像我能够欣赏莫扎特或巴赫的音乐，但完全不曾奢望自己能够作曲一样。

有人会担心，随着时间的推移，这些科学理论和相关的解读将会变得越来越复杂，越来越难以理解，我们也会因此对科学越来越敬而远之。事实上，科学真的正在远离我们吗？我们是否只能放弃理解科学的企图？

幸运的是，事实并非如此。实际上，随着一个科学理论的解读变得越来越深入，它在同时也将变得越来越简单易懂，按照科学界的说法，是越来越"优雅"。当我们知道得越多，一切就显得越简单，相关的琐碎细节则越来越无关紧要[25]。在板块构造学的例子中就是这样，该理论以我们之前想都没想过的方式，展示了地壳的运作模式，从而解释了火山喷发和地震等现象产生的原因。地理学有了这样的概括性总结理论——近年来最伟大的科学概论之一——之后，研究各种岩石就变得更加容易，也更好理解了，而不是变得更难。我们也很高兴能更好地理解地球的运作方式。达尔文对于生物学的贡献也是如此。如今，在研究有机生命的世界时，一切都变得更简单，也更美好了。而这就是我们最应该感谢那些伟大的天才科学家的一点：他们给我们带来了如此多的美好和感动，以及那么多的快乐。

我们承认，和其他所有的科学理论一样，进化论目前的状态只是临时的，在现在和未来都还将有可能继续完善，而且肯定还有很多可完善之处。围绕进化论展开的种种辩论并不会使其突然陷入危机，但实际上进化论的地位始终在接受着挑战。

但是一个理论之所以能够成为一个完全科学的理论，必然是因为它从本质上就能够解答自己研究的那些现象之所以会发生的原因。如何解读才是要点。如果达尔文的理论仅仅局限于证明物种随着时间推移而进化，却没有告诉我们是什么促成了物种的进化的话，它就不是一个科学的理论了。如果是那样的话，它将无法令人信服。

对于这个问题，作为一位杰出的英国自然科学家，达尔文给出了自己的答案：进化的起因源自物竞天择。这个概念很好理解，谁都能够听懂，可以将它和我们每天在农场中所做的工作类比。

"天择"这一理论的名称源自进化的过程，即推动进化的机制，它类似于世世代代以来，人类中的农民和畜牧业者为了优化（为了更好地满足他们的利益）动物的品种和植物的多样性进行育种的过程。多年以来，这些动植物在人类的影响下发生了巨大的变化，与它们的野生祖先之间已经几乎毫无相似之处了。

达尔文解释道，如果人类的农场主在短短几千年间就能使物种发生这么大的改变，那么自然界在近乎无限的时间范畴内（不是几千年，而是上亿年的时间），能够促成的进化规模自然更是要大得多。

但人类是有意识地在给家养动物和种植物配种。自然界却没有目的性，也没有计划性，因此人工优化和自然界的择优方式并不是完全相同的[26]。为了更好地理解进化论，我们还需要更多知识的补充。

为何我们在自然界的进化研究中，从一开始就排除了目的论的可能性？

这是一个根本性的问题，在我们继续接下来的探讨之前，首先必须对这个问题做出解答。法国诺贝尔奖得主雅克·莫诺在他1970年的著作《偶然性与必然性：略论现代生物学的自然哲学》中曾经清清楚楚地声明道："可以说，科学研究方法的基石，就在于认可自然的客观性。"

因此，我们必须排除所有在自然现象背后寻找终极理由或称"计划性"的倾向。但是，为何人们总是固执地想要寻找这种目的性呢？我们在害怕什么？为何人们花了那么久，才承认客观性原则的存在？

根据莫诺的理论，科学应该建立在自然的客观性原则之上，而不应去寻找事件背后的计划性（我们研究的这些现象不是遵循某个计划而产生的）。而与之相反，在科学产生以前，神话理论则试图为所有的存在寻找其目的——不光是动物，也包括植物、岩石、河流、风暴等。在神话理论看来，所有这些事物的存在背后都是有原因的。神的力量无处不在，可能会出于善意为我们提供帮助，也有可能会出于敌意给我们设置阻碍。但所谓"神的怒火"这一理论并非一无是处，这样人们就不用去勉强自己承认自然的客观本质了。对于泛灵论者而言，他们最不能接受的就是承认这个世界运作时根本不考虑人类的生死存亡。正是这种漠然令人类感到恐怖和害怕，但科学理论所认可的恰恰就是"世界的运作与人类的意志毫不相干"。出于恐惧，人类才会不想承认这一点。

莫诺补充道，发现自然界客观运行原则的历史性时刻最早始于笛卡尔和伽利略提出的惯性原理。虽然在此以前，早在古希腊时代开始，学者们就不断地提出理论、逻辑，进行实验和观察，但从惯性原理被提出后，科学界才真正面临"不承认客观性原则就无法继续发展科学"的抉择，而正是这条客观性原则促成了此后三个世纪以来的科学发展。在科学的任何领域，都不能无视客观原则，"哪怕只是临时排除一下，或在某个限定性的领域稍作排除也不允许"。因此，对于人类来说，自然界对我们也是一视同仁的客观。

正如我所说的，关于客观性的问题是一个核心问题，是所有理论的基础，因此本书也将在符合客观性规律的基础上展开阐述，"不作任何临时性的排除，不对任何领域进行特例处理"。自然界的客观性原理不容许任何例外，因为它是科学的出发点。它并非科学研究的方向，而是科学研究的起点。它是一个先决条件。莫诺说过："客观性原则是一个纯粹的假设学说，因为它永远无法展示。很明显，我们没法想象有什么实验能够证明自然界的任何活动背后没有计划性或是某个终极目标的存在。"

帕斯卡·瓦格纳-艾格等学者[27]曾经提出一个理论，认为所谓的阴谋论（比如对肯尼迪谋杀案的质疑，或是认为人类其实从来没有登上过月球）、神秘主义、伪科学（或者应该叫反科学）和目的论之间有某种认知上的关联性。我们要记住，这类理论的共性，就是要在发生的所有事件背后寻找目的、寻找一个究极的原因，包括所有的自然现象、整个世界甚至包括人类的存在本身。这背后是一种典型的儿童式的思维方式，是一种幼稚的理解，但有些人却在长大成人后，通过"信仰"或"直觉"延续了这种思维逻辑。这背后的根本原因在于对寻找一个"简单易懂的答案"的渴望，希望在面对现实中其实十分复杂的情况时，能够通过目的论给出一个简单的解释。这些人认定，在这世界上发生的一切，背后自有推动它们产生的意志存在。所发生的一切都需要一个可以解释的理由。

而在科学的研究方法中，我们虽然从一开始就排除了自然有其目的的可能，但也并未因此就在这个领域只留下完全的空白或对此一无所知。科学界认可的是科学定理。定理才是产生这些自然现象的起因。比如在物理学的领域中，虽然不存在任何目的论，物理现象的发生背后不存在某种超自然意志，但物质背后的物理定律驱动了它们的运作。而这些科学原理，是人类的头脑完全可以理解的！通过科学，我们才得以了解到这个世界是如何运作的，运作背后的原理是什么，而完全不需要为其强加哲学或精神上的意义（或原因）。

伟大的美国演化生物学家乔治·C. 威廉斯曾经举过一个例子[28]。假设太阳存在的意义是为了照亮地球。如果这是它的作用，那太阳为何这么大，离我们又为何这么远呢？就算太阳小很多，离我们更近，它也一样能实现"维持我们的存在"的功能。而如果那样设计的话，岂不是会更有效率？目前，来自太阳的光线大部分都在宇宙空间中消散掉了——而没有为我们所用——因为太阳是个球体。任何一个工程师都会认可，如果将其设计成一个发光的碟形（只有一个发光面），做得小一点，离我们更近一点，太阳将能更好地发挥它的光照作用。

生物的存在背后也没有任何规划吗？那么，我们如何解释它们令人惊叹的完美构造？一颗围着太阳转的行星、一块石头和一只动物或一株植物之间的区别何在？

在达尔文之前，1802 年，曾经有个叫威廉·佩利的英国人写过一部叫作《自然神学》的书，在书中作者宣称有机生命世界的存在是被刻意设计出来的。我们可以将达尔文的整部著作都看成是对这一理论的驳斥。佩利所举的一个最典型的例子是人类的眼睛，因为它的功能十分完善，令人惊叹。按照他的说法，否认如此精美的设计背后没有高等智慧力量（上帝）的影响力存在，就像是在路上捡到了一块手表，却声称它"一直在那里"，像一块石头一样，而否认它的背后必然有一位睿智的制表师存在。但是，达尔文却否定了这种"幕后设计者"的存在的必要性，而且从那之后，我们都沿用达尔文的理论至今。

在我看来，佩利的观点代表了大多数人看待自然现象的常见共识[29]。他的理论主要是基于一种类比。如果所有的有机生命——尤其是动物——其生理构造类似于机器，那么势必就应该存在一位类似于我们的工程师的角色。而且由于现存的生物体的构造实际上比我们设计的机器还要完善得多（更不用提 19 世纪初时人类能设计出的机器的水平了），那它们幕后的设计师必然也比我们人类要高级得多。

然而，讽刺的是，正是佩利自己的理论推翻了他的这一观点，因为实际上，从某种角度来看，人类设计的机器远比生物体更完美，且容我慢慢道来。尽管表现形式看起来完美无缺（莫诺称之为"演出"），但如果就近仔细检查，解剖这些现存的生物，我们就会发现它们体内其实有很多粗糙的部分、荒谬的错误、不兼容的问题，而任何人类在设计一张工业图纸时都不会犯下类似的错误。这其实很正常，因为人类的工程师是通过图纸或者电脑，从零开始设计规划的。而与此相反，在生物学中，一个物种是从另一个更古老的物种进化而来的，而这种过渡的痕迹依然留在它的体内。有人（法国人弗朗索瓦·雅各布，他和雅克·莫诺曾共同荣获诺贝尔奖）很形象地将自然界的进化形容成一个修修补补的过程[30]。就像我们之后会看到的，人类眼睛的结构恰恰就是这种"查缺补漏式设计"的一个典型例子。

莫诺在他的作品《偶然性与必然性》中做了一个有趣的认知实验。想象一下，如果有朝一日，一群外星人从宇宙空间来访，派来一组由外星的程序员编程的探测机器，这些机器对地球上的生物学一无所知。莫诺假设其中有一台探测器在枫丹白露的森林深处着陆，那么它将会遇到两种物体：房子和石头。按照规律判断——从几何构图的简洁性和重复率来看——可以得出石头是自然的产物（因为没有两块石头是相同的，而且每块石头的形状都不规则，没有固定形式）的结论；而房子则是人工制造的产物（形状简单，方方正正，不断重复）。但当这个探测器将镜头向下转去，开始观察一些更为细小的物体时，它也许会被一个蜂巢绊倒：从蜂巢内部的结构来判断，探测器会立即得出结论，认为该物品一定是人为制造的。随后，当它开始观察蜂巢中的蜜蜂时，它会发现这些蜜蜂在所有的细节上都完全一模一样，毫厘不差，于是这个探测器就会认为这些蜜蜂是由蜂巢这个神奇的机器流水线生产出来的，从而认定地球上的工业要比它们先进得多！

实际上，生物具有规律性和重复性这两个特征，但机器亦然。因此，一个来自外星的程序要如何识别人工造物和自然生命体呢？作为一种解决办法，这个外星探测器可以不仅局限于研究它的观察对象本身（如蜜蜂），同时也对它的起源、历史和构成方式展开一番研究，即调查它是怎么来的。尤其需要调查的是，创造出这些存在的力量来自它们的内部还是外部。蜂巢的产生是出于某种外部力量的作用，就像一辆交通工具、一座房子、一把史前石斧、蜘蛛结的网或海狸筑的堤，而导致蜜蜂呈现出这样一个形态（创造形态）的原因则来自其内部。

由外星程序员编码的地球探测器肯定会注意到，蜜蜂的组织结构非常复杂，而对于这样一个机器而言，"组织性"和"信息化"是相互关联，甚至是相同的。于是它就会自问，这样一只蜜蜂收到的信息是从哪里来的？它的原始出处为何？如果蜜蜂能够收到信息，那么势必应该有一个信息发送器能够发送信息。它也许要过一阵子才能找到答案：信息的发送方是一只与接收方完全相同的生物。到这里，它才会发现这就是生物中所谓的不变繁殖的特征，即这一代的生物可以将自己身上携带的信息（通过 DNA）完全原封不动地传递给下一代，使得下一代能够完全复制它的结构。

但是——这个"但是"是我加的——如果这个外星人派来的探测器对随便哪个生物的内部构造进行深入的研究，那它根本就不需要花时间去判断它是由外部力量制造的，还是由于内生因素而呈现这个形态；也不用去研究它携带的信息是从哪里来的；因为只要深入分析一个动物的身体构造，就会发现其中充满了设计上不完善的地方，内部的结构也充满了不连贯性，从工程学的角度来看无疑属于残次的设计品，是粗制滥造的产物。而这，实际上正是生物进化的结果。

哲学家卡尔·波普尔认为，生命的过程可以被定义为一个"解决问题的过程"，而地球上的生物，正是现存的唯一具备解决问题的能力的存在。我们不能将这个定义套用到其他任何东西（或单位个体）上。只有生物，要不就是机器，会具有解决问题的能力。而机器又是由生物中的一种——人类制造出来的，因此也可以看作是生物的能力的延伸。但机器不像生物那样具有自主性，它们无法自我复制，也不能修复自身。

达尔文的理论专注于研究，在没有"幕后造物主"的前提下，生物体的运作机制究竟是如何形成的（通过这些机制，生物可以完成各项具体的、可执行的功能）。在没有某个特定意志在背后推动的情况下，进化的过程并不是为了替生物寻找解决问题的方式……但最终的结果却是，生物确实通过进化解决了它们的具体问题。


对于自然是如何在并非刻意的情况下完成生物机能的设计，达尔文是怎样解释的呢？他的理论是否需要掌握高深的数学或哲学知识才能理解？

其实大可不必。达尔文给出的解释相当简单。对于每一代的生物来说，当它们出生的数量高于自然所能供养的数量时，生物之间就会不可避免地为了争夺生存权而展开竞争，其中更优秀的生物将会获胜，而它们的后代将会继承它们的特质；长此以往，物种就将一代接一代地以一种细微但稳定的方式逐步优化。所谓的优化，指的就是能够有更大的生存可能性[31]。

所谓争夺生存权的斗争，不一定指的是两个生物个体之间以直接冲突的方式进行厮杀（即著名诗人丁尼生所描述的"自然的爪牙染满了鲜血"），而更多的是对于可支配资源的争夺。这种资源可能包含多项内容，如食物、居住地、伴侣等等。比如对于生长在热带雨林地面的植物来说，所谓的"生态限制因素"[32]指的就是阳光。一棵树的树冠如果高高在上，就能得到充足的阳光；但对于比这些树矮小的其他植物来说，阳光就成了一种稀缺资源。

之前提到的科学家乔治·C. 威廉斯举了一个有趣的例子，来解释人类制造的工具和受到自然影响而进化的生物构造之间的区别。不管是什么工具——如钟表、鱼钩、铅笔、咖啡壶、照相机（人类眼睛的工业替代品）——在生产之前，人类都会先实施设计，但即便如此也需要不断实验，验证和纠正错误。而当一个商品最终投入市场后——即便只是一个虚拟的电子产品，如一个电脑程序软件——则由用户开始体验，厂商则会记录下用户的使用反馈，以便在下一版机器（或软件）的设计中优化，以确保它在市场上始终具有竞争力。

因此，一个机器装置的进化分为两个阶段：1. 从零开始进行最初的设计；2. 之后的验证（实验）和纠错。因此在产品的生产过程中，设计并不是唯一的决定因素，实验的结果也相当重要。

而在生物学的进化中，物种却面临着只有"成功"或"失败"的这两种可能。没有初始设计，但因为有性繁衍的生物不存在一模一样的个体，因此个体之间有自然差异。接下来，自然就会通过实践来挑选这些个体中较为优秀的案例。通过这种方式，生物模式渐渐改变，个体将能够越来越有效地解决它们面临的问题。正如弗朗索瓦·雅各布所说的，人类从成功或失败中都能够学到教训，但在进化史上，只有成功者才有学习的资格。在自然选择的过程中，失败者没有第二次机会。如果一个生物个体的生存模式不合理，它就不会有机会诞生下后代[33]。

在漫长的历史长河中，山川一点一点地拔地而起，就像河流逐渐在地面上开拓出河道，夜以继日的潮起潮落终于形成海岸。这些自然现象的发生背后都并没有什么目的，而只是纯粹由于地面下方的地壳运动而形成了地貌的变化或侵蚀，背后的原因都是源自自然环境的变化。那么，目前存在的一切是否都是进化的结果呢？在地理学领域，有和生物学领域类似的进化过程吗？生物进化的独特之处在哪儿？

达尔文建立进化论时，曾从苏格兰地理学家查尔斯·莱尔的著作中获益良多。根据莱尔的描述，在地球上的自然力量的推动下，我们的世界始终是在不知不觉地变化着的，这些变化日积月累，最终形成了惊人的成果。他的理论深深震撼了当时年轻的达尔文，令他在内心深处立下宏愿，将来要成为生物学界的莱尔。可以说，不去学习这位苏格兰地理学家的著作，就不能真正地理解达尔文的进化理论的重大意义[34]。

但是尽管两者之间可以类比，实际上达尔文还是注意到了在动物的世界，有一点和地理的世界是很不一样的，那就是生物可以改变它们的生活模式，而无机物却不行。动物的器官或植物的构造是为了实现某种功能（即所谓的功能性器官），但组成岩石的矿物质却没有任何功用。调整自身以适应环境的概念适用于生物学研究，但永远不能应用到地质学的研究中。

事实上，达尔文为之惊叹的并非是生物的构造有多完美——每种生物以其自己的方式发挥功用，而在我们看来，所有的生物构造都是完美的——而是它的功能性与环境嵌合得多么精确，即每种生物及其独特的生活方式，"在自然环境中都能找到自己的一席之地"。如今，我们将这种嵌合称为"生态位"。每种生物都有属于自己的生态位，在同一个生态圈中，没有哪两种生物的生态位是完全一致的，不然双方就会互相排挤（我们将之称为竞争排除）。

人们常常会把生态位与物种的职能（类似于传统的人类劳动分工）做个比较，这种职能可谓是生物赖以谋生的方式。一个动物的生理学特征、解剖学构造以及行为模式，共同构成了助其完成职能的因素。有些动物从名字中就能很明显地看出它的职能，如啄木鸟、裁缝鸟、翠鸟等等[35]。就像在工业和机器的世界中，一台设备——比如一块钟表，我们不要求它能带动方向盘的转动，重要的是它的指针能多么精确地指出正确的时间。同样，我们不会要求一个榨汁机具备显示时间的能力。它需要完善的能力在于别的方面。因此我们可以得出结论：人类生产的不同的机器都是为了不同的目的而服务的，每个机器有其需要完成的特定任务，在市场中占据有一块属于自己的利基[36]。

在生物如何调整自身以适应环境的话题中，达尔文最喜欢的案例之一是啄木鸟。啄木鸟堪称典型的职能领域的专家，它能够啄穿树干，将藏在里面的虫子扯出来吃掉。他也同样惊叹于有些热带蛙的进化：它们离开了水塘，获得了爬到树上的能力。会爬树的树蛙，就像鸟类一样！而在植物的世界中，有些植物生产的种子带着小钩子，这样它们可以钩在动物的皮毛上，让其将之带到远方播种。还有些植物的种子则和羽毛的形态类似，方便在风中扩散。我们可以看到，达尔文举的这些例子都很简单，但同时又十分令人震撼[37]。

达尔文所称的"自然选择原理"，是用来解释生物适应性的最佳理论，在生物科学的领域没有对手，也没有类似的替代品。这位英国自然科学家要解决的首要问题，不是探讨生物整体的完善，而是研究每个独立个体对环境的适应能力。达尔文本人也对自己的这个理论十分满意。他深信，自己找到了解答"所有谜题中的最大谜题"[38]的答案（请从现在开始牢牢记住这一点）。

达尔文的这个发现确实居功甚伟：他为进化找到了一个解释、一个理由、一个动力。达尔文并非第一个提出进化论的学者，在他之前还有数人，但他确实是第一个提出"进化源于物竞天择"这一理论的科学家。值得一提的是，在他的同时代，还有一位名叫阿尔弗雷德·拉塞尔·华莱士的英国科学家也提出了同样的理论，因此他也算是自然选择理论的共同作者。但尽管这一理论是两人共同创立的，达尔文在科学界为争辩、维护这一理论所做的工作却要多得多。也因此，他能够赢得更大的回报，当人们讲到天择理论时，会将其冠在达尔文名下，把该理论称为"达尔文主义"。

在本书中，我们日后还将介绍更多关于华莱士的故事。他的进化论与达尔文的理论并不完全相同，尤其是在关于我们人类的起源和智慧的来源的探讨上，两人有着明显不同的看法。

最后，我们将探讨以下问题，来结束今天这堂课：进化论并不是达尔文主义吗？达尔文主义进化论是否存在符合科学的替代理论？

在达尔文之前，一位法国科学家让-巴蒂斯特·拉马克曾经率先提出生物进化学说，当他在巴黎去世时，达尔文年仅 20 岁，正在剑桥读大学。当年拉马克对物种进化给出的解释，看起来要更符合一般人的常识。根据拉马克的理论，在漫长的时间中，生物为了求得生存，会自己发生改变以期更好地适应环境，长期如此便发生了进化。其中一个知名的例子就是长颈鹿，拉马克认为，长颈鹿的祖先的脖子是很短的，但是为了能够够到更高处的树叶，它们的脖子不断拉长，经过一代代的进化，脖子变得越来越长，终于变成了现代长颈鹿的样子。由于其他四足动物无法够到这么高处的树叶，这样长颈鹿就能够凭借自己的优势，独享更多的资源了。

根据拉马克的理论，生物个体在自己的一生中会不断调整自身，加强环境适应性，并会将这些记录传承给下一代，这样它们的后代就可以在父辈遗留下来的基础上继续优化，而不用从零开始了。直至 1940 年，格列高里·马拉农还认为，男人的头发普遍比女人短（至少他是这么认为的），是因为成千上万年以来，男人一直会设法弄短自己的头发以防影响打猎，因此随着时间的推移，男人逐渐生来头发就比女人短了（因为女人从事这些激烈运动的概率要低一些）。马拉农还以为，中国女人的脚生来就长得比较小，是因为她们世世代代都不用出门工作，而且习惯穿很紧的鞋子[39]。

拉马克的理论将选择权交给了生物个体，而并不交由自然来进行选择，也正是因此，他的这个理论十分讨人喜欢。然而，这个理论套用在植物上就不适用了，因为植物不会自己进行主观努力。同样，某些生物具备一些特征，比如通过颜色伪装自身、吸引伴侣或威吓敌人，也很难令人想象生物个体能够通过自我意志对自己做出这种程度的改变。

我们再举一个例子，和长颈鹿一样，也是来自非洲大草原上的动物。人们都在说，非洲象的牙齿越来越短小了，这是为了躲避喜欢长牙的狩猎者的追捕。但如果情况属实[40]，非洲象的牙齿缩小的原因就跟这些象本身的意志毫无关系。并不是这些非洲象自己决定把牙长得短小一些以躲避狩猎者的追杀。之所以发生这样的情况，只是因为遗传了短牙基因的非洲象有更多的机会从狩猎中幸存，并将它们的基因遗传给下一代（这种短牙基因保护了它们得以幸存）。因此，用达尔文与华莱士的天择理论来解释这一现象才更为合理。

尽管拉马克的理论更讨人喜欢，但遗憾的是，它是错误的，因为（如我们之前提到过的）生物没有办法把自己一生经历的变化通过基因的方式遗传给下一代去继承。当年的拉马克和达尔文都还不知道基因理论的存在，但日后的科学证明了达尔文的理论才是正确的，而拉马克的理论则完全是错误的。实际上，每个生物个体生来就都是不同的，这是因为它们的基因型有所不同。而在它们的一生中，天择机制就像一个筛子、一个筛选器一样，筛选出能够存活下去的个体。而且由于基因每隔一段时间就会发生一次突变——这种突变是完全随机的——因此，不断会有新的个体进入这个系统，接受天择机制的筛选。

因此又一次地，拉马克的理论走进了死胡同，尽管这个理论的诞生确实非常符合人类的思维倾向（而达尔文的理论则是违背人类本能反应的）。我一生都在向大家澄清，进化并不是照拉马克的理论所说，由父辈将他们后天习得的适应能力传承给下一代，而是按照达尔文的理论（根据自然选择原理择优选出）进行的。而时至今日，我们依然有必要就此做出澄清，包括通过本书教育更多的人——哪怕只是短短的几页。

# 第三天
## 最后共同祖先

最终，地球上终于出现了生命！这一过程是怎么发生的？这个现象的出现，是否具有高度的偶然性？还是说，这是有机化学反应演化过程中不可避免的结果？在宇宙中是否有许多种生命形式？除我们以外的宇宙生命拥有多少智慧？为何长久以来，未曾有过外星人来到我们的世界？

在整个宇宙中，我们能够发现的星系越来越多，其中有许多行星处于与我们不同的恒星系统中（目前已经发现了4000多个），而这一名单还在以越来越快的速度不断变长，很快就能到达数万个了。我们目前发现的这些行星都来自我们的星系，即银河系（银河系中，光是像太阳这样的恒星就高达3000亿个）。对生物学家们来说，他们目前只关注银河系内的星球。在整个宇宙中，还有成千上万亿个其他星系呢！但那些星系离我们实在过于遥远，我们很难到那里去调查其中是否有生命的存在。

人类一直以来都热衷于寻找另一个地球，以便能更直接地了解我们的短暂存在是怎么来的。如果我们能在未来的5到10年间发现一个与我们的地球体积类似的行星，它也能从自己的恒星那里吸取到足够的光和热，从而产生液态的水和大气环境——如果我们的想法没错，这两者是产生生命的最基本条件——那么，我们就能回答人类自从拥有提问能力以来，提出的最大问题之一：我们从何而来？

在这些星球中，有多少行星中可能会存在生命？换句话来说，为了让生命诞生，具体需要哪些条件？在另一个星球上的生命是否也会像地球上的生命一样，呈现出不同的种类，如细菌、原生生物、真菌、植物和动物？有多少星球可能会出现有智慧的生命，能够具备科技文明，甚至能够实现空间旅行？智慧生命的出现，是否只是一个概率极小的偶然意外？

对于上述问题，可以说，每个科学家都会给出自己的答案，而这些答案千差万别。我将引用辛普森的回答作为开始（我在本书中多次引用过他的著述）。辛普森是我十分敬仰的一位科学家，他不仅智慧过人、学识渊博，而且思考逻辑非常符合常识。辛普森是经典达尔文主义的创新者之一，他的进化理论研究融合了自达尔文时代以来逐渐积累的新的古生物学知识，并同时排除了从那时以来古生物学家们提出的各种错误理念[41]。

1964 年，那时人们对外星人和飞碟十分狂热。作为那个时代最杰出的古生物学家之一，辛普森发表了一篇论文，给许多迷信火星人或其他小绿人的大众迎头浇了一盆冷水（但时至今日，依然还是有许多人相信外星文明的存在）。

辛普森抱怨道，在这些关于外星文明存在可能性的辩论中，古生物学家居然没有发言权，而我们明明是最了解目前人类已知的唯一一种进化——我们自己的进化历史的人。因此，他决定通过我们所说的这篇文章代表古生物学家发声。我本人也深刻认同他的观点，在这场关于天外生命存在可能性的辩论中，我们古生物学家有很多观点可以分享，我也将在本书中展开阐述。

辛普森的论文名为《论类人生物的非普遍性》[42]，他在论文中表示，在其他星球上压根不可能会出现与人类类似的生物，因为生命体要进化到人类，就必须严格按照地球上发生过的进化顺序，在长达 40 亿年的时间内，一个接一个地完全重现地球生态环境的变化，才能复制出智人这个物种（以及当代生态圈中其他物种）出现的可能性。这些环境的变化包括了大型的大陆板块移动、陨石撞击、巨型山川从海中升起、末日冰川时期剧烈的气候变化等等。

换句话说，生命的历史完全是由种种偶然性或者说是历史上的种种事故阴差阳错地造就的，造就生命的是生物所在的外部环境的影响，而非生物学本身。或者如果用戏剧来做比喻的话，那在这部生命大戏中，发挥关键作用的主角就应该是地理因素和天文因素。但事实上，生物历史的发展没有任何脚本可以参考，有的只是对于外部环境的变化随机做出的被动回应。

在《论类人生物的非普遍性》一文中，辛普森写道：

> 通过对化石记录的分析，我们可以很明显地看出，进化并不是沿着一条既定的路线从原虫到人类，向着一个既定的目标发展的。恰恰相反，在进化的过程中会不断衍生出各种分支，还会遭遇种种极端错综复杂的情况，如果我们沿着任何一个分支的方向发展，在之后的进化分支上甚至在整个进化过程中，就会不断出现各种变数。人类的出现，只不过是许多分支中某一支的终点罢了。

不仅如此，在整个地质变化的过程中，生命的进化并非一帆风顺、畅通无阻。进化过程中没有任何可靠的事先规划可循，也没人能保证最终一定能够成功。相反，在这个过程中产生了许多失败和无数的死亡，很多无用的生命最终消逝，众多物种走向灭绝：

> 更有甚者，我们发现，生命的进化并不能一直一帆风顺地延展下去，衍生出越来越多的分支并开花结果，使得物种的多样性持续增加，直至最终创造出当今世界的这些生物。相反，在生命最初呈现的形式中，大部分都没有留下后代，而是直接消亡了。

在不久之后，辛普森总结道："如果进化是上帝按照一个既定的创世方案（按照一定的方法进行创造）来规划的——虽然科学家无法证明或否定这种说法——但我们会说上帝肯定不是一个目的论者。"

综上所述，辛普森和其他新达尔文主义者都认为，在生物进化的过程中，外部环境的影响至关重要。这批科学家完全否认生机论者的拥趸提出的生物内生因素的作用（或未知的自然力量）。他们反对目的论的理由在于他们相信，自然选择机制才是生物发生变化的原因，而不是为了目的论：进化是随机的、机会主义的。如果进化的诱因全然来自外部环境，并完全是由于种种偶然因素导致的，那我们怎么能指望地球上的生命史能够在其他地方重演呢？

在"进化是出于偶然还是必然"的讨论中，如果说辛普森代表了两种极端中的一端，那么另一端的代表是谁呢？

确实，辛普森的理论在当时就像盖棺定论，在此之后，数代生物学家都没有再发表过不同的观点，直到近几年，才有一位古生物学家敢于出来反对他的学说。这位专家就是剑桥大学教授康威·莫里斯，他的研究专长恰恰就是寒武纪爆发时期（我们之后会详细阐述）的古生物学，而当今大部分的动物和我们能找到的生物化石，主要就是发源于那个时期的。

在他的最新著作[43]中，康威·莫里斯写道："且不论生命的种类是浩瀚无限的，就拿其中的一小部分——哺乳动物科目来说，在这棵巨大的生命之树上有数量庞大的树枝（包括化石在内），人类不过是其中的一小支分支而已。在这棵生命树上现存的每一个物种，都是过去已灭绝的古老祖先的延伸，但进化本身绝不是笔直前进的。"

乍一看，这种说法和我们之前讨论的辛普森在半个多世纪以前提出的进化理论异曲同工，但事实上，尽管两人都同意进化不是朝着某个方向有目的性地前进，都认同生命之树的发展分支是错综复杂的，但是两位专家对于"偶然因素"在其中所扮演的角色（如环境因素、突发事件等）的看法则大相径庭。与辛普森的看法正相反，他的当代同行康威·莫里斯认为进化的整个过程都是可以预测的，而人类在我们这颗星球上诞生是进化的必然结果。继辛普森泼完冷水之后那么久，这个议题终于又重新引起了大家的兴趣。

可是，这位古生物学家怎么能在不认可目的论的前提下，走向另一个极端，彻底否认偶然因素在类人物种起源中的作用呢？为何他没有站在辛普森的一边，不认同如果想在地球或其他任何星球上出现类似我们这样的生物，需要严重依赖不可预测的环境因素的变化呢？

首先，按照古生物学家康威·莫里斯的理论，在宇宙中要找到第二个能够出现生命的地球，本身就是一件很困难的事情，因为要在一颗星球上凑齐生命出现的因素很难，其可能性微乎其微。在这点上，康威·莫里斯认同辛普森的理论，而反对一般的大众观点，即认为在银河系中就有许多其他星球上存在生命，更不用提在整个宇宙中了。这种观点的论据认为，即便生命出现的概率本身很低，但宇宙中有那么多行星，总基数是很大的，其数量是"宇宙级的"。但康威·莫里斯曾深入研究过这个问题，并在他2003年出版的著作《生命的解答：人类在宇宙中注定孤独》中引用大量的数据分析过这一观点并提出异议。

但在接下来，康威·莫里斯认为，一旦在我们的星球上出现了生命，那么随着时间的推移，这些生命将注定会进化到类人生物的阶段（当然了，要经过一个非常漫长的历程）。假使在其他星球出现了生命——虽然康威·莫里斯本人坚决不相信会有这种事发生——如果这些外星生物前来拜访，那它们隐藏在其外表之下的内在和我们将是一样的——也就是说不管这些外星生物看上去长什么样子，其内在结构必将与人类相类似。

总而言之，我们在广阔而空旷的宇宙中十分孤独，但人类会出现却是注定的，因为智慧的出现，从一开始就隐含在生命发展的方向之中（按照康威·莫里斯的说法，智慧会从生命中"继承"）。这也是康威·莫里斯对著名的费米悖论[44]（出自恩里科·费米，诺贝尔奖得主）给出的解答：如果真的如许多专家所说，宇宙中存在许多生命的话，他们在哪里呢？（那些外星生物都躲到哪里去了？）而康威·莫里斯的答案是，压根就不存在什么"他们"，所以自然也就不会有外星生物来访地球。

我们来回忆一下辛普森的理论："如果进化是上帝按照一个既定的创世方案（按照一定的方法进行创造）来规划的——虽然科学家无法证明或否定

这种说法——但我们会说上帝肯定不是一个目的论者。"那么，如果有一位创世者，他有没有可能在不遵循目的论的前提下，通过自然进化创造他想要创造的生命呢？这难道不是一个悖论吗？

但事实并非如此。

尽管康威·莫里斯承认，进化过程不会受到目的论的引导，但他提出了两个假设：1. 生命只在我们的星球上才有可能诞生；2. 但生命进化的结果将注定导向拥有思维能力的类人生物的诞生，这个结局的出现受到神秘力量的作用影响。这种说法和创世论相兼容。

在本书接下来的部分，我不会就康威·莫里斯提出的"神秘力量的引导"这个假设展开讨论，因为我本人和辛普森一样，认为探究玄学并非科学的责任，更何况，一言以蔽之，我并没有看出这种所谓的"神秘力量"存在的痕迹。但我确实对康威·莫里斯提出的这两个假设有兴趣，因此在本书接下来的部分中，我们还会继续谈到他。

直到本书结束，在终章部分，我们才将探讨"神秘力量"的话题，相信在与我共同完成这一整趟生命之旅、看过百家争鸣的学术观点之后，读者也将有能力给出自己的判断。


到此为止，我们已经讨论了许多理论。接下来，我们将首次正式开始探讨生命的起源。它是否就像宇宙大爆炸一样，瞬间突然发生？

生命的起源与宇宙的起源，是一直吸引所有人关注的三大起源之谜中的两个，而第三个起源之谜自然就是理性思维的起源。我认为，第三个起源之谜也应包括非理性思维的起源之谜，即联想到魔法、幽灵、梦境、奇迹、艺术创作的思维能力，在我看来，它们也是人类独有的文化遗产之一。

如今我们已经知道，三大起源是依次发生的，而非同时被创造出来：首先有了世界，其次才有了生命，最后才出现人类的思维能力。而正是由于人类有了思考的能力，才能更好地了解这个世界。

宇宙从一场大爆炸中诞生是一条首要原则，在此之前则空无一物——或者至少不存在实际物质的概念。然而，在生命诞生之前虽然也没有生物存在，但当时的世界上已经有了有机化学物的存在，也就是说，存在造就生命的砖石——前生物分子结构。这些最早的分子非常简单，比当今生物的分子结构要简单得多，但在细胞出现以前，首先出现的就是它们。

那么，为了生命诞生，是否存在某种"配方"，某种奇迹般的公式，只要符合某些初始条件，就能在任何星球上万无一失地创造出生命来呢？

这种"配方"理论上应该是存在的，但一定非常复杂。我这么说是出于三个方面的理由。第一，生命只在我们这个星球上出现过一次，而且是在差不多 40 亿年以前。更准确地说，当代所有生物都拥有一个共同的祖先（而不是好几个），而这个祖先相当的古老。即使在地球还很年轻的时候，生命在诞生之初有过不止一次的机会，那么当时的大部分生命后来也已灭绝了，只留下了唯一一个幸存者（也有可能是因为某种生命体消灭了其他所有生命）。

我认为生命的"奇迹配方"一定相当复杂的第二个理由是，从那一次以后，地球上再也没有从非生命中创造出生命来。生命——哪怕是以一个简单的细胞、一个细菌这种形式——不会每天从任何水塘里自发地生成。就算细菌本身，也已经完全算不上是一种简单的生命形式了，它的生物学构成机制非常复杂。只要对它稍有了解，我们就会意识到，我们无法通过在一个水塘里添加一点有机分子这种形式，简单地促使一个细菌自发产生。

第三个理由在于，我们科学家至今都无法在实验室里创造——"合成"出生命，连稍稍接近一点这个目标都达不到，尽管在其他科学领域如工程学、通信科学或信息科学领域，我们已经实现了巨大的技术飞跃。由此我们可以推断，如果把一个生物看成是一种机械，那它比我们人类迄今为止能够生产出的任何机器都要复杂，不管那些机器看起来已经有多么的先进。我们有一种简单的方法来比较这些学科之间的复杂程度：人类发展一项技术的过程越艰难，就说明这项技术越复杂。因此，开发出一台计算机比人类发明拱门、滑轮、摩天轮、手推车、帆船等这些东西要复杂得多，甚至比发明一辆汽车或一架飞机更难。而一个细胞的复杂程度尤在此之上，因为迄今为止，它只能在自然界中诞生。

但是我要事先声明，会发生这种情况，并不是因为科学家认为一个细胞中有"什么"能够逃避科学的调查，或存在什么非物质现象的影响、某种神秘的精神因素的干扰，而只是因为生物细胞具备的生物学系统异常复杂罢了。

但是，如此说来，生命到底是什么？它的复杂性在于何处？

回答这一问题的方法之一（或者更准确地说，目前最接近正确的答案之一，因为我们还未发掘出全部的真相）来自热力学的理论，源自物理学家埃尔温·薛定谔1944年出版的经典著作《生命是什么》，该作品日后曾广泛地被人引用。在书中，这位著名的物理学家（同时也是诺贝尔奖得主）曾经提出，细胞诞生后，将面对可怕的热力学第二定律的考验：根据该定律，在所有完全封闭的系统中，空间内的熵值将不可避免地累积，直到达到热力均匀的最大不平衡状态（或达到一个最小规律值），说得戏剧化一些，就是死亡。

一个生物要保持活着的状态，就必须从外部摄入食物、水和空气。也就是说，它需要吃饭、喝水、呼吸。生命的基础源于代谢，据薛定谔说，"代谢"一词在古希腊语中指的就是"变化"和"交换"之意。那么，薛定谔问道，为了维持机体的生命，需要与外界交换什么呢？他提到我们过去受到的教育认为生物从外界交换的是物质和能量。但是，在一个状态平稳（即处于稳定状态）的机体中，其内部的原子和外部到底有什么差别，内部的卡路里和外部的又有什么不同？为何生物机体需要与外界交换这些原子和卡路里呢？因此，薛定谔认为，真正的答案来自热力学第二定律。事实上，为了长期维持生物机体内部的状态和结构稳定，就必须要将其中所累积的熵（导致不平衡和无组织性的缘由）排出体外。自然界中发生的任何事，都会导致当地熵的总量令人绝望地增加。一个活着的生物所制造的熵值会不断累积，直到达到最大熵值，即死亡。因此，为了维持机体生存，生物的内部将反其道而行之，会消耗掉所谓的负熵。因此，代谢的本质，就是生物机体不断地分解它所消耗的熵，以防止熵值堆积导致死亡的过程。生命的规则与物理的规则——在这个案例中，具体指热力学理论——并不相矛盾，但它用一种非常独特的方式来应对这种规则。

也就是说，生命始终处在热力不平衡的状态下，亦即所谓"稳定的不平衡状态"。因此，细胞膜并不是完全气密性的，它必须要允许内外界的交换。所以它并非是一个完全密封的防水屏障，但同时也并不是轻易可穿透的，而是一种半封闭式的屏障，有选择地允许某些物质进行内外互换。可以说这是一种智能细胞膜——生产商常常会用这个词来形容一件运动服——它由脂质和蛋白质组成，时至今日，依然没有任何人能够在实验室合成这样的屏障。构成细胞膜的化学原理的复杂程度，超过了我们当今技术的极限。

复杂思维范式的创始人、法国哲学家埃德加·莫兰曾用一种更诗意的表达方式解释过这一现象[45]。他把细胞比作一支蜡烛的火焰或一座桥边河流中的一个漩涡。生命本身就像火焰或漩涡一样是一个开放性的系统，因为它通过不断消耗从外界汲取的能量，能够维持一个稳定的结构（火焰和漩涡的结构是稳定的，而它们所属的蜡烛或河流却是流动的或不断被消耗的）。

因此，在火焰、漩涡和细胞中，它的结构能够维持稳定，尽管其内部构成（它们的分子）在不断地更新。因此，我们体内的原子会变化、分子会变化、细胞也会变化（除了大脑和一部分其他细胞例外），但我们整个人却能维持不变。而矛盾的是，为了维持内部的这种平衡，我们的身体系统对外界而言是封闭的……但恰恰是因为我们的细胞拥有这种开放的特性，这种封闭才能够得以维持。一个完全封闭的系统，比如一块石头，就处于一种完全平衡的状态之下，而它与外界的物质与能量交换则不复存在。因此，莫兰告诉我们，支配生命机体的规律不在于平衡性，而恰恰在于不平衡，来自一种稳定的动态驱动。

生物与机器的不同之处在于生物不需要制造商的介入就能自律行动。此外，人造的机器是一个完整的整体，其中任意一块零件都不能更换；而生物机体的内在却在不断更新。人工制造的机器内部的零件非常稳固，但一旦有零件破损，需要外部人工介入才能进行更换。生物分子远没有那么稳固，但细胞可以不断地自我更新，而不会影响整个生物机体的运作。

为了维持生物体内的机能运作，细胞会从外部的生态环境中吸收物质、能量和信息，因此可以将生物看作一台能够自我循环的机器。在这里，出现了一个与生物相关联的新词汇——信息。

事实上，所有的生物，不管单细胞还是多细胞生物，都会自我复制，但两者有一个显著的差别：只有多细胞生物会产生死亡的概念（或者说，至少只有多细胞生物消亡后会留下尸体）。在这个自我复制的过程中，生物同时具有复制自己的内部秩序的能力，这也是生命的又一大特征之一。同时，为了完成自我复制，生物需要一个分子，即DNA，在其中将保存维持机体运作必需的信息……通过这种方式，生物能够将生命赋予新的个体。

这里还需要指出生物和基因物质的另一个特性，即它们的进化能力。实际上，生命本身不断变化，并不断产生多种多样的分支，这个特性也包括在生命的本质之中。换句话说，生物必须要有能力从外界获取新的信息，并事先对这些信息进行转换，以便将这些信息存储在它们的基因组中，并把这些新的信息纳入一个可持续的基因体系中——尽管在此过程中细胞本身仍在变化——使之成为一个新的整体。在英语中为了描述这种通过偷偷观察，得到关于天敌的信息并加以储存的行为，使用了"智能化"这个术语。这种行为确实正是获取智慧并将之储存在基因里的行动，而这一过程是通过自然选择过程来完成的。诚如伟大的基因科学家特奥多修斯·多布然斯基（现代综合进化学说的又一位创始人）所说："自然选择的过程其实就是自然界的居民将外部环境状态的'信息'存储到自身的基因组中并代代相传的过程。"

我希望大家正确地理解这个概念，它虽然有些微妙，但与此同时又非常重要。多布然斯基没有说生物个体会根据自己从外部获得的信息来调整自己的基因。不，生物的个体记忆（即它们从自己的整个生命周期中学到的知识）是没有任何方法通过基因传递给下一代的（我们要记住，这就是之前拉马克所犯的错误）。但是，在进化的过程中，物种会不断调节自己的生活方式以适应环境，因此我们只是以隐喻的方式说它们在学习（物种，而非生物个体）。当代的猴子不再长着爪子，它们的指甲是平的，因为长着平的指甲会比长着爪子更容易握住一根树枝，因此在遥远的过去，长着平指甲的猴子才会被自然选中活下来。对于当代的猴子来讲，我们可以说，它们已经解决了这个问题。

弗朗索瓦·雅各布同样以比喻的方式将基因比作一种系统性的记忆，能够存储进化过程中不断积累的关于外部环境的信息。在生物学中还有另外两种记忆系统，但那都是属于个体的（个人记忆）：一种是免疫记忆，另一种是神经记忆，这两种记忆都能将个体生命中经历的关于外部环境的信息复制下来[46]。

因此我们可以看到，基因物质具有三种十分独特的特质。第一，它可以被视为一种程序（用信息科学的术语来说的话），这种程序能控制细胞代谢，通过它存储的信息制造各种酶，用来催化——或曰加速——细胞内部的各种化学反应。

第二，基因物质包含的信息能从一个个体传递到另一个个体中，通过复制，从祖细胞传递至它的后代。我们可以说基因信息可以被发送和被接收。有时候，信息没有完全准确地传递（用通信术语来讲，就是出现了杂音），因此在复制过程中也会出现我们称之为突变的变化。这就是自然选择原理运行过程中，能够出现生物多样性的原因。通过这种方式，经历了自然选择机制的挑选后，外部环境的信息被记录到基因组中（因为按照达尔文的说法，自然选择机制正是通过环境变化来实施的）。

最后，基因系统也是一个记忆存储系统，它能储存历史信息，即过去的生物所经历的整个进化过程的相关信息。

为了理解生命的起源，我们面临的一大问题在于，我们已知的所有生命形式——甚至包括细菌在内（病毒则不算，因为它并不真正活着）——都异常的复杂。我们对任何生物都谈不上有完全的了解，也没有能力在实验室复制其中的任意一种。哪怕是最简单的单细胞生物，我们也难说是从根本上了解它的所有奥秘了！但简单的生命并不存在，我们从未见识过。生命都是复杂、秩序井然、结构完整、信息丰富的，否则就不能称其为生命。

---

## 生命简史
VIDA, LA GRAN HISTORIA

### 分子电影

---

　　理查德·道金斯曾经说过[47]，弗朗西斯·克里克和杜威·沃森（两人在 1953 年发现了生物学遗传分子结构）应该像亚里士多德和柏拉图一样受到人们的敬仰。多亏了他们的发现，如今我们才知道，基因其实就是携带数字信息的长链，仅此而已。这一发现彻底断了生机论的活路，该理论曾相信，无生命的物质和生物之间有某种根本性的差别。

　　基因编码其实就是一串数字信息，由 4 个符号（DNA 的基础）组成了四进制代码。因此，以下操作是完全可行的：如果我们找出一段时长一分钟的短篇电影[48]，首先将其数字化；接着，我们将其中的二进制编码（0 和 1）转译成四进制的基因编码（GACT）。这样，电影的相关信息就用基因编码存储起来了。随后，我们将存储这些数据的文档从纽约哥伦比亚大学寄往一家位于旧金山的公司，在那里将这些数字信息合成到一个 DNA 分子结构中，再将其装在一个小罐里寄回纽约。随后，哥伦比亚大学会反向操作，将分子中的基因编码转回二进制，通过这种方式，从这个 DNA 分子中导出的这部数字电影就能准确无误地再度播放。

　　通过以上实验的成功，我们能够看出，携带这个电影信息的

---

DNA 分子链条将插入到生物的基因组内与之共存，同时还能通过自我复制，将这部电影（或是一本书，或是随便什么其他的电子化数据）的信息扩散到它所复制的整个族群的基因组内。实际上，在这个理论提出后不久，就有人做了类似的一个实验（两篇相关新闻的报道都发生在 2017 年）：科学家将一幅奔驰骏马[49]的照片转化成数字格式，通过 CRISPR 基因编码技术（对基因进行剪切粘贴）将这些信息注入一个细菌（大肠杆菌）的 DNA 分子中。之后，植入该信息的细菌进行了自我繁殖，在复制后的众多新的细菌体内都能找到这幅奔驰骏马照片的数字信息，而且与原始文件令人惊叹的高度一致。

人们甚至因此推测，在未来，DNA 甚至将有可能成为新的信息载体，因为一个稳定的 DNA 分子能够维持很长时间，而且在其中可存储大量的数据[50]。

但在这其中没有任何魔法存在，只有数字化。最私密的生命物质的本质就是信息的载体。但这个事实丝毫无损生命本身的神奇魅力。

---

那么，自然生成一个像细胞膜或 DNA 分子这类结构极其复杂的生命物质，从而创造出一个能够自我复制的细胞，这种可能性到底有多大呢？

根据辛普森的理论，氨基酸有机分子注定会出现，或者至少说，在与年轻时的地球环境条件差别不大的星球中都有出现的机会。这样的星球上必须要有碳、氧、氢、氮以及能源，这些都是催化生成前生物分子反应必不可少的要素，即所谓生命的砖石。

谷神星是火星与木星之间的小行星带中最大的一颗小行星之一。就在最近，"黎明号"太空探测器沿着谷神星的轨道探测时，发现在这颗直径仅 950 公里的小行星上，有冰和碳与氢的化合物存在的痕迹。这些物质不像是从其他地方带来的，而是在这颗行星上原位发生的。

辛普森认为，我们有理由认定一颗行星上只要有了这些基础物质（或单体），假以时日，迟早会生成高分子物质（或聚合物），如多糖（长链碳水化合物）、蛋白质与核酸（DNA 和 RNA）。这位古生物学家写道："我们都知道，地球的发展花费了数十亿年的时间，才到达现在这个程度。"

因此在辛普森看来，从化学单体发展到高分子物质的挑战并非是不可逾越的，但从高分子到细胞的出现仍有很长的一段距离。辛普森说，我们不能放弃这种可能性，因为它确实在地球上发生了，但这样的转变发生的概率则要低得多。在许许多多能够产生有机高分子物质的星球中，只有极少数有机会出现生命。总而言之，一颗行星要跨越我们所谓的"辛普森鸿沟"是很困难的。

有人也许会对此表示争议，辛普森的理论主要探讨了我们所知的生命形式，但就我们不知道的生命形式会如何诞生，其实谁都没有答案。

但事实就是，在我们这颗星球上，生命成功诞生了，虽然谁都没有在现场目睹那个过程。但我们是否仍有可能重现那一幕？如果我们重新模拟出星球初始时代的状态，调节好对应的温度，重现当时的大气环境、液态水的构成，随后引入电流作为能源，然后我们是否就可以在实验室中静静地（或是焦虑不安地）坐等生命诞生？如果我们不清楚 40 亿年以前的环境构成，我们可以通过多种组合展开各种尝试。通过这种方法，我们是否可以促成比如蛋白质或 DNA 序列这样的生命物质的自发诞生？

要想象这个假设是很容易的。想象一下，如果我们再现出生命诞生前的那一个瞬间地球当时的环境条件，随后引入电流，之后……"吱"的一下，一些细胞就诞生了——或者至少是其中的主要有机大分子——就像魔法一样。如此这般，我们就可以宣称我们知晓了生命是如何诞生的奥秘，而且由此我们将可以确定，这种生命法则放之宇宙各方而皆准。

一位年轻的美国化学家斯坦利·米勒在他的博士论文导师、诺贝尔奖得主哈罗德·尤里的指导下，第一个尝试了这项实验[51]。两人在 1952 年做了这个实验，辛普森曾详细记录了相关的实验经过。但据我们所知，他对这个实验的印象没有对其他实验那么深，也并不像其他许多人那样认为米勒的实验解决了生命起源的谜题。事情并非那样简单。

米勒所设的实验条件（模拟地球初始状态）与我们当今的环境很不一样，但这位年轻的化学家还是设法在他的烧瓶中混入了水、氨、甲烷和氢。大家都认可在原始地球中并没有可自由支配的氧气存在，但米勒模拟的这个环境还是有很多成分是缺失的，而现今的论点则认为原始地球环境中并没有那么多成分缺失，还应该具备一氧化碳、二氧化碳、水蒸气和氮等物质。也许在补齐这些条件的情况下，米勒的实验就会失败，而这个研究也就可以宣告放弃了。事实上，尤里当时确实威胁过米勒：如果他的实验不能在短时间内拿出积极的结果，就应该换一个论文选题的方向。可见尤里对于再现生命起源关键物质的可能性是持怀疑态度的。

但事实上，米勒通过他的实验，成功合成了糖（简单的碳水化合物）和氨基酸（由蛋白质组成的单体）。构成生命的砖石可能可以通过非生物（合成）转化而来的理论得到了验证。

不消说，这项先锋性的实验结果在美国《科学》杂志上发表后，引发了大众的高度期待。当时还没有研究出核苷酸，它是组成核酸（DNA 与 RNA）的重要化学单体[52]（个体物质）。直到 1959 年，西班牙科学家若安·奥罗成功地通过氢氰酸促成了腺嘌呤的产生，这是组成核苷酸的含氮碱基中的一种。解开生命起源之谜的通道看起来似乎打开了，但我们还尚未在实验室中实现下一步：在复制原始地球环境条件的情况下，促成蛋白质或者核酸的诞生。这个问题很严重，因为 DNA 不能在脱离它的"基石"核酸的情况下自我复制（或者说，自我接合）。它需要一些被称为 DNA 聚合酶的酶（这些酶由蛋白质构成）充当催化剂，才能促成引发 DNA 复制的化学反应。问题在于，这些酶本身也是由 DNA 所携带的基因编码的，同样不能自我复制。因此，DNA 与这些酶（DNA 聚合酶）必须同时出现在这锅"原始生命之汤"里（人们常常这样形容这种原初生命媒介），才能让生命的起源诞生。因为一个 DNA 链如果不能多次自我复制，它就成不了任何生命的起源。

由此，人们开始转而认为，生命最初也许起源于另一种核酸，即

RNA[53]，因为它有能力在没有酶的帮助的情况下自我复制（因为 RNA 本身可以同时承担基因和酶的角色）。DNA 和 RNA 之间有一个含氮碱基不同，也就是有一个基因编码的"字符"不同——DNA 中是胸腺嘧啶，而在 RNA 中是尿嘧啶。因此我们认为，首先要有 RNA 的世界（基础序列为 AGCU）[54]，随后才是 DNA 的世界（基础序列为 AGCT）[55]。

距离米勒 - 尤里开创性的实验已经过去了 65 年（距本书原版成书时），而如今我们已经知道，在银河系的某个遥远的角落中要诞生一个细胞实属不易。与大众的普遍认知正相反（尽管大众通常连最基本的分子生物学常识都没有），生命的诞生绝不是理所当然的。当然了，宇宙中确实有着无穷多的星系和行星，也许其中会有一丝微小的机会——不管是多么细微——也许在某处能够实现生命的诞生。

---

**生命简史**
VIDA, LA GRAN HISTORIA

有多少个宇宙？

---

物理学家已经证明，物质基本的物理学原理（如四大力学定律或关于暗能量常数的理论）是放之四海而皆准的，在宇宙中的任何一处都成立，而只会发生很细微的变化。因此，生命在宇宙的随便什么角落都能诞生的推论就因此变得不可能了。令人好奇的是，我们的宇宙是否是唯一适合生命诞生的场所呢？

许多人都曾尝试回答这一问题。我们首先排除明显带有宗教意味的答案——生命的诞生是出自一种神的意志——因为从它的定义就决定了这种神秘力量将是我们难以理解的。康威·莫里斯认为，如果只有地球上存在生命，或者说几乎只地球有可能会诞生生命（如辛普森的观点），那这个事实主要将源自某些意外、事故，有运气的成分，仅此一例，这种事的发生概率很低、很偶然。但在近乎浩瀚无垠的群星中，正好只在我们的星球上发生过一次这种事件的概率，就像在沙滩上正好找到一粒特别的种子一样，将会带来许多哲学上的疑问。

那么，如果说宇宙中到处都有生命的迹象，则将证明我们这个宇宙特别适合生命的生存，但这就要求许多物理条件必须同时得到满足，一点点偏差都不能有。如若如此，我们如何解释这种如此精密的调节机制呢？

一个可行的答案是参考彩票的机制。在一张彩票中，所有的数字都拥有平等的中奖机会，对于每一个单独的数字来说，中奖概率都是极小的，但总会有些数字能够中奖，变成幸运数字（而另一些则什么都没赢到）。在物质法则的抽奖中，我们这个宇宙抽中了幸运数字，使生命的诞生成为可能，而且也许生命诞生事件还能在这个宇宙中频繁地发生，这也是我们为何能在这里冥思苦想生命谜题的大前提。但就像国家彩票一样，在这项宇宙彩票大抽奖中，肯定也有许多其他的号码，很难相信我们竟会如此幸运。

还有一种可能，就是宇宙大爆炸有可能发生了很多次，因此可能存在与我们的宇宙相平行的其他宇宙，但那些宇宙中的物理规则超越了我们的认知。因为在宇宙中所有的物质理论基础和作用力都是相互关联的，但它们也可能从属于某种更高或更神秘（或者说是未知）的规则。

第三种可能性则是可能存在多个宇宙，我们生活于其中的这个允许生命的存在，而它只是许多类似的宇宙中的一个而已，而除此之外的宇宙中则没有生命存在。有些宇宙学家相信这种说法是有可能的，但多重宇宙学说有个致命缺陷：它无法被证伪，至少在现阶段还不能。

总而言之，地球上为何会有生命的问题仍被视作是独一无二的，我们很难知晓这究竟是一个注定的结局，还是偶然性的产物，也无从得知在生命诞生的过程中，是否还受到过什么我们不得而知的事件的影响。

---

生命有可能是从外星被带到地球上来的吗？比如从遥远的红色行星——火星飞来的一块陨石中，带来了最初的生命？我们会是火星人的后裔吗？

看起来，早在 40 亿年以前，火星上曾有一片海洋存在，因此当时在那里可能会有生命出现。事实上，40 亿年前的火星远比地球更适宜发展生命，因为它的质量更轻，重力更小，因此更不容易引起大型陨石的撞击。而当时的地球则被无数的彗星和小行星撞击得坑坑洼洼，其中有些小行星的体积大到它的撞击造成的热量足以蒸发掉地球上所有的水分，即便当时曾经存在过生命，也会因为这种撞击而被消灭殆尽。

在某个时刻，一颗大型的陨石可能会撞击火星，两者相撞所引发的冲击会将火星上的石头抛向太空，其中的有些石头可能会坠落到地球上。这些石头上也许会带着当时在火星上生存的细菌，而这些细菌——在某些条件下——也许可能可以经历这场旅行后依然存活（我们都知道，细菌的生命力非常顽强，尽管穿越星际的旅程确实是一场严酷的考验）。地球上的生命在距今大约 40 亿至 30 亿年以前出现，因此这种生命从外星降落地球的说法，从时间上来看是完全对应得上的，并非全然是天马行空。为此我们需要研究火星上这个年龄层的岩石，因为按照这个理论，看看 30 亿年前的火星岩石中是否具有——哪怕只是一点残余——当时生命存在过的痕迹。

胚种论[56]认为，生命是从宇宙中来的，通过搭载其他星体（比如陨石或彗星）的方式到达我们的地球。这一说法得到了许多值得尊敬的学者的拥护。有些人的观点甚至更加激进，例如弗朗西斯·克里克与莱斯利·奥尔格在 1973 年发表的假说[57]。两位作者认为，生命被播撒到地球上并不是一次偶然事件。有些外星文明会通过空间旅行工具，将生命播撒到宇宙的各处（这种理论是胚种论中的一种，被称为"引导性泛种论"）。将微生物送上太空比将动物（不要说人类了）送上太空要简单得多，因为它们的质量比后者小太多了。事实已经证明，这些微生物具有强大的生存能力，尤其是在保护它们不受辐射影响的前提下，它们能在接近绝对零度的温度下生存很久。

克里克与奥尔格认为，从另一方面来看，地球上的生物都共享同一种基因编码的情况，也有可能正是因为这些生命都来自被外星文明播撒到地球上的唯一一种有机生命体，这种生命体针对地球的环境进行过适应处理，而且只出现过一次。（我们需要了解基因编码的概念，才能意识到地球上的生命的这种普遍共同性是多么令人吃惊。所有生物不但有一种统一的四个字母组成的"字母表"来形成不同的生命形式，而且还共享一种唯一的基因"语言"。要知道，一套相同的字母原本也可以写成两套完全不同的语言的。在 DNA 的例子中，所有的基因组合都由三个字母——被称为"密码子"——所组成，它们总是通过同样的氨基酸，精确地进行"编码"。）

两位作者甚至探究了外星播种者在地球上播撒生命的理由：

> 如果我们最终能够确认，我们就是银河系（甚至宇宙）中的唯一的智慧生命，从地球的不稳定状况来看，有朝一日，也许我们也会觉得有必要去改造其他的星球。正如之前我们解释过的，我们目前还无法评估这种可能性有多大。通过验证外星生命播种者的假说，我们就能够知道，我们是否确实是宇宙中唯一的生命存在，而且还将继续孤独下去，还是说我们在这个问题上完全搞错了。

在这场讨论中，克里克与奥尔格提出了一个我觉得很有吸引力的理论——宇宙的反向可逆性原则。这个理论的名字听起来很宏大，让人会以为其中一定充斥着高深的代数符号。但实际上，这个概念非常简单。那就是，假使有外星文明的话，我们处在我们的立场会干什么，那他们也一样会这样做。在那个时代（1973 年），两位作者还不知道在哪一类恒星星系中可能存在适宜生物生存的恒星（即该行星与恒星的距离要适中，且行星的特质与地球相类似），但很快我们就将能够直接去这些行星上探查上面是否有生命存在的迹象了。此外，我们的科学技术也即将发展到能够去其他星球播撒生命的水平了。到了那个时候，我们会这么做吗？如果我们认为宇宙中再也没有与我们相类似的生命，那么，当人类这个物种有朝一日面临灭绝的危险时，也许，将微生物送进太空能给我们带来些许慰藉。

但是——不管通过哪种方式——地球上一旦出现了微生物这类最简单的生命（尽管我要再强调一遍，其实微生物一点也不简单），接下来的进化道路能否一帆风顺呢？类人生物是否注定会出现？

有个简单的方法可以确认此事是否注定将会发生：观察一下从必备条件全部齐聚的时刻开始，到该现象终于确实发生，中间相隔了多久。也就是说，从"可以发生了"到"真的发生了"之间相隔的时长。

如果两者相隔时间很短，那么我们可以说这个现象极有可能发生，甚至可说是无可避免；而相反，如果在初始条件早已齐备的情况下，一个现象依然要过很久才会发生，那我们就会倾向认为发生这个现象的概率很小，甚至可能会质疑该现象可能原本根本不该发生。

这种方法并非百分百灵验，顶多只能算是一种投机的方式，但我们探索的这个领域本就充满了不确定性。在本书中，我们将不断自问，所发生的一切是否真的注定必将发生？目前的结果，与特定的初始条件之间，是否真的有必然联系？还是说，也许这一切原本并不该发生？也有可能即便在开头早已注定的前提下，结尾依然存在各种可能性。

地球在大约 45 亿年以前诞生，但直到 40 亿年以前仍是一幅地狱般的景象，陨石不断撞击地球，导致全球各地火山喷发。地球的天空和地面条件看

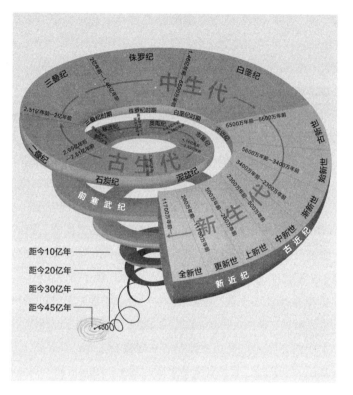

图一：地质时代

当达尔文的《物种起源》于 1859 年出版后，当时的地质学和古生物学界都不支持他的理论，主要出于以下三点理由：

1. 在不同的生物形态之间缺乏过渡。

2. 根据化石记录，生物的族群是在一个叫"寒武纪"的时期突然批量出现的，在出现时，大部分的生物族群已经成型了。

3. 地球的年龄还不够古老，被认为不足以支撑进化所需的漫长时间。

然而在达尔文提出物种起源论之后，随着科学的发展，这三大障碍都逐步被移除了。首先，事实证明，其实地球上最早的生命已经相当古老（距今至少 35 亿年以前）。随后，过渡形态的生物逐步被发现，缺失的链条补上了。此外，如今我们已经通过基因技术，证明了所有现存生物之间的相互关联其实都非常密切。

起来好像都在合力阻止生命的诞生（参见图一）。

微生物形式的生命在地球上首次诞生的证据——尽管存在争议——来自格陵兰岛的伊苏阿绿岩带，迄今大约 37 亿年。总之，大部分古生物学家都认同生命在迄今至少 35 亿年以前已经出现了，目前我们依然采信该数据。这也就是说，从巨大的陨石（大到足以毁灭所有生命）不断撞击地球的时代结束，到首批有化石依据的古生物诞生，中间相隔不过几亿年。

尽管对人类来说这是很长一段时间了，但其实从地质时间的角度来看，相对来说，这段时间出乎意料的短。在外部条件成熟后，"最后共同祖先"很快就出现了。LUCA（出自"最后共同祖先"的首字母缩写：Last Universal Common Ancestor）也许并非世界上出现的第一个生物，但当今我们所知的所有生物，无论是迄今依然存活的，还是早已成为化石的，都是它的后代。就算当时曾经有过其他的生物，它们也应该不是灭绝了，就是 LUCA 将它们消灭了。

许多古生物学家（包括斯蒂芬·杰·古尔德）[58] 都一致认为生命的诞生需要差不多 5 亿年（甚至更少）的时间，尽管我们仍不知道，生命是如何从最简单的有机分子结构发展成高分子有机生命体，并在此基础之上，继续发展出具有半穿透能力（对部分物质开放而对其他物质关闭）的外部细胞膜，且具备内部基因复制能力，从而成为一个完整细胞的。

---

## 生命简史
VIDA, LA GRAN HISTORIA

天外文明
我们在宇宙中是否还有同类？

---

伟大的美国科普作家艾萨克·阿西莫夫[59] 曾经用时间百分比来举

例：从星球诞生到生命出现，共占用星球生命总时长的8%。在这项计算中，阿西莫夫预计允许生命存在的条件还能维持75亿年，而生命只花了（最多）10亿年出现。自从地球诞生以来已经过去了45亿年，而到其生命周期的结束还有75亿年，那么生命诞生在其中所占的时间百分比就只需8%（总分母为45亿＋75亿＝120亿年）。

然而事实上，根据现代科学统计，距离太阳爆炸，地球生命终结的时间也许并不像阿西莫夫预估的那么遥远，其范畴大约在17.5亿年到32.5亿年之间，因此我们可以将30亿年作为一个周期。尽管地球早在45亿年以前就已诞生，但直到40亿年以前，地球上都还不具备能允许生命诞生的条件（火山到处喷发，不断有陨石撞击地面，冲击所引发的高热量可以蒸发掉海洋中的所有水分）。那么从40亿年以前开始计算，再加上未来的30亿年，地球上总体允许生命存在的时间长度应为70亿年。如果生命是在35亿年前出现（我们可以确定应该是在此之前），那它的出现所占用的时段百分比就降到了7%，也就是说，在百分比上来看概率很小。这还是按比较快的进展来计算的，因为生命的诞生也有可能要占用更久的时间。

如果我们的情况属于正常情况的话——也就是说，这种情况如果更接近平均水平而非极端案例——那么根据该计算，可以期待宇宙中应该有许多星球与我们的情况类似。为满足大家的好奇心，这里可以展示阿西莫夫提出的数据：在我们的星系中，适合生命诞生的星球约有6亿颗，其中4.33亿颗星球支持多细胞生命诞生，4.16亿颗星球中应该能够产生丰富多样的生命形式，3.9亿颗星球有机会发展高科技文明。在这3.9亿颗星球中，其中有1.3亿颗星球的文明有可能比地球文明更先进，也就是说宇宙中存在许多超越人类的智能生命。

如若如此，费米悖论又该作何解释？那么多的外星人都藏到哪里去了？当然了，有一种可能性是所有这些高科技文明都自我毁灭了，可能是由于战争，也可能是因为耗尽了自然资源，就像贾雷德·戴蒙德所举的好几个繁荣的人类文明自我毁灭的例子一样，也有可能是两方面的因素同时出现。比如在拿破仑战争时期，英国人曾经伐尽树林来造战船，西班牙人也做了同样的事来维护自己的海外舰队（但令人吃惊的是，两个世纪之后，英国的树林不仅完全恢复了，树木还比原来更茂盛了，在西班牙也是同样的情况）。

按照阿西莫夫的理论，我们可以推测一个技术发达的文明可以持续 50 万年左右。如此这般，星系中目前所存在的文明的数量就降到了区区 53 万。也许这看起来依然是一个很大的数字，但我们要考虑到这些拥有高度发达文明的星球是均匀地散布在宇宙空间中的，星球之间的平均距离高达 630 光年之远。这是一个很遥远的距离，几乎不可能实现互相接触。

著名物理学家斯蒂芬·霍金[60]采纳了和阿西莫夫相同的计算方式，并同样认可在星系中的许多其他星球中应有简单生命体的存在，但他认为在宇宙中存在高智慧外星生命体的概率要小得多（他认为，考虑到地球上出现生命和人类发展智能所需要的时间，我们不能将这视为进化的必然结果，只能说是其中一种可能性而已）。但不管怎么说，霍金认可宇宙中可能会有外星文明的存在，而且可能离我们并不遥远。他曾和我们一样自问，如果是这样的话，为何我们迄今仍对他们的存在一无所知？霍金倾向于认为，这是因为直至今日，我们并未引起"他们"的注意。不管怎么说，星际间距离十分遥远，尽管通过非载人空间飞行器也许可能实现——这些飞行器可以在到达一个星球后自主收集当地矿物资源，进行自我复制，然后再将新的飞行器再次发射到太空中。而霍金同时对探索来自宇宙的无线电波抱有更大的期望，但他也警告道，我们在决定是否回答这些信号前应当三思。欧洲人到达美洲大陆时，发生在当地印第安土著身上的悲剧，也有可能会同样在我们人类身上重演。他建议我们谨慎行动，在迎接天外来客的到来前，先做好充足的准备。

 

 

在 LUCA 出现后，接下来在生命的历史上发生的下一件事，是否直接就到了细胞间的互相联合，以组成多细胞生命体，有结构、有系统，并由不同的专属细胞组成具有特定功能的多种器官？植物、真菌和动物是否在下一步就将出现？

不，在此之间还有一个过渡阶段，而这也许是最难的部分，也是生命进化史中最重要的一次转变，不成功便成仁——如果这次转变失败，也许一切都会是另一个样子，类人生物有可能永远都不会出现——这一步，便是完整细胞的初次诞生。

LUCA 是一个原核生物，这种生命体没有核膜能用来隔开它的细胞核（DNA 所在之处）和它的细胞质。在 LUCA 的细胞质中也没有叶绿体，一种用来实现光合作用的叶绿素细胞器；或是线粒体，一种用来产生细胞提供能量的细胞器，可称为细胞的电池。这种原核细胞（原核生物）的形式至今仍在生物圈中十分常见，数量也是最多的，包含两个大类——细菌和古菌。后者经常被发现能够在各种极限环境（极端苛刻的物理化学条件）下生存。

而其他所有生物，无论是由一个细胞组成（单细胞生物）还是由许多细胞组成（多细胞生物），都是真核细胞组成的生命体（真核生物）。这种生物的细胞具备一个细胞核（其中包含有 DNA 物质），并通过一层核膜与其细胞质和其中所包含的细胞器相分开。在这一大类中的生物包括单细胞真核生物（又称原生生物）[61]、真菌、植物和动物。

真核生物的出现要晚得多，距今大约 20 亿年。这也就意味着，从生命初次诞生到出现新的细胞结构，从而彻底改变生物圈的发展历史，中间经历了（至少）15 亿年。这段时间实在是让人等得太久了，就算对极有耐心的古生物学家来说也是如此。在生命的这段历史中，偶然性和意外（即理解为此事有可能不会发生）所起的作用，看起来远大于必然性（即认为此事必然会发生）。

因此，我们有足够的理由相信，也许这一步本有可能永远都不会发生。如果没有突破这个如此狭窄的瓶颈，地球上也许依然会存在许多生命，但将全部都是单细胞的原核生物。

英国粒子物理学家和成功的科普作家布莱恩·考克斯曾认为，宇宙中有许多行星都遍布生命，但是，唉！那些全都是古菌形式的初级生命。只有在极有限的情况中——甚至有可能仅限于在我们的星球上——生命才有可能越过这种所谓的"考克斯鸿沟"。这就回答了那个费米悖论的问题——他们在哪里，也许我们终究仍是孤独的？即便我们并非唯一的生命，但我们在宇宙中唯一的同伴也许仅仅只是一些细菌[62]。

当我思索这些问题时，尤其是在晚风吹拂的夜晚，我总会想起詹姆斯·米勒的一套由欧特梅尔公司配图的文字漫画。在画中，一个孩子（看不出是男孩还是女孩）在他老师的陪伴下，在星空下漫步。那位老师戴着兜帽，弯下腰与孩子对答。在两人的头顶上，苍穹中星光闪耀。画中的整个气氛如梦似幻。孩子先开始了对话，老师作答：

　　"老师，我们在宇宙中是孤独的吗？"

　　"是的。"

　　"那么，在宇宙中没有其他的生命了？"

　　"有的。它们和我们同样孤独。"

然而，完整的细胞为何需要如此漫长的时间才能进化完成？为何这个转化的过程如此缓慢？为何自然选择机制没有在这次进化中早早发挥作用？为何产生一个核膜和一些细胞器竟如此艰难？

这个问题的答案令人惊诧，因为它是违反达尔文理论的逻辑的。细胞的进化并非是在不知不觉中，极为缓慢地一点点完成的。在原核生物和真核生物之间，并不存在数量庞大的各种过渡形式。原核生物并非是沿着一道直线向着固定的方向进化，一点点变得越来越像真核生物，直至最终进化完成的。

看起来，事情是这样的：有一天，一个古菌吞噬（或纳入）了一个细菌，但并没有将其消化掉。因此，后者就在古菌的体内存活了下来，变成了它的线粒体，即能量生产中心。

不管怎么说，这对被吞噬的细菌来说不是一件坏事，因为在每个原核生物的细胞中都可以有大量线粒体存在，而对这个古菌来说自然更是好事一桩，因为它能够享用这些线粒体贡献出的大量能量。如此这般，一个完整的细胞就诞生了。这种过程被称为内共生现象[63]，能够证明此事的最强有力的证据，就在于线粒体拥有自己独特的 DNA，是源于细菌的；而这种 DNA 不同于细胞核本身的 DNA，后者更像是源于古菌的。

植物和藻类的体内还含有叶绿体，一种用来实现光合作用的叶绿素细胞器，这是它们通过吞噬（但并未消化）一种蓝藻或是某种具备叶绿素的细菌来实现的。

至此，我们在这条探索之路上又前进了一步。如今看来，偶然性（真核生物的出现）和必然性（生命的源头）对于生命的成功同等重要，而随之而来的就是动物、植物和真菌的出现，而它们（多细胞生命体）遵循的又将是另一套新的规则。

接下来，我们将探讨性、死亡和被称之为基因的特定永恒存在：基因可说是永恒的，因为迄今为止，我们人类具备的许多基因依然与其他所有动物相同，不管这种动物与哺乳动物之间有多么大的差异。因为所有这些基因都源自超过 54 亿年以前的极其遥远的过去，来自我们古老的最后共同祖先。尽管在此之后已经过去了如此漫长的时间，不同种类的生物之间早已分道扬镳，我们的许多基因依然甚至与一只苍蝇并无差别。

这里是否该说我们拥有许多独特的基因？到底是基因属于我们，还是我们属于基因？或者更好的说法是，我们只是携带了基因，传递了基因？

基因跨越了死亡，通过性的传递，将永垂不朽地被继承下去。

# 第四天
## 合众为一

　　化石研究发现，不同种类的动物曾爆发式地诞生，并以此为基础，在发生一系列转变、适应环境后，造就了当今所有主要动物类型，在这其中就有脊椎动物的存在。脊椎动物是否有可能不会出现或在出现后迅速灭绝？如果这种假设真的发生了，如今还会有我们人类吗？本章节还将探讨关于性的问题：性是生物学真正的敌人。

动物是在何时、如何出现的？

　　毫无疑问，真核生物确实比原核生物更复杂，因为它们的体内含有线粒体和叶绿素——具体可参照上一章的内容——但由多个真核细胞组成的生命体无疑更加复杂，因为这些真核细胞需要组合在一起才能成为新的生命体，而且更重要的是，在这种新的生命体中，各种细胞各司其职，组成不同的结构、系统和器官，其整体比其中的每一个个体都要更加复杂[64]。迄今为止，我们可以简单地把生物按复杂程度渐进性地分成三类：原核生物、真核生物和动物（以及植物和真菌）。

　　我们可以看到，在动物起源的过程中，在所有的进化过渡阶段中有一次最重要的进化，也是生命史上最重要的事件之一，如果没有它，后续的一切也许都不会发生。

在单细胞生命和当今的动物种类之间，没有任何过渡。也就是说，几乎没有任何化石记录能够帮助我们理解细胞生命体是如何进化成具有复杂结构的生物——包括属于后生生物之一的动物的。

在我们看来，仿佛就在一夜之间，岩石中突然就纳入了生物的化石。远在5.41亿年以前，寒武纪开启了地球历史的新篇章[65]，在那个时代的沉积岩中蕴含着丰富的生物化石（见图一）。海洋中充斥着各种生物，如今我们仍能辨识出其中的大半部分。当今存在的几乎所有（也许就是所有的）大型的动物种类、不同的身体结构和组织结构，早在寒武纪时都已经形成，其中也包括了脊椎动物。最早的脊椎动物化石来自中国云南省澄江化石遗址，距今5.22亿年。

这是因为，尽管也许在我们看来动物的多样性无穷无尽，但实际上所有物种——不管是还活着的，还是已经成为化石的——在生物学上都能统分为数目很少的几个大类。比如说，章鱼和贻贝、牡蛎、海蜗牛以及蛞蝓都同属于软体动物大类。尽管乍一看，这几个动物之间没有任何共同之处，但如果仔细观察，就会发现它们的结构都是一样的，内部构造也都是以同样的模式建立起来的。外表也许能骗人一时，但一旦察觉到事情的本质就不然了。同理，螃蟹、昆虫、蜈蚣和蜘蛛也属于同一个大类，这四种动物都是节肢动物。

理查·欧文，当年声望很高的一位英国古生物学家，曾经激烈地反对达尔文的学说（此人不同常人的自大性格导致他不能容忍达尔文取代他成为学界关注的焦点）。他发现，根据现存的动物原型来看，动物没有发展出它应有的足够的多样性，而只创造出了寥寥数种动物类别。欧文按照非常严格的标准对脊椎动物的原型进行分类，寻找其中最基本的共同点，他发现，不管是鲨鱼、鳕鱼、青蛙、鳄鱼、秃鹫、袋鼠、蝙蝠、人类还是狮子，其起源（不管看起来多么不可置信）都仅仅来自一个或几个不同原型动物的分支（如今我们还知道这些动物的许多基因也都是相同的）。欧文还为某个原型动物创造了一个新词——恐龙。

尽管在《物种起源》一书出版后，欧文看起来似乎接受了进化有可能会

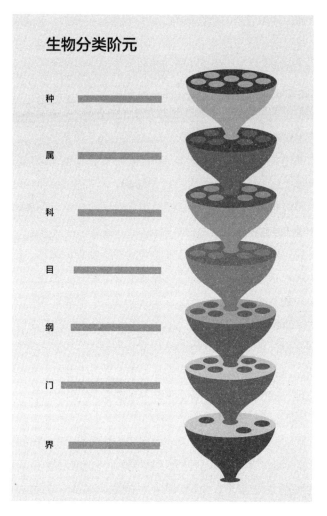

图二：生物分类阶元

　　18 世纪时，瑞典植物学家林奈创造了生物分类阶元体系，对现存生物进行分类，这套系统取得了巨大的成功，并被沿用至今。这套体系中含有一系列环环相扣的类别标准。上图所示的分类阶元还可通过字首缀饰加以复制。比如，一个"科"下面还可以分出各种不同的"亚科"，而所有的"科"的总和又可以上升为一个"总科"。

在各个动物原型的内部发生，并由此产生出多个变种的理论，但他仍然不认可一个动物原型有可能会进化成另一种完全不同的动物的说法。他的这个观点似乎有点道理，因为正如我们之前说的，几乎所有依然现存于世的动物都属于寒武纪以后诞生的动物种群，根据化石记录，当时有一大批各种各样的动物是同时出现的，不光是它们的身体，甚至是其中的内部构造都被这些化石很好地保留了下来，我们之后会就此展开讨论。

但奇怪的是，欧文（作为一位很有创造力的科学家）并没有因此而为造物主贫瘠的想象力感到吃惊。如果生物由造物主创造，他竟然就只创造了如此稀少的寥寥数种原型生物，而且重复了多次，仿佛他的想象力在这件事情上已经枯竭了。同样的问题也发生在瑞典植物学家林奈身上。正是他发明了所有生物学家沿用至今的生物分类系统，这套分类法的基础恰恰就在于将不同的物种根据其结构上的相同之处划分为几个大类（见图二），但这两位科学家怎么会竟然都没有注意到，这些生物在结构上的类似之处，恰恰证明了它们的祖先之间势必具有亲属关系，而因此可以推算出，它们势必具有一个共同的祖先？答案只有一个：这些科学家就像警察一样，只看到了自己想看的。

在生物的分类阶元中，在动物的"界"（一个较低的分阶）之后是"门"，能够囊括现存的各种动物的大类，如软体动物、节肢动物、环节动物、棘皮动物（如刺猬、海参和海星）以及许多其他人不太熟悉的无脊椎动物。脊椎动物分类从属于脊索动物门，这是一个很重要的大类，但脊椎动物并不是其中唯一的一类（因此脊椎动物仅仅算是脊索动物门下的一个亚门）。而从分类上来看，棘皮动物是与我们最为接近的一门（尽管这听起来十分不可思议），脊索动物和棘皮动物同属于同一个总门[66]。

在门与门之间（也就是欧文所称的动物原型之间）没有任何过渡形态，既没有现存的类似生物，也不存在化石。尽管我们知道所有动物都来自一个共同的祖先，但我们仍不清楚这些动物是在历史上的哪一个时刻，首次开始分支的。

那么，寒武纪时诞生的这些生物的门都是从何而来的呢？难道是凭空出现的？这个问题是否会对进化论造成挑战？

早在寒武纪开始前的数千万年间（也就是说，自 5.71 亿年前到 5.41 亿年前期间的那段时间），当时留下的石头中，能够找到不同规模的水生生物的化石。这些生物的身体都是软的——现在没有与之类似的生物——如今留在化石中的只有它们身体的一部分沉淀物，但可以推测出这些生物中的大部分身体结构都很简单，类似于当今的海绵或水母。

这些化石遗址中，最著名的遗迹来自澳大利亚的埃迪卡拉山，这类生物也因此被命名为"埃迪卡拉生物群"，尽管在世界上的许多其他地区的岩石中也曾发现它们的痕迹[67]。也许，埃迪卡拉山的化石遗址跟当今的动物没有什么关系（甚至有可能根本不是动物），而这整个生物群系（生物种类的总体）也可能后来就完全灭绝了，导致后来的动物不得不在寒武纪时或在此之前又重新进化了一遍。如果事实真是如此，那这个推论将是非常激动人心的。它意味着动物的出现也许是注定的必然，尽管第一次失败了，但第二次还是成功了，甚至有可能在埃迪卡拉生物群之前，地球上还有过其他更古老的动物，虽然它们最终也失败了[68]。但还有一种可能就是，在当今动物所属的门中，有些门就是源自埃迪卡拉生物群系的，虽然它们的身体没有成为化石被保留下来。

时至今日，科学家们仍在持续研究埃迪卡拉生物群系究竟该算作哪类生命体。在有些特殊案例中，科学家甚至对仍被保留下来的机体分子结构进行了研究。近期的一例研究发现，在其中一例化石（狄更逊水母化石，距今 5.58 亿年）中查找出了胆固醇的成分，该研究进一步支持了这些奇怪的生物应该被算作动物的论调，因为胆固醇是动物才会分泌的典型的液体之一，可用于支持细胞膜的构成[69]。

寒武纪时代的新生物井喷现象一直困扰着达尔文，因为从当时看来，这些生物像是凭空突然冒出来的。这目前仍是古生物学家面临的最大的难题之一，但如今已经无人再将寒武纪生物大爆发现象看作进化论的一大障碍。尽管缺乏化石证据，但通过基因技术，我们依然能够找到不同门的动物之间的进化关系，并证实所有动物毫无疑问地拥有一个共同的祖先。

总之，我们是否可以用之前的时间评判标准，来看看每次大型进化转换之间的时间间隔需要多久，来判断该事件是否是命中注定必将发生，还是仅仅出于偶然，也许永远都不会发生？如果在一颗星球上已经出现了完整的细胞结构，它进化到动物、植物、真菌和其他地球上也许未知的多细胞生命体的可能性——也许可以用这个词——到底有多大呢？

　　概括一下，最后共同祖先出现于 40 亿年前到 35 亿年前之间，而第一批完整的细胞在距今 20 亿年以前出现，在我们看来，这是很长的一段时间（至少 15 亿年），或许会因此认为这种转变有可能永远也不会发生。然而，从地球具备了生命诞生的条件时算起的话（距今 40 亿年前），直到完整的细胞问世为止，一共只占用了我们这颗星球整体生命时长（大约 70 亿年）的 29%。

　　但不管怎么说，一颗行星必须具备足够的耐心（这颗星球要足够稳定，并能存活足够长的时间）才能完成完整细胞的进化。此外，如果我们相信完整细胞的出现并不是遵循达尔文主义的理论，渐进式地演化出来，而是由于一顿没能消化掉的晚餐导致的，那么宇宙中是否存在很多拥有完整细胞的星球这一点就很值得怀疑了。毕竟，渐进式的进化只需要时间，但这种由于特殊的前提条件（历史上的意外事故）而发生的进化还需要一点运气。

　　我们仍不知道，动物具体是从什么时候开始出现的，但我们可以假设它们出现在距今 10 亿年以前，在真核生物出现之后才面世。这又是很长的一段时间，因此不能说，一旦细胞进化完整，动物随之就会立即出现。我们的星球又得再一次地保持耐心，等待海绵和海蜇这类结构的生命体首先出现。也许在我们的星系中也有少部分其他行星，它们的海洋内栖息着海绵、海蜇、珊瑚或其他类似的生物，但当然了，仅仅是这样还不能满足我们想与外星生命建立联系的念想。

　　如果转化成百分比来看，首批动物的出现距今大约仅 6 亿年，到那个时间点为止，从地球上有足够的条件允许生命诞生，到可以预见的未来整个生物圈的灭亡，整个时间进度条已经过去了 49%。这就是一个比较大数目的百分比了：为了让一些最简单的动物登上这台生命大戏的舞台（如我们常说的那样），需要花掉整个地球生命时长的近一半。

而动物从埃迪卡拉生物群进化到更复杂的形式[70]，则只需再多花上1.6亿年。两个过渡时期的间隔在这里缩短了，但之后又等了5.4亿年，类人生物才终于出现。从地球上具备生命出现的条件开始到这个时候为止，可以说已经过去了很长时间，但我们在时间上仍有富余，因为在此后地球的寿命还剩下43%。人类并非到生命的历史快要终结的时刻才出现，不像有些人常说的，我们人类的出现预示着生命进化已经到了巅峰；事实上，生命的进度条才过了一半多一点，我们只不过在这本生命之书的中场而已。在我们之后还有很多未读的章节，不过看起来，未来的生命之书将由人类来书写了。

但让我们在此处先暂停一下。生命是非常顽强，也非常活跃的。我们已经学习过，生命体会在内部制造负熵，以此对抗热力学第二定律，并且以一种奇迹般的方式获得了胜利，通过源源不断的物质、能量和信息交换（一旦这些交换停止就将死亡），找到了一种近乎永恒的动态平衡。我们是否会因此认为，生命的历史似乎过于积极主动了？

实际上，生命的出现确实深刻地影响了这颗星球，甚至改变了它的环境。按照詹姆斯·洛夫洛克的理论，从纯化学的角度来看，地球的环境绝不寻常[71]。

在很长一段时间以来，我们可以确定当时的空气中并没有氧气的存在。直到距今20多亿年以前，出现了一批细菌——一种蓝菌。这些蓝菌具备发生光合作用的能力，在此过程中排出了氧气。氧气对于细菌和古菌来说是有毒的，因此它们必须改变自身来确保存活（只有部分细菌和古菌具备这种改变的能力）。氧气一旦出现，就开始和地球上的其他化学物质发生反应，将其氧化，因此在一开始，氧气对于大气的影响微乎其微，它不会产生更多的气体，因为氧气一出现就被其他化学物质瞬间捕获并发生反应了。

然而到了最后，地球表面几乎所有的矿物都完成了这种氧化反应，从此以后，氧气才开始在大气中缓慢地积聚。直到距今大约6亿年前，大气中才终于有了充足的氧气，可以真正允许动物生存了。因为如果不能呼吸到氧气，并通过氧气获取自身需要的能量和卡路里的话，不管是在我们的地球上，还是在其他星球，还有可能出现多细胞结构的生命体吗？

实际上，我们这颗星球上确实存在不需要氧气也能存活的生物，但仅限于细菌和古菌。我们需要想象，一个哺乳动物——也就是说，一个非常活跃的后生生物——在一颗没有氧气的星球中，是否还能维持快速的代谢，以保证自己的身体温度？显然，这画面没法想象。但是，具备氧光合作用（能够产生氧气）的细菌的诞生，是否是必需的、不可或缺的？我们能够想象一颗空气中没有氧气，也没有后生生物存在的星球吗？

当然，我们可以想象这样一颗星球上没有动物的存在，因为空气中必须要有二氧化碳以外的成分，这也就意味着必须要有少数具备特殊的光合作用能力的细菌存在，才能使这颗星球的大气中含有氧气。随后，随着这些细菌和藻类的不断增生，如今在大海中也产生了大量的氧气。水中还必须提供大量的养分，而这些养分也许是寒冷的产物[72]。

在地球的历史上，曾经有过几次大型的冰川时代，其中有几次年代非常久远，远早于动物出现之前。当时的冰川时代规模非常巨大，甚至将整个地球都冻成了一颗巨大的雪球——正如后来人们常常描述的，从宇宙中看去，当时的地球就像一颗白色的球体绕着太阳旋转，但太阳的热度仍不足以融化覆盖所有海洋和地面的冰层——冰山（浮冰）覆盖了所有的大洋，大陆则全部被冰川地幔盖住，即便在赤道地带也不例外。

在被称为"成冰纪"的地质时期中，曾经出现过两次雪球现象，分别出现在距今 7.2 亿年前和 6.35 亿年前。冰层侵蚀着地面上的岩石，冰川和表面暴露的陆地之间不断摩擦，因此当地球解冻之后，这些摩擦带落的丰富矿物质就掉入海中，起到了肥料的作用，众多营养滋养了海洋，导致海中的藻类大量繁殖（在此之前藻类就已经存活很久了，但直到那时才首次占据主导地位）[73]。

据推测，海中的藻类增生后，生态环境中物质和能量的流动比起细菌统治海域时变得更加复杂，从而造成了首批动物——即埃迪卡拉时代的那批生物——的出现，并促使动物在寒武纪时期进一步发展。

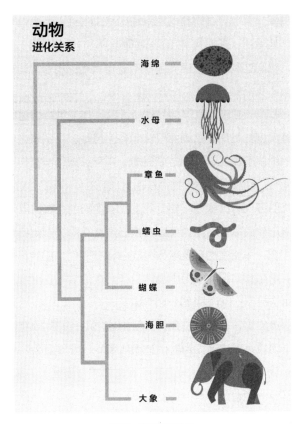

图三：动物进化关系

　　动物能被分为许多门或大类，但大部分的动物属于九个门：上图中标出了其中的七个，另外还有两种在此处没有展示（分别是：扁虫，或称扁体虫，以及线虫——蠕虫中的另一种）。上图中出现的动物从上至下，所属的门分别是：海绵（多孔动物），水母（刺胞动物），章鱼（软体动物），蠕虫（环节动物），蝴蝶（节肢动物），海胆（棘皮动物）和哺乳动物（脊索动物）。从图中可以看到，与我们最接近的门是海胆（和海星）所属的棘皮动物门。图中的动物除了海绵和水母（以及珊瑚）以外，都属于一个动物大类，即两侧对称动物，也就是说，这些动物的身体沿一根中轴线呈两侧相同形状的对称。总体而言，海胆和海星同样属于两侧对称的动物。

不管在这段历史中，起到关键性作用的角色是否真的是动物，雪球时期的历史都能够告诫我们，不可能在脱离地球历史的条件下孤立地探讨生命的历史。因为进化并不是脱离一切，独自发展的。过去，生物学和地理学曾经共同组成一门学科，或者更准确地说，是组成了好几种学科，统称自然科学。我们理应至少时不时地回顾一下这段历史。不管怎么说，对于一名古生物学家而言，我认为我们有必要成为这种跨界的专家。

接下来，现存的所有生物门早在寒武纪时就已出现，最晚（参见图三）不会晚于奥陶纪（寒武纪之后的地理时代）。但是，在当时是否还存在其他的动物门，而它们不幸未能存活至今呢？如果我们想要知道生命曾经有过哪些选择（不管是在地球上还是其他星球中），我们就有必要搞清楚曾经出现过的所有生物门，尽管其中有些门在如今的生物中已经找不到对应的后代了。那些门有可能会发展成与当今地球上的生物完全不同的另一种动物体系吗？

问题的关键在于，从生物设计的角度，生物的身体结构到底存在多少种可行的变量。曾经有一处考古学遗址因为 1989 年出版的一本著作而被大众所熟知。由于该遗址在动物进化研究中的重要地位，它在学术界早已闻名遐迩，但这本书的出版则将其名声进一步传播到了普通大众之中。该遗址就是坐落在加拿大落基山脉之间的伯吉斯页岩[1]，距今已有 5.05 亿年的历史，而使其成名的这本书名叫《生命的壮阔》，作者是古生物学家及科普作家斯蒂芬·杰·古尔德。

这本书中记载了伯吉斯页岩中发现的数量庞大的众多软体生物。其中许多生物所属的门至今依然存在，但也有一些化石无法对应到当今生物分类中的任何类别中。其中发现的类似奇虾尤其是欧巴宾海蝎这样的生物化石也许正预示着，动物发展原本具备了多种可能性，远远超过我们现在熟知的这些有限类别。这些寒武纪的生物看起来甚至仿佛像是天外来客。然而，历史中

---

I　当地页岩中有成千种化石，这些化石以保存了生物软组织而闻名于世，是世界上最有名的化石区之一。

所谓的"伯吉斯生物系"后来却因遭到环境剧烈变化的打击而灭绝，其丰富多样的生物种类被缩减到相对有限的现在这几个生物门类之内。

对于这些数据，古尔德也给出了自己的解读。没有办法解释为何有些生物门灭绝了，而另一些却能够幸免于难。在这个过程中，看起来并不存在什么形态上的标准，某些形态（追本溯源地看）并非是因为优于其他形态而逃过一劫。看起来这纯粹只是一个运气的问题。就像彩票一样，有些生物从中获益，而另一些生物则受到了它的损害，而生物学的影响力在此过程中完全没有介入。因此，生物的发展原本完全有可能会朝着其他的方向而去。如果当时灭绝的是脊椎动物的话，那我们就将不复存在，现存的生物将与我们连一丁点的类似都没有。如果生命的进程重来一遍，"将生命倒带回放"——古尔德的这个说法日后变得很流行[74]——也许其结局将会完全不同。在对生命历史的研究中，古尔德比辛普森更看重偶然性（环境）要素的主导地位[75]。

综上所述，从概率上来看，在其他星球上进化出能够与我们交流的类人生物的可能性微乎其微，因为进化的发展方向有着无穷无尽的各种可能性。在进化的历程中，并没有多少限制，所有的方向都是可能的，条条大路通向不同的终点。

但古尔德也有可能搞错了。首先，我们至今仍不明确，来自伯吉斯页岩中的那些奇异生物（仿佛天外来客）的化石是否真的不属于我们已知的动物分类（其中的大部分），也有可能动物在起源时并没有那么多进化方向的可能性可选。其次，也没有明显的证据能证明这些物种的毁灭——如果真的发生了毁灭性的事件——纯粹是因为运气不好，而不是因为本身的缺陷导致它们在一场优胜劣汰的生存竞争中输给了其他动物。谁知道呢？最后，如果生命的历史从头开始重来一遍，不管是从最后共同祖先开始，还是从伯吉斯生物群开始，可以肯定，我们不会出现，但是否仍有可能出现与我们类似的存在呢？比如某种类人生物？

有些德高望重的作者曾表示，有理由认定，不管从伯吉斯生物群中幸存下来的是哪类生物，某种类似我们的生物最终都将会通过进化而出现。这是真的吗？这个问题其实也是本书的核心问题之一，我们还需要沿着这条进化的道路前进很久，才能纵观全貌。但在当下，让我们依然对外星类人生物的存在表示期待吧。当然，我也希望他们和我们同样具备感情。

我们的这一章节从探讨脊椎动物的起源开始，现在，我们终于要讲到哺乳动物、灵长目和类人生物的部分了。关于第一批脊椎动物，我们知道哪些？（参见图四）

通过研究从中国的遗迹出土的化石，我们会发现寒武纪时期最古老的那批哺乳动物还没有进化出颌骨，当然，嘴还是有的。直到更晚些时候，生物才有了上下颚，而这在生物构造的进化过程中堪称一次革命性的变革。要进化出当代生物具有的颌骨并不容易，这个构造最早是从鱼鳃周围的一个弓形结构演化而来，该结构的形状正正好好是用于支撑鱼鳃的（我们说到上下颚时用的是复数，因为就是从当年鱼鳃上下的这两片拱形中进化出了骨头，可撑起上下排的牙齿）。

这个例子精彩地展现了进化是如何通过调整和改变过去已有的结构而实现的，有的时候这种进化甚至会完全改变该结构原本的功能。就像在这个例子中，鱼鳃两侧的弓形支撑结构进化成了上下颚。自然选择机制只能对已经存在的结构产生影响，令其衍生出不同的变体，而不是像工程师那样，从零开始构建草图。除了颌骨以外，脊椎动物后来还发展出了鳍，通过鱼鳍的作用，它们可以更灵活地在水中行动，并因此变成更为高效的捕食者。

有颌脊椎动物从志留纪时期开始出现，到泥盆纪时已经发展出丰富的品种，且数量繁多。从那以后，无颌脊椎动物[76]的数量逐渐衰减，但这类物种中有一部分至今依然存在，如鳗鱼就是一例。鳗鱼在有些地区被当成可以食用的食物，它们属于并未灭绝的无颌脊椎生物之一。

上述议题引出了一个很流行的说法——"活化石"。

当一个新的生物构造出现，在该创新出现以前的原型构造，是否就成了旧时代留下的一个错误？鳗鱼算是活化石的一种吗？海绵和细菌又算是吗？如此说来，地球上是否充斥着许许多多的活化石生物？

我们有必要尽快对这一说法作出澄清，因为"活化石"的说法已经广泛

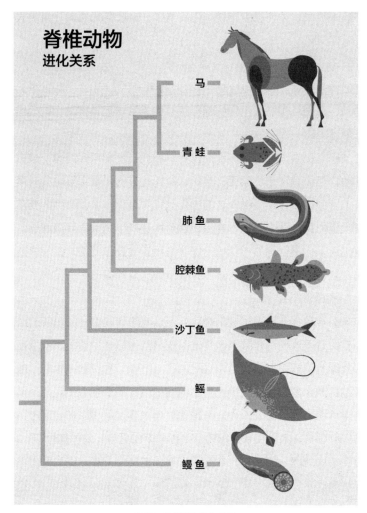

**脊椎动物**
进化关系

马

青蛙

肺鱼

腔棘鱼

沙丁鱼

鳐

鳗鱼

图四：脊椎动物进化关系

从上图的进化树中，我们可以看到，在动物学分类中如今已不存在"鱼"这个总类（当然，"鱼"这一词汇在日常用语中依然被广泛使用，指代所有鱼形的生物）。原因在于鱼并不能组成一个物种总类的全部，而每一个物种总类应该囊括源于同一个祖先的所有分支，但传统的"鱼纲"分类中没有涵盖陆生的脊椎动物，比如马和青蛙。

流传，经常被人引用。有些人认为，如果一种生命形态由于某些原因没有发生进化，依然长期保持原有的样貌，那么就可以认为它的时间被凝固了，它虽然活着，但却起到了化石的功能，可谓是虽生犹死——它们的族群正在灭绝，但它们对此一无所知——或者更糟糕的是，它们还可能会发生退化。为何会发生这样的现象呢？鱼是活化石的一种吗？它们难道都是没有进化好的生物？同样的情况也适用于两栖动物。看起来，它们没能完全适应在陆地上的生活，同时又无法完全脱离水中的生活。那么两栖生物也可以算作活化石的一种吗？还有爬虫，它们为何没有继续进化，那么长时间过去了依然在地上爬？于是，我们就可以延展到下一个问题，也是时至今日，人们仍会在许多公众集会中提及的：为何猩猩没有继续进化呢？为何它们始终维持猿类的状态？如此类推下去，是否除了我们，所有的其他生物都算活化石？事情真是如此吗？

我个人认为，在整个进化史中，没有比对"活化石"一词的错误解读更混淆是非的了。人们常常将进化史的过去留下的痕迹视为一种生物学上的意外，一个少有的事件，但实际上，时至今日，在我们这个星球上占据最多数量的生命形式依然是细菌，不管它们算不算活化石，它们的总数都是最大的。而这些细菌在地球上已经存在了40亿年。事实就是，一个细菌不管如何变化、如何进化，它依然是一个细菌。时至今日，它们依然能与我们共存，数量庞大，种类繁多。但它们仍是细菌，另一种原核生物古菌的情况也是如此。

没错，在距今大约20亿年前，有一批古菌吞噬了一些细菌，但并没有将其消化，随之而来的内共生现象造就了第一批完整的细胞，导致真核生物的诞生，经过20亿年的发展，真核生物这个全新的生物种类已经发展出一个极为庞大的生物群，而在当今世界，原核生物的种类反而所剩无几了。仿佛就在一夜之间，真核生物诞生了，随之而来的是多细胞生命体，它们通过吞噬漂浮在水中的其他生物或有机物质来维持生命——那就是世界上的第一批后生生物。随着它们而出现的是整个动物的族群，这又是生命史上的另一大突破。但时至今日，世界上也依然存在着许多单细胞的原核生物，毫无疑问，它们也同样是从首批完整细胞进化而来的（拥有细胞核、线粒体和叶绿体这种叶绿素细胞器）。

同样的情况也发生在无颌脊椎动物身上。当今的鳗鱼与奥陶纪[77]、志留纪和泥盆纪的那些无颌脊椎动物并无多少相似之处。鳗鱼靠吃小鱼为生，它食用的都是寄生类的小鱼，因此它可以用嘴吸入。其他现存的无颌脊椎动物（被称为"盲鳗"）则靠食腐为生，专吃死去的鱼的尸体。而这些都不是其他首批脊椎动物会吃的食物。其他动物会通过鱼鳃过滤水质，拦下水中漂浮的浮游生物和有机物作为自己的食物。因此，鱼鳃具有双重功用：既能辅助呼吸，又能辅助进食。在将寄生生物和死鱼通过过滤排除在自己的食物库之外后，这些动物的形态发生了很大的变化，它们所在的生态圈和周边的一切也变了，这是一次大型的进化。但从内部的结构或组织上来看，这两种生物并没有什么太大差别。

显然，鳗鱼并不是我们的祖先，但毫无疑问，我们双方拥有一个无颌生物的共同祖先（首批脊椎动物）。

当然，还有一些无颌生物——我们的直系祖先——则朝着完全不同的方向发生了进化。它们的弓形鱼鳃架形成上下两边，并进化成了嘴，由此出现了第一批拥有颌骨和鱼鳍的脊椎动物：有了鱼鳍以后，它们不但能过滤食物，还能更好地捕食了。这是生物进化史上一次伟大的革新，由此产生的多样性变化带来了众多生物新形态，在古生物学领域，我们将之称为"生物大爆发"，我们人类也是这次大爆发带来的成果之一（和其他有颌脊椎生物一起）。而与此同时，无颌生物也在继续进化，尽管它们的身体基本结构没有再发生变化。最初，拥有颌骨的生物才是特殊的，但随着这种进化取得成功，大量的有颌脊椎生物开始爆发式地出现。这对我们人类来说自然是一件好事。

那么，是否至少可以说，无颌脊椎动物代表了劣于有颌脊椎动物的另一个种类呢？

在古典动物学中，会对生物根据进化的程度和层次进行分类，在这种分类中，无颌脊椎动物（不管是化石还是当今依然存在的）在进化程度上被认定是低于有颌脊椎动物的。但如今，我们更倾向于不再对进化的程度进行阶梯级分类，原因如下：

其中一个原因，就是过去我们曾认为进化的进程是阶梯向上式的，因此可以按不同的进化程度对生物进行分类，进化的每一个阶段，都被视为跨向完美的一级台阶[78]。当然了，人类自然是位于这个进化阶梯的顶端。但如今，我们不再说"进化的低级阶段"和"进化的高级阶段"，而改用"进化的前一个阶段"和"进化的后一个阶段"这种说法取而代之，以避免产生冲突（我们不再说"过去所发生的都劣于现在"，而说"过去所发生的都早于现在"）。按照这种说法，我们可以说，无颌脊椎动物的进化阶段早于（严格按照时间区分）有颌脊椎动物的进化阶段，尽管鳗鱼和我们人类如今仍生活在同一个时代中。

与进化程度相关的还有另一个概念，不过这个我们会在之后的章节中再展开讨论。

我猜很多读者会问自己，为何我们在讨论这个议题时会有如此多的顾虑，因为很显然，一条鳗鱼从各方面来看都明显劣于人类，它的身体结构更基础，整个机体的复杂程度远低于人类。但如果我们把目光放长远一点，就会意识到，在生物学的领域，我们不能简单地用主观的评判标准来判断一个生物是否优于另一个。我们人类拥有高度智慧，没错，但一只鸟能够根据地球磁极的方向在飞行中为自己导航，这不也像是一个奇迹吗？还有蝙蝠，它们可以在黑暗中飞行而不会撞上任何东西，这难道不惊人吗？不，眼下我们最好先不要在这个领域继续深挖下去了。当然了，在合适的时间，我们还会再次重拾这个议题的。

生物哲学家彼得·戈德费里·史密斯曾经提出过一个我很喜欢的比喻[79]，旗帜鲜明地反对生物的阶级说，否认生物物种有贵贱之分。假设你作为一个物种，已经位居生命之树某一根分支的顶端，俯瞰着下方。你没有登上这棵生命之树的顶峰，并不是因为上方还有更高级的生物占据了你的位置，而仅仅只是因为目前活着的生物就只到这个高度。在树冠上，在与你同等的高度上，还存在着当今生物圈的其他物种。如果你朝下望去，你将看到你所在的这根分支与离你最近的那根分支——你的近邻黑猩猩的分支——是从哪里开始产生了分叉点。这个分叉点位于距今大约 7000 万年以前的地质时代。你还可以沿着这个分叉点，一点点继续向下探索，看着如今与你同在树冠高度的众多动物当年是如何各自分叉，渐行渐远的。而当然了，位于树枝底端的那些生物，如今只剩下化石了。

在这棵生命之树的最底部，你将看见两根主干分支开始岔开的大分叉，这两根主干每根都几乎和树干本身一样粗壮。这个基本的交叉点将大部分的动物分成了两大类。其中一类是所有的脊椎动物、海胆和海星（棘皮动物），而在另一侧，则是昆虫、螃蟹、蜘蛛、蝎子和其他有节肢的昆虫（节肢动物），此外，还有蜗牛、蛤和章鱼（软体动物）、蚯蚓（环节动物）以及其他无脊椎动物。你会想到，这个分岔一定非常古老了，才会在如此靠近树的底部的位置存在。你的想法没错。

以上提到的所有生物（脊椎动物、棘皮动物、节肢动物、软体动物、环节动物和我未列出的其他更为小众的生物分类，比如腕足动物）都有一个共性，就是其身体结构呈两边对称——也就是说，如果将它们的身体沿中心线分成两半，那这两半的形状应该是一样的，每一边都是另一边的镜像。确实，海胆和海星在外形上并不是两边对称的，而是呈五边形对称，因此可以从五个不同的中线对它们的身体进行中分。但棘皮动物的幼体——比成年体活跃得多，是海中浮游生物中的一大部分（它们以漂浮的形式散布在海中）——则是呈两边对称的，因此，我们认为当代棘皮动物是从一种两侧对称的祖先进化而来的。

戈德费里·史密斯对生物的分类规则颇有兴趣。他十分关注大脑和意识的进化，而在所有动物中，一方面，哺乳动物和鸟类具有最高的认知能力（距今 3.2 亿年以前，这两类动物产生了分化，并沿着平行发展的两条道路各自独立进化）；而另一方面，章鱼（自至少 5.2 亿年以前就与禽类和哺乳动物分化）也表现出了极高的认知能力。而在昆虫之中，它们体现出的则是高度社会化的集体行为表现（比如蜜蜂、蚂蚁或白蚁），但它们的智力与前者完全不一样。在昆虫的例子中，更重要的是集体而非个体的行动。关于这些观察，关于智能这个议题，我们在本书中接下来还会谈到很多。总之，沿着戈德费里·史密斯的生命之树向下探寻的过程，也是寻找生物体的共同祖先的过程，在这一过程中，我们将看到不同的分支是从哪里开始分岔，并各自发展成枝繁叶茂的树冠的。

理查德·道金斯在他的作品《祖先的故事：生命起源的朝圣之旅》中，从当代开始讲起，沿着不同进化分类的支流追本溯源，向着过去回溯，以这种方式来讲述生命的历史，仿佛朝圣者虔诚地沿着生命的道路向着起源之处探索，寻找着所有生物共同的祖先。通过这种讲述方式，道金斯得以避免从生命的起源开始讲述人类的历史，这很有意思，因为如果按那样的顺序讲，就会给人一种印象，仿佛进化的结果只有人类出现这唯一的一种方向（或者至少说，偏向于朝着人类出现的方向发展）。

在本书中，我们将沿着生命之树从下向上攀登，而不是从高处向下回到共同的树干。但在这个过程中，让我们时刻不要忘记其他分支的存在。


在继续探讨脊椎动物的进化之前，我们先要解决上一章的结尾遗留的一个问题，现在，我们不能再推迟这个议题了。多细胞有机生命体，尤其是动物，是如何繁殖的呢？一个独立细胞可以自我分裂成两个细胞，而其中的任何一个都不会因此而死亡，但一个由许多细胞组合而成的生命体不能这样自我分裂。那么，它们如何复制自身？以及它们为何会面临死亡？

由于在达尔文的年代，生物遗传学的机制还未被发现，因此他无法回答这个问题[80]。直到19世纪，一位名为奥古斯特·魏斯曼的德国生物学家才给出了接近真相的解答。魏斯曼首次提出，动物的体内有两种不同类型的细胞。其中一种细胞构造出其肉体（体细胞），形成了生物的体内组织和器官，但这种细胞完全不参与生物的复制。因此，生物在一生中，肉体所经历的一切并不会在它的子孙后代的身上有所体现（与拉马克的理论相悖）。生物的体细胞会随着个体一道消亡，并成为尸体的衣服。哎！因为自从有了多细胞生命体，死亡也就随之而来。因此，众所周知[81]，肉体的寿命是有限的，因为它脆弱易朽。

但除了体细胞以外，生物体内还有另一种细胞，它发挥了繁衍后代的功用，生产用于交配的细胞，名叫"配子"。这些配子能够携带个体的遗传信息，因此从某种意义上来说，它们是永垂不朽的（永恒的是遗传信息，而非个体本身）。总之，我们每个人能够传递给下一代的，就是我们身上所携带的这些遗传信息，我们传递这些基因信息，后代接受这些信息。

肉体是会损坏的，但基因信息却有成就永恒的潜力。从魏斯曼的这个理论——一开始只是对于生物学进步的又一大贡献——发展出了许多现代进化理论，也包括对人类进化的解读。

1900 年，孟德尔遗传学原理被再度发掘，从那以后，我们才开始为这些能携带从父辈传递（或者更准确地说，复制）给子孙辈的遗传信息的物质命名。该物质最早被命名为"因子"，到了 1909 年才正式得名"基因"。这些基因是永恒的，或者更准确地说，基因所携带的遗传信息是永恒的，因为构成基因的分子本身（DNA）还是会随着肉体的死亡而消亡。

但如果进化的意义就在于将尽可能多的基因传递给下一代（与同类进行激烈竞争，力争为基因财富库或种群池贡献尽可能多的自己的基因），我们又该如何解释有性生殖行为呢？如果说，有性生殖最初是从无性生殖进化而来的，为何一个个体会愿意与另一个个体分享基因信息，共同传递给下一代呢？为何不能只存在无性繁殖就好了？为何动物不会自我复制和克隆个体自身？为何雌性会需要雄性？在昆虫和蜥蜴中，有很多种类都是单性繁殖的——它们的后代并不继承来自雄性的遗传特征——那么，为何并非所有生物都进行单性繁殖呢？

在回答"为何会存在性别"这个复杂的问题（或者说，为何在进化过程中出现了性别的分化，而有性繁殖又能获得如此巨大的成功）之前，我们先来看一个关于玫瑰蚜虫（蔷薇长管蚜）的例子[82]。如果你曾经有过一个花园，想必对这种害虫已经很熟悉了。

在每年冬天，雌性蚜虫就会产卵，这种虫卵带有坚固的外壳，能够确保其中的幼虫活过冬天。到了春天，年轻的幼虫诞生了。在诞生之际，它们全部都是雌性。这些幼虫通过单性繁殖的方式——也就是说，不需要雄蚜虫对虫卵进行授精——以极快的速度大幅繁殖。而且，雌性蚜虫能够直接产下完整的蚜虫幼体，也就是说，这个阶段的蚜虫虽然还是单性，但已经能通过胎生的方式产下后代，就像哺乳动物一样（而且它们不是唯一的胎生繁殖的昆虫，还有其他一些昆虫也是如此）。因此，通过单性繁殖的方式，一代代雌性蚜虫快速繁衍，足以造成虫害，毁掉一片玫瑰园。直到秋天到来时，雄性蚜虫终于出现了。它们与雌性蚜虫交配，产下外壳坚硬的虫卵，以备过冬。我们日后还会继续探讨蚜虫这种生物，但在这里我们主要想问的是，为什么蚜虫会在秋天停止用单性繁殖的方式继续繁衍后代？既然春天的单性繁殖效果绝佳（对于园丁来说实在太"好"了些），为何蚜虫到了秋天会需要进行有性生殖交配？

实际上，我们甚至都不知道，性别是从什么时候开始出现的，又是如何诞生的。真核生命的有机体通常都会通过两性繁殖的方式来延续后代，但细菌却通过无性繁殖的方式延续，它们可以自我分裂，而分裂后的每一个细胞所携带的基因都是一模一样的——尽管在有些情况下，部分细菌也会交换基因，但这不影响我们所说的这种细菌繁殖的本质。

而在有性生殖的过程中，每一个祖细胞（来自父亲和母亲）各携带父母辈染色体的一半（以及一半的基因）传递给子女[83]。因此，在大部分情况下，动物拥有的基因就翻了一倍，父系一半，母系另一半[84]（见图五）。

当然，如果父母双方因此共同承担了养育子女的义务，那么有性繁殖自有其合理之处：由双方共同抚养后代的话，后代的存活率比单由母亲照料至少能高出一倍。通过这种方式，每个祖细胞传递的基因总数将不会输于无性繁殖的生物后代。但问题在于，以水生动物为例，其中的很多动物通常都是以体外授精的方式繁衍后代的，雄性动物直接在雌性所产的鱼卵上授精，仅此而已，它们不负责照顾这些卵。在许多陆生动物的案例中，也唯有雌性会承担起抚育后代的责任。从这些案例看来，明明是单性繁殖的方式看起来对雌性更有利，因为通过这种方式，后代将不会遗传到雄性的基因，雌性能比有性生殖多出一倍的基因继承数量。根据这种逻辑来看，在很多情况下，雄性不过就是雌性基因传递过程中的寄生虫罢了[85]。

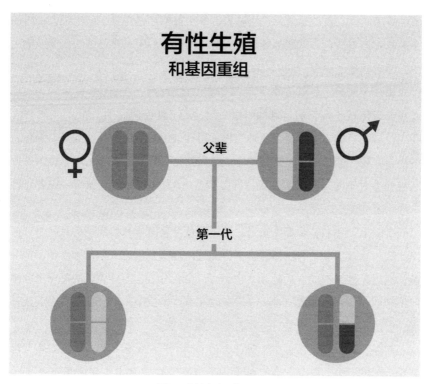

图五：有性生殖和基因重组

在有性生殖中，父亲和母亲对于子女的基因贡献是同等的。在精子和卵子相结合时，会互换其中携带的染色体，形成新的基因组合。这个过程就叫"基因重组"，通过减数分裂的过程来实现。这两个概念——父母等值的基因贡献，以及随后的基因重组——都在上图中有所展示。在图左中，后代接受了一条来自父亲的染色体和另一条来自母亲的染色体。在图右中的后代也同样从每个祖细胞中各接受一条染色体，但在这个案例中，两条染色体在之前（精子和卵子相遇时）就已经经历了基因重组。如果你仔细观察这张图，就能更好地理解这些概念。这是一个很有趣的练习。

威廉斯曾经这样解释性别的出现：对于古菌来说，能够为每个基因保留两份副本是有用的，因为这样的话，当 DNA 出现损伤时，它有更多机会通过参考副本进行修复。不然它从何得知 DNA 在受到损伤以前的正确序列组合（基于 AGCT）呢？因此结论就是，如果两组染色体的存在是一种用于修复基因物质的分子修复机制（就像一个文本编辑器），那么副本的作用就是可以对另一组基因组进行比照和修复。

我们再看看另一个曾被多次强调过的论点。有性生殖（或称双性生殖）无疑增加了一个族群中个体的多样性。在这个族群中，没有完全相同的个体（除非是同卵双胞胎）。若非如此，一个族群将由一组相同的克隆[86]组成，互相之间不交换基因。事实上，从基因构成的角度上来说，这里不能使用"族群"一词，而应该说是一群通过有性生殖繁衍的个体形成的组合。若非有性生殖，就是一组克隆。

如果要为有性生殖寻找一个优势，那么可以认为，由此产生的物种的基因多样性（个体基因的各种组合）在面对环境的未知变化，或在抵御寄生虫或病原体时是非常有用的，由于在一个族群中有足够多的基因组合，总有一些个体能够从这些劫难中幸存下来。

不管怎么说，动物和植物的无性生殖都没有取得太大的成功，这是一个不争的事实：无性生殖虽然时常发生，但由于无法创造太多的族群多样性，也就不会有机会在进化方向上爆发式地成长——后者从生物学的角度被看作是物种成功的标志。自从原核生命诞生以来，历经了漫长的时间，但无性生殖的生物始终没有形成什么大型的生物种类，少有的那些延续至今的也严重缺乏多样性，几乎没有取得什么进化上的进步。

而这也许就是理解性别出现的关键。有性生殖的出现，不是为了保障现有物种在未来进一步的进化（也就是说，不是从一个前瞻性的视角来看待此事），而是回顾过去来看，无性生殖的生物没有取得其他普通生物那样的成功（可能是因为它们没有产生足够多的基因多样性，因此更难抵御环境的变化、寄生虫或病毒），因此现存的种类稀少。总之，在多细胞生命体中，种系发生的倾向性（从进化学的角度来看）是倾向有性生殖的。

上述关于性别的论述不禁令我们想起那个永恒的问题：动物中会出现性别之分是必然的吗？未来还会出现无性繁殖的动物吗？如果在地球之外存在生命，这些天外来客会是无性别的吗？还是说它们可能会有三种性别？

我敢说，假设有外星生物来访，它们应该也是通过有性生殖的方式诞生的，除非它们的生物学遗传体系与我们从根本上就完全不同。因为只有通过有性生殖的方式，才能为一个物种创造出最大数量的基因组合，从进化的方向性上来看，有性生殖的生物迟早会比无性生殖的生物获得更大成功，并占据主导权，就像在地球上发生的这样。我们不用担心宇宙中会出现一群全部都是雌性的单性生殖生物来袭击我们，我也想不出有哪本科幻小说中有过类似的描写。相反，对于存在两种以上性别的假说倒是无可反驳，只除了它增加了一点额外的困难：一个生物体需要寻找两个而非一个性伴侣才能完成繁殖，但我们目前只需要知道，在地球上自从多细胞生命体诞生之日以来，就有了有性繁殖。同时，也出现了死亡，有些尸体被保存至今，成为化石，有助于我们学习关于进化的课程。现在，是时候再次回到这个议题上来了。

# 第五天
# 陆地

在生命的历史进程中发生的最重大的事件之一，莫过于大量生物从海洋向大陆迁徙的移居事件，这其中也包括了脊椎动物的迁徙。在今天的课程中，我们会在结尾部分谈到恐龙和其他大型爬行生物的灭绝，在这一过程中，还发生了许多值得我们深思的事件。

鱼类（当然只是部分，而非全部的鱼类）是从什么时候开始离开水中，发展出四肢的？

泥盆纪曾有"鱼类的时代"之名，但即便在当时，生物的活动范围也不仅限于水中。在那个时期，大陆上同样有着大量的动植物，其中就包括四足动物的存在——这类脊椎动物不会游泳，但能够用自己的四肢撑起身体对抗重力，在陆地上行走。不然的话，生物身体的重量就会压得它们的肚皮贴向地面，但在大气环境中生活对这些动物来说并非易事，尤其如果它们的祖先是源自水中的鱼的话。

但"鱼"这个称谓似乎不太应该出现在一本科普书籍中。无疑，这点会让读者感到奇怪，因此我们有必要对这个称谓做一些澄清：

在现代生物学分类体系中，生物的分类体现了物种在进化过程中的相互关系，也就是说，物种按互相之间的亲疏关系（以及根据其共同的祖先）进行分类，而不是简单地根据外表来分类，因为外表是很主观的（我已经强调过许多次，在科学研究中，我们始终要对外表持怀疑态度）。

以我们哺乳动物为例，在生物学分类中，我们与腔棘鱼和肺鱼（我们之后会谈到它们）之间的关系，要比它们和海鲷之间的联系更为紧密，尽管在任何一个非生物学家的人看来，腔棘鱼、肺鱼无疑和海鲷一样像鱼。但在进化过程中，我们和腔棘鱼、肺鱼共同组成了同一组物种分类，有别于鲨鱼、蝠鲼、鳐和其他软骨型鱼类，而鳗鱼则又属于另一种分组类别，即无颌脊椎动物。亲缘分支分类法（由德国昆虫学家维利·亨尼希创建的分类系统）是基于进化枝对生物进行分类的，因此这种分类法也称种系分类学或支序分类学。进化枝是源于同一个祖先的物种分支的总称[87]。在本书中，我们将大量使用"进化枝"这个术语，如果你愿意，也可将其理解为出自同门的一个物种大家族，进化过程中的同类、同族或血亲。

传统的生物分类阶元和亲缘分支分类法之间，本质上究竟有何区别？我们为何要使用这种分类方式，有必要为此弃用像"鱼"这样通俗易懂的词汇概念吗？这是否是一种生物学界的拜占庭主义[I]？我希望读者能够很快意识到：事实并非如此。

传统的分类阶元是基于生物的进化程度或身体结构的复杂程度来区分的，两者可以被视为是相通的。因此，所有的鱼类脊椎动物就形成了一个专属的门类，即所谓的"鱼纲"，它是根据鳗鱼、鲨鱼、鲟鱼和沙丁鱼等动物相似的外表来总结的。确实，上述所有这些动物都是水生生物，它们的外表具有相似性，身体细长，呈鱼雷状，因为这种外表能够帮助它们克服水中的阻力，在水里以更快的速度游动。

---

I　拜占庭主义，特指过于复杂且难以理解和改变的事物。

但是，做出上述分类的原因，更主要的是因为这种分类法认为所有鱼形的脊椎动物在进化上都属于同一个层级，它们都没有离开水中的生活环境，因此不是两栖动物，也不是爬行动物、鸟类或哺乳类动物。换句话说，所有被统称为"鱼"的生物，是因为它们不同于其他生物之处（不属于陆生生物或四足动物）而被归为一类，而这种分类法不能反映出脊椎动物的进化历史。更好的分类法应该将生物按它们的共性进行分类，或者更准确地说，按照它们所完成的进化程度的一致性进行分类，因为它们的某个进化特征是独一无二的，且有别于其他所有物种。我们需要区分生物进化的"阶元"和"进化枝"的不同概念，除了为在生物学语言中用词严谨以外，也因为进化的趋异演化（生命各种形式的大爆发）正反映了一组进化枝是如何从它的起源——也就是共同的祖先——开始，逐步开枝散叶的。也许，一组进化枝的同源祖先并不会预见到，未来它的后辈们会来到陆地上生存。

因此在谈到第一个四足动物、第一个陆生脊椎动物时，最好不要使用第一条鱼来到地面，并在这里留下了它的后代这种说法。当时，来到地面的第一批生物可以在没有竞争对手的情况下自由发展，因为在陆地上，当时并没有其他脊椎动物的存在。

除了鳗鱼和它的直系后代以外，现在还存在两种鱼形的脊椎动物，其祖先可追溯至遥远的泥盆纪[88]。其中一种是身体内的骨头为软骨的鱼（比如鲨鱼或鳐），而另一种则是体内骨质为硬骨的鱼[89]。

体内骨质为硬骨的鱼从泥盆纪就开始存在了，且一直延续至今，其中有两种类型。

其中一种硬骨鱼长着条纹状的几丁质鱼鳍（几丁质是形成毛发、爪子和角的蛋白质物质），这些鱼鳍的条纹就像扇骨一样，撑起鱼鳍呈扇形打开。

另一种硬骨鱼，也是当今我们更重视的一类，特色是它们有成对的鱼鳍（在腹部两侧），这种鱼鳍是肉质的，内部含有骨头，沿中轴线构成体内对称的骨架。因此，这种鱼类通常也被称为肉鳍硬骨鱼[90]。此外，这些鱼型生物腹侧两旁的鱼鳍和四足动物的四肢是同源的（即数量和位置都完全相同），它们和四足动物一样，身体前侧的两片鱼鳍通过胸带相连接，后侧的两片鱼鳍通过腰部连接。不消说，从这些迹象中可以看出，陆生脊椎动物就是从某些这一类的水生动物中进化而来的，在进化过程中，它们的鱼鳍变成了足部。除此以外，它们还有一对肺，可以帮助这些生物在离开水的情况下也能保持呼吸。

这些长有肉鳍的硬骨鱼在当代的代表生物之一就是肺鱼[91]，这种鱼广泛生活在南美、澳大利亚和非洲的淡水区域中。在当地的湖泊和池塘干涸时，它们能够通过自己的肺，从空气中吸取氧气。如果所有的水分都蒸发了，有些肺鱼就会把自己埋在泥中，等到下雨时再重新出来活动。人们曾一度以为其他的肉鳍硬骨鱼已经灭绝，直到1939年，人们在印度洋深处发现了腔棘鱼，这种鱼从外表来看，和陆生脊椎动物在泥盆纪的祖先十分类似。

那么，腔棘鱼是从泥盆纪至今再也没有进化过吗？难道自然选择机制——达尔文理论中推动进化发生的核心动力——在它身上完全失效了吗？难道自然选择论不应该是一条放之四海而皆准的真理吗？自然选择论究竟是平等地作用于所有物种之上，还是仅对部分物种产生影响？

当然了，腔棘鱼自发现以来，就被人们以极大的热情誉为"活化石"（人们对"活化石"的概念兴趣浓厚，因为它们就好像是穿越时空来到我们这个年代的），尽管事实上，跟它在泥盆纪的祖先相比，腔棘鱼无论在生态学、解剖学还是种系方面都发生了极大的变化，它们的祖先过去是生活在淡水中，而不是大海深处。但当然了，腔棘鱼至今依然是腔棘鱼。

我们还期待腔棘鱼能进化成什么呢？难道我们期待它会长出毛发、胎盘，保持身体体温恒定在一定的温度，用母乳喂养自己的后代，或是像一只蝙蝠一样，能够通过回声定位导航，在黑暗中也能无声无息地飞行吗？

活化石

很多书中都会提到的一种非常有名的活化石是美洲鲎，又名摩鹿加鲎，它并非螃蟹，而是属于螯肢亚门（比起甲壳类生物，它更接近蜘蛛）。它的壳与我们在摩鹿加发现的更古老的（古生代时期）鲎的化石非常接近。但是，那些鲎还能进化成什么呢？

如果三叶虫没有在古生代晚期的大灾难中灭绝，它们至今也依然还是三叶虫（尽管也许不是完全相同的物种）。菊石也一样，它们在泥盆纪时期出现，和三叶虫一起濒临灭绝，但其中有少部分幸存了下来，在没有竞争的情况下，又发展出了各种多样化的同类——但依然属于菊石这个物种——直到中生代晚期的大灭绝事件中，才最终与恐龙一起再次遭到灭绝（这次没有留下幸存的后代）。

活化石的清单很长，但我还记得，当我还在大学读书时（已经是 45 年前的事啦），我曾对一些无脊椎生物特别感兴趣，至今依然记忆犹新。这其中包括栉蚕，一种有爪的蠕虫（英文叫作 velvet worms）。这种生物的外表就像是长了脚的毛虫，被认为和节肢动物有密切关联（以及和缓步动物或水熊有关）。很可能来自伯吉斯页岩的寒武纪化石遗迹中，有部分生物（如怪诞虫或埃谢栉蚕）就属于这类栉蚕，生活在距今 5.05 亿年以前。中国还发现过其他可能是现存最古老的栉蚕的化石遗迹。毫无疑问，这类物种和当今的物种是大相径庭的。

而在植物中，人们常常援引银杏作为活化石的例子，因为它是和它同门的所有物种中仅存的一种了。银杏的起源可远至二叠纪时期。如今，这种来自中国的植物装饰着我们的花园。

一句话总结，如今我们称之为活化石的生物，其实指的就是在类已经几近灭绝的物种中，唯一仍存于世的那个。也就是说，它所在的物种类型属于进化中的失败者……仅仅是从目前的视角来看。因为有时候，曾经的失败者也有可能重整旗鼓，而有些情况下，所谓的胜利者也可能会突遭大规模的灭绝，而没有留下一个活口。

其实"活化石"这个术语，最早就是由达尔文本人在《物种起源》中提出的，用来形容肺鱼和鸭嘴兽等生物。由于缺乏化石来证实某些大型的物种类别之间的过渡，达尔文通过活化石这种媒介来证实他的理论，这些生物到了我们这个年代依然没有发生太大的变化。

从泥盆纪时期开始，重要的事情就只在陆地上发生了吗？只有四足动物发生了改变？自从有些肉鳍硬骨鱼入侵陆地以来，水中的生物就不再进化了吗？

泥盆纪时期的某些肉鳍硬骨鱼毫无疑问是陆地上所有现存的四足动物的祖先，尽管这一物种如今已经发展出一个丰富多样的庞大分支——而且如果加上过去已经灭绝的那些，数量就更加惊人了[92]。从进化枝的第一批奠基者开始，分化出了青蛙、鳄鱼、海鸥以及人类（当我谈到离开水环境这个时刻时，脑中不禁会浮现出盖瑞·拉尔森的搞笑漫画场景。这幅漫画就放在我的桌上）。但这并不意味着与此同时，水生生物的进化会就此止步不前了，因为另一类的硬骨鱼类仍在继续进化，并也发生了许多变化。

实际上，当今大部分的辐鳍硬骨鱼（例如图四所示的沙丁鱼）都属于"真骨下纲"，这类生物在白垩纪时曾经有过大型的爆发式增长，并因此取代了所有其他门类。当时幸存的少数例外包括鲟鱼，如今，我们偶然仍能有幸吃到它们的籽，也就是鱼子酱；这些生物能够免于灭绝，对我们来说真是一大幸事。

当前，从物种的丰富性上来看，真骨下纲是所有脊椎动物中种类最多的（多达 20000 种）。这里指的不是个体的数量总和，因为某些物种具备庞大的生育能力，在数量上远远占优。如果单从数量上看，地球依然是鱼的天下。

但是，让我们回到"征服者"鱼类（即来到地面上的脊椎动物）的话题上来吧。脊椎动物是否命中注定要登上陆地？此事是否必须发生？这个现象到底是出于必然，还是偶然（历史意外）？我们能不能说，就算第一批脊椎动物没有登陆陆地，迟早也会有其他鱼采取行动？它们是否一定会发展出鱼鳍、双肺，而它们在淡水中的生活——何况水源还经常会阶段性地干涸——是否迟早将它们推向地面？在这种情况下，我们是不是应该预估，地面上会出现许多不同种类的四足动物，每种类型都源自一个不同的水生脊椎动物祖先，也许这些祖先甚至互相之间也会有很大的差异？我们想象着各种各样的水生物种涌向地面的场景，它们会不会就像诺曼底登陆时那样，纷纷抢占不同的海滩？

也许我们更该问的问题是，它们为何过了那么久才登上陆地。陆地上早就已经有了植物，而植物是构成食物链的基础。陆地上还有节肢动物，可谓当时陆地生物的昆虫的代表，包括蝎子、蜘蛛和蜈蚣，但不包括甲壳类生物（除了一些等足动物例外，如粉虫或球虫）。此外，地面上还有一些软体动物（比如蜗牛或蛞蝓）出现，但数量较少。在干燥的大地上，并不是所有物种都在蓬勃发展和发散扩张的。相反，在当时的地面上，环节动物占据了主导地位——那就是蚯蚓（尽管水蛭也算是环节动物中的一种）。

远在古生代时期时，最早的一批四足动物的界定囊括了全部的相关动物，包括两栖动物，如青蛙、蟾蜍、蝾和水螈等存活至今的生物，因为按照传统的分类方法，它们在进化上都处于同样的阶元。两栖动物——不管是存活至今的，还是已经成为化石的——都属于四足动物，而不是爬行类、鸟类

119

或哺乳动物类。也就是说，由于某种缺失，当代的物种和成为化石的物种被列为同一个门类。两栖动物所属的那一类物种已经适应了环境，能够生活在远离水源的地方，而且更重要的是，能够在离开水的情况下繁殖。但它们所缺失的最主要的特征则是羊膜，我们稍后马上就会谈到它。

如今，按照现代的生物分类法，我们只把至今仍和我们同处一个时代的青蛙、蟾蜍、蝾和水螈称为两栖动物。它们源自同一个共同的祖先，也就是说，来自同一组进化枝。而爬行动物、鸟类和哺乳动物则构成了另一组进化枝，即羊膜动物，一种拥有特殊的卵的四足动物。在亲缘分支分类法的术语中，一个进化枝对应的是一个自然中的生物组[93]，即从一个起源（唯一的亲缘关系）发展出的所有的变体，就像一个包括了所有成员的大家庭。

来到地面上的第一批脊椎动物以非常奇特的方式分化出不同的种类，经历了爆发式的物种多样性增长，在此过程中，它们的鱼鳍进化成足，并通过全新的方式适应了各种环境，在这些新环境中，它们不再面临竞争。在这里，我不会列举出在此过程中灭绝的物种名称，因为没能挺过这一关的实属少数。重要的是，当时的物种大爆炸衍生出了两个分支，这两个大类一直延续到今日。其中一类就是现在的两栖动物，其中包括好几个种类（有的有尾巴，有的没有，有些甚至没有脚），而另一类就是羊膜脊椎动物，它们中也分有许多个种类。

上述这段内容意味着，我们并不是两栖动物（青蛙、蟾蜍、蝾和水螈等）的后代，但我们与它们共享同一个祖先。所有陆生动物共同的远古祖先并非羊膜动物，它并不具备后来在进化过程中起到如此重要作用的羊膜胚胎，因此从这个角度来看[94]，这位远古祖先会与我们周围随处可见的当代两栖动物更为接近。但我们的这些邻居——河水与池塘中的小小居民们——并不完全和它们的原始祖先一样。它们的外表也在发生变化。其中一个很好的例子就是来自热带地区的蚓螈，它们是两栖动物，但不再具备四肢和将其连接起来的腰部。因此这就很明确了：两栖动物并不是"活化石"，恰恰相反，它们也经历了很大程度的进化。

康威·莫里斯曾经提出，就算在当年，某个特定种类的肉鳍鱼没有离开水环境，迟早也会有另一个相似的物种完成登上陆地的壮举。这种说法并非空穴来风。就算当今所有的四足动物只组成了一个进化枝（以此定义出自同门或同源的所有物种群体），这也并不意味着在当时，有能力登上陆地的只有一个单一的物种（虽然可能只是一小组动物以及一些落单的个体）。

事实更有可能是当第一组四足动物占领了地面之后，它们开始阻止其他任何种类的鱼采取类似的行动。我们在谈到生命起源时也曾谈到过这一现象。很有可能是最后共同祖先在它首先诞生后，阻止了其他任何类型的生命体繁荣昌盛的机会，是因为这个原因，当今所有生物才会拥有共同的生物遗传分子，我们的 DNA 才会具有同样的四个字母和同样的基因编码。但事实真相究竟是怎样的，我们可能永远都不得而知。

唯一确定的是，世界上如今只有一种四足动物分类，因此毫无疑问，脊椎动物确实注定会侵占地面上的世界。

生命离开水环境是否被视为一个重大事件？在进化中，有没有这种重要的高光时刻？

理查德·道金斯曾经提出过一个"进化性本身的进化"这一概念（evolution of evolvability），可以概述如下[95]：每当一个创新出现（不管该创新——变异——有没有在短时间极大地提高基因携带个体的生存能力），使生物有能力大量地开枝散叶，让自己的后代在地球上生存下去[96]，换句话说，使生物有能力发展物种的多样性；那么与此同时，进化性本身也就会得到增强、优化、成长和进步。进化理论家和科学哲学家丹尼尔·丹尼特[97]将这个现象称为"吊车现象"，因为它给大规模的进化提供了机会（就像用吊车把物种提高到生物设计景观中一个更高的高度一样）。

为了展示物种在进化上所具备的巨大潜力，道金斯所举的一个例子就是如脊椎动物或节肢动物这样的分节动物的诞生（或者更准确地说，是突破，因为进化并不是有意要发明出这样的动物）。一个分节动物的身体就像一列火车，具备车头、车尾和搭载客人的车厢，所有这些部位都是内外一致的。道金斯认为，分节身体的设计完美地体现了进化机制是如何运作的，因为在此基础上，身体的节数就可以自由地增加或缩减，而不会引起大的突变或在进化过程中造成过于剧烈的变化。有一些被称为"同源基因"的基因在控制着这些身体的各个部分，令人震惊的是，一只老鼠和一只醋蝇（即著名的果蝇，常用于各种基因学实验）的这部分同源基因是完全一致的（也就是说，双方完全可以互换这些基因），道金斯同样还用人类习得语言的例子来证明进化性的进化：其过程可谓十分戏剧化。语言的出现，改变了整个人类的进化进程。当然，我们在之后也会谈到这一点。

为了帮助大家更好地理解进化性的进化，道金斯还举了第三个例子："脊椎动物离开水中，登上陆地的进化，不仅在当时使得首批登陆的脊椎动物能够获得更多的食物来源并逃离原来的捕食者，从长远来看，也促进了一系列进化枝上的生物多样性（物种的趋异适应）在未来的繁荣。"[98]

---

生命简史 | 进化的车轮
VIDA, LA GRAN HISTORIA

阿尔弗雷德·罗默（伟大的美国脊椎动物学专家，我这一代，以及在我之前的整整两代动物学和古生物学专业的学生都对他耳熟能详）曾说，四足生物的出现，并不是因为它在水中的祖先被什么外力强行推动，来到了地面上，也就是说，其出现并非必然，而更像是一次幸运的意外，是由于泥盆纪末期的季节性干旱导致的。当时，一些远古祖先因此获得了离开水也能生存的能力，尽管它们的初衷只是为了出发去寻找另一个还未干涸的水塘。罗默认为，这次进化是由环境的变化推动的，而不是出自生物本身的意志。

---

然而，雅克·莫诺则认为动物本身在此过程中也具备一定的主导权。显而易见，每个物种都面临自己独特的自然选择压力，可能会遭遇失败，甚至需要面临生死考验。鼹鼠和蝙蝠的生活方式就很不一样，狮子和猩猩的活法也不尽相同。因此可以说，肉鳍鱼离开了水，来到陆地上冒险的行动，改变了它们之前面临的生存压力（生死的考验），而这种行为的结果，就是有朝一日，它的后代会进化出四足代替原来的鱼鳍。

　　自然，同样的理论也适用于第一批攀爬上树的哺乳动物，这些动物后来成了我们的祖先。同样的历史在任何其他物种的起源过程中都时有发生，包括那些回归水中的生物，比如海豚和鱼龙。这些先驱者和它在该物种中的同伴在本质上没有什么差别，是它们的行为令它们有别于同类。

　　这种说法是否意味着，进化是由于生物的行为引起的？或者说，有些生物个体生来就具有更强烈的个性，会因此一头扎进麻烦里？难道适应性的改变不是应该先于行为的吗？

　　答案就是，上述两种理论都有其合理之处。事实上，进化的发展就像一个车轮，也就是说，它是循环前进的，在前进过程中存在作用力和反作用力（回馈机制）。一旦肉鳍鱼类踏上地面，它们面临的生存压力就变了，而对鱼鳍所作的任何调整——变异——将其变成四足，都有助于它在陆地上的生存。反之亦然。一个生来具备鱼鳍的个体如果能更快地改变鱼鳍的功用，就能更快地得到新的食物资源，而这些食物是它在水中的同类接触不到的，将被它所独占。因此，变异将延长它的寿命，并助其发展出多样性的后代。

　　不管怎么说，进化的车轮始终滚滚向前，以巨大的物理推动力，促进四足动物在陆地上成功地扩散和繁衍。因此我们可以用这样一幅画面来想象进化的方式：一个进化的车轮，按着滚动向前的方式不断调整着方向，螺旋上升式地前进，而不是像一根箭那样朝着一个方向笔直地沿着一条直线射出。自然，进化的车轮运作得很慢，但看起来有的时候它也有能力忽然加速。

羊膜胚胎的出现，是否意味着进化过程的又一次革命，意味着一个具备极大进化潜力的新型生命结构的诞生？

禽鸟、蜥蜴、鳄鱼、乌龟和单孔目动物，如来自澳大利亚的塔斯马尼亚和新吉尼亚的一些独特的哺乳动物如鸭嘴兽和针鼹（我们之前提过，这类生物被达尔文称为"活化石"，尽管它们与自己的远古祖先比起来也已经发生了很大的变化）等，都拥有羊膜胚胎（见图六）。

羊膜卵的外壳坚固多孔，其内部的胚胎可以通过这些孔隙呼吸到空气中的氧气，而不是通过水来获得氧气（如果一个羊膜卵的内部有水，胚胎就会窒息而死）。此外，胚胎具备卵黄，外面有一层营养物涂层，因此，其中孵化的幼体能够得到比两栖动物更好的成长。在卵内的胚胎被套在一层被称为羊膜的物质内，卵内装满了羊水。通过羊膜的分隔，羊膜动物自幼体发育时期开始就完全独立于水环境了。尽管人类是一种具备了胎盘的哺乳动物，但众所周知，我们同样是在羊水中发育的。此外，羊膜动物具备干燥的皮肤，且不像两栖动物那样通过皮肤来呼吸，这也是陆生生物为适应地面上的环境做出的改变之一（如今即便在炎热的沙漠地带也能找到羊膜动物的存在，而那里的环境与水中的环境大相径庭）。

根据道金斯的进化性本身会进化的理论，也许第一批四足动物在给自己的卵覆上羊膜时，并没有将其视为一个独特的优势，但羊膜的出现，确实逐

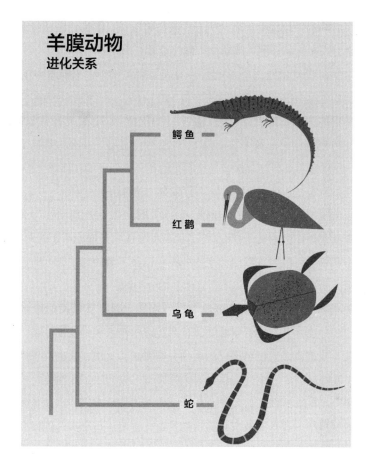

图六：羊膜动物进化关系

羊膜动物具备一种相同的进化特质，使它们能够远离水。

在动物学中，"爬行动物"这个术语也遭到了弃用，理由和我们弃用"鱼"一词的原因相同（尽管这两个词在非生物分类学或非演化生物学的领域中依然被广泛引用）。从上图中可以看到，鸟类和鳄鱼的生物学联系，比鳄鱼和乌龟以及蛇的生物学联系更为紧密，因此，我们不能将鳄鱼、乌龟和蛇归为一类，却把鸟类排除在外。图中乌龟的进化位置不是很明确，在科学界有争议，也许乌龟在上图中的位置应该和蛇互换一下。

步扩大了后续的大量物种出现的机会。我们可以说，羊膜的出现带来了巨大的进化潜力，虽然第一批羊膜动物可能并没有意识到这一点[99]。

在这里，我们先把这个不可回避的问题搁置一下：来自水中的生物是否有可能在不具备羊膜（或类似的结构）的前提下，在陆地上生存？也就是说，如果它们的卵上面没有覆盖一层多孔的保护物质，能够允许氧气进入，没有一层包裹胚胎的薄膜（绒毛膜），也没有一层用于呼吸的薄膜（尿膜），也没有一层羊膜将胚胎在羊水中包裹起来的话，它们还能在陆地上存在吗？

我们如何定义羊膜动物？世界上有多少种羊膜动物？

按照传统的理念来看——根据我读书时学到的——羊膜动物可以分为三类（用专业术语作区分），包括爬行动物类（被认为是最为原始的形态）、哺乳动物类和鸟类。但如今我们在生物分类中已经不再使用"爬行动物类"这个说法了，尽管在日常用语和谈到其他生物分类时仍会使用[100]。

这种全新的论调可能会令人吃惊，但事实上根据我遵循的亲缘分支分类法，这种分类才是最接近自然的，按最接近一个家族的物种分类。因为首先，我认为我们应该遵循更现代的生物分类方式，其次，我也不想隐瞒我的观点——我说过在本书中我会尽量对大家真诚——即除了摒除传统的按生物进化等级分类的方式以外，我也不想延续传统的教学方式，也就是我当年所接受的教育风格。我受的教育是将生物按进化程度进行分类，但如今我更希望能通过一种生命分枝的观点来看待进化：在这棵生命之树的成长中，没有主轴也没有主导方向，即没有唯一的目标性。如果我的解释让大家感觉更复杂了，我在此表示抱歉，但我个人认为鱼—两栖动物—爬行动物—哺乳动物的进化序列并不正确，同样的，鱼—两栖动物—爬行动物—鸟类这种序列也不正确。用这样的序列是没法解释脊椎动物的演化的。

因此，如今我们把羊膜动物分成了两类——蜥形纲和合弓纲。合弓纲中包括我们人类、哺乳动物和它们的祖先（尽管它们有着爬行动物的外部特征，也就是说，没有毛发、不分泌母乳、血不是热的、移动时肚皮贴着地面）。而蜥形纲中则包括乌龟、蜥蜴、蛇、鳄鱼和——令人惊讶的——鸟类！

如今我们不再用爬行动物指代所有不是哺乳动物，也不是鸟类的现存所有羊膜脊椎动物，因为鸟类属于蜥形纲动物，因此，一只飞燕和一头凶猛的霸王龙同样都应该算作爬行动物。不仅如此，鸟类与鳄鱼之间的生物关联性，甚至超过了鳄鱼和乌龟以及蛇之间的关联！两个生物在门类（物种分类学）中越接近，它们就拥有一个越接近的共同祖先（参见图六）。

燕子与鳄鱼之间的亲缘关系，比鳄鱼和鬣蜥之间的亲缘关系更近，这是不是相当令人惊讶？由此可以看出，外貌上的相似性并不能代表一切，而通过进化程度对生物进行分级也不能准确地体现生命的进化历程，反而会令人混淆（几乎所有人都会认为鳄鱼和蜥蜴属于同一个进化组，而燕子属于另一个完全不同的生物分类），通过亲缘分支分类法，我们看进化的历程时就清楚多了。这就是伟大的创新带来的力量，相同的资料可以通过一种完全不同的方法进行全新解读。基于同样的理由，我们如今不再把哺乳动物的祖先像过去一样称为爬行动物，而改称为合弓纲。

"蜥形纲"的名字从词源学上源自"蜥蜴"，在接下来的课程中，我会开始使用这个术语来讲解。但请大家记住，如果我在讲解过程中去除了"蜥蜴"一词上的双引号（将它从这种限制中解放出来），意味着在这个语境中我将其视为一组进化枝；在这种情况下，我们需要将鸟类纳入其中，因为它们和鳄鱼一样都属于蜥形纲[101]。但不幸的是，我找不到一个对应的类似术语来替代"合弓纲"，因此只能继续这样称呼它了。

那么，合弓纲是从蜥蜴演化而来的吗？是否如之前所说，哺乳动物是从爬行动物进化而来？

事实并非如此，因为蜥形纲和合弓纲的发展是两条分岔的线。两者的分离发生在很久以前，早在古生代的石炭纪时期就已分道扬镳了。我必须坚持这个观点：合弓纲（在更早以前就早已成为哺乳动物的起源，几乎和鸟类出现是同一时代的事）并非源于蜥形动物（也并非来自任何爬行动物），而是早早地就与那一支分离，开始了自己独立的发展方向。

世界上的第一批合弓纲动物[102]和如今的哺乳动物长得并不相似，最主要的不同在于它们的四肢不是垂直于地面的（四肢之间有关联部位接合），不是像当代哺乳动物这样位于躯体下方，而是置于身体躯干的两侧。因此，当时的合弓纲动物从外表和移动方式——行动的方式上——都更像蜥蜴，也正因此，过去它在进化阶层中被归类为爬行动物。

古老的合弓纲动物后来被重新认知，主要是源自它们隆起的背脊。这一类物种最典型的特征之一就是它们像帆一样耸起的背脊，它们还曾因此被非正式地称呼为"帆背爬行动物"。也许，这些色彩鲜艳的帆背有助于它们求偶时吸引异性的注意，也有可能它们的帆背能起到类似太阳能板的作用，用来保持血液的温度。

在古生物学中，将这些帆背爬行动物和哺乳动物相联系起来的特征，甚至可能是所有合弓纲生物的共性特征，来自于这些生物头骨上的孔洞，或称颞颥孔，我们人类的头骨也具有这种开孔 [103]，因为我们和其他哺乳动物一样属于合弓纲（参见图七）。当年谁也不会想到，这种头骨特征会导致有朝一日四足动物成了生物界的主宰，甚至在它们当中会产生出有思想的生物，因为颞颥孔本身和大脑并没有关联。但在二叠纪时期（古生代的最后一个阶段），这种颞颥孔给了当时的生物很大的帮助，并导致这些羊膜动物成了当时最重要的生物，并发展出多项分支，衍生出肉食动物和草食动物等。其中就包括可怕的二齿龙，这种生物长达三米，是强大的捕食者，很受孩子们的欢迎（但它其实并不是恐龙）。

所有这些构成了我们这组生物进化的开端，尽管在那个时候，我们的这些祖先在外观上还更像爬行动物。然而，所有帆背爬行动物在二叠纪结束之前就已经灭绝了，如果当时有合弓纲生物幸存下来，那也是因为它们进化成了其他形状（更接近哺乳动物），如今才能被我们发现。

2.52 亿年前，地球上发生过一场生物灭绝大灾难，将当时地面和海中的几乎所有生物物种都扫荡一空。然而有一些合弓纲生物挺过了那次灾祸（是因为运气吗），在三叠纪时期重新开始繁荣昌盛，发展出肉食动物和草食动物，两者都在当时的陆地生代环境中占据了主导地位。当时的有些合弓纲动物已经体现出了鲜明的哺乳动物特征——如之前所说——包括头骨的颞颥孔和垂直的四肢。它们竖起相互连接的四肢，使自己的躯体离开了地面。在这些类哺乳动物的爬行动物中 [104]，还能找到上腭，这个新的结构将动物的口腔

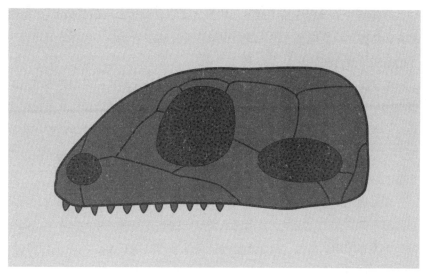

图七：合弓纲生物头骨

合弓纲生物的特征就在于它的头骨前方的两侧各有一个开孔（被称为颞窝或颞孔），通常位于鼻孔和眼窝的后方。其他羊膜生物的两个前部开孔是上下相叠的，而乌龟则没有任何开孔（有些学者认为乌龟过去有两个颞孔，但在进化过程中逐步闭合了）。

和鼻腔分离开来，因此哺乳动物得以能够在嘴里塞满食物的时候仍能维持呼吸（我们之后会讲到，鳄鱼也独立发展出了类似的结构）。

很可能有些三叠纪时期的类哺乳动物的爬行动物已经有了毛发并且能够控制身体温度，从而重构起现代哺乳动物的结构。古生物艺术家有这个特权，尽管基本尊重科学，但还是可以在创作时发挥一些想象力。然而在古生物学中，我们必须凭借硬骨的特征来官方鉴定一具化石遗骨到底是不是哺乳动物。所有现存的哺乳动物都具有一些共同的特征（也只有它们具备），其中最重要的特征之一就是它们的颌骨是否由一块完整的骨头（牙床）构成，并能与其他构成头骨的骨头相互咬合（呈锯齿状）。之前在爬行类哺乳动物中，颌骨与头盖骨相连接（通过几块方方正正、互相铰接的骨头），之后这些骨头中有几块变成了（进化过程中修修补补的生动体现）中耳的三块骨头中的两块（锤骨和砧骨），用来传递声音。

鉴于类哺乳动物的爬行动物正变得越来越像哺乳动物，它们势不可当的繁衍和扩散看起来似乎很合理。这不正好证明了哺乳动物的结构具备进化优势吗？在哺乳动物诞生之初，我们是否就可以预见到它们将成功地繁衍和扩散，从而演化出一系列丰富多样的同类物种？然而，令人惊讶的是（回过头来看），事实并非如此。

合弓纲生物漫长的成功史其实是从三叠纪中期突然开始的。当时，恐龙忽然出乎意料地（从现在回顾当时的情景，确实显得很突然）失去了它们在陆地生态环境中的霸权，而在此之前，从侏罗纪时期开始，它们一直是陆地的主人。历经灾难之后，只有一小部分合弓纲生物幸存，那就是哺乳动物的那一支。大灭绝事件标志着中生代的结束，当时陆地、海洋和天空中的大多数恐龙（除了鸟类）和几乎所有其他大型和中型的脊椎动物都惨遭灭绝。在此以前，哺乳动物在陆地生态中的地位原本无足轻重。

自那以后，陆地才成了哺乳动物和鸟类的天下。我们从这段历史中可以学到重要的一课。虽然第一批合弓纲动物早在三叠纪甚至是石炭纪时代就已出现，但我们不能因此声称哺乳动物就是进化的成功者。看起来，哺乳动物并不像是注定能够超越蜥形动物（爬行动物），发展出众多分支并繁衍兴旺的样子。它们的成功并不是命中注定的。更准确的说法是，哺乳动物在当下的成功源自一次历史的意外（用历史事故形容陨石坠落这等事件再合适不过）。也就是说，是出于偶然。

在我看来，哺乳动物和恐龙平行发展的事实对于进化目的论者而言堪称当头一棒。陈腐的目的论者认为，生物的进化沿着既定的道路前进，而这条道路注定会通向哺乳动物的诞生。但尽管如此，我们接下来会看到，并非所有古生物学家都认为如果当年不是因为有一颗流星撞击了地球，当今陆地仍可能被恐龙统治。

想象一下，如果白垩纪末期没有发生大灭绝事件的话，如今的世界会变成什么样子？宇宙中是否存在这样的星球，在太阳系之外，是否会有一颗星球依然恐龙遍布？

我个人很喜欢这种思考练习或者说是"扶手椅推理"，因为如果我们要回溯生命的历史，我们只能通过这种方法想象，而不可能真的去实验。这类思考从未得出过什么毋庸置疑的定律，但思考的过程本身也极有裨益，这个科学中值得尊敬的传统早在伽利略的时代就开始有了[105]。从定义上就能看出，这种练习永远无法付诸实践，但我们从中能作出一些有趣的推论。

我们来推测一下，如果没有一颗陨石撞击了地球，导致白垩纪终结的话，地球的今日会是怎样的？当然，我们所探索的这种"可能的未来"永远不会真的发生，因为事情已经过去了。因此它可被称为一种"考古预言"[106]。

如果当年地球的大气环境保持至今日不变，恐龙将分为飞禽类（或者说，就是鸟类）和非飞禽类，即剩下的两种恐龙。也许在当时的这些恐龙中，有些已经能够维持身体的温度（成为内温动物），因为鸟类归根到底也是恐龙的后裔，它们就能维持体温。事实上，关于中生代非飞禽类的恐龙到底能控制自己的体温到什么程度，学术界一直有所争议。

但我的看法是——虽然我们永远无法验证这个看法是否正确——任何恐龙（哪怕是恒温动物类的），都不可能变成哺乳动物，或与之相似的任何其他动物，同样也不可能会进化成鸟类。从白垩纪时期的恐龙的生物学构造来看，它们根本就不具备进化成哺乳动物的条件。它的器官性能被其基因所限制，不可能转变为其他任何东西。因此，我认为某些科幻小说里描写的"爬行动物模样的外星人"完全就是无稽之谈，爬行动物是无法变成类人生物的。只有哺乳动物才能够进化成类人生物。

而同样地，恐龙也不可能再回到起点，回归它们与合弓纲生物的共同祖先的模样，然后重新沿着新的道路一路进化到哺乳动物。在生物进化学中有一种规律，这种被浮夸地称为"多洛定律[I]"的理论提到过，进化的过程是不

---

I　路易斯·多洛（1857—1931），比利时古生物学家，以在恐龙领域的研究而知名。他提出的多洛定律认为进化不可逆。

可逆的。我在这个"定律"上打了引号，因为这条理论并非真理，只是通过观察化石记录发现的一个规律。原则上，回溯进化的过程其实并没有什么阻碍[107]，问题仅仅在于，重新复制这些生物祖先的基因当年的排列组合在统计学上是不可能的（可能性几乎接近零），因此返祖的过程才会如此困难。

但是，除了不会飞的那些恐龙之外——如果 6500 万年前，陨石没有撞击尤卡坦半岛，造成它们的灭绝的话——世界上还有一些其他的蜥形纲生物，其中有些至今仍存于生态圈中，比如鳄鱼（它们是现存所有物种中最接近恐龙的，也因此，鳄鱼在现存所有物种中与鸟类的亲缘关系最接近）、乌龟、蜥蜴和蛇，但也还有一些其他的蜥形动物和恐龙一起灭绝了（除了鸟类之外），有些原本生活在天空中（比如翼龙目），有些生活在水中（沧龙属和蛇颈龙目）。

当然了，所有的脊椎动物都经历过灭绝或扩张，但就像乌龟时至今日依然是乌龟，鳄鱼依然是鳄鱼，鸟类依然是鸟类一样，一头三角龙（如果今日还存在）也依然只会是一头三角龙。鸟类有可能完全替代翼龙目的生物吗？鉴于两者曾经长期和平共存，答案很可能是"不会"。

但是，我们也确实不能否认这种可能性：也许有朝一日，这些幸免于难的物种中有某些成员产生了新的生物学结构，一种创新，一种进化新突破。由于事情已经不可能发生了，因此我们也无从想象。

在当年的进化突破中，有一种创新现象确实改变了整个星球。从人类的视角来看，这是一次美好的发明。那就是白垩纪时期问世的被子植物——即开花植物的诞生。

在此之前，所有的植物都是单色的（如果用人类的眼睛来看的话）。苔藓和地钱是绿色的，其他无导管（即没有维管系统）、通过孢子繁殖的植物也都是绿色的。在石松、蕨类、马尾草和其他有维管系统、通过孢子繁殖的植物中，绿色同样是主导色。柏树、紫杉、松树、南洋杉、银杏、铁树和其他裸子植物也一样，这些植物有维管系统，不开花，但它们是通过种子繁殖的。

世界上最早的颜色也许来自第一批蜥形纲生物，恐龙肯定是有颜色的。

恐龙鲜艳的色彩装点着它们的求偶过程。但色彩的爆发毫无疑问是从开花植物的诞生开始的。被子植物[108]如今已在植物界占据主导地位，它们还引起了昆虫世界的一次进化革命。在我的学生时代曾经有论调推测，被子植物的诞生可能间接导致了某些恐龙的灭绝（这些植物对于某些生物是有毒的），但当今更主流的看法则更为激进，认为该现象引发的灾难规模是行星级的。（但我要在此澄清一下，我依然认可火山大喷发是导致这次大灾难的主要原因的看法。在印度的德干平原上，至今依然能找到当时的大型火山喷发的痕迹，时间正好能与白垩纪末期的生物大灭绝相对应。）

在恐龙的行星上，哺乳动物还能占有一席之地吗？

当然可以，因为早在白垩纪时代，哺乳动物的种类就已经很丰富了。当时哺乳动物就已经开始出现物种大爆发的迹象——并不是像人们一般会以为的那样是在恐龙和其他大型爬行动物灭绝之后才开始的，而是在此之前。当然了，可以想象，如果其他生物没有灭绝，它们也许会一直保持着较小的体型和某些生活习惯——比如当时的大部分哺乳动物都是夜行性动物，但恐龙和哺乳动物并非不能共存。事实上，它们曾经同时，而非先后存在。

如今，哺乳动物可分为三个种类。一种是我们之前已经提到过的卵生哺乳动物，一种是有袋动物，最后一种是胎盘动物。头两种早在很久以前就已经分化，大约就在哺乳动物这个物种刚出现的不久以后（最早的哺乳动物都是卵生的）。胎盘动物和有袋动物的分离要更晚一些，发生在白垩纪时期，随着恐龙的灭绝，当时首次进化出第一批胎盘动物，其中就包括灵长类（我们人类所属的那一支物种体系）。

因此，当时的大陆被各种不同种类的生物占据，它们之间的互相联系要比现在紧密得多。有袋动物最早起源于新世界地区，从那里穿过南极（当时南极还没结冰）来到澳大利亚。有些有袋动物也曾在欧洲和非洲出现，但没有繁衍成功。如今，有袋动物广泛生活在澳大利亚的塔斯马尼亚、新几内亚及其附近的岛屿上。与它们共同生活的还有美洲负鼠。胎盘动物则发源于旧世界，随后再扩展到新世界，但它们的足迹没有到达澳大利亚，当时到达澳洲的只有蝙蝠。

"如果当年地球的大气环境保持至今日不变"，之前我曾经这样说过。难道事实并非如此？大气的成分是否曾发生过剧烈的变化？我们刚才讨论的恐龙幸存的行星这个画面，是否只是痴人说梦？

尽管气候变化和全球变暖都是当下的热门议题，但实际上，今日的气候和白垩纪时代没有任何相同之处。地球其实是变得更加寒冷、更加干燥了。在过去的 250 万年以来曾经出现过冰川时期，尤其是在最近百万年间尤其严重（十来次冰川期绵延不绝）。

在冰川时期，北半球的大部分地区都是不适宜人类居住的，更不要说恐龙了（北半球比南半球更重要，因为地球上大部分的大陆都在北半球，如果排除南极洲的话，所占的总面积百分比就更大）。这个寒冷的时代叫作更新世，尽管其中的最后 11700 年在地理学中被称为全新世[109]。但全球变冷、气候条件变得恶劣（相对白垩纪的生态环境而言）其实在更早以前就开始了，此前几百万年间，南极就已经形成了永久不化的极帽。大气中会造成温室效应的二氧化碳浓度开始下降，气温也随之下降。

康威·莫里斯曾经引用气候变化的历史发表过一篇观点大胆的论文，以证明他认为"类人生物一定会在地球上进化出现"的观点。他认为，由于后来将会发生的气候变得恶劣，恐龙和其他大型蜥形动物注定会被哺乳动物所取代。陨石撞击时间只不过是将这一进程提前了几百万年。可以说，这个事件只是缩短了进化所需的时间。

恐龙和其他大型及中型蜥形动物在 6500 万年以前遭到灭绝。如果没有陨石撞击事件，它们当时的生态环境又还能维持多久呢？这个问题很难回答，但大约应在 3000 万年多一点。但在康威·莫里斯看来，时间的长短并不重要，因为哺乳动物迟早注定会后来居上。偶然性，也就是说，不可预见的环境变化和意外（这里指的是某些历史性的事故），也许会将注定的发展步伐拖慢一点，但绝对无法阻挡它。在他看来，必然性高于偶然性。

之前说到"后来将会发生的气候变得恶劣的情况"，我们知道这一点，是因为此事已经发生了（就像通过后视镜往后回看），但我们依然会想问：导致恐龙（除了鸟类）、蛇颈龙、翼龙和其他大型蜥形生物灭绝的全球变冷事件，其本身是否就是一次历史的意外？实际上，我们至今仍无法确定当时二氧化碳浓度从大气中下降的明确原因。这个气候变化是可以避免的吗？

对于这个问题的相关回答中，我最喜欢的理论出自毛琳·雷莫和威廉·F.鲁迪曼，两人认为当时空气中二氧化碳浓度的下降是因为青藏高原和关联大山脉的上升所导致的。毫无疑问，这里谈到的是一次规模巨大的地质构造变化现象，如此大规模的地质现象在整个地球的历史上也没有发生过几次。因此，该现象会对气候产生巨大的影响这种论调也并非不可能。威廉·F.鲁迪曼是一位古气候学家，他认为[110]，从人类世开始以来，我们人类就通过农业和畜牧业活动不断地在排放温室气体，导致全球变暖。若非如此，我们现在应该已经又一次进入冰川期了[111]。当然，我们的行动避免了一场巨大的气象灾难（全球变冷）的事实，并不意味着我们可以对事情的另一面（全球变暖）无动于衷，因为成百上千万的人口（大部分人类都住在比较温暖的地区）正因为全球变暖而面临着其他气候灾难风险，最主要的就是会缺乏用于农业灌溉、人类生活和工业消费需要的水源。

但是，一个作用于地壳的地质构造现象，是如何能够影响大气中的成分变化，从而改变了气候的呢？这中间的机制原理是什么呢？

青藏高原升起后，由于岩石的风化（岩石和大气之间的化学反应），导致了气候的变化。风化现象造就了地形外貌，同时也使得岩石大量破碎。由于覆盖其上的寒冰的压力，山上的石头碎成了很多块，增加了岩石暴露在外的面积。要知道一块大型的岩石的表面积，比同体积的许多块小石头的表面积的总和要小得多了。这个原理很容易验证。如果将一个立方体分解成许多个立方体，那么虽然这些小立方体的体积总和与大立方体是相等的，但它们的表面积总和却会比大立方体大很多。

由于这个原因，大量的二氧化碳开始和这些不断增加的矿石表面积发生化学反应，因此这种能够产生温室效应的气体就从大气中被抽走了，而该现象所对应的气候影响就是气候因此变冷了。

对我们来说，这个理论的重要之处在于它把气候变化归因于亚洲与印度大陆板块的相碰撞导致的青藏高原和喜马拉雅山的海拔升高。这当然应该被视作一次历史性的事故，与生物学完全无关，只和大陆移动及地质板块结构变化有关，因此我认为这种说法与康威·莫里斯的理论是相悖的。如果6500万年前，陨石没有撞击地球，也许如今类人生物依然能出现在地球上，没错，但这并不是属于我们自己的荣耀，而要感谢地质结构的变化。我们的存在是出于偶然，而非必然。

# 第六天
## 进步的标尺

在今天的课程中，我们将探讨本书中、也是进化理论发展史中最重大的议题之一。在之前的课程中，我们已经隐隐瞥见这一无可回避的议题的一角；如今，我们已经谈到了哺乳动物的部分，对生命的历史也已经有了足够的认知，因此，现在是时候开始正式探讨这些问题了：进化是否一定意味着持续的进步？我们是否可以说，"进化"和"进步"是一组同义词？智力是否是引领进化进步的关键？

在本章的开始，让我们回忆一下，在古生物学中是怎样描述"进化"的？这门科学是如何在对化石的研究中体现出来的？从细菌到人类甚至是从原子到思想的进化过程中，是否都遵循着唯一的进化历史？这其中是否包含着复杂性的渐进增长？

在 20 世纪的古生物学家中，没有其他人会像苏格兰学者罗伯特·布鲁姆那样，如此公开地表达自己的目的论观点[112]。布鲁姆曾是一位职业医生，后来放弃医学投身于古生物学研究。布鲁姆曾发现过许多南非古化石，既有哺乳动物的前身（类哺乳类爬行动物），也有第一批人亚族的相关化石。因此，可以说他是深入研究了进化理论（关于人类起源部分）中的两大热点问题，在这两个领域中可算是当时最大的权威。

布鲁姆认为，根据化石记录来推断，在进化的某些关键时刻毫无疑问有着某种神秘力量的驱动作用，从肉鳍鱼的出现，到其中的部分转化为第一批两栖动物的过程中，都能看到这种神秘力量的作用痕迹。因为在他看来，肉鳍的出现对鱼在水中的推进力而言是一个沉重的负担。它无法起到像桨一样的划水作用，存在的目的就是为了在日后变成两栖动物的足[113]。

但是，布鲁姆说，一旦到达智人时代，进化的使命就结束了，因为如果沿着进化的路径继续向前，物种已经变得过于细分，因此已经失去了它们继续进化的潜力。只有具有普遍性的物种，即在生态环境中还没找到自己专属的生态位的物种才能进化。在布鲁姆的时代，认为进化只在大类物种中发生，即进化的潜力只存在于非常具有普遍性的生物物种的论调是当时的主流。这种认为生物进化只在非细分物种中发生的理论被称为"科普定律"，于1874年由美国古生物学家爱德华·林克·科普首次提出。我本人并不认为进化的过程中存在什么"定律"，但我承认在生命的历史发展进程中确实能找到一些特定的规律。所谓的"科普定律"可能就是其中的某些规律的归纳总结，因为相同的现象可能发生过很多次。问题在于，我们如何判定哪些物种是大类的，哪些又是属于细分的？

不管怎么说，按照布鲁姆的理论，当今的任何一条鱼都不会再进化成两栖动物；任何两栖动物都不会进化成爬行动物；任何两栖动物不会再变成哺乳动物，也不会有哺乳动物进化成猴子。同样地，布鲁姆认定，当代的任何一只黑猩猩、大猩猩或猩猩都不可能再有机会在人科占据一席之地了。

这位来自南非的苏格兰古生物学家承认，当代不会有任何科学家认同这种"进化已经结束"的奇怪论调，但他又补充道，尽管他曾请教过众多杰出的动物学家和植物学家，没有任何人能够给他举出一个活生生的例子，证明在什么地方有一个新的物种群出现。布鲁姆一口咬定进化已经结束的另一个论据在于，已经有几百万年没有出现过新的重要生物种系了（我们会在最后一天的课程中重新探讨这个议题）。

因此，布鲁姆推断，去除一些细枝末节不提，进化本身已经终止了，而人类（不然还能是谁？）就是进化的终极产物，我们的出现，是源于某种神秘力量的引导，该力量高瞻远瞩地调整着进化的趋势，甚至给鱼类加上了在水里没有什么用处的肉鳍，迫使其离开水中来到陆地，为进化创造条件。

布鲁姆曾在 1947 年或 1948 年写过一部手稿，但并没有出版[114]。从这部手稿中，我们可以得知，布鲁姆并不认为我们已经到达了人类进化的巅峰。根据他的计算，我们只完成了进化的四分之三（而他在南非研究的人亚族，包括南方古猿和傍人[1]等，则位于进度条的一半位置上）。布鲁姆为人类进化的终极成果，即所谓的"超人类"设下的完成期限是在未来的 5 万年之内。

在布鲁姆的时代，还有一位古生物学家、耶稣会士德日进也同样坚信生命的历史有进化的偏向性，永远不会偏离既定的目标，从一开始，进化的目标就指向人类。但比起布鲁姆所谓的某只"神秘的手"在引导进化的粗糙理论，夏尔丹的说法要精细得多。布鲁姆的目的论理论认为，在历史的进程中，有一种超自然力量（天意）在到处行动，每当有需要时就会介入，以确保进化不会偏离既定的方向。但德日进则认为这种外部的监督和控制的力量是不需要的，因为进化本身就会通过内部驱动力为自己导航——也就是说，根据它自身的规则驶向既定的终点。德日进将这个终点称为"欧米茄点"。

但是，如果没有外界力量的干预，我们如何才能保证生物在进化过程中不偏离原本的方向呢？毕竟，在生物进化的同时，数亿年间地球上也经历了大量的地质和气候变化。在地质和环境条件如此不稳定的情况下，什么事情都可能发生。

在德日进看来，生命的发展历史有一个基本原则，就是复杂性的增加。他的理论甚至超越了生物进化本身。德日进指出，整个宇宙的历史从诞生之初就一直遵循着最初的脚本——即复杂性的不断增加——在上演。我们可以将之称为宇宙的脚本，它与世界一同诞生，内容包罗万象。宇宙的历史，就是一部复杂性增长的历史。这个模式也回答了那个终极问题：我们为何在

---

I  傍人，人族下的傍人属，是双足行走的史前人科成员，可能是由南方古猿演化而来的。

此？答案就是，不可能有其他结果，我们必须在此时此地出现，因为我们本身就是进化不断复杂化的成果体现，因此注定会出现。

德日进并不认为，随着人类登上生命的舞台，进化就会在此结束。相反，他认为未来会更好，因为进化的复杂性还在不断增加，远没有到达其极限，因此它将继续发展，并注定将会带来某些令人惊叹、耀眼夺目的生命形式。夏尔丹兴奋地向我们阐述了他对未来的这种美好期待。当他在世时，这些理论只在他自己的私人小圈子之间流传，但在他死后这一愿景被发扬光大，广为人知[115]。

德日进的理论在欧洲的拉丁语系国家获得了很多拥趸，但这一晦涩但又优美的预言在世界上的其他地区并不怎么流行。我个人相信，正是因为他的理论过于抽象（或者也可以说是诗情画意），才没有在盎格鲁—撒克逊国家获得成功。因为一般而言，盎格鲁—撒克逊人更喜欢具体而直接的表达方式。

1949 年，德日进写了一部名为《人的动物群》[116]的作品（直到他死后才得以出版），该作品可谓是对他的思想的一大总结，他本人认为其思想是科学的理论。从该书中，我们可以看到作者是如何理解"复杂性"这一议题的。接下来，我们需要动用全部的支持力量才能帮助大家理解这一概念。如果我们无法衡量"复杂性"的标准，我们如何才能知道，随着时间的流逝，物种的复杂性到底有没有增加（以及到底是在何时增加的）？

德日进用来描述宇宙进化的"复杂性"的定义对于生命体和非生命体都同时适用：既能适用于一个原子，也能适用于某个动物。这位法国耶稣会士首先界定了哪些情况不适用于"复杂性"这个标准——物质无秩序的简单堆砌（比如一堆沙或者许多星星），或是单体的无限重复（比如许许多多的矿物晶体）都不适用于这个标准。

所谓的复杂性，必须是一定数量的元素在一个封闭的环境中组合起来并各司其职才成立。德日进本人举了一个复杂性增长的例子："比如从原子发展到分子、细胞、后生生物，等等，以此类推。"后生动物是一种动物，它由许多个细胞组成，其中不同种类的细胞都有着不同的功用。在德日进的"以此类推"的终点，就是我们人类。

德日进将在朝向复杂性增长的过程中的每一个进展称为一个"微粒子"。最简单的微粒子形式就是原子。当时，德日进并不知道原子的进化是从氢开始的，氢是所有原子中最简单的，再复杂的原子结构在不断衰变之后最终都能分解到直至剩下氢原子。如今，我们知道氢原子是第一个形成的。

我们可能会以为，根据德日进的理论，所有微粒子在经历了日趋复杂的"微粒子化"组合后，最复杂的生命结构形式应该就是人类了，但实际上，事实并非如此。在人类之上还有一种更复杂的微粒子组合，一张将所有人类联合在一起的网络，该网络目前正在发展的进程中。德日进将这种社会网络命名为"大同社会"，他认为，当这张网络完成后，它将返璞归真，和最初的原子一样单纯、简单，回归宇宙进化之初的状态。进化的终点就是这种最复杂的微粒子化结构，它目前尚不存在，我们人类将共同打造它。

从这里，我们可以看出这位法国古生物学家所向往的预言中的壮丽与强大之处。毕竟，按照这一理论，宇宙和历史——与我们每个人息息相关——终究是有了一份理由，一份意义。我们大家都是一个宇宙级别的宏伟计划中的一份子。不仅仅是在过去，自我们的起源之初，也包括——这是最为重要的——在现在这个时代依然如此。因为德日进的预言覆盖了 20 世纪及之后两个世纪的人类，因此从他的那个时代直到今日，我们的生存、奋斗、苦难、焦虑甚至死亡都被赋予了意义。正是我们自己，将成为这个天翻地覆的变化中的主角，是推动进步的动力（先锋），在历经 140 亿年的进化（这是宇宙的年龄）之后，我们正一步步地向着一个伟大的终极目标稳步迈进。能够参与成就这一伟大时刻的进步进程，促进"大同社会"开始逐步成型，我们应该深感荣幸，但未来的人类甚至将比我们更幸运。

德日进在他的书中画了一棵进化之树，样子非常简单。这棵树并没有许多分支，而是更像一棵凤梨或者洋蓟的形状，它有一根主轴，一个个圈层沿着主轴分开。这根主轴引导着这棵生命之树的发展方向，被称为"宇宙微粒子轴"，树浆沿着主轴向上输送的过程中，将首先经过"生物圈"（标志着生命的出现），并在之后经过"心智圈"（标志着人类思维能力的诞生）。在德日进看来，生物的适应性是不存在的，或者说在生命的历史中是无关紧要的，因为生物会在某种神秘力量的推动下，主动完成它们的使命。我们不能对这种神秘力量的存在有所质疑：它就在那里，以一种神秘的方式运作着。这根主轴随后将经过哺乳动物、灵长类动物，直至到达智人阶段。

德日进的理论的最大问题（这也是他在非天主教国家中响应者寥寥的原因），就在于它从本质上就根本不是一个科学理论，因为它的解读并不是唯物的（为避免使用带有政治内涵的科学术语，这里也可以说是基于自然的），而是神秘主义的，主要根植于信仰之中。辛普森[117]就曾写道："泰亚尔和我是很亲密的朋友，尽管事实上，虽然我们早就认识，但我俩对哲学和宗教的看法截然不同（泰亚尔并不将两者进行区分），对于科学相关话题的理解更是南辕北辙（泰亚尔从来没有理解自然选择理论，而且他也从不区分科学与神秘学宗教的界限）。"

但是，我们是否因此就该在谈到进化时的任何情况下，都完全摒弃关于生物进步的观念呢？就算没有一个宇宙级别的宏观计划，没有一个终极目标，难道在进化的过程中就不会发生任何进步吗？

"进步"这个词（在过去）经常会和"目的"联系在一块儿。但我们在本书的一开始就已经清楚地阐明了，在科学界，我们不认为进化是遵循着某个目标进行的，也不认为世界的发展整体有什么既定目标可言。在科学界，我们不会探究事物发生背后的动因（它们的目标）。我们探索自然的原理时，认为它与物质本身密切相关，发生的现象都是完全唯物的。物质本身该是什么样儿就是什么样儿，它们有自己的运行法则[118]。

那么，在自然界本身没有设定目标的情况下，假设进化中一般会发生进步[119]。原则上，我们完全可以想象，在不脱离宇宙普遍规律的情况下，依然能够存在一种进步的趋势。由于个体之间不断竞争，加上自然选择机制的甄选，生命的形式变得日趋完善。在生物学中，有没有可能像在物理学中一样，也存在一个时间维度中的指向性呢？物理的指向性来自热力学第二定律，我们之前已经学习过，它指向熵的增加、无序、混乱、寒冷和死亡。而所有的生物——回忆一下薛定谔的优雅理论——则究其一生都在全力抗争这项热力学定律，创造秩序，并因此在内部消化负熵。那么在生物学中，伴随着时间发生的指向性是否就将指向生命机体的器官增加和复杂性的增长（甚至包括精神上的复杂性的增长）呢？

在本书中，我们曾经涉及的另一个问题也与之相关，即人文历史的指向性。如果说根据人文历史的发展指向，社会注定将会变得越来越复杂、多样、有序，我们是否可以以此类推在生命的历史中也是如此？

18世纪的苏格兰哲学家和经济学家亚当·斯密认为，市场中有一只看不见的手，会调整和推动各国市场不断进步。那么自然选择是否也可被视为生物进化过程中的那只看不见的手，将引导物种的进步呢？

许多人会毫不犹豫地相信，生物的进化和进步理所当然地应该是一组同义词。与之相关的最常见的问题就是"那么为什么猴子没有进化"，也就是说，为什么它们没有变成人类——目前公认的进化进步的最高水平——至少是从现阶段来看。需要说明的是，所有的猴子都进化了，它们从哺乳动物的总类中进化出了各种分支。如果它们没有进化的话，如今所有的猴子应该都是一样的。同样的解释也可用于说明哺乳动物的进化，如鸟类、乌龟、水蟒等。背后的逻辑很简单，如果说进化一直会带来进步，而且是同样的进步的话，我们如何解释地球上如今存在的丰富的生物多样性呢？

事实上，所有的生物都在进步，以成就更好的自己。蝙蝠将成为更好的蝙蝠（更好的会飞的夜行哺乳动物）；河马、花栗鼠、马、海豚、蚱蜢或蕨类植物也都会在进化中成为更好的河马、花栗鼠、马、海豚、蚱蜢或蕨类植物。当然了，一个大猩猩通过进化，也将成为一个更好的大猩猩。

在广告界的术语中，"进化"意味着优化和进步。但如果我们仔细思考一下，就会意识到它指的其实是在不改变商品本质的前提下优化其用途或性能。电脑会进化成更好的电脑，汽车会优化它作为汽车的外观，相机的进化是为了拍出更高质量的照片。在科技的世界中，我们所理解的"进化"指的是机器效用的优化，但不会影响它所对应的领域或它在市场上所占据的生态位。

但是在科技界，"优化"所指的内容并不是很明确。以汽车的例子来看，是指更小的耗能？更少的污染？更快的速度？更便宜的价格？更长久的耐用度？更小？更大？更安全？更漂亮？

我们对于越野车和跑车（包括能参加方程式赛车比赛的那种）的性能期待是不一样的。当然了，也许所有的车都可以在许多方面改进，而不仅限于自己特有的那些特征，在这里，我们说的就是整体的进步了，但实际情况并不是那么简单的。过去的汽车要大得多，也舒服得多！这就会给人一种印象：为了优化某些性能，也许要为此劣化另一些方面（比如这些年来，要生产出一辆跑车变得越来越费劲了）。

如果我们将上文的"机器"替换成"生命体"，机器的类型换成身体结构、市场领域换成生态位，将机器的零件或部分换成生物的器官、组织结构或某些具体性能，再回过头去仔细看上面的例子，就很值得深思了。对此这两门科学——工业和生物技术——给了我新的启发，可以对上述问题给出自己的全新观点。

我们人类制造的机器会随着时间的推移而变化（进化），根据之前运行的结果回馈，不断更新过去的老版本（通过性能实验或实际报错等收集数据），然后新的机型就可以在相关的市场领域中与其他机器相竞争（发挥它的专长）。有时，工业界会出现一些突破性的设计（伟大的新发明），从而衍生出一系列相关产品，这些新的产品甫一问世时要么不会直接面临竞争，要么替代掉了市场上之前具有类似功用的旧款。因此，一直以来不断有商品消失，有的时候甚至会批量地灭绝——整个行业被消灭，就像恐龙被灭绝那样。举个例子，所有有点年纪的读者也许都还记得当年的需要胶片冲洗的相机，以及它是怎样瞬间（灾难性地）被数码相机取而代之的。

无可争议的是，谁都不能把车和船、轮胎和船桨、方向盘和船舱、汽车车体和船身、锚和手刹、蒸汽发动机和风帆拿来对比。询问一辆汽车是否优于一艘双桅帆船是荒谬的。因此在我们比较动物时，它们也应该是……可比较的，而这就会导致一个严重的问题了。比如，我们怎么能比较一只鼹鼠和一只蜻蜓呢？

总之，在这里我鼓励读者寻找你们自己的案例。对工业界和生物界的比较成果丰富，但这一理论仍有待进一步完善。达尔文曾将生物的进化和语言的进化（分类阶元对语言学）进行了比较。但据我所知，他没有比较生物进化和机器的发展，尽管在他那个时代，蒸汽机的发明已经引发了工业革命。也许他不喜欢这个例子，是因为讲到机器会令他联想到威廉·佩利的钟表匠类比。但我敢肯定，如果达尔文来到今天这个世界，见识到了在人类的推动下，工业科技有了怎样的进化，他会像当年钻研绵羊和鸽子等家畜的种类一样兴致盎然的。

在《物种起源》中（这里指的是 1872 年出版的第六版），达尔文在书中有两处对进化中的进步这个主题做出了反思，他尽可能地避免得出"进化随着地质时间的推移在不断进步"这个结论。在有些场合下他是倾向这么认为的，但随之而来的某些反例就又会令他对这个结论产生怀疑。达尔文是一个始终怀疑一切的人，正因此，他才是一个真正的科学家，这种自我怀疑正是他的伟大之处："我们可以看到（他写道），要以绝对的公平性去比较两个物种会有令人绝望的困难，因为它们的复杂性都在增加，而且我们对其种群结构的组织化程度，以及在过去数个时代的经历都实在是所知有限。"当然了，我们不可能比较不同地质时代的动物或植物，来确认当代的物种是否优于那些已经成为化石的，但是确实可行的方法是比较当代生活在世界上各个不同地区的动植物。通过这种方式，我们可能可以通过观察找到某些标准，来衡量哪些生命体是更优的，哪些则是较劣的。因为如果有某些物种或物种群明显优于其他，另一些明显劣于其他，那结论应当对任何一位生物学家而言是显而易见的。古生物学家在研究化石时也应遵循同样的标准。

根据上述方式，人类确实曾在全球范围内将某些物种从一处移居到另一处过，而达尔文观察到，从欧洲带到新西兰去的动植物在当地获得了成功，取代了那里的本土物种，而与此同时，"几乎没有南半球的任何生物在欧洲的任何地方能够获得成功"[120]。这是为什么呢？

达尔文分析了这些信息，思考了这样一个问题——如果所有大不列颠的物种都搬到新西兰，对方的物种都搬过来，会变成什么样？达尔文根据上述结果得出的结论是，新西兰的本土物种将会遭遇大规模的灭绝，而同样的情况却不太可能会在大不列颠出现。"但是，即便是最优秀的自然学家，也不敢断言这两国物种的比对一定会出现这样一个结果（即欧洲的生物会强于新西兰的）"。

这个故事告诉我们，在生物学中，当我们比较两个物种时，我们没有办法预知哪一方能在这场生存竞争中取胜，哪一方对环境的适应性更强，哪一方的设计更完善。就像达尔文说的，就连"最优秀的自然学家"也无法预判其结果。只有在两者实际发生接触后，我们才能事后得知结论。因此，没有一种可行的标准能够事先预知哪个物种对另一个会具有绝对的优势，就算两个物种当今都存在，且我们能够在实验室或田野调查中研究它们也不例外。

达尔文在《物种起源》中说道，自然选择的影响，只会导致物种的完善程度进化到足够参与它所在地区的生存竞争，或者顶多有那么一点点优势。他之后举了新西兰的例子：如果只比对当地的本土生物（地方性的物种）的话，它们都是相对完善的，但面对来自欧洲的动植物的入侵，这些本土物种很快就输得一败涂地。"自然选择不会造就绝对的完美"，达尔文继续说道，"在我们可评判的范围内，我们也从未找到任何可以称得上是'完美'的生物，能够满足自然的所有严苛标准。"

---

**生命简史**
VIDA, LA GRAN HISTORIA

大交换

---

事实上，现实中已经发生过一次真实的（而非推理性的）相关实验，比对不同的物种并评出更优者。当巴拿马地峡再度形成时（距今约300万年），两块美洲大陆上的哺乳动物之间有了接触。之前，

中南美洲的动物在很长一段时间以来都过着与世隔绝的生活，这块大陆就像一个孤岛。当地的肉食性动物多为有袋动物，而草食性动物则多为胎盘动物。但在南美大陆上，这两类动物都有丰富的分支。随后，两个大陆的动物群穿越巴拿马地峡发生了接触，随之而来的就是这些早期有袋动物的彻底灭绝，而早期胎盘动物也受到很大的打击。看起来，似乎肉食类的胎盘动物比肉食类有袋动物更有竞争力一些，而现代草食动物比大部分南美洲的古代草食动物有竞争力。

然而，我们应该小心，不要做出过于极端的结论。威廉斯曾在1966年写道，在这个案例中，我们应该评估地峡两岸的物种总数量，因为物种灭绝的原因很有可能只是因为在接触发生以前，北美的生物群系的物种数量就比南美的要丰富［因为相较南美的生物群系所在的地域（新热带界），北美大陆所属的整体地域范围更大，这块地域中还包括欧洲、大半的亚洲和北非，地理生物学家将之称为"全北界"］。这才是北部生物能在这场生存竞争中获得最终胜利的原因，而不是因为某些生物比另一些更优秀。威廉斯说，我们很容易倾向性地得出胎盘动物比有袋动物更优秀的结论，但他同时也提醒道，也许这其实仅仅是个纯统计学的问题。

斯蒂芬·杰·古尔德也在这个案例中为有袋动物说话[121]。他说，并不是因为有袋动物的整体结构适应性劣于胎盘动物，也不是它们的构造比胎盘动物差，才造成了物种灭绝的结果。更可能的原因只是因为南美和澳大利亚的有袋动物的进化过程相对更和缓，没有经历剧烈变故（如大规模的物种灭绝），面临的竞争也更少，因此它们的物种丰富性相对较弱，不够细分。如果地理上的情况是倒过来的——有袋肉食动物居住在北面，胎盘类草食动物居住在南面——古尔德怀疑，穿越地峡的物种交换是否还会带来同样的结果，即南美物种的毁灭和北美物种的胜利。

---

但是，人类是否可以称得上是优于世界上其他所有生物的物种呢？达尔文对这一点也没有明确的说法吗？

在《物种起源》（1871 年）中，达尔文沿用了自然科学家卡尔·恩斯特·冯·贝尔的标准来描述生物在"生物学的阶梯上"（出自达尔文的原话）进步（发展）的程度。冯·贝尔的标准是基于每个生物的多样性以及各器官功用的细分程度来定义的，和我们在进入任何一个系统中（不管是不是生物学系统）对复杂性和组织发展程度的理解相同。当一个系统中的各成分越多，同时各个部分之间的分别越大，这个组织就越成熟，或者说这个系统就越复杂。

因此，达尔文认为，自然选择驱动下的生物进化会向着生物多样性越来越丰富的方向去发展，各条不同的进化线上的个体都会不断调整自我以便更好地适应环境，而与此同时其多样性也会增加（整个自然界的生态随着进化的发展而扩充膨胀）。自然，这种适应性的调整也会带来职能的细分。

这里，达尔文开始进入到"生理学的领域"，因为他在《物种起源》中说过，自然选择机制适用于所有自然科学家。达尔文想要指出，个体的不同身体结构分担了它适应环境的不同工作。达尔文认为，结果就是随着时间的推移，生命的形式变得越来越多样化，体内的器官所具备的各种功用也变得越来越细分，因此（依据冯·贝尔的标准），生命体会进化得越来越复杂，但与此同时，每个个体仍保留着它们从祖先处继承的一些共性的特征。但达尔文强调，这并不是说在生命体变得更复杂以前，那些结构简单的生物就应该消失，因为在有利于它们的环境背景下，它们还是能够被保存下来的。

因此，达尔文总结道，当我们研究地质学的遗迹时，会觉得"随着整个世界的发展，生物整体也在缓慢地、断断续续地进步"。根据这个理论，生物的进化并不是向着一个方向进步，而是多线并进的。同时，他又用不容置疑的语气补充道："在脊椎动物这个大的领域（生命进化到的这个阶段）中，人类已到达其巅峰。"

我们不知道达尔文为何会认定人类与其他物种之间应区别对待，但不管怎么说，他至少没有说我们是世界上最复杂的物种，只说在脊椎动物这个种类中，我们的生物群系（在动物分类阶元的所有门中的一个门[122]，包括我们在内，这些门又共同构成了生命的五界之一）是最复杂的。在达尔文书中的最后一段，他曾经提到我们正位于生物世界的顶峰……但在这一段的最后，他又提醒我们，我们的身体结构仍带有不可磨灭的源自原始生命形式的痕迹。

那么，在达尔文之后的那些生物学家又怎么说？毕竟，《物种起源》已经出版了很长一段时间，如今，我们对生物学的了解已经深入得多了，尤其是在基因学方面。也许，如今我们已经能够建立一套合理的比较机制，来比对不同的生物体了？除此以外，在生物学的进步性这个话题上，我们本身难道不该有所进步吗？难道我们要在这个议题上始终停滞不前？

尽管雷斯曾经言之凿凿地指出[123]，所有伟大的新达尔文主义者无一例外地[124]都相信进化是上升式发展的，但我对此不那么确信。我也不认为大家能够认同完全一致的意见。在我看来，朱利安·赫胥黎的理论与辛普森的理论就是不同的。在雷斯看来，罗纳德·费希尔在1930年出版的《自然选择的基因原理》是一曲献给进化进步性的赞歌，但我认为雷斯没有完全读懂费希尔的著作。费希尔所谓的"进步"（他的参数"W"）指的是一个物种如何更好地适应自己所在的生态环境。在费希尔的书中，我只读到了基因学和生态学，而完全没有看到任何进步主义的影子。我在书中能够读到的只有作者对于人类这个物种在生物界的未来的深深担忧，这倒真的是当时那个年代所有进化学家普遍的共识，没有例外。

J.B.S. 霍尔丹则在他最重要的作品《进化的原因》（1932 年）中写道：

> 在这场讨论中，我认为可以使用类似"进步""前进""退化"
> 之类的字眼，但我很清楚类似的术语仅应该用来指代向着人类进化
> "在背后推了一把"的这种推力，而不是一个完全科学的学说。从猴
> 子变成人的进化也许对猴子来说更像是一件坏事，也许对一名天使
> 来说也是如此……我们应该牢记，当我们在探讨进化的进步性时，
> 我们正从坚定不移、绝对客观的科学领域转移到如流沙般不稳定的
> 人类主观价值论的领域。

朱利安·赫胥黎倒是确实坚信进化过程中的进步性，并将我们的物种指
定为进化发展的终极方向。但要注意的是，这并不意味着赫胥黎是一位目的
论者，因为他没有宣称指向人类这个靶心的进化之箭是由某位弓箭手（由于
天意）射出来的。他否认在生命进化之初会有一位超自然神明的存在，也不
认为射出的这支进化之箭自身具备目的性。

但是，对于上文引用的德日进的说法，赫胥黎是这样回应的：

> 德日进没有意识到，人类对于自然拥有更大的影响力，比起猴
> 子，人类的生活方式也更加独立，更少受到环境的影响。在科学研
> 究中归纳法抹去了所有的争议言论，如"德日进对于进步性的主观
> 性的意见"。通过对进化事实的科学分析中，我们应该能够对"进步
> 的定义"得出结论（尽管只是很泛泛的结论）；进步的定义不是主
> 观得出的，而是一个客观结论。进步的概念不是一种可以立即从人
> 类角度得出的结论。我们不能想象，一条绦虫或一只水母的具体愿
> 景会是什么，但如果这些生物能够理性思考，它们也将不得不承认，
> 自己不是占据主导地位的生物，也不具备进一步进化的能力，而是
> 已经退化到了一条没有出路的死胡同中……
>
> ——出自《进化：现代综合理论》（1942 年）

进化进步论的拥护者经常会这样使用带贬义的术语来指代其他不在人类进化史路线上的生物，对于还活着的那些，他们称其走入了"没有出路的死胡同"或"形态已退化"；而如果这些生物已经只剩下化石仅存，则称它们是"进化实验中的失败产物"或"流产的形态"。

在朱利安·赫胥黎看来，生物族群的优越性能够解释它们在进化中更优的能力：它们拥有进化的潜力，能够因此创造出新的生命形态。也就是说，它们有能力为自己开拓一个未来。

辛普森在这个议题上则是一如既往地谨慎。他认为生命的历史是——在这里他不惜重复了好几次——渐进式发展的，因为物种会在经历了一系列的诸多时代以后，渐进式地互相依存。但是，一只哺乳动物的足不能就被认定为比一条鱼的鱼鳍更为优秀，因为它们需要完成的功能是不同的。当然了，来自脊椎生物的一只眼睛确实可以被认为是比一只原虫身上的那些只能微弱地感受到光线的黑点要来得高级，但辛普森认为，即便从这个例子中也无法得出普遍的结论。脊椎动物的眼睛更优秀，是因为背后有一整套神经系统来作支撑，而不仅仅是因为那只眼睛本身。植物没有神经系统，但有没有眼睛对它们来说都没有优劣之分。

尽管如此——考虑到所有这些限制——辛普森依然认为，在生命的历史中，生物的进步是普遍存在的现象。进化史上发生的大多数事件都是生物的改进（进步）或转变，但这与生物依然有时候会向相反的方向发展（回溯过去）甚至停滞不前这个事实并不矛盾。

辛普森用了两个术语来形容他从化石中观察到的进步现象，在这里我想就此多展开一些解释。

其中之一是 improvement，我们在这里可以将之翻译成"改进"。这里指代的是我们常说的"稍作润色"，一个物种发生了一些简单的小变化，以便更好地适应它所在生态位的生态环境。这些变化很细微，但会一代接一代地持续发生。这是一个渐进式的过程，也是自然选择原理常规的运作方式。

辛普森用的另一个词是 transformation（转变）或 breakthrough（突破）。这种现象发生的频率就要小得多了（这是一种非常规的方式），指的是

"功能性的变化或在改进过程中发生的变化"。它和理查德·道金斯的进化进步以及丹尼尔·丹尼特的"吊车"理论上指的是同一回事。游戏中出现了一个新的玩家，从而彻底改变了游戏的规则。在古生物学家看来，它对于那些化石起到了怎样的影响？答案就是物种的多样性得到了进一步的丰富。

在辛普森看来，正是这些转变造就了进化的进程。

辛普森毫不犹豫地认为，人类代表了进化进步的巅峰。但是，此话的依据何在？我们到底在哪些方面优于其他生物了？在这里，辛普森完全摒弃了神秘主义的学说（他对在科学中引入神秘学的说法非常反感），使用了一个纯功能性的判断标准——我们能做的事情，比任何其他动物或植物能做的都多。而且总体而言，其他动物能做的事情我们也都能做，而且能做得更好。在他关于该主题的论述的结尾，他补充道："人类使用工具的能力，当然也应该算作一种生物学上的进化。"

换句话说[125]，辛普森认为存在某种普遍且客观的评判标准来衡量物种的进步程度："大部分证据都显示……人类是进化最杰出的成果之一，因此我们可以自信地得出结论，即人类——尽管不是在所有的方面——是进化的进步目前为止到达的巅峰。"

无论如何，总得有个物种占据巅峰的位置，但这并不意味着从生物进化开始之初，我们人类就理所当然地被指定将会站上这个位置。因为在之前的段落中，辛普森已经说过，这些相同的客观标准"并不意味着人类的进化线路就是进化的主线，也不能证明进化本身具有主导方向"。


但是，随着时间的推进，不同物种之间不停地竞争，不是应该因此而产生某种更优秀的胜者吗？

在新达尔文主义者看来，进化的进程只会受到一个因素的影响——自然选择。那么自然选择是如何推动生物进步的呢？朱利安·赫胥黎与霍尔丹曾在 1927 年写过一本名叫《动物生物学》的校园教材（两年以后，西班牙的孩子们也能读到翻译版了），其中他们以非常简明扼要的方式，对这个问题作出了解答。《动物生物学》是一本完整、优秀、条理清晰的科普教材，其中也举了进步主义的例子。我个人相信，该书中所有关于"进化的方式"的章节应该都是赫胥黎写的，因为其中延续了他在之前所有作品中的一贯观念，而正如我们之前看到的，霍尔丹在这一议题上的观点和他很不一致，后者对于进化进步性这个议题的热情要冷淡得多[126]。

《动物生物学》运用了大量的比喻，将生物的进化和科技（或说工业）的进化进行了对比，并得出结论：在这两个领域中，"进化"都意味着"不可阻挡的进步"[127]。为解释物竞天择如何促进生物发展并不断完善，作者以军事领域中无可争议的进步作为类比。书中写道，在纳尔逊元帅的年代，战船都是用木头做的，船上的大炮射出铁球制成的炸弹，射程只有数百米远。而到了当今（该书出版时的1927年），巡航舰上所配的大炮的威力要强大得多，船上的甲胄也更坚固。霍尔丹和赫胥黎认为，其中的演化过程，与生物的进化是完全一致的：就像一群马匹会面临类似的来自同一时代的食肉动物——它们的捕食者——的威胁，因此在这场竞争中，双方（狩猎方和被狩猎方）都在体型、速度和身体潜力方面不断优化——更大的体型、更强壮的体力、更快的速度。

该书总结道，生物的进化和进步是生存竞争的必然结果。因此，进化可以是进步性的，正如朱利安·赫胥黎指出的，但不需要是目的性的（即无须论证生物会由于某种神秘的因素倾向于发展得尽善尽美）。根据赫胥黎的理论，进步不是由生物的内因驱动的，而是物竞天择的结果，是达尔文理论的自然选择论这项外因造就了生物的进步，因此，进步不需要理由。

多年以后（直到1979年），理查德·道金斯与约翰·理查德·克雷布斯在他们关于进化过程中"生物军备竞赛"（arms races between and within species）的研究中，也同样使用了类似的军事术语[128]。道金斯与克雷布斯用狐狸和野兔的比喻来解释这个概念（灵感源于古老的伊索寓言）。兔子跑得比狐狸快，因为兔子若是输了就会没命，但狐狸输了只不过损失一顿晚餐。狐狸可以容忍一两次失败，可以饿着肚子过夜，但对兔子来说，输掉一次就再也没有下一次的机会了。同时，道金斯与克雷布斯也很巧合地同样运用了战船的比喻，但没有提到霍尔丹与赫胥黎（他们似乎没有读过后者的作品）[129]。在军事类比中，狐狸就好比是潜艇，而兔子则是在海面上行驶的舰艇，是潜艇想要击沉的对象，即它们的晚餐。

在生物的军备竞赛中，进化是一个不断向上攀登的过程，永远不会停歇；因为被捕食者如果进化得更适应环境，就会给它们的对手（捕食者）造成压力，促使它们也做出对应的调整，反之亦然。因此，"如果将一个已经一路进化到现代的捕食者放到始新世的时代中，去狩猎始新世时代的被捕食者，那么我们可以想见，始新世时代的被捕食者将会面临一场惨烈的大屠杀。但同理，如果我们将一个始新世时代的捕食者带到现代，让它去捕猎当代的被捕食者，它也会面临一样的局面，就像喷火战斗机想要追上喷气式战斗机一样徒劳。"所谓的喷火式战斗机是二战时期英国的传奇战机，当时它在英国对德国的战斗中曾用来与德军生产的梅塞施密特战机作战。

那么，生物之间的军备竞赛是否就是生物进化的一般动因呢？

道金斯和克雷布斯的回答很谨慎，但并非不留余地：

> 普遍来说，目的论学说短时期内会获得更大的支持：地球曾是一个只有蓝藻微生物的世界，但现在却有了像鹰一样有着如此精密的双眼的后生动物，但这其实不是一个问题。从更短的时间段来看，就以新生代为例（最近的这 6500 万年），生物在各种程度的优化上有没有趋势性？在想要根据自己的经验回答这个问题之前，我们想到，如果没有别的理论可以证明这一趋势，那生物的军备竞赛理论至少提供了一个解决的思路。

若干年后，道金斯又用了猎豹和羚羊的例子，来证明生物之间的军备竞赛如何取得了出色的成果[130]，双方都在此过程中奉献了一场精彩的演出。当然了——抱歉之前没有指出这一点——生物的军备竞赛，或者更准确地说，是生物的适应性的竞争，是在猎豹这个整体和羚羊这个整体之间发生的，而非单个的猎豹和单个羚羊之间的竞争（两个单个个体之间只存在单纯的狩猎关系，结局要么就是一顿大餐，要么就是挨饿）。从专业的角度来说，这是一种宏观进化现象[131]，涉及的是双方在进化时间中一方不断完善环境适应性，另一方则不断突破这种适应性的过程，而一只猎豹对一只羚羊的捕食则是在真实时间中实际会发生的。

以著名的红皇后与爱丽丝之间的赛跑为例（出自《爱丽丝镜中奇遇记》），你需要不停地奔跑，才能停留在原位。演化生物学家利·范·瓦伦曾在 1973 年提出过一条理论——恰恰就叫"红后定律"——来解释物种是如何灭绝的。在宏观进化的大型竞争中，不允许有生物原地踏步，不然这个物种就会面临灭绝的危险，它将不足以延续足够的自身基因，也将没有能力跟上环境变化的速度。（这套"不进则退"的红皇后理论被广泛地用于企业培训课程中，用来激励那些高管。但在我看来，人类的解读是另外一回事，因为对探索、创新、超越目标、克服困难的渴望是人性中的一部分，而稳定、单调和乏味的特性则是反人性的。）

毫无疑问，在这场羚羊与猎豹的生存竞争中，能幸存下来的都是最优秀的羚羊（至少是那些在赛跑中跑得最快、最会躲闪的）以及最优秀的猎豹（同理）。这会让人想到，也许一只当代的羚羊永远不可能会被一只来自中新世的猫科动物捕猎到，或者一只来自当代的猎豹如果回到那个地质时代，将可以轻松自如地捕猎当时的草食性动物，就像一架当代的战斗机如果回到二战时期应该会所向披靡，但我们真的确定吗？

这种思维实验会有一定的困难。尽管哺乳动物（比如说肉食类动物）早在白垩纪或新生代之初就已诞生，但自那以来，生态环境的结构发生了很大的改变。毫无疑问，对比其祖先，当代的猎豹在捕捉羚羊方面想必更具优势，但它们也只会捕食羚羊，因为猎豹的猎物已经变得非常单一了。它们在捕猎其他食草动物（比如水牛类的动物）时就不那么出色了，而且届时它们要面对的也不再是当代的生态环境。我们要考虑到，如果一只当代的猎豹回到古代，它有可能会因为找不到羚羊或类似的猎物而饿死。

但我们认同（尽管持一定的保留意见）一群狮子在始新世可以活得很好，一群斑马也一样能活得很好。如果到了中生代，情况是否还会相同？如果我们将道金斯和克雷布斯设置的时间窗口稍稍放宽，狮子和斑马能在侏罗纪时代的生态环境中取得优势吗？我们也许会倾向于立即回答"是"，但这个答案从一开始就值得怀疑，尤其是在斑马的例子中，因为直到白垩纪以前，被子植物（开花植物）都还没有出现，而非洲有蹄类动物（羚羊、水牛、斑马等）的主要食物都是由被子植物组成的（禾本科植物、豆类、灯芯草和其他草类植物）。而如果斑马过不好，以它们为食物的狮子也一样会遭殃。它们能改而以草食的恐龙类动物为食吗？其他肉食类恐龙会放任它们这么争抢口粮吗？

如果前一个地质时代的生物曾经因为非生物学上的原因而遭遇大规模的灭绝，那我们就很难说后一个地质时代的生物一定会比前者更优秀，就像用哺乳动物和恐龙做对比的例子所显现的一样。但如果一批生物取代了前一批，以海中、河流和湖泊中硬骨生物是如何占据主导地位的为例，那我们就可以说物种多样性大爆发的后者比前者更强，是前者灭绝的主要原因。

我们再来看一个一组生物如何取代另一组的例子，这次的案例发生在陆地上。在新生代的前半段时间内，在陆地上占据主导地位的有蹄类动物是奇蹄目动物，包括马科动物，如亚洲和非洲的马、斑马和驴，还有蜥蜴和貘。但之后它们就被偶蹄目动物后来居上了，如牛、鹿科动物、长颈鹿和其他类型的反刍动物（还有猪与河马也是偶蹄目动物，但它们不反刍）。从物种的数量上来看，当今有蹄动物中偶蹄目动物的多样性要大得多，有许多种不同的种类。偶蹄目动物在生物学上更优秀吗？它们是否具有更好的身体构造？其实，事实并非如此。很有可能偶蹄目动物的爆发式增长更多的是和 3000 万年以前的气候变化有关，当时星球正变得越来越冷，也越来越干燥。由此带来的生态环境上的变化就是草地（草本生态系统）在全球大块区域的大面积扩张，而气候变冷不利于森林生态系统。构成牧场的草本植物很难消化，因为它们的根茎中纤维成分太高，而面对这一情况，拥有多层胃壁的反刍动物就具有优势了。因此，我们不能武断地说，偶蹄目动物就一定比奇蹄目动物更优秀，而是因为环境改变了，变得更有利于反刍动物的生存而已。

回到达尔文。在自然界，没有一种物种能说是绝对优于另一种物种的（因此没有一个生物学家敢于预判）。一切都取决于环境。如果改变气候风向，今天还处于主导地位的物种也许明天就会消失，而原因和生物学的关联非常小，可能只是出于地质岩石板块移动之类的不相干的理由，纯属地理上的原因。如果一只蝴蝶在北京振动翅膀，它未必会引起纽约的一场风暴（人们常用这个著名的例子来解释混沌理论），但青藏高原海拔的升高就确实地会给生物圈带来很大的影响。

但是，理查德·道金斯认为，从根本上来讲，生物之间的生存军备竞赛会一直延续下去，尽管主角可能会发生变化，有时是胎盘哺乳动物之间的竞争，有时是有袋哺乳动物，有时是恐龙，有时则是类哺乳动物的爬行动物。尽管时不时地会发生一些大型的生物灭绝事件，导致游戏重新开始，换一批主角，但正是这种持续的生存竞争，令道金斯认为大体上来说——不看那些细节——生命的历史是可以复制的（至少是从某一个特定的时刻开始会陷入轮回，这个时刻有可能是动物首次出现的时刻，甚至有可能是从真核生物的出现开始，从早在 20 亿年以前，第一个完整的细胞出现开始）。

进化的趋势并不是一条不断向上的直线，朝着人类这个顶峰迈进，而更适合用一种锯齿形的模式来形容，其中，某一次锯齿形的峰值（这里只看陆地生态环境）是类哺乳动物的爬行动物，下一个峰值是恐龙，而最后（在一次陨石撞击之后发生，导致两个高峰之间出现低谷）才出现了哺乳动物，即当代的生物巅峰。如果再就近一点观察的话，在每个峰值中还会有起起伏伏的小高峰绵延不绝。因此，理查德·道金斯表示，从这个角度来看，随着时间的推移，一波波的生物生存竞赛也随着峰值的起起落落而绵延不绝。

在所有这些解释之后，我们是否能明白达尔文为何对进化是否会随着地质时间的推移而进步始终表示怀疑？因为这个问题确实非常难以回答。尽管我们围绕着这个议题来回转圈，但始终找不到一个突破口可以直击其核心。

大部分的当代演化生物学家和古生物学家都会认同（虽然也许不是全部），在进化中没有所谓的"整体进步"的概念。我们认为不该用这种方式来讲述生命的历史，也不喜欢类似"死胡同"或"退化的形态"之类的表达。我们更偏向达尔文的生命之树的叙事方式：有许多分支、一个宽阔的树冠、没有主轴。如达尔文在《物种起源》中所描述的："在伟大的生命之树下，许多分支凋零死去，掉落地面，滋养和成就了仍在这棵生命之树上的众多形式多样的美丽树枝。"

我在几乎所有方面[132]都非常认可辛普森的意见。对这个议题，他明确地写道：

> 很容易就能证明，尽管（单个具体物种）的进化是有方向性的，就像所有的历史进程那样；但进化（整体）则是多重方面发展的；考虑到所有这些发展方向，进化的过程是不稳定的、凭运气的。很明显，鉴于人类的存在，我们可以说，从原始细胞开始进化的话，其中一个进化方向是人类——或者说是一组进化方向，因为进化并不是沿着一条直线进行的。

辛普森在其他场合总结过："进化并非总是伴随着进步产生，进步甚至也算不上是进化的一大主要特征。进步可以在进化过程中发生，但并不是必须的。"

整体进步的概念早在达尔文之前的时代就已提出，拉马克曾拥护这一概念，他认为物种在生命发展中是呈上升趋势的，就像攀爬楼梯一样。这位法国学者认为，爬楼梯的比喻可以很恰当地解释进化的整体趋势。生物的适应性演化，比如著名的长颈鹿脖子的案例，不是生命发展的主流，只是一些微不足道的、地方性的小调整。相反，在达尔文看来，进化的核心就在于生物根据自然选择，向着更适应环境的方向去演化，也因此，进化中没有、也不应该有一个指定的发展方向，因为环境适应是很随机的，根据各地情况的不同有很多种方式，但对环境的适应才是进化的核心。

拉马克的错误在于他搞错了演化的机制。对适应性的调整，不是通过生物在自己的一生中根据经验所习得的特征传递给后代的，而是自然选择在不可预测的各种突变中进行选择（就像一个筛子筛选的原理一样简单）。

更主要的是他错误地以为，进化是朝着一个唯一的进步方向，不断向上攀登的 [133]。

总之，关于进化的进步性这个概念，包括古尔德在内的许多作者都被这个概念绕了好久，以至于他们最终认定这个概念难以处理，甚至是有害的。也就是说，他们认为最好不要去讨论这个话题，因为从中无法得出任何能够说服所有演化生物学家的结论。这是有可能的，但在我看来，这是一个我们在一开始就必然会遇到的问题，无法回避。我们无法如此轻易地对所有令我们不安的问题视而不见。其次，我们已经对各方对于该议题的看法做了很好的梳理和总结，我也有兴趣再继续深入一些。我希望读者此刻也依然对这个议题保持兴趣。

那么，关于智力这个话题又怎么说？它难道不是衡量生物复杂性的最高标准吗？智力是否就是我们寻找的进化的指南？

哺乳动物作为一种羊膜脊椎动物（一个巨大的进化枝，拥有庞大的物种群数量），拥有一些独特的特点，包括它们的移动方式（其身体躯干脱离地面）、头骨的结构（拥有后颚）和下颌骨、耳中的小骨、牙齿的排列（因为具有多颗尖尖的臼齿而显得十分复杂，这些尖牙能够令它们可以更加方便地咀嚼食物）、对身体温度的控制、骨头发育的方式、表皮结构、妊娠方式（尽管单孔目动物依然在以产卵的方式繁衍后代）、以母乳喂养幼崽以及脑化程度，即大脑卓越的发育程度等。人类的脑部主要由两个脑半球（即我们所谓的"脑子"）所组成，但其他哺乳动物的脑半球相对发育得没有那么完善。在其他哺乳动物的脑结构中，嗅球（大脑最前端的部分）很大；一般来说，哺乳动物是嗅觉最为灵敏的生物。

脑半球的表面覆盖着一层灰色的皮质，这层灰质在灵长类动物的大脑中覆盖尤为广泛。其中有一层特殊的皮质被称为新皮质或新皮层（区别于和嗅觉系统相关联的旧皮质或旧皮层，以及我们稍后会讲到的与海马体相关联的原皮质或原皮层）。正是这层新皮质掌控着一些高级的功能，例如接受感官刺激（触觉、视觉和听觉），进行解读并产生回应（因此也叫认知—知觉皮层）。只有哺乳动物拥有真正的新皮层，当我们谈到意识的问题时，我们要始终牢记这一点。

新生代又被称为哺乳动物时代（我们后续也会沿用这种说法），从那时起，哺乳动物的大脑中开始产生神经元，而且数量还在不停地增长。与中生代（即恐龙的时代）相比，如今动物大脑中的灰质要增加了很多，更不用说与鱼类的时代相比了。这是因为哺乳动物比其他任何脊椎动物的脑化程度都要更高，在多条哺乳动物的进化线路中，都能观察到它们的脑容量发生了显著增长，尤其是鲸类、长鼻动物（如大象）和灵长类动物的大脑。有趣的是，其中纺锤体神经元（冯·埃科诺曼神经元[1]）仅在人科（猩猩、大猩猩、黑猩猩和人类）、非洲象和亚洲象、海豚以及其他有齿鲸类的体内发现。这种神经元似乎能够助力较大的大脑中的沟通能力，重要的是，它在上述提到的三个不同的哺乳动物分支的进化过程中都分别独立出现了。

另外有一点非常明确：在整个生命的历史中，我们的物种和尼安德特人是生物圈中脑化程度最高的。所谓的脑化，就是指一个物种中大脑体积所占的身体重量的比例[134]。

哈里·J. 杰里森是这个领域的一位伟大的专家，他发现[135]，哺乳动物和鸟类的脑化程度高于其他脊椎动物，因此，我们是地球上脑化程度最高的生物。确实，虽然鸟类的身体很小，但它们却惊人地聪明。而在人类之后，还有许多哺乳动物如猩猩、海豚和大象之类也都非常聪明，在整个生物圈中占据很多神经元。值得一提的是，在 200 万年以前，海豚的祖先的脑化程度曾经比我们人类的祖先要更高，因此，我们是在这场长跑的终点反超了它们。眼下我们可以说是正生活在神经元的黄金年代，是从神经元这种物质出现以来，整个生命史上神经元数量最丰富的年代。整个地球上灰质遍布。

从哺乳动物出现以来，所有的哺乳动物是否都有一种脑化的趋势？还是说，脑化的情况只在某几条进化轨道上出现?

---

I　　Von Economo 神经元，简称 VENs。

早在现代综合理论出现前，过去曾经有一种将生物按照进化趋势区分的分类方法，即回溯性地（从现在回顾过去）观察生物将来会变成什么样子：跑的、飞的、游的、走的；吃树叶的、吃草的、吃水果的、吃树干里的虫子的、吃肉的等等。在这种分类方式下，我们所在的灵长类动物按进化趋势被分为树栖的和脑化的。

自从辛普森有效地从根基上推翻了生机论的成立基础以来，没有人再相信生物的变化具有倾向性或叫进化惯性，即一组生物会倾向于某种进化趋势（在内在动力的推动下）。尽管如此，脑化现象确实是在哺乳动物中十分常见的一个变化，不管这些动物所在的生态环境如何，但这仅仅是这种适应能力对它有利。因此我们可以总结：对一个动物来说越发达的脑部对它越有帮助（尽管这个结论也可以用于评价许多其他的特质，比如越快、越敏捷、听力和视力越优秀对一只动物一定也是越有利的）。

要回答哺乳动物在进化过程中是否会倾向于增加脑容量不是一件容易的事，尽管这个问题很有趣，也很紧迫。为回答这个问题，我们需要研究近乎完整无损的化石，但我们手头没有这样的材料。但多年来，哈里·J.杰里森一直在尝试研究这一现象。

首先，我们要澄清，恐龙的脑部并不像有些人说的，"像核桃那么小"，而且它们当然也不是因为没有发达的脑部才灭绝的。一只霸王龙的脑部差不多有一颗柚子那么大。但哺乳动物的脑化程度远远超过了恐龙。第一个能让我们研究脑部大小的哺乳动物化石是三尖齿兽的化石，距今约 1.5 亿年。它的脑化程度是同体积恐龙的四倍，与当代的负鼠（一种南美有袋动物）和刺猬的脑部相当。自从中生代以来，远在恐龙灭绝以前，哺乳动物已经发展出纷繁的物种多样性，并占据了许多生态位，但当时的哺乳动物以夜行动物为主，身体都很小，从不超过一只猫咪的大小。然而，从 1.5 亿年前三尖齿兽目出现，到 6500 万年前恐龙和其他大型爬虫类动物灭绝，这段时间中，哺乳动物中没有出现强烈的脑化发展的倾向性（或者更准确地说，没有发生广泛的脑化现象），而是一直保持基本的身体占比，当然，其中的许多物种就这样一直延续到了当代，同时仍然能在生态环境中取得成功。

随后，从新生代（最近的 6500 万年以来）开始，虽然恐龙灭绝了，但并没有因此而立即开启哺乳动物在所有进化轨道上的脑化发展，在之后的数百万年间，大部分的哺乳动物依然维持着原来的脑部大小，没有发生明显的增长。以鲸类为例，它们令人印象深刻的高度脑化现象是从 2000 万年以前才开始的，当时它们已经在水中繁衍出众多分支，并成功占据了许多生态位。

在灵长类动物中，所谓的高等灵长动物的高度脑化现象一直到用来定义它们的牙齿和骨骼特征都已经进化完毕以后才开始出现，而不是倒过来。同样的现象也发生在我们的直系祖先南方古猿身上，它们的牙齿和骨骼结构几乎与我们一模一样，但它们的脑部结构和黑猩猩却没有什么差别。

杰里森写道："对灵长类动物脑容量增长的研究得出的总体结论，就是这种脑化现象很可能是在其他的变化完成之后才出现的……也就是说，有些灵长类动物成功地占据了某些生态位，并不是因为它们的脑部更大而通过了自然选择的筛选，而是脑化现象能够帮助它们更好地适应自己所在的生态位。"也就是说，首先出现的是骨骼和牙齿结构的变化，帮助这些灵长类生物占据了一个新的生态位，随后它们的脑容量才开始增长，以帮助它们更好地适应新环境。因此，杰里森认为脑化现象在进化过程中起到的是一个强化已经发生的适应性变化的作用，而不是驱动变化发生的根本原因。从白垩纪时期开始，哺乳动物已经发展出丰富的物种多样性，而高等灵长动物和鲸类的发展以及随之而来的脑化现象发生在数百万年以后，人类的物种多样性更是近期才发生的事情。因此，杰里森十分确定地表示（为了验证这个结论，他可以对比更多状态更好的化石，而不是仅通过思想实验推论），智力并不引导哺乳动物的进化，即便对于最聪明的哺乳动物来说也不例外。

在最近的一篇论文中，科学家们仔细研究了哺乳动物脑部的进化细节，研究对各种哺乳动物谱系下各个门类出现的时间（当然，指的是那些有可循的化石记录的，而不是指所有的哺乳动物）。研究结果表明，随着时间的增长，有些哺乳动物的脑容量会对应增长，但并不适用于所有的情况。也就是说，对于所有哺乳动物来说，这并不是一条广泛适用的通论[136]。主导该研究的科学家们还发现，脑部的大小与动物群体的社会化程度有着高度的关联。那些脑化程度最高的哺乳动物通常都过着稳定的群居生活，即独居或互相之间关联很少的哺乳动物不在其列。

我们可以做一个思想实验，大胆地预测一下我们所在的这个世界在未来数百年以后会变成什么样。从宏观进化趋势来看，我们可以猜测，有一些生物的脑化程度会更高，而它们的社会结构也会变得更为复杂，但这并不意味着它们就能因此产生出部分意识器官（灵长类动物除外），从而有能力可以使用工具，因为这不符合宏观进化的普遍趋势。水中的哺乳动物又会怎样呢？也许科技发展能在这个领域得到突破？但我们无法预测这种未知事件的发生。之后我们会就这个话题再做展开讨论。

让我们回想一下，哺乳动物在生态环境中取得了压倒性的成功，但是，虽然哺乳动物发展出了最为发达的脑部结构（脑半球），这并不意味着它们因此就能无可争议地轻松取胜。哺乳动物的成功还要归因于一场陨石撞击，也许还需要一场气候的变化，从而才能终结恐龙和其他非哺乳类脊椎动物的统治。但不管是导致地质时期从中生代向新生代过渡的那场灾难，还是后来发生的全球变冷现象，都与生命的发展本身无关，纯属意外。

当然了，我们也可以想象，也许哺乳动物不管怎么样，即便没有任何环境变化，最终也能堂堂正正地战胜恐龙和其他爬行动物，因为它们的生命形态更为高级。但问题是这一点无从证明，因为历史已经发生了，无法再重来一遍。追溯过去，我们只能在头脑中模拟这样一场思想实验了。但是，这是多么宏大的想象啊！

在人类的脑部结构中，占最大部分的是大脑，由两个脑半球组成，高等功能的运行就是通过这里来完成的。因此我们是否可以自问：至少在动物的领域，我们是否可以将大脑的发达程度，作为我们苦苦寻觅的判断生物复杂性的标杆？

尽管我们时不时会听到我们人类的头脑是全世界最复杂的系统这种说法（每个神经元都与数千个其他的神经元互相联系，脑部所有神经元的总数高达近十亿），但关于是否可以将脑部发达程度视作评判生物复杂性的标准这一点，学术界仍有争论，那些最伟大的科学家围绕着这个议题争执不下，至今仍未能达成共识。（我们已经围绕这个议题讨论了那么多了！）

我们知道，德日进认为随着世界的进化，宇宙的复杂性会与日俱增（从最简单的原子一直到人类，未来还将继续进化），但当复杂性的进度条来到哺乳动物的领域之后，他不得不更换了一个作评判用的变量。从这里开始，德日进认为评判复杂性的标准在于判断生物的心智，随着哺乳动物的进化，其心智也在它们自身内部不断发展，直到灵长类动物诞生，并最终在人类中发扬光大。在此之前，心智这个衡量标准并未被引入，因此这是一个变更过的变量。在原子、分子以及哺乳动物以前的动物中当然不存在心智的概念[137]。

当然了，并不是所有人都能接受在这里更改变量，从而助力（或者说赋予合理性）我们人类登上进化顶峰，或者说是进化之矛的投掷方向的这种衡量方式（因为按照德日进的理论，我们还没有到达进化的终点，还只处在一个过渡的过程中）。

朱利安·赫胥黎则使用了明显更客观但同样很难量化的评判标准来衡量生物的复杂性，如通过评价动物对内外部环境的控制能力和独立于环境因素自我生存的能力来作评判。当然了，在这种评判标准中依然是人类胜出，毕竟我们甚至有能力在月球上生存[138]。

但德日进和朱利安·赫胥黎都已经是过去时代的人了。现代科学家能否通过运用信息论的概念，来更好地解读这个关于生物复杂性的问题呢？

1995年，有两位科学家做过类似的尝试，他们的研究引起了很大的关注，这里值得花一些篇幅稍作介绍。两位科学家分别是厄尔什·绍特马里和约翰·梅纳德·史密斯，他们的观点如下：

> 没有一个现成的理论能够预测随着时间的推移，进化是否会同时带来复杂性的增长，也没有经验证据能够证明这一点。但是，真核细胞确实比原核细胞更复杂，动物和植物也确实比原生生物更复杂，以此类推。因此，我们可以将复杂性的增加，看作进化中的一

系列重大转变带来的后果。这些转变意味着存储和传递信息的方式发生了改变[139]。

两人在一开始就说明了，没有一种衡量生物复杂性的标准目前是受到普遍公认的。两种可能的衡量方式包括：一，衡量蛋白质编码的基因组数；二，衡量形态的多样化程度（生物机体的细胞数量）和行为（行动的灵活性）。形态和行为的多样化这个判断标准很符合大家的第一反应，但很难量化。两位作者认为，第二种方法除了证明复杂性在某些领域确实增长了这个明显的结论之外，很难再更进一步了。

相反，通过现代科学，我们已经可以做到去比对和研究不同物种的基因总数。据厄尔什·绍特马里与约翰·梅纳德·史密斯介绍，真核生物比原核生物拥有更多的基因，高等植物和非脊椎生物比真核生物拥有更多的基因，而脊椎生物的基因组数量更是大大超过非脊椎生物。两位作者猜想，非脊椎生物和脊椎生物之间的基因数量差距可能是由于后者还具有神经系统（肯定会因此需要更多额外的基因）。

在厄尔什·绍特马里与约翰·梅纳德·史密斯看来，生命历史上发生的一些重大的转变（生态阈值）包括：1. 具有复制能力的零散的分子组合成一个整体，各个分子之间有序隔开；2. 孤立的复制单位（基因）聚合成一个有复制能力的相互关联的整体，即染色体；3. 从 RNA 既存储基因，又同时起到生物酶的作用，过渡到由 DNA 来存储基因，而由蛋白质来发挥生物酶的作用（即完成基因编码）；4. 从原核生物到真核生物；5. 从无性别的克隆到带有性别的生物群；6. 从原生生物到动物、植物和真菌（这时组织结构中的细胞已经有了不同的功用）；7. 从单独的个体到生物群（同一种类的生物群体，其中包括不复制自身的个体）或相反（从群体到个体）；8. 从灵长类生物的社会结构，到人类社会（归因于语言的出现）。在所有这些重大转变中，生物单位首先要能够自我复制，随后才能共同构成一个更大的整体中的一部分（比如，细菌变成线粒体之后就不再自我复制了，因为它把自己的基因组中的一部分转让给了细胞核）[140]。

然而，人类这个物种的基因总数量并不是最高的。我们的基因数没有明显比其他哺乳动物高，哺乳动物的基因数也不总是比其他脊椎动物高；同样，也不是所有的脊椎动物的基因总数都比所有的非脊椎动物高（有些昆虫和软体动物拥有庞大的基因组）。因此，在我看来，光凭数目不足以证实我们人类这个物种是复杂程度最高的生物，不管这到底是一个事实还是纯属假设。但厄尔什·绍特马里与约翰·梅纳德·史密斯在数量的计算上耍了个小花招。他们把基因和人类的语言同样算作存储和传递信息的系统。由于人类的语言毫无疑问是一个庞大的信息存储和传递的系统，通过这种算法，我们就能位于生物复杂性的顶点了。

　　理查德·道金斯在《基因之河》（同样在 1995 年出版）中也采纳了在生物学研究中广受欢迎的信息论理论，来界定一系列的生物阈值，从几十亿年以前基因首次出现，到最近的人类语言习得，他将之称为"大脑用来交换信息的关联系统"。道金斯在这一领域甚至走得更远，他大胆地认定，最新的生物阈值应该是人类通过无线电波，向太空传递信息的交流行为。

　　但归根到底，赫胥黎与德日进的老派理论，和厄尔什·绍特马里与约翰·梅纳德·史密斯或理查德·道金斯更现代的理论之间其实并没有本质的区别。在所有这些案例中，当谈到脊椎动物时就会改用大脑以及它的表现行为——比如语言——作为评判标准，好让人类登上生物复杂性的顶峰，从而把生物复杂性转变成脑化程度的代名词。但在生命的历史中，我们也并不是脑化程度最高的物种——就像哺乳动物在脊椎动物中也不是脑化程度最高的，脊椎动物也未必是所有动物中最聪明的；至于植物和真菌则索性根本就没有神经系统，这点我们早就知道了。因此我们不禁要自问，在选择对复杂性的衡量标准时，我们是否耍了些小聪明，故意选择了那些我们从一开始就知道将对我们有利的变量作为参数。

　　现在，我们终于谈到了问题的症结所在。一般来说，"复杂性"到底指的是什么？又该如何衡量？

　　这场讨论令人沮丧，是因为至少在生物学中，我们其实无法定义和衡量复杂性的标准。在这里，我参考了莫兰关于复杂性的解读，发现在他看来，"发展性"不是一个答案，而更多的是一个疑问。莫兰认为，关于复杂性的理论仍有待完善。毫无疑问，信息论和系统论等新理论对解决这一问题有所贡献，但我们仍需继续努力。

丹尼尔·丹尼特[141]用"设计的增加"这种说法来解读这个问题，看起来有一定的道理，因为设计的增加会导致复杂性的增加。毕竟，在我们人类看来，现代的机器比过去的旧机器工业化程度更高。因此至少在工业领域中，"复杂性"和"设计"[142]看起来似乎是同义词。根据丹尼尔·丹尼特的理论，在某些进化路径中，设计的增加要多于另外一些路径，这是因为有些生物更有幸或更不幸地（取决于不同的视角）需要在生存的军备竞赛中进行更多的竞争，因此其设计也就变得越来越复杂；而另一些物种则"幸运地"——或者说是不幸地，看你怎么看——面对更少的生活困境，可以用一种更简单的方式生存下来，因此自从 20 亿年以前它们取得生命以来，就一直无须再进一步增加自己的设计了。我们的物种沿着一条螺旋上升的路径，逐渐增加了自身的设计。丹尼特说，我们人类是一个复杂的物种，因此我们也崇尚复杂性，但"另一些类似蛤这样的简单生物也许在自己那方简简单单的小天地里也生活得很好"。

从另一方面来看，我们可以认为所有的物种多样性都来自于生物设计时发生的某次突破性的创新[143]，因此在进化过程中，每当有一个新的生物类型出现，就会增加更多的设计。因此，生物的设计是逐步增加的，新的设计置于旧的设计之上（在此基础上添加）。从经典的结构分类层级来看，鸟类或哺乳动物是调整过的爬行动物，但它们比身为自己的前身的爬行动物拥有更多的设计。就像在 19 世纪时，人们在一艘帆船的基础上加上蒸汽机和螺旋桨加以改进，从而能够通过一种新的推动力方式来利用风力。爬行动物是在两栖动物的基础上调整的，两栖动物又是在有颌鱼类的基础上调整的，有颌鱼类则可能是在无颌鱼类的基础上调整的，以此类推。

进化的过程类似一个棘轮（参见图八），其中有一个齿轮会起到类似扳手的作用，像是自行车的飞轮或绞盘，阻止前进的齿轮再往回转。通过这种

图八：进化的棘轮

　　包括丹尼尔·丹尼特在内的部分科学家认为，有些生物的进化路径上会出现生物设计的增加，而另一些生物则会在到达一定程度的复杂性之后就止步于此。在上图中，假设生物的设计是会逐步增加的，那么当进化像一个棘轮（或是绞盘和飞轮）一样运行时，它只能向着同一个方向转动，每转动一次就会增加更多设计。但是，事实并非那么简单。以鸟类为例，虽然它们在进化中获得了飞行的能力，但作为代价，它们失去了用前肢操控物体，或抓住一根树枝，或用足部立足于地面上的能力。同样的情况也发生在鲸类和一些其他的海洋肉食性动物身上，它们的四肢退化成了鳍，或干脆消失了，而鲸须是否能算是在它们的陆地祖先的牙齿的基础上增加的设计呢？

机制，棘轮只能朝着一个方向，一个接一个齿轮地转动。如道金斯描述的，首先要出现染色体，其次是带细胞膜的完整细胞，随后才是减数分裂、二倍体（两组染色体）、有性生殖（通过单倍体配子，每个配子中只含有一组染色体）、真核细胞、多细胞生物、原肠胚形成（胚胎发育的一种）、动物身体的分节，等等。进化永远不会退回过去的状态，因为一旦跨越每个进化阶段的分界线（生物阈值），棘轮中的这个副齿轮就会阻止它再往回转[144]。

和往常一样，问题在于如何将上述理论应用于实践之中。在我们看来，这一标准适用于比较一组生物和它们的直系祖先（比如将一个当代的哺乳动物和一个三叠纪时期的类哺乳类爬行动物做比较），我们可以认为，随着时间的推移，生物在原始形态的基础上逐步添加了新的设计，但在对比两组分属不同种类的生物组的进化路径时，这一方法就遇到了困难。

恐龙、鸟类、翼龙和鳄鱼都同属主龙类（这是这一组进化枝的正式命名），且都拥有一个共同的祖先。当这些生物互相分离之后，哪种动物添加的设计最多呢？是翼龙、蜂鸟、三角龙还是鳄鱼？

相信很多人会认为在上述这组动物中，鳄鱼的设计是增加得最少的，因为它是最古老、最原始的一种动物。但我们要记得鳄鱼有后腭，能够分隔口部和鼻部，使它能够在进食的同时呼吸……就和哺乳动物一样！而且，它们的环境适应能力也非常良好，甚至连哺乳动物都是它的猎物！回想一下我们看过的那些纪录片，其中非洲的牛羚在大迁徙时，当它们需要穿越鳄鱼出没的河道时，这些可怜的哺乳动物（不管它们有着怎样的设计结构）遭遇了何等悲惨的经历。

普通的鳄鱼、宽吻鳄（以及长吻鳄，鱼类的捕食者）都是极端细分的主龙类生物，它们过着两栖化的生活，这在首批主龙类生物中绝非常见。正是从这首批主龙类生物中，又分化出了恐龙（其中也包括后来的鸟类）、翼龙和鳄鱼等。鳄鱼有一大堆极富特色的特征，其进化程度（设计增加的程度）都是高于鸟类的，因此我们绝不能将之视为落伍的活化石。而相反，鸟类虽然长了羽毛，乍一看似乎进化得更先进，但实际上它们的进化程度并没有那么高。因为其实许多其他的恐龙也长有羽毛，而且根据生物学家的多项研究，鸟类还是和爬行动物有许多相似之处的。

因此，从进化中我们还能感受到，在进化过程中除了设计的增加之外，有时也还会发生部分适应性的变化替代了其他能力的情况。

鱼类脊椎生物能够很好地适应水中的生活环境，而一只身躯巨大的雷龙则能更好地适应陆地生活。我们哺乳动物能够保持身体的恒温，但作为代价，我们需要更多的卡路里，而卡路里的摄取一直都并不容易。我们可以将这视为一种优势吗？直接晒太阳来获得热量难道不是更聪明的行为吗？

为了能够飞翔，鸟类和翼手目生物放弃了使用前肢的能力作为代价。蝙蝠和已经灭绝的翼龙几乎不会行走。毫无疑问，它们能够很好地适应飞行的需求，但在地面上的行动却显得无比笨重，这对它们来说也是一个问题。

此外，还有很多人们在过去的生物分类中通常会认为是较为低劣的生命形式依然顽强地存在着，且还在蓬勃发展。人们过去曾经以为这些旧的分类方式能够证明复杂的生命机体才更具有优越性。正如威廉斯所说："如果以个体的数量或物种的总数量作为一个衡量标准的话，如今我们的时代既可称为两栖动物的时代，也可称为哺乳动物的时代。两栖动物与爬行动物互相竞争，鸟类与哺乳动物互相争夺食物和其他必要的生存资源，而没有一方在这场竞争中看起来处于劣势。"

多么令人绝望啊！就像是在赛鹅图[145]的游戏里那样，每次当我们以为自己在关于进步性的议题上有了一些进步时，我们就会掉入陷阱，重新回到起点。

但是，至少在技术与科学的领域，复杂的设计出现得远比简单的设计晚，这难道不是事实吗？在工业中，现代的工业不是总比旧的工业更复杂吗？在进化中是否会发生同样的情况？

我们之前已经说过，衡量复杂性程度的方法之一，就是看看科学家们花了多长时间才搞明白这件东西是如何运行的。我相信这种方法有它的可取之处，尽管它看起来过于随意，也无法用精准的公式来解释。哎，如果我们可以用一个数学公式来比较不同生物物种之间的复杂性就好啦！但为此我们就需要先找到一个公认的定义复杂性的方法，而且还要可以衡量。因此，这不是一个数学问题，更多的是一个哲学的问题。

以我肤浅的观点来看，植物的光合作用和基因编码机制尽管已经存在了几十亿年，但依然是非常复杂的问题，因为我们一直到最近才了解了这些机制——先掌握了光合作用的原理，随后才发现了基因，而人类的脑部结构是在很新的地质时代才出现的，但我们对其运作还远远谈不上了解，因此它也可被视为是非常复杂的设计。

让我们再次回到那个生物和工程的对比。蒸汽船的出现晚于帆船，但谁不会认为蒸汽船的设计更为复杂呢？汽车和发动机也是人文历史中相对较新的发明，飞机和太空船的发明也一样。

但从另一方面来看，我们至今依然十分推崇电力、通信技术和计算机的发明，这些技术被视为近代科技发展史上的重大进步，而且它们仍在进化，我们依然期待这些技术未来能够带来更大的奇迹。如今，信息化技术可说是操控着一切，位于发展的顶端。由硬件、软件、电路和程序等元素构成的计算机被视为标志未来的机器，它们宣告着新的人工智能时代的到来，有些人甚至预言未来人工智能终将凌驾于人类之上（但我对此持不同观点）。尽管是非常肤浅的对比，但从表面上来看，计算机的设计和神经系统（电流）及大脑机制（主机）的运作原理很像，因此，再一次地，在技术的进化以及它的最新进步中，智能的因素看起来又起到了重要的主导作用[146]。但让我们稍稍冷静一下：这只是一个比喻，并不是所有机器都适用的某个趋势，只在某些案例中有所体现（尽管越来越多的机器开始加入信息化的组件了）。

讲了这么多，我们究竟能得出哪些结论呢？在进化中到底有没有复杂性增加的普遍趋势？或者有没有至少部分的（就像厄尔什·绍特马里与约翰·梅纳德·史密斯认为的）一系列增加复杂性的临界点，就算不是所有的生物，至少部分生物跨越了那个界限，而我们这个物种又是否已经跨越了最后一个临界点，实现了复杂程度的最大化？

根据辛普森的理论，最大的真相就是，生命这个整体自从其诞生以来，只有一个公认的生存模式，一个唯一确定无疑的倾向性，那就是生命会倾向不断扩张，占据地球上它能占据的每一个角落，从而使它的多样性变得越来越丰富，不断探索着生物设计的极限。如果生命的发展中有什么进步，那这个进步就在于它的多样性，以及它所占据的生存空间的扩张。如果生命的历史有一个主旋律、一条主线，那就是它。如果生命的复杂性整体上有所增加，那将是其生态复杂性的增加。

最近，罗伯特·赖特又进一步延伸了辛普森的理论，并提出了更为大胆的假设[147]。

赖特认为，进化从整体上在四个维度上表现出了复杂性增加的倾向性。辛普森提出的生态复杂性（随着时间的推移，物种多样性随之增长）是其中之一。第二点是物种的复杂性平均值的增加（根据该理论，当代物种的复杂度平均值要高于任何其他时代的物种）。第三点是复杂性的极限不断扩张（每个时代最复杂的生物变得越来越复杂）。第四点则是行为灵活度的极限不断扩张（每个时代最聪明的生物变得越来越聪明）。

在罗伯特·赖特看来，无论外部环境如何变化，在不同的环境前提下，进化都在这四个维度上体现出持久而强烈的复杂化倾向性，而最重要的是生物处理信息的能力在不断进步。之前提到过的多布然斯基有一句名言："自然选择的机制，就是将关于环境状态的'信息'传递给居于其中的居民的基因型的过程。"也就是说，所有的个体（基因型，其中一些发生突变）随时随地都能接收到关于外部环境的信息，随后，自然选择的机制将会淘汰掉那些不能适应对应的具体环境的生物：自然选择通过试错机制，调整生物为适应环境所做出的变化[148]。

从某种程度上来说，自然选择下的进化验证了进化过程中具有一种朝向复杂性增加的灵活的目的性。根据赖特的理论，当一种生物系统面临生存状况恶化、环境改变的情况时，它会处理相关的环境信息，在这种时候，我们就可以说这种系统有其目标——或说是目的，或说是有所追求，因此在这种情况下，我们可以说该系统的反应是有目的的。

但赖特的这个目的理念和目的论者口中的"目的"之间有很大的差别。赖特说过:"如果进化有其目标,那据我们所知,这个目标并不是神所赋予的,而是一系列创新的过程,无关道德观念。"也就是说,是由于自然选择的机制所造成的。

总之,我不认为辛普森在半个多世纪以前提出的理论和罗伯特·赖特提出的关于进步性的最新定义之间有什么本质的区别。毕竟,两者的本质说的都是同一回事,生命倾向于不断突破它的极限。生命从一个简单的状态开始,但当这种简单的构造不足以支持它继续突破其极限时,生命就会向复杂性的方向去发展。斯蒂芬·杰·古尔德在这件事上的看法也是一样的——就像一个醉汉,就算他是摇摇晃晃地走在路上,他在摔倒时也不可能会倒在墙的一边,而一定是倒在他所走的路上的。

作为总结,我不认为在进化的过程中一定会带来不断的进步,只认可进化会带来生物多样性的增加和对地球生存空间的扩张,但我不会试图说服您接受我的观点。我已经将与这个议题相关的最重要的信息给到大家了,我们的读者拥有极端复杂的头脑,其中有数亿个神经元相互关联,您完全可以自己思考您的答案。

## 生命简史
VIDA, LA GRAN HISTORIA

### 生命之桶

托马斯·亨利·赫胥黎(朱利安·赫胥黎的祖父)曾经把生物圈比作一个木桶。我们可以在这个木桶中塞满苹果,一直塞到桶口。但在苹果和苹果之间,依然有足够的空隙可以塞进一些鹅卵石。之后，还有空间可以倒入许多沙子。最后，我们还可以在这个已经装得满满的桶里面倒水，直到溢出为止。在生命之桶的这个比喻中，"苹果"可以指代生物的门，而鹅卵石、沙子和水则可以对应生物分类阶元中在此之下的层级（纲、目、科等）。

进化中唯一的趋势就是要填满这个生命之桶，不断增加多元性并占据桶中所有能占据的空间，以求在地球中拥有生命的一席之地。这个理论与达尔文和辛普森的观点不谋而合。

生命之桶何时会被彻底装满？很久很久以前，植物、真菌和动物来到陆地上生活，该事件导致生命形式的数量和多样性都大大地增加，这个话题才开始有了可能性。在动物的案例中，所有的动物门类早在古生代之初（寒武纪和奥陶纪时期）就已经在这个桶里了。从那以后，没有再出现新的生物门（即便在生物移居大陆后也没有），因此在这个生命之桶的比喻，我们可以将之后出现的生物比作鹅卵石、沙子和水，而不再有苹果。

将生命之桶堆满了以后，有些生物群又大规模地被其他生物替换掉了，比如在二叠纪的末期和白垩纪时期，就有大量的陆地和海洋生物灭绝。因此，在这个生命之桶中，物种可以增加、减少和替换，但如果生命之桶的桶壁并非固定的，而是可以扩容的，那是否其中就能容纳下越来越多的生物了呢？辛普森是这样认为的，达尔文想必也会同意。

但不管生命之桶的桶壁能如何延展，这个桶的容量是否有其极限呢？这个问题看来值得思考，而如果生命之桶确实存在极限，那这个桶将在什么时候彻底装满？在辛普森看来，生命之桶的容量还远未到达其极限："细菌和原生动物的出现远早于脊椎动物。但脊椎动物的出现给它们拓展了生命新可能。从此以后，它们又增添了脊椎动物的肠道和血液系统作为自己的容身之处。 有些科学家认为，地球已经过于拥挤了，进化已经发展到了它的尽头，但上述事实推翻了这种怀疑。数百万年以来，生命一直拥挤地生活在这个地球上，但与此同时，新的生存机会仍在不断增长。我们只是缺乏想象力，无法设想生命增长的这些可能性罢了。"[149]

在辛普森看来，进化中的博弈并非博弈论中所谓的零和博弈[150]。确实，有些生物族群会将另一些族群取而代之，但同时，生物数量的总数也绝对是在增长的。辛普森在写下这些理论时（也不是那么久以前的事儿，就在四分之三个世纪以前），也不会预见到，由于我们人类的缘故，生态圈正遭遇第六次大灭绝。最近我看到一篇文章说，预计到 2100 年时，野生的大型哺乳动物将全都不复存在。未来，我们将只有在动物园和完全人工制造的小型自然动物保护区中才能看到它们了。

---

# 第七天
## 波利尼西亚航海家的寓言

在研究趋同演化时，我们发现进化的过程会不断重复，一次又一次地产生同样的结果，生命的可能性看起来似乎选择有限。趋同演化的情况发生得十分频繁，令人不禁会联想到，也许进化怎么发展都不会跟现在的结果有太大的出入。这也许会造就一种不涉及上帝的目的论的诞生。

如果进化——出于它自身的属性——并非只有一个发展方向，而是多维度发展的，这是否意味着任何结果都有可能产生？生命的历史是否存在着多种可能性，无限可能性的背后，是无限多曾经有可能实现的不一样的未来？

事实并非如此。

康威·莫里斯的看法与之正好相反。他认为，进化的发展路径是可以预见的（从一开始就能预知之后要发生的情况），理由是在生物界，趋同适应的知名案例不胜枚举。因此，康威·莫里斯断定，如果生命的历史重新来过——或者，就像斯蒂芬·杰·古尔德所说，"如果将生命的历史倒带重放"，生命的演化也不会有太大的差别，只在次要的细节上可能会有所不同。

根据这种理论，我们可以假设，在归零重新开始的情况下，鱼类脊椎生物（或者某种类似的生物）依然将以它们的一对腹鳍作为支撑，爬上陆地；昆虫（或其他类似的由碳水化合物制成的外骨骼的生物）会再次飞向空中，天空中也会再次遍布像翼龙、鸟类或蝙蝠之类的会飞的脊椎动物。因此我们就会想到，也许最终哺乳动物（或类哺乳动物）会再度在陆地上诞生，就算它们的中耳中没有三块小骨，但无论如何，它们依然会具有嗅觉、分娩幼崽，并能够控制自己的体温。这些哺乳动物会发育出类似脑半球的脑结构，这些半球上的脑沟也会越来越多。最终，它们会发展出思维能力，能够对世界有自己的认知，并能产生和感知种种情绪。这个故事的结局是可以预见的，某种与人类十分相似的类人生物会再次出现。

可以想象，在某个时刻，这些类人生物也会发现进化是如何发展到今天这一步的。届时，它们也许也会自问，自己为何在此？它们的出现到底是出于偶然，还是必然？

如果康威·莫里斯的理论没错的话，那正确的答案就应该是——这些类人生物必然会出现，因为按照进化的发展，它们或类似它们的某种生物注定将会诞生。不光只是对人类如此，对生命之树上的其他分支也是同理。这里我们再强调一次，进化有多种发展方向，而趋同适应在所有的生物类别中都会一视同仁地发生，不仅仅是对我们，对脊椎动物也是如此。

但康威·莫里斯的思考是基于以下必要前提进行的：在他的假设下，对于生态问题（即生物面临的环境）的解决方案必须是有限的，也就是说，在进化过程中存在环境的限制，而在这种限制之下，只有少数几个解决之道（能够符合生物的天性及特点），因此这些少数的出路必将一次又一次地重复。所以，进化将沿着既定的轨迹前进，因为并非所有的生物设计都是可行的，而少数的那几个可行的解决方案将会成为进化趋势中的吸引物，如同进化中的信仰一般。因此，按照康威·莫里斯的理论，趋同适应是进化中最主要的信号。其余的一切都只是杂音而已。

康威·莫里斯并非目的论者或生机论者（这两种理论都与生物学无法兼容），而是一位出色的古生物学家、一位博学而睿智的科学家，因此他的理论值得慎重考虑。

让我们回到问题的开始。看起来，证明"进化可预测"的前提是趋同适应普遍存在。因此，我们不禁要自问，什么是趋同适应，它该如何识别？

趋同适应性等同于生物学中说的"异体同功"，当两个个体沿着完全不同的进化路径发展出十分类似的适应性，能够实现达尔文所谓的某种"生活习惯"上的功能时，就可以说它们发生了趋同演化。

在教科书中，被引用得最广泛的关于趋同性的案例是脊椎动物中翼龙、鸟类和蝙蝠普遍具有的翅膀（当然，在一些非脊椎动物中，有些昆虫也有翅膀），这些生物的翅膀都是各自独立地进化出来的。另一个经典的案例是各种鱼类生物的鳍，包括鱼龙、海豚和企鹅。我们还知道另一个案例，也许相对没那么知名，但同样令人印象深刻。鳄鱼与哺乳动物都拥有后腭，能够实现（用来）将口鼻部分开的功能，使它们能够在嘴里装满食物的情况下依然可以呼吸。

相反，同源器官在生物学中则是指拥有共同的进化历史的一组物种共同拥有的器官。亲缘分支分类法正是基于同源性将同组特性的生物（物种的一组小分支）整合成一个进化枝。为此，需要参考这些物种的共有衍征[151]。如果一组物种共同具有一个只有它们才有的特征，而这个特征在其他物种中都是不存在的，那它们就一定是从一个共同的祖先那里继承下了这个特征（共有衍征）。

举一个和我们直接相关的例子。所有的猿（所有人类与猿类的总科）都拥有一种很有特色的臼齿（动物学中对于磨牙的称谓），其中齿尖以一种特殊方式排列，就像一排小山丘，按照一种特有的方式被山谷有序分开[152]。说来令人吃惊，其他任何一种灵长类动物、任何一种哺乳动物中都不存在同样模式的臼齿。这种特殊的臼齿排列模式意味着所有的猿都属于同祖生物，构成同一个进化枝。它们的这一特征继承自2000万年以前居住于非洲的所有人猿总科的祖先，随后，这些猿分化出众多不同的分支，将这一特征广泛地传递给自己的后代。其中许多（应该说是大部分）的分支都灭绝了，但仍有一些幸存了下来。这些活下来的后代（从长臂猿到人类）互相之间有很大的不同，也已经分化到了不同的进化分支上，但它们的臼齿特征却都是一样的。

作为总结，趋异分化与趋同适应正好相反，但两者我们都会在书中经常提到，因为它们是进化中两个最主要的模式。

如果我们基于广泛的生物趋同性而认为进化是可预测的，那么在进化中，是否存在某些进化规律，就像既定的基因编码那样？进化是否会沿着既定的路径发展，就像一个合子成长为完整的个体的过程那般？

只有在道路已经定好的情况下，事情的发展才不会偏离轨道，就像水会沿着沟渠灌溉到菜园，或是火车会沿着铁轨行进一样。我们知道，一颗人类的受精卵在没有受到破坏的情况下，能够发展成一个成年的人类，并有能力再继续繁衍后代；同理，一颗燕子的受精卵也能孕育出一只成熟的燕子，但没人会认为进化的过程中也有如此顺理成章的既定模式，因为按照达尔文的理论，自然选择是推进进化的唯一机制，从来没有一个已经写好的脚本，也没有任何既定的进化基因编码这种东西。

这里有必要再强调一次，进化没有被编程设定会按着既定的方向发展。正因如此，达尔文在第一版《物种起源》中没有使用"进化"这个词[153]，因为在他的那个年代，"进化"等同于"发展"，有"根据一定的指导，按照可以预见的模式展开"的意思。因此，达尔文更倾向于使用"有调整地继承"这种表达，因为这种说法更为中性，不会有程序性或方向性之嫌，只是单纯地表现一个物种到另一个物种的过渡[154]。

确实，进化不存在既定的程序，但由于生物趋同演化现象的存在，看上去进化的过程似乎又像是有迹可循的。或者至少来说，对于一个生物能进化成什么样子，只有几种有限的重要选项。

我们任何人都可以自由想象一头奇美拉的样子，这是一种由已知的几个不同物种混合起来的产物，甚至是来自不同的生物界（动物、植物、真菌）的组合。但至少在地球上，我们在哪里都不会看见奇美拉的真实存在。同理，独角兽、天马和塞壬都只存在于神话传说之中，而会思考、视物、说话和行走的树也同样不存在。尽管托尔金在《指环王》三部曲中曾经写到过具有神经系统和眼睛的植物，但在真实的生物界中哪儿也没有这种东西。在我们的地球上，也不存在神话中那种身体如此笨重却依然能够飞行的龙（有些翼龙的体型很大，但也没有像传说中的那么大），而在生命的历史中，没有一种龙曾经能够喷吐火焰。长角的食肉动物也同样不存在。

说到这里，有个小趣事值得一提，其中包含了一定的科学道理。在达尔文之前，有一位法国科学家乔治·居维叶被视为古生物学之父。他创立了器官相伴原理，认为生物的所有器官是作为一个整体在运作的，其中的各个部分都密切关联，各器官无法脱离出整体独立变化。据说，有一次他的一个学生打扮成魔鬼的形象，半夜溜进他的卧室想好好吓老师一跳。"居维叶，我要吃了你！""魔鬼"对他说。而这位睿智的法国学者则毫无畏惧地回答道："你长着蹄子和角，所有有这种特征的生物都是食草生物，因此你没法吃了我。"

并非所有想象中的生物造型在现实中都能付诸实践，因此才会产生可行性的重复，我们将之称为生物的趋同适应。在鱼鳍和翅膀的例子中，毫无疑问是物理原则（什么样的形状才能在空气中或水中前进）造就了进化发展的途径，引起趋同适应性的出现；但其他现象，比如生物的胎生（从体内直接分娩出活生生的幼体）或控制体温保持恒定的能力，还有高度发达的脑半球、反刍现象、寄生现象、生物复杂的社会性或是秋天落叶会掉（或者是不掉）等等现象，则纯粹是由生物学因素推动的，而不是为了顺应其他科学原理而采取的行动。

但我们并不能因此就掉进还原论的陷阱，试图仅仅用物理化学原理来解释所有的生物学现象。我也不希望大家因此矫枉过正，走向另一个错误的极端，即生机论的理论中，相信有某种在物质世界不存在的精神力量的影响，且只对活着的生物发挥作用。

但是，如果一种生物适应性的调整不是纯粹因为生物力学的要求而进行的，也并不严格受到物理原则的影响，是谁为这些生物可能的发展方向规定了限制？是否存在某种隐秘的规定，暗中为生物的形状铸好了既定的模具？在物种形成之前，是否存在既定的某种进化条件？

在本书的开始，我曾经对人类历史和偶然性在其中扮演的角色进行了一番思考，以寻找人文历史和生命历史之间的类似之处。

如果塞万提斯其人并未存在过，或者说他在莱潘托战役中不幸身亡（纯粹的偶然性），《堂吉诃德》就不可能会问世。这是事实，但同样地，如果毕达哥拉斯没有存在过，所谓的毕达哥拉斯定理仍然迟早会被发现（在之前我们已经提到过，古巴比伦人可能早就已经发现了这一定理）。

为什么呢？这是因为在平面几何的世界中（欧几里得的世界），直角三角形的两条直角边的平方和一定会等于斜边的平方，这是一个既定的事实。同样的假设在其他任何科学发现中也都成立，比如，宇宙是从一场大爆炸开始诞生并不断扩张的，或者随着速度的增加，时间的流动会减缓。总之，所谓的"发现"一词，指的是将某种曾经被掩盖或隐藏起来的事实揭露出来。"发现"就是"揭露"。

科学原理是普适的，比如元素周期表在任何文明、任何国家中都是通用的，因为科学对应的是既定的事实（物质和其背后的原理）或是"应当如此"的事实，与意识形态或信仰无关。科学不是由信仰构成的。只要科学家的能力足够，所有伟大的科学发现都是注定会被发现的。现代科学从 17 世纪开始在欧洲发展。这是一个单纯的历史偶然，物质运行的原理不受其影响。只是因为随着科学的发展，人类变得有能力发现这些原理而已。

但就像太阳就在太阳系的中心，地球等行星围着它旋转一样，贝多芬的第九交响曲原本并不存在，需要有人将它创造出来，而非重新发现它。

那么，物种的进化更接近哪种模式呢？是更像科学的发现，还是艺术的创造？进化是发现还是创造（发明）了生物物种？如果假设物种在获得物质化以前就已经以某种形式存在着，而进化只不过是发现了它们并将其物质化的过程，这种想法是不是有一点——甚至是非常的——柏拉图化（古希腊哲学家柏拉图曾提出过这类理论）？

多布然斯基在 1937 年将休厄尔·赖特的基因组合（基因型）景观图转化为生态景观[155]，在其中，山峰代表生态位，因为多布然斯基认为，生态位的多样性无穷无尽，但其发展是不连续的。他举例说，一个昆虫类物种能以橡树叶为食，另一个昆虫类物种则能以松针为食，但如果一个昆虫需要一种介

图九：适应度景观中的猫科动物

　　按照遗传学家多布然斯基的想象，现存物种在适应度景观图中各自分布，每一个山头代表一个生态位。说一个当代的比喻，一个生态位就像一种运动特长（跑步、跳高、游泳、搏击、举重等）。在进化上相近的物种一般也占据着相似的生态位，它们占据的山头共同构成了绵延的山脉或山川。图中是一个猫科动物的示例。但是，如果猫科动物灭绝了，它们的适应度山头就会空出来，其他物种就能取而代之。此外，如果一块大陆上没有猫科动物，比如澳大利亚（或者是在南非还是一个孤立的岛的时候），其他种类的动物（比如有袋动物）也能占据这些空着的山头。这种现象就是我们熟知的趋同适应，它解释了为何海豚与已经灭绝的鱼龙会如此相似。这并非是因为两者都是脊椎动物，又都生活在海中（在海中还有许多其他脊椎动物，形态与它们迥异），而是因为鱼龙和海豚一样，在海中游得很快，并以吃鱼为生，两者拥有同一种运动特长。

于橡树叶和松针之间的树叶为食才行的话，那它就会饿死，因为这样的树叶并不存在。

在多布然斯基举的关于猫科动物的例子中（参见图九），每种猫科动物（都来自猫科类这个整体大家庭）都占据了一座山头（对应它们各自占据的生态位），所有这些山头共同构成一个物种山脉（猫科动物的山脉，它们占据的生态位互相之间都相距很近，因为一只猫、一只猞猁、一只猎豹、一只狮子和一只老虎所处的生态环境有许多共同之处，尽管它们的猎物各不相同）。随后，这些猫科动物所属的山脉又构成了肉食性动物的大山川，在其中还包括了犬科动物、熊科动物和鼬科动物各自的山脉等，而这个肉食性动物的山川又是和啮齿类动物、蝙蝠、有蹄类动物、灵长类动物等这些动物各自的山川是分开的。它们整体构成了哺乳动物的适应度景观图，与鸟类、爬行动物类等其他生物各自的生态与生物景观都有所不同。我们还可以继续延展下去，将范围扩大到生物门、生物界，直至想象一幅包含了所有现存物种的整体生物景观图，其中的每一种生物都占据着自己独有的生态位。通过这种比喻，我们可以将生物分类转化为一幅地理画面。

在多布然斯基的生态景观图中，物种在向着山头攀登的过程中逐步完善其适应度，因为它们需要改变自己的生理设计才能攀上顶峰，因此才会发生趋同演化，因为两个不同的物种可以从地球上的两个不同的地方分别攀上这座山峰，甚至是从不同的时代攀上同一座山峰[1]。

读者也许会注意到，我们这种说法说的似乎是适应度景观是先于物种出现的，仿佛它们就预设在那里等着物种出现似的。那么，在物种登顶之前，这些山峰与山谷位于何处呢？我们有理由对此提出质疑。

我们是基于一个理想的、柏拉图式的、非现实的世界在展开讨论，但在各个时代、在世界各地发生的多种多样的趋同演化这个现象本身是非常真实

---

[1]　2018年，我被授予萨拉戈萨大学荣誉博士学位时，曾经在该大学中做过一次公开演讲，探讨关于适应度景观和其他进化中的比喻的话题。

的，需要以某种方式给出解释。

但是，在我们的想象中，构成适应度景观的山谷与山峰并非是一幅荒漠般孤独的景色，在那里静静地耐心等待生物前来征服它们。因为如果是这样的话，那么一旦所有的山头都被生物占据，进化就该结束了，除非某场大灾难将某个适应度景观中的物种全部一扫而空（比如恐龙），这些山头才能再次被占据（比如被哺乳动物）。

多布然斯基是一位卓越的科学家，他当然知道世界永远不会是静止不动的，而是"随着时间的改变，栖息地的情况也会发生变化，而居住其中的居民常常会随着环境的变化而随之做出相应的改变"。

在辛普森[156]的想象中，赖特／多布然斯基的适应度景观的比喻不是一幅静态的画面，而更像波澜起伏的大海。适应度景观的这幅景色会随着时间慢慢改变，而居住其中的物种也会随之改变。这一理论与达尔文原始的进化论理论要契合得多，因为在达尔文的理论中，在解释物种进化的过程中，环境的改变起到了至关重要的作用。在这幅动态的景观中，如果在不同的时间、不同的地点，有两座山峰重合了，那么趋同适应现象就会发生。这是一种优秀的解读方式，通过这个比喻，我们还解释了物种为何会分化（趋异）、为何会灭绝：在前一种情况下，当山峰分开了，物种就会分化；而在后一种情况下，如果山峰保持移动，而物种跟不上它的移动速度，被落在后面，那就会灭绝（参见图十）。但是，现在还是先让我们回到趋同演化的话题上来吧。

关于趋同适应性最有名也许也是最令人伤感的例子之一，来自塔斯马尼亚的狼或虎（袋狼），这是一种有袋肉食性动物，曾经广泛分布于新几内亚、澳大利亚与塔斯马尼亚地区，它们有虎斑状的毛皮，形态上与作为胎盘动物的狼高度相似。我说"曾经"是因为很不幸，袋狼于 20 世纪 30 年代已经在它们最后的栖息地塔斯马尼亚销声匿迹了。

但在澳大利亚曾经还有另一种有袋肉食性动物（袋狮，于 45000 年前灭绝），这种动物的体型要比袋狼大得多，它被称为"袋狮"是因为它与大型猫科动物有许多相似之处。神奇的是，袋狮与袋狼互相之间没有亲缘关系，两者分属不同的有袋动物分类（不同的目），但它们却进化出了趋同性，并

图十：动态适应性景观

　　遗传学家理查德·勒沃丁在 1978 年发布的这张图（出自他在《科学美国》杂志某期历史性的期刊中发布的一篇关于进化的论文）中解释了进化机制是如何运作的。这幅图后来被广泛地引用，这里展示的是我们自己的版本。原理在于，适应度景观并非是静止不变的，而是会随着气候、地理环境和生态系统构成等要素而改变。物种需要跟上它们占据的适应度山峰的移动，并因此会随着地质时间的推移而逐渐进化（这种进化是很缓慢的，几乎不被觉察）。生物有可能会先占据一个生态位，随后它们占据的这个山峰可能会沿着不同的分轨分开，作为结果，原始的物种也会跟着分化成两个。这个过程被称为"物种形成"，代表物种的增加（或称分支发散）。但也有可能，到了某个时刻，物种跟不上它所在的适应度山峰的前进速度了，在这种情况下它们就会遭遇灭绝。而如果物种在很长时间内都与它所在的适应度山峰的行进速度保持一致，并始终朝着一个大致不变的方向前进，作为结果，这个物种就会沿着一根（近乎）直线的路径向前进化，辛普森将这种现象称为"直进进化"，并称之为进化中最常见的模式。在他之后的两位古生物学家尼尔斯·艾崔奇和斯蒂芬·杰·古尔德则提出不同意见，认为物种形成（分支发散）才是进化中最重要的模式。

同时与各自所在目同为肉食性动物的狼和狮子也发生了趋同演化。

更有趣的是，在 700 万年以前，还曾有过一种大型的肉食性有袋动物在南美洲生存和狩猎，这种动物有着巨大的犬齿（被称为"袋剑虎"），它们与胎生类的剑齿虎有着显著的趋同性（奇妙的是，在胎生剑齿虎身上也发生了趋同适应，它们尽管是猫科动物，却发展出了巨大的犬齿，而它们的祖先的犬齿则远没有那么巨大）。但袋剑虎的进化同样是独立发展的，与之前提到的澳大利亚的那些有袋动物（袋狼和袋狮）之间也没有什么关系。这真是令人诧异。

当北美和南美通过一条宽阔的大陆桥连接在一起时，当时在两片美洲大陆上的物种互相之间有很多相似之处，但却各自分属不同的亲缘关系。之前我们已经提到过由于巴拿马地峡的形成而产生的这一场大型的地质学与生物学实地实验——两块大陆相连后，南美和北美大陆的生物群立即展开了生存竞争。接下来，我们来看看在地峡形成前，两块大陆上已经发生的趋同演化现象。

除了我们刚才提到的狼和剑齿虎（肉食性动物），在不同的时期，北美大陆的鼩鼱（食虫动物）、花栗鼠（啮齿动物）在北美洲也都有对应的有袋动物（但如今已灭绝）。在北美还有其他三个胎生动物目也在南美大陆能找到对应的动物，包括乳齿象和恐象（长鼻动物）；骆驼（偶蹄目）、犀牛、马和爪兽科动物（奇蹄目），还有三个如今已经消失的胎生动物目也能在当时的南美大陆找到对应——焦兽目、滑距骨目和南方有蹄目。

另一个大规模发生的趋同适应现象无须研究化石就能观察到。鼹鼠是一种食虫目动物，在地下挖掘虫子为生，分布于欧亚地区，它们在地下占有自己的生态位，而对应的生态位在非洲则由金毛鼹鼠所占据，它们在分类上属于另一目（非洲蝟目），但与前者高度相似。而在澳洲，则由有袋的鼹鼠取而代之。

同样地，在胎盘哺乳动物中，有好几种不同属的会在空中滑翔的动物，它们的身上覆有一层被称为皮膜的薄膜，将其前端与后端的四肢相连，包括鼯猴（皮翼目）、鼯鼠和鳞尾松鼠（是两种不同属的啮齿动物）。自然，有袋的能滑翔的松鼠也同样存在。

　　生物学和古生物学告诉我们，物种的趋同演化可以在同一时间不同的地点发生（如现存的生物案例），也可能是在不同的时间段内发生（如化石案例）。但是，趋同演化到底最终能到达什么程度呢？在到达同一种生物设计的趋同适应前，两个祖先之间的相距能够有多远？

　　我们都知道鱼龙和海豚具有高度的相似性，这也是我们解释趋同演化时最常用的一个案例之一。两者的祖先之间的关系理应也不会太远。鱼龙是鱼食性的（靠吃鱼为生），它占据的生态位和海豚非常接近，甚至可以说海豚几乎就是它的复刻。鱼龙是通过产卵的方式繁衍后代，也没有胎盘，这点跟海豚一样；但在繁殖过程中，雌性的鱼龙其实是将鱼卵放在体内孕育的，直到鱼卵孵化为止，也就是说，它们是有分娩这个过程的。鱼龙是一种卵胎生动物，因此它们不需要像海龟那样爬上一片沙滩去埋藏自己的卵。它们的后代在孵化出世后，也不需要爬出沙子，在危险的捕食者觊觎环伺的环境下，努力挣扎出一条生路，回到海中寻求庇护。

　　最近的一项研究[157]发现，至少部分鱼龙有光洁无鳞的皮肤，还有和鲸类与海豹相同的皮下脂肪层（以及棱皮龟，这种生物也趋同演化出了这样的脂肪），这很明显能够证明，鱼龙是一种恒温动物（能够进行内体温调节）。此外，和海豚以及鲨鱼一样，鱼龙背部的皮肤颜色较深，而腹部的皮肤颜色较浅，这样无论从下看（对着光），还是从上看（对着深色的海面），它们都不容易被看见。

　　然而，尽管鱼龙和海豚有多项趋同适应的近似之处，在我们看来显得十分先进，它们其实早在9000万年以前就灭绝了，远早于陨石撞击地球导致大型恐龙消失之前；而海豚在之后又过了几千万年才出现，也就是说鱼龙的适应度景观中的山头曾经空了很久。

　　另一个趋同演化的著名案例来自一种叫作鹬鸵的无翼鸟，康威·莫里斯曾经毫不犹豫地将这种鸟称为"名誉哺乳动物"。在这个当代的案例中，我们可以看到两种相距甚远的脊椎动物是如何发生趋同演化的。鹬鸵（一共有五种）居住在新西兰，它们所在的两座大岛在太平洋上是孤立的，除了蝙蝠，上面没有其他哺乳动物。照贾雷德·戴蒙德的说法，新西兰是地球上最接近外星球生态的地方。

首先，鹬鸵的羽毛和毛发看起来很相似，这些鸟看起来就像是顶着一头乱蓬蓬的头发。此外，和大多数小型的哺乳动物一样，它们是夜行性动物。它们居住在洞穴中，这对于鸟类来说是很罕见的，但对于小型的夜行哺乳动物来说则不那么奇怪。鹬鸵的嗅觉非常灵敏，它们主要依赖嗅觉生存（这一点也很令人吃惊，因为鸟类的嗅觉一般都不怎么好）。鹬鸵的鼻孔位于它的鸟喙顶端的位置，而不像一般的鸟类那样位于鸟喙底部，相反，它们的鸟喙底部长的是几根羽须（胡子），就像哺乳动物那样。此外，鹬鸵还有一点与哺乳动物趋同的地方——与它们的体积相比，鹬鸵下的蛋可是相当的大，其中有些种类甚至一次就只产一个蛋。

尽管如此，鹬鸵显然没有胎盘，也不是卵胎生动物。出于某种原因——如果我们能搞明白就好了——没有一种鸟类是卵胎生的，而不像其他有鳞目（蜥蜴、变色龙、鬣蜥、蛇），它们的分娩行为可以很常见。鸟类的基因中肯定存在某种限制，阻止了它们向卵胎生的方向进化，而且很可能所有的祖龙类动物——记住，其中还包括了非鸟类的恐龙和鳄鱼——都无法实现卵胎生。这个例子证明了进化过程中是有限制的——换句话说，有些进化方向只能沿着既定的轨道前进，鸟类要实现卵胎生，就像要长角一样不现实。

如果要求一只鸟、一只灵长目生物和一只有袋生物趋同演化出同样的身体设计结构，似乎有点过分，尽管这些生物占据的生态位有时是一样的。以啄木鸟为例（这个动物曾深深地引起达尔文的惊叹），在澳大利亚、马达加斯加、夏威夷岛和加拉帕戈斯群岛，没有啄木鸟存在，但在当地的树上同样藏着许多营养丰富的幼虫，喂饱许多鸟都绰绰有余。就没有其他生物去吃它们吗？

其实是有的。

在夏威夷岛上，有一种在进化上跟啄木鸟一点关系都没有的鸟进化出了与啄木鸟相似的鸟喙，形状和功能都相当接近。同理，在加拉帕戈斯群岛上，有一种雀类会使用仙人掌的刺扎住幼虫的身体来觅食；可以说它和啄木鸟发生了趋同适应，但其适应性是在伦理学上的，在于它的行为以及对工具的使用。在马达加斯加，有一类夜行性的狐猴名叫"指猴"（它们的外形长得像巫婆似的），这些指猴的第三根手指特别长，能够用它们的指甲扎住木食性虫子（以木头为食的虫子）的幼虫。神奇的是，澳大利亚的条纹负鼠（一种有袋生物）用它们的第四根手指也能实现同样的功能。

上述案例是否说明了趋同演化是没有界限的，任何一种动物都能与另一种动物趋同呢？

事实远非如此。趋同演化在进化路径相近的物种之间，比疏远的物种之间要更容易发生。我们已经知道，在新几内亚、澳大利亚和塔斯马尼亚占据狼的生态位的物种是袋狼，而这种生物在解剖学上与我们的狼高度相近（当然，除了育儿袋以外），这个例子很好地证明了两个物种从非常不同的生物设计出发，最终能趋同到非常相似的生理结构设计。但在澳大利亚，没有一种动物在形态上与羚羊相似[158]。在那里，羚羊的生态位是被袋鼠所占据的，草都被袋鼠吃了。也就是说，这些生态问题有着不同的解决方案（可以说，就像有好几把不同的钥匙都能用来开同一把锁），因此，趋同演化并非总会发展出一样的形态。用适应度景观图的术语来说，在非洲由羚羊占据的适应度的山头，到了澳洲就由袋鼠占领了。

最后，在陆地生态系统中，中生代的恐龙和新生代的哺乳动物之间也没有发生显著的趋同现象，除了三角龙和犀牛之间的外表稍微有些相似[159]。

照这个趋势看，类人生物的出现是不可避免的吗？

按照康威·莫里斯的看法，类人生物无可避免地出现，并不意味着恐龙必须灭绝来给类人生物腾出成长空间。事实远非如此。

康威·莫里斯和其他专家的分析方法是分别分析生物的每一个特点，而不是将它作为一个整体来研究。因此，在生物设计的超空间中，我们分别对物种的感官能力、行动能力、生育方式、社会性、智能、沟通能力、运用工具的能力等多个方面进行分析。作为结论，其中的每个生物学难题都只有一部分数量有限的限定解，因此哪怕是在进化上相互关联甚少的生物，也会分别一次又一次地发现它们。

如果说生物发展的可能性是无限的，那么生物的历史就不太可能会重复，进化的结果也将难以预料。然而，事实上进化的方向是有限的、受到约束的，因为在一个生物体的体内，并非所有的生物设计都是可行的。进化的发展因此会失去一定的自由度（从数学的角度来看）。也许从这个角度来看，一个类哺乳动物迟早注定是会出现的，而一旦在它出现后，我们的物种具有的其他一些特点也迟早会全部出现，最终汇拢在一个类人生物身上。最终，进化的路径终将是可以预测的。

理查德·道金斯也对众多趋同演化现象很感兴趣，但他的理论与康威·莫里斯稍有不同。在道金斯看来[160]，是自然选择的压力导致了趋同适应的出现，即生物为了更好地适应同样的生态位而发生了趋同适应。而康威·莫里斯则更专注于进化本身具有的限制。他认为，由于生物本身的特性和胚胎发展的特点导致了某个特定的问题只能有一部分数量有限的解决方案。这个区别非常重要。在康威·莫里斯的理论中，进化的限制是源自某种形式的内因（在他看来，这种限制是在生物之间代代相传下来的）；而在道金斯看来，是来自外界的自然选择的压力导致了趋同适应的发生。外部环境是会变化的，但生物的本质是不会变的，因此，康威·莫里斯激烈地捍卫"进化可以预测"的观点，而相比之下，道金斯的立场则远没有那么斩钉截铁：尽管他承认，由于生物之间的"军备竞赛"不断增长，在大范围的进化（宏观进化）中，确实会存在一定程度的重复现象。

在康威·莫里斯的理论中，他用海洋而非陆地举了一个例子，因此在其中的适应度景观中存在变量。这个例子是关于波利尼西亚航海家的，他们曾经一个接一个地发现了在太平洋上的所有岛屿，连其中最远的复活节岛（即拉帕努伊岛）也不例外。说来惊人，这些波利尼西亚航海家在没有地图也没有导航工具的情况下，在一片近乎无限的海洋中，依然找到了其中零星分布的那几个小小的岛屿。同样地，生物在生物设计的超空间中，也能找到仅存的那几个宜居的岛屿。达尔文和华莱士已经告诉我们，这个过程是通过物竞天择来完成的，无需航海地图，无需预知方向。

　　从几何学的角度来看，进化有三种不同的方式，分别是趋异演化（生物的多样性）、趋同演化和平行演化。辛普森很清楚动物学中存在多种多样的趋同现象，但他并不认为这种现象对于理解进化具有特别的意义。在他看来，趋同现象很容易被观察到，但许多相似之处只在于外表，而并不是结构上的。从趋同现象的存在中，当然也无法得出康威·莫里斯说的进化将会重复上演，因此将可以预测的结论。辛普森并不认可这种理论。

　　自 20 世纪 60 年代以来，辛普森真正更关注的是进化中的平行演化现象，即在很长一段时间中，不同的生物体系始终向着同样的方向演化。

　　生物的趋同演化很明显是受到自然选择的影响发生的，是指不同的生物受到相似的自然选择压力（尽管它们可能生活在不同的地方甚至是不同的时代中）而发生的同样的演化，而平行演化看起来则不是因为适应度的问题而发生的，也不受外界环境的影响。

　　有些古生物学家和人类学家用平行演化理论来解释我们和黑猩猩、大猩猩以及其他灵长类动物之间的相似之处：我们之间之所以相似，并不是因为我们在距今不远的时代曾经共享同一位共同祖先，不是因为我们之间有着强大的亲缘关系，不是因为这些猩猩在生物学上可以算我们的近亲，而是因为我们自一个很古老的共同祖先开始，就分别进行了平行演化，这个古老的祖先还只是哺乳动物的某种原始形态，外表跟猴子都没有多少相似之处。因此，并不是我们长得像黑猩猩，而是它们复制了我们，事情就是这么回事。通过这种方式，许多科学家和非科学家就不必为承认我们和动物园里的猴子有那么多的相似之处而感到丢脸了。

辛普森认为，在三叠纪时期，类哺乳类爬行动物有多条（至少四条，甚至可能有六条）平行的进化路径，都是能够各自独立进化到哺乳动物的。但辛普森又着重强调道，这种进化方式其实一点也不奇怪。也就是说，在不同的生物群体中，不同的生存动力、进化惯性和方向性的突变向着同一个方向平行地各自演化（仿佛具有明确的进化目标）。但辛普森坚持道，和生物的多样性一样，趋同演化和平行演化的本质都是适应性的问题[161]。

多年来，辛普森所如此关切的平行演化的概念一直不怎么受到重视，几乎无人问津。没有人认真地对待这套理论，也没有人运用这套理论来对生物化石进行解读。即便存在一些案例，也没有人认为这一现象值得引起关注。辛普森自己则在弥留之际依然认为[162]："从对生物化石的分析来看，平行演化的现象并不常见。能够得以证明的那些案例被用来解释生物之间的差异。但我们不应该仅根据字面意思上的理解而拒绝区分平行演化和趋同演化；同样地，两者和趋异演化之间都应该是并行的关系。"相反，正如我们所见，趋同演化的相关研究却非常流行。

---

我们从哪里开始分析进化中的有限性（限制）呢？从生物的细胞开始吗？其实，是从万物的基本，从分子开始！从这里开始展开。

首先，基因编码在生物圈中是通用的，康威·莫里斯对这一点十分看重。因为理论上，基因的编码还有许多其他的可能性（毕竟，基因编码实际上就是一套数字信息编码系统，就像电报系统中用的莫尔斯编码，以及人类社会中许多不同的语言和数字系统一样），但在莫里斯看来，陆地生物系统的基因编码是最好的系统之一。陆地的生物只能向这个编码系统或某种类似的编码系统的方向发展。

我们先来看对于我们的地球来说，尤其重要的一种生物分子——叶绿素。叶绿素常见于地球上的陆地植物以及藻类和蓝菌等生物中。由于叶绿素的存在，这些生物才能从阳光中吸取能量，并从水和二氧化碳中提取和分解出有机物质，空气中才会存在氧气——正如我们所知，氧气正是植物通过光合作用从二氧化碳中分解出来的。

但是，按照康威·莫里斯的理论，叶绿素的构造远远谈不上"完美"。如果叶绿素是由一个人类化学工程师制造出来的，这位工程师所在的生产单位的领导肯定会质问他为什么会将叶绿素设计成这样。但是，排除人类化学家人工设计的物质不算，叶绿素确实是地球上可能会天然出现的最优秀的分子结构。而且，陆地上的放氧复合体所使用的叶绿素变体，与其他叶绿素相比也是最好的。因此，叶绿素可谓是光合作用的基础。即便没有叶绿素，也势必会出现其他类似的物质，才能实现光合作用。

按照康威·莫里斯的理论，如果我们到达另外一个有生命存在的星球（尽管我们要再重复一遍，在他看来存在外星生物的可能性是非常低的），我们将会在另一个星球上重逢我们的老朋友叶绿素，而那个星球上的叶绿素也将承担起从阳光中吸取能量来制造有机物质的使命，而且其基因编码将与地球上所有生物的基因编码十分相似。

研究了动物的身体结构设计（或称 bauplanes[1]，这是德国人常用的一个建筑术语）后，康威·莫里斯进一步探讨了骨骼结构的问题。骨骼是支撑个体能够直立的基础。我们可以将所有可行的身体结构的各种变量列出一张表

---

I　　bauplan，德语中"蓝图"的意思。

格，其中将首先包括外骨骼的部分——比如节肢动物就有外骨骼；其次也将包括内骨骼结构，比如脊椎动物（体内包含硬骨和软骨）。为了要让身体直立，并在同时能够移动，在我们能想到的所有解决方案之中，只有少数几种是切实可行的，而其他的都不可实现。这些少数的最佳选项在生物学意义中就构成了骨骼功能的形态学景观（骨骼结构景观），而对应的少数几个山头也会趋同性地一次又一次地被不同的生物所占据。

更有甚者，在关于蚓螈的有趣的案例中（蚓螈曾经是一种两栖生物，但后来又重新变成无腹鳍生物），可以看到尽管蚓螈是一种脊椎生物，有一根脊柱，但它的移动方式却与蚯蚓应用流体静力学的移动方式是一致的，两者也共享同样的地下生活的习惯。通过这种方式，一条有着脊椎的蚓螈变成了一条蚯蚓[163]。

在此，我不想再继续让读者淹没在无穷无尽的案例信息之中了——康威·莫里斯曾致力于收集相关生物学案例，也在自己的著作中举过数不清的例子——我想尽快开始我们关于人类进化的探讨。但是在开始之前，我想至少再强调一次关于知觉器官的老问题的讨论，它们在生物学设计的景观中自有自己的位置。与其他所有案例一样，相关的生物学难题的解决方案——生物学景观中的山峰——数量是有限的，趋同演化现象因此也会不断地发生。

我们人类作为一种优秀的类人猿属的生物，是以视听能力为主的动物，其中视觉占据我们的感知能力的最主要地位——其次则是听觉。我们先从眼睛的构造谈起，这是一个经典议题了，随后我们再谈谈声音的问题。

达尔文进化论的反对者经常会以人类眼睛的构造作为反对其学说的依据。在他们看来，人类的眼睛作为一种视觉工具，构造过于完美，通过自然选择的进化永远也不可能实现这样的完美构造。威廉·佩利本人就以人类的眼睛作为依据，认为这是一种完美的设计，不可能是通过自然方式能够形成的。然而事实上，人类的眼睛正是进化过程中产生的结果，而且我们很快就会看到，在进化过程中，类似的视觉结构曾一次又一次地出现。在此我们还要补充一点：人类的眼睛恰恰是进化过程中"小修小补"的产物，它的结构远远谈不上是"完美的生物设计"的范本，而其实是具有很多严重的缺陷的。在所有的脊椎生物（包括人类）中，来自视网膜中的视锥细胞和视网膜杆的神经纤维聚合在一起构成视神经，与大脑相连；但这些神经纤维构成的神经束并不是位于视网膜后方的，反而是在它的前方，在眼房[I]当中，因此外界的影像需要穿过一个小孔才能落到视网膜上，而这个小孔在视觉上是一个看不见东西的盲点。

在趋同演化中，类似我们人类的眼睛这样具有眼房和晶状体的视觉器官结构曾分别独立地在脊椎动物、软体动物和环节动物身上演化出现。章鱼和鱿鱼的眼睛结构与哺乳动物的眼睛十分相似，但是，视网膜上神经纤维从内部穿出的那个盲点结构在头足类动物的眼睛中是不存在的，盲点是仅存于脊椎动物的一个视觉结构缺陷，而在其他软体动物中——但不是头足动物，而是腹足动物——同样的设计曾经三次趋同出现，包括异足类（海蛞蝓和海兔），一种在海中生存的类似蜗牛的生物，它们拥有类似腹鳍的足部，而背上的壳则近乎已经消失；我们十分熟悉的滨螺；还有热带的凤凰螺。

相对不为人知的是，有些多毛纲动物（某些生活在海中的环节动物，跟陆地上的蚯蚓以及水蛭曾是关系非常远的远亲）也在进化中独立发展出了类似的眼睛结构。还有海蜇的某些远亲（比如所谓的箱水母）的眼睛则具有另外一种成像机制。

与这类眼睛的结构区别较大的另一种视觉器官——即眼部设计这一生物设计的景观中的另一座高峰——则是节肢动物的眼睛构造，比如昆虫。然而如果使用这种昆虫的成像方式的话，要想让人类的眼睛能够拥有现在的视力，我们的眼睛至少得有高达一米的直径（这里只考虑光学因素，姑且不考虑生物学上的问题），甚至直径要超过十米才行。因此，如果有些外星人来到地球上与我们相遇，它们的眼睛肯定会与我们人类的结构更相似，也许我们也能够通过眼神交流传达感情。至少，与昆虫的眼睛机制相比，我们的机制会令它们不那么像机器人。

---

I  眼房为眼内不规则的腔隙，位于角膜、晶状体和睫状体之间。

当然，章鱼作为一种软体动物，拥有和脊椎动物相同的眼睛，并不意味着章鱼就能进化成人类，并将它的整个身体变成一种长触手的哺乳动物。上述例子只是为了证明，不管我们的视觉器官看起来有多么的复杂，它在本质上并不是什么"原本有可能永远不会出现，只是出于巧合会昙花一现的"偶然现象。

事实正好相反。我们可以预测，如果进化的过程从头开始重来一遍，类似我们这样的（以及类似章鱼这样的）眼睛结构仍会再次出现，而这个理论既然在眼睛的结构这个生物特性上成立，那么在其他的所有方面也都一样成立，包括（为什么不呢）智力的出现。

在章鱼的身上，曾发生过多种趋同演化现象。因此，康威·莫里斯认为章鱼可以被看成是一种"名誉脊椎动物"，这不光是因为它的眼睛的成像功能，还包括章鱼具有的许多令人不安的行为表现。没错，章鱼不光看到了我们，它们还在观察着我们。据说，章鱼的触手的行动模式也更像人类的手臂，其"互相接驳的节肢"在功能上与脊椎动物的四肢十分相似。

同样地，哺乳动物也并非唯一能用自己的嘴巴发出声音的动物，我们都知道，鸟类也能通过啼鸣声很好地互相交流。过去有些非鸟类的大型恐龙很可能也可以发出巨大的声音，因为从它们的身体结构来看，是可以完成传递声音的功能的。但是，如果没有鸟类和哺乳动物的存在，当今地球从生物学的层面看将会是一片死寂。虽然仍会存在海浪波涛汹涌、河水潺潺作响、微风吹拂树丛发出的轻响（但风吹过蔬菜是不会发出声音的），以及蝉鸣和蟋蟀的鸣叫等声音（但这些昆虫是通过摩擦翅膀发出声音，而非通过嘴巴发声），但在自然界的音色中，将会欠缺某种根本性的东西了。无声的星球真的有可能存在吗？

生物的胎生原理也是同理，即生物通过分娩的方式而非通过产卵来繁衍后代。我们之前已经提到过，卵胎生现象是指母体将卵存放在自己的生殖系统中，直至卵孵化后，幼体才会离开母体。卵胎生的现象曾在有鳞目的动物中上百次地独立发生。而另一方面，鲨鱼和鳐当中发生过多次胎生现象。之前我们还提到过，蚜虫和其他昆虫也可以是胎生的，甚至连胎性营养——母体胚胎的直接养分,胎盘哺乳动物特有的一个特点——也曾多次在其他脊椎动物身上出现过。

根据康威·莫里斯的理论,我们可以从所有这些趋同现象中得出结论,即随着生物在生物学设计的空间中的不断探索,整体而言,它们最终将会找到所有可行的进化方式,而一旦将那些物理上不可行或不能适应环境的方法全部摒弃之后,剩下的可行方式迟早将会不可避免地被发掘出来。这一说法符合康威·莫里斯的一贯理论,即在非目的论的前提之下,进化依然是可以预测的。在他之前,所有宣称类人生物终将出现的论调都具有指向性,也就是说,之前人们相信进化的主要基调会是不断进步的,而且是朝着人类智慧出现这一终极目标直线前进的。

而在康威·莫里斯看来,进化的发展方向当然应该是多维度的。但是,他认为包括我们的进化方向在内,其中大多数的进化路径都是可以预测的!如果生命从头开始重新发展一遍,其形成的生物圈中的大部分主要特征仍将与我们现在的这个生物圈相一致(当然了,并非在所有细节上都完全相同)。这里可以逐字逐句地再沿用一遍辛普森的结论:"如果进化是上帝按照一个既定的创世方案(按照一定的方法创造)来规划的——虽然科学家无法证明或否定这种说法——但我们会说上帝肯定不是一个目的论者。"

康威·莫里斯对此十分明确地阐述道:"如果我们没有出现,我们也可以确定,某种类似的胎生、热血、能够发出声音、拥有智力的生物也必将会出现。"不管在地球上,还是在任何其他有生命诞生的星球上(如果有的话),都是如此。

接下来,让我们来看看真实发生的人类进化史是怎样的吧!

# 第八天
## 阿尔迪与露西

　　在今天的课程中，我们将会探讨以下问题：人类这个物种为何只有仅此一个？是否一直以来都是如此？一百多万年前，我们的祖先曾遍布世界各地，然而他们竟然没有因此分化为多个不同的物种，这一点十分令人吃惊。有些作者认为，原因在于我们的进化模式有别于其他动物，遵循的是另一套我们人类独有的进化原理。

　　为何我们人类互相之间有这么大的区别？尽管如此，我们在进化中并未分裂成好几个不同的物种，这又是为什么？这是否意味着我们代表了一种全新的进化模式，是进化过程中一种革命性的突破？人类的物种又为何没有根据其不同的适应性，分化出多样的分支呢？

　　尽管一股脑儿地抛出了一堆疑问，但事实上，这些疑问之间联系密切，因此我们也无法割裂地来回答。因此，还是让我们一口气将所有问题一次列举出来吧。

　　首先，在深入分析之前，让我们先来仔细看看这些问题本身。因为……首先，我们人类彼此之间真的有很大的不同吗？我们人类是否真的代表一种进化过程中的巨大突破，一种史无前例的生命方式？在我们的进化历史中，是否真的从未有过任何物种的分化？尽管答案看起来有点自相矛盾，但我们对第一个问题的答案是"否定"（不，所有人类之间其实没有什么很大的不同），而对第三个问题的回答是"肯定"（其实，在我们这个物种的进化过程中，曾经出现过物种分化），而我们对第二个问题也能坚定地给出肯定的回答（是的，我们人类代表了进化过程中的一次重大突破）。

1941 年，第二次世界大战期间，朱利安·赫胥黎发表了一部既往作品的统合汇编集《人的独特性》，在书中，他断言道："与所有已知的野生动物相比，人类这个物种是最具多样性的。"此外，根据赫胥黎的说法，我们是一种"优势物种"，因为我们占据了非常广泛的生态范围（我们可以在很多不同的自然环境下生活，作为结果，我们人类遍布世界各地）。然而，朱利安·赫胥黎继续说道，尽管其他"优势物种"的动物都内部分化了许多次，产生了成百上千个不同属，甚至是不同科、不同目的细分物种，我们人类虽然具有广博的多样性，但所有变化却始终是在人类这个同样的种之下发生的。因此，赫胥黎总结道，我们的进化方式（模式）与其他高级动物（优势物种）的进化方式是不一样的，正是这种不同，造就了人类有别于其他物种的基础。

那么，赫胥黎所说的我们与众不同的进化方式，究竟指的是什么呢？

赫胥黎提出，其他动物的进化方式是向下细分的，而人类的进化方式则是呈网格状发展的。这个网状进化的概念十分重要，在我们探讨人类的进化史时，我们会经常提到它，因为时至今日，依然有许多古生物学家捍卫这一论点（更有甚者，在经过一段时间的沉寂之后，这个论调感觉又重新流行了起来）。网状进化理论认为，同种下的不同族群尽管在地理上是分开的，而且各自所在的生态环境以及他们的外貌和行为都有很大的不同，但这些族群一直以来都保持着彼此间的基因互通，因此没有产生彻底孤立隔绝的族群，也就是说，分属于不同族群的个体之间的相互交流是没有壁垒的。

换句话说，人类这个物种过去没有得到过产生子物种并分化成新物种的机会，是因为只有在族群之间设置不可逾越的壁垒，完全阻断基因互换的前提下，子物种才能发展为成熟的新物种。这个物种基因交换说是由生物学家恩斯特·迈尔提出的[164]，他和朱利安·赫胥黎、古生物学家乔治·盖洛德·辛普森和遗传学家特奥多修斯·多布然斯基被并称为新达尔文主义现代综合理论学说之父。

赫胥黎认为，在人类进化的过程中，遵循的是一种有别于其他动物的进化模式：在初期的分化之后，所有的分支又重新联系起来，各种不同的基因组合导致了大量新变化的出现，但随后这些新的分支又会重复这个先分化再互相联系的过程，使得人类进化的过程在几何学上呈网状分布，由纵线（发生在各个不同地区的进化）与横线（各个不同的族群之间的基因互换）共同组成。

赫胥黎继续说道，人类所有的特性都是互相关联的。一方面，人类具有旅行（移民）的倾向，并因此从其本质特征中分化出了各地不同的特点，比如语言和社会生活的不同，以及适应于当地环境的独立生活能力，并以此为依据占据了许多不同的生态空间。而另一方面，人类还具有一种倾向性：在寻找配偶时不会在意互相之间肤色和外貌的巨大差别，而其他动物在繁衍时，这种差别往往会阻碍它们的求偶倾向。换句话说，人类的特性中具有双重的倾向性——移民倾向（愿意离开自己的出生地）和外婚倾向（愿意与非同属族群的配偶交配繁衍）。赫胥黎进而解释道，这两个倾向性带来的结果就是人类的移民遍布世界各地，在不同的地理环境下构建出不同的族群，但在另一方面，在不同的基因发展线上的不同族群又一直互相维持着基因交换的行为，造成了纷繁的多样性，但所有人类都仍在智人这一个大类之下，这在其他动物界是没有先例的。

赫胥黎没有举出任何古生物学的例证来证明他的人类进化模式理论，而是从现有的人类族群行为模式出发来推导。在他看来，在类似我们智人的这一个大物种归类之下，能够产生如此丰富的多样性，只有网状进化可以解释。但另有一位著名的古生物学家、犹太裔德国人（后来移民美国）魏敦瑞在1943年的一篇专题著作中提供了对应的例证[165]。在他的论文中，魏敦瑞深入研究了当时最重要的化石——北京附近的周口店遗址中的史前人类化石。

数十年后，美国古生物学家卡尔顿·S.库恩在一本名为《人种的起源》（1962年）的书中，再次引用了魏敦瑞的四条主要进化线的图表来证明人种独立发源的理论。按照他的理论，这些大类的人种分支基础（库恩还在四大人种之外加了第五个——丛林人）都拥有古老的进化渊源，且在很久以前就已经分化了。

人类网状进化模式的理论，即认为人类不同族群各自在当地发展，并通过通婚不断交换基因，以保持整个物种大类从直立人到智人时代始终维持在统一框架之下的这个理论，一直流传到了今天，时至今日，古生物学家中仍有该理论的拥趸——其中最著名的是北美古生物学家米尔福德·沃尔普夫，他也是多地起源说的命名者。而经历了很长时期的在黑暗中摸索的年代之后，我们将看到，新的基因数据似乎为多地起源说理论提供了依据，尽管我个人并不认同该理论。

但是，在整个进化过程中，一个物种始终保持其完整性，这样的情况是否常见？一直以来只有单一物种的模式正常吗？还是说，与此相反，物种的分化，即随着时间推移出现多样性的物种才应该是进化过程中占主导地位的现象？

为了继续阐释说明，现在我需要先描述进化过程中两种可能的几何学模式，这两个模式对于任何物种都是适用的，不管是对人类、动物还是植物。首先搞清楚这个问题是很有必要的，因为关于人类进化的一大疑问就在于此——我们的进化到底遵循的是哪种模式。确立这种模式是进行古生物学研究的前提，远比了解所有现存的物种化石更为重要（事实应该是倒过来的，我们研究化石是为了更好地理解这种进化模式）。搞明白这个问题也有助于我们回答那个重要的"终极问题"——我们为何在此？很显然，将进化"看成是向着产生人类这个结果直线前进的（在路径上几乎不曾偏离），人类被视为进化的终极产物"和将"我们这个物种仅仅视为许多物种发展的可能性中幸存的一种，我们之所以能够走到现在，只不过是因为我们比其他物种的运气更好一些，或是因为其他的物种已经在进化过程自我毁灭了"，这两种观点是完全不一样的。

在进化中有两种模式：

1. 一种是在几何学上可称为"前进演化"，在这种演化模式中，物种会缓慢地逐渐从一种物种变化成另一种，而在此过程中不会产生分化，也就是说，不会产生族群的分裂和分支。"物种形成"与物种分支指的是同一个意思，我们要记住这个术语。前进演化在几何学上呈现出的是一条基本呈直线的演化路径，尽管其中允许一定的弯曲度。如果读者不喜欢"前进演化"这种过于术语型的表达，我们也可以将这种模式称之为"直线型的进化"。重要的是，在这种进化模式下，物种的前一代和后一代之间不会出现真正的断裂，物种的变化是随着时间的推移缓慢发生的，理论上所有物种都在一代接着一代，不停歇地一直进化着。然而，由于从化石遗迹上来看，物种变化之间的时间间隔非常长，就像电影的一帧帧胶片彼此独立一样，我们可以把这些化石记录连在一起的效果想象成是胶片的快放，或者按现代的说法，就像是定时拍摄。

2. 与前进演化相对的演化方式则称之为"分支演化"（参见图十），存在物种形成现象，在生物学术语上也被叫作"枝化演化"（因为这种演化的过程会产生进化枝，即"枝化"，希腊语中用 clado 一词表示）。同样地，如果读者不喜欢使用科学术语，我们也可以用"支线型的演化"来指代这种演化模式。之前提到的恩斯特·迈尔认为，在基因上没有连续性的新物种的出现，一般都是由于本地族群在地理上与外界不再有交流而产生的。

从一百多万年前的智人时代开始，人类的足迹就已遍布全球，那么为何人类这个物种在进化过程中，没有像有些作者推测的那样，根据地理分布细分出新的物种来呢？

1950 年，纽约冷泉港实验室举办了一次重要的研讨会，深入探讨了"人类的起源与进化"这一议题。此次研讨会被认为具有重大的历史意义，古生物学家正是在这次研讨会上首次形成了进化论的现代综合理论。恩斯特·迈尔正是此次参会的报告人之一，在他的报告中，他重新审视了过度基于化石对无数物种进行分类的相关分类学。在研讨会上，迈尔提出将人类物种按以下三个连续的阶段来区分，分别是德兰士瓦逊人（对应南非发现的南方古猿）、直立人和智人。

迈尔断定，人类物种中真实发生过并值得探讨的唯一一次由于地理上的孤立而导致的物种形成，就是我们这个物种脱离大猿类这个大类的时刻。从那以后，在整个进化史上，地球上的人类始终是作为一个整体物种而存在的[166]。

迈尔认为，人类分为部落独立生活的特性，增进了人类的多样性。那么，他自问，是什么原因导致人类没有因此分化，而是继续直线型地进化着呢？迈尔认为，原因来自人类这个物种对于改造生态环境的强大能力，可以说，人类由于专精于改造环境的能力而得以避免了新物种形成的需求，通过改造环境，人类能够占据比其他任何动物都要多的生态位。按照迈尔的看法，人类由于能够独立于外部环境的影响而生存，因此不需要像其他动物那样，调整自己的生物适应性来更好地适应所在之地的外部环境。按照迈尔的描述，一旦有人类"能够像社会人类学家描述的那样，快速融入环境"之后，他们很快就能占据新的地盘。也就是说，自从第一只非洲古猿切开一块石头，将它打磨得更符合自己的手的形状以来，人类只需要从文化社会层面适应环境即可。我们不需要调节我们自己的器官来更好地适应每一个不同的生态环境，因为我们可以用自己生产的工具来完成这个任务，我们可以将这些工具看成是人类为自己制造的人造器官（或曰假肢），不管这些工具是一个用于挖洞的棍子，还是一只军用水壶。

迈尔继续说道，除此之外，从进化史中众多半路夭折的失败的物种形成案例来看，很明显，人类在建立隔绝机制的过程中行动迟缓。人类的新物种形成一次也没有成功过，在过程中不是因为外族通婚而被其他部落同化吸收，就是被外族歼灭了，比如尼安德特人就是被克罗马努入侵者毁灭的。迈尔非常重视这些种族灭绝的案例，它解释了为何我们的物种没有出现分裂的情况。

总而言之，按照迈尔的理论，以下四个要素——文化、移民、外婚和战争——解释了为何我们的物种从来没有分化。"有些作者坚持认为人类只有一种进化模式，这种看法毫无疑问是有据可循的。"迈尔总结道。

这当然是一个重大的首肯。尽管我们的进化方式和其他物种没有什么不同，从这个角度来看，我们只不过是幸存到现在的动物中的一种罢了；但迈尔的肯定让我们重新又变得与众不同，在达尔文将我们人类永远地拉下非凡者的宝座之后，这个理论让我们再度重拾了自信。

人生就是这么矛盾。在 1950 年，一位多地起源说的捍卫者竟然会在人类进化的研究中支持前进演化说，而现代综合理论又应该是绝对支持达尔文的进化论观点的 [167]。

但是在这里，我们不就又一次遇到了该不该给进化枝分层级的这个老问题了吗？迈尔提出的人类的三个物种进化层级阶段，和鱼类生物到爬行类生物的进化有什么不同？（尽管后者只有两个阶段？）

许多古生物学家都会对人类进化的过程进行结构性的层级分类，通常都是一个进步性的进化过程，朝着当今人类这个最终目标去演化，其中每一层分级等于一个连续的阶段（或是进化中的一个步骤）。一般来说，人类的进化看起来确实是直线前进、渐进式的，按照鱼类—两栖动物—爬行动物—哺乳动物—狐猴—猴—猿—南方古猿—直立人—尼安德特人—智人这个过程层层递进。确实，很难找出除此之外的分层方式。不用说，这种在几何学上几乎是直线前进的人类进化路径比起相对应的多支线发展路径更接近目的论者的理论 [168]，尽管迈尔的本意并不是要证明目的论。

面对这个难题，只有古生物学能够给出答案。我们要从人类的化石以及人类起源的根源开始研究（参见图十一）。

首先，我们是否属于一个成功的动物类别？灵长类是否可以算是进化成功的典范？它们是否从一开始就注定了能够走到今天这一步？自从第一批哺乳动物学会上树开始，（如果当时有人看见这一幕的话）是否就可以预见类人生物无可避免地终将出现？

人类在哺乳动物中从属于灵长目，这一目无疑和其他哺乳动物目一

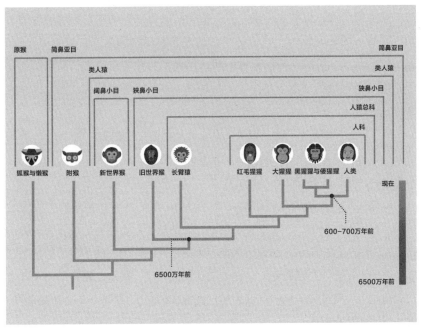

　　人类这一物种从属于"人科"这一科，又从属于"人猿总科"这一大科，其中除了人类，还包括长臂猿。在不久之前，动物学家们还将其他人猿总科动物（包括黑猩猩、倭猩猩、大猩猩和猩猩）统一划分成一个大类，并将人类排除在外。但是，从进化关系的角度来看，人类与黑猩猩和倭猩猩之间的亲属关系，比和大猩猩更接近。因此，贾雷德·戴蒙德在 1991 年出版的一部作品中，很肯定地将人类定义为"第三类黑猩猩"（第二类则是倭猩猩）。而大猩猩则在进化关系上比起红毛猩猩，更接近由黑猩猩、倭猩猩和人类组成的分类组。然后，我们人类又和红毛猩猩、大猩猩、倭猩猩和黑猩猩一样，都属于大猿类。

样，是从白垩纪的时代开始诞生的。在之后的新生代时期，以及古新世的第一个阶段，通过化石记录，我们可以得知当时有一种被称为"近猴科"的哺乳动物出现，但数量不多，只有很少数的孤立案例中曾找到现今的灵长类动物。因此，传统上我们把当时的灵长类生物称为"古灵长类"。在新生代的后 一个阶段，即始新世时期，出现了两种与当今灵长类相似的猴子，但如今数量已经十分稀少了：1.狐猴（总科）和懒猴（总科）；2.附猴科。

到了始新世的末期，化石记录中出现了大量的类人猿群体[169]，当下，我们将类人猿分为以下三个进化枝：1.旧世界的猴类；2.新世界的猴类；3.猿类，不论大小，包括人类也在这一枝之中。

由此可见，始新世是真正的灵长类动物（或称新灵长类动物）大爆发的时期，而与此同时，古灵长类动物则逐渐消逝了。这些新的灵长类动物占据了越来越多的生态位，在位于大地与天空之间的树上创建了自己的生态空间。它们不需要飞行或行走。这些动物在树间攀爬、跳跃，用它们的手臂悬挂在树枝上（有些南美猴子则会用尾巴倒挂在树上）。这是一个全新的世界，但又与地面紧密相连。

自从40亿年以前直至此时，在灵长类动物的身上都没有什么特别之处，预示着它们未来会发生大规模的进化，或会发展出超越所有动物的智力。但此时的类人猿生物已经表现出一些与其他哺乳动物不同的特点：它们的大脑能够处理所有的视觉和听觉信息。它们不是通过嗅觉来了解世界（而这在大部分陆地哺乳动物中更常见，这就是为什么你家的狗对电视节目不感兴趣的原因），而是通过图像和声音来认知。

有朝一日，这些类人猿未来的人类后代将会利用这个能力来想象和规划未来，但这并不意味着从40亿年以前进化至始新世的这些类人猿预先就准备好了智力的出现。当时的它们只是适应了昼行式的树栖生活，同时拥有越来越广阔的立体（三维）视野，在从一根树枝跳向另一根树枝之前，能够更加精确地估算出距离。它们的眼睛也因此是分布在脸的正前方的。

"预适应"一词听着有点目的主义的暗示，因为从字面意思上理解，它听起来就好像在一段漫长的时间内，某些行动早就已经预设了终点，而进化是不预设规划、不展望未来、不存在目的的。为此，斯蒂芬·杰·古尔德在 1982 年与一位南非古生物学家伊丽莎白·弗巴共同提出了"扩展适应"的概念（尽管名字不好听）。"扩展适应"是指生物原本的适应功能脱离了它的本来目的，两位专家用这个词替换了过去的"预适应"一说，以避免预设目的性之嫌[170]。扩展适应和生物本身的适应性一样，是由于自然选择的机制引起的，但它将生物原本的适应性转换成了新的功能[171]。这个理论能很好地适用于解释人类进化过程中的种种现象，比如我们的眼睛是从正前方视物的，而我们的手能够抓住东西，这是我们能够握住一把斧子或能够升起火堆的一大前提，但这些特征最早并不是为了这些目的而进化出来的，它最早的功用只是为了让我们的祖先能够从一根树枝跳往另一根树枝。

之后我们还会再次深入探讨扩展适应的理论，来解释我们是如何将符号和语言互相关联起来并加以理解的，有些作者认为这不是一种适应能力，而是一种扩展适应的体现。我们可以将之视为一种天赋，但这并不意味着我们拥有这种能力是命中注定的。因此，请大家先继续牢记"扩展适应"这个术语[172]。

---

## 生命简史
VIDA. LA GRAN HISTORIA

### 圣马可的拱肩

斯蒂芬·杰·古尔德与理查德·勒沃丁（人口遗传学家）曾经在 1979 年，在一篇著名的文章[173]中提出一个全新的比喻来解释生

---

物的某些特性（参考图十二）。两人的这篇论文反对了"生物个体的所有特性都是被择选出来为满足现在具有的某种功用的"这一观点。有些生物结构可能会改变功能——达尔文自然早已观察到了这一现象——但还有另一种可能性，就是某些生物结构原本出现的时候本来是没有任何作用的，但它日后却有了用途。

在进化过程中，为何会出现无用的结构呢？两位作者引用了建筑中的拱肩结构作为类比。一个拱顶是由四方形的连续的拱形共同撑起来的，在两个连续的拱形中间会有一块三角形的凹陷，这个空间就叫作拱肩。拱肩本身并没有结构上的作用，它只是拱形之间的空白处，但以威尼斯的圣马可教堂（以及其他许多类似的例子）为例，这块拱肩上也可以用画面装饰（但也可以不装饰）。也就是说，这块空白处后来被赋予了宗教意义。下次当您看见一个有拱顶的教堂时，不妨仔细观察一下。

综上所述，在生物学中的拱肩效应是扩展适应的表现中的一种，因为它们不是被（通过进化）创造出来用来完成某项既定功能的，而仅仅是因为结构性的需求而存在，就像建筑学中的拱肩一样。这个解释也许很稀奇，但该理论对我们诠释本书的主题非常重要，之后我们就会看到。之前曾经提到过的两位古生物学家——尼尔斯·艾崔奇与伊恩·塔特索尔——就曾提出，我们人类的符号认知能力和语言能力不是由于自然选择而后天形成的，而是从本来没有任何功用的一些特征中转变过来的。

上述提到的所有这些科学家，还包括一些其他人，都是新达尔文主义的代表（尤其是乔治·C. 威廉斯和理查德·道金斯代表的超达尔文主义），但都坚定地反对"所有生物结构都是适应演化的结果"这一思潮。在当今的生物学界，我们反对这种泛适应主义（即认为适用主义可应用在任何情况下）的说法，有些人将之称为结构生物主义。问题在于，新达尔文主义的主要观点可以用"物竟天择"这种简单的寥寥数语来概括，而在生物结构主义中却包括了很多变数，有些几乎危险地临近了创世论的边界，至少新达尔文主义者是这样批评他们的。我希望上述描述不会令读者觉得过于学术，毕竟时至今日，演化生物学界仍在为此争论不休。

---

直到始新世的末期，早期的类人猿还只不过是一些树栖的哺乳动物，生活在旧世界的热带雨林中。它们的手和脚能抓住物体，手指上长着平整的指甲而不是爪子。它们过着昼行性的生活，比起嗅觉，它们更依赖视觉和听觉来认知。古生物神经学家杰里森告诉我们，类人猿的脑化现象也是在骨头和牙齿完成进化之后才出现的，因此并不能推进它们的进化进程。这些类人猿先在白昼的森林中赢得了一席之地，之后的进化只不过是为了让它们更好地适应自己新占据的这些生态位。事实上，最早的类人猿的脑化程度并不比当今的狐猴或懒猴的程度更高，也就是说，它们的脑化程度在灵长类动物中只能说处于基本水平。这样它们就不需要投入大量的新陈代谢资源（可谓身体中通用的钱），并大量索求葡萄糖能源来维持一个像大脑这样耗费能源的器官的运作了。

这么看来，始新世时期的类人猿也没有什么特别的，但是，如果换一个物种——比如一个长着爪子或者蹄子的陆生生物；一个完全以嗅觉来探索整个世界的生物；或是一个三维视野非常狭小的生物——它们还有可能在日后发展出科技和文明吗？答案我们也许永远都不得而知，但事实就是，这样的生物（以及所有其他的动物）都没有成功，而只有我们的祖先类人猿做到了这一点。

图十二：一个建筑学比喻

　　拱肩是一个拱顶下面的三角形空间。它的存在是不可避免的，但纯粹只是因为结构上的原因，建筑师真正的目的是建造拱顶，而非拱肩。然而，拱肩既然已经存在，那么它也可以被用来（或不被用来）画上图案，作为某个建筑物的装饰的一部分（比如一座教堂）。斯蒂芬·杰·古尔德与理查德·勒沃丁用这个例子来反驳所谓的"计划适应性"理论，该理论曾认为，所有的生物学结构只要存在，就必然是被自然选择通过时间筛选出来用以完成它现在的功能的。但伊恩·塔特索尔甚至提出，人类的符号思维能力（其中包括语言能力），并不是为了完成这个目的而被事先择选出来的，而是进化过程中产生的一个单纯的附属品，在数万年的时间内，这个功能一直没有得到启用，直到人类脑结构的出现给它提供了完成该功用的可能性。这个能力之前就像一个拱肩，在很长一段时间内都没有被装饰起来。

当时，类人猿通过某种方式甚至到了南美洲，那里当时还是一个孤立的巨型岛屿。它们需要安全地横渡海洋（也许正好有一排连接在一起的树倒在了海里，形成了天然的木筏，而某些猴子当时正好就在那上面）。当时，从非洲到南美没有任何陆路连接，但那时的大西洋也没有现在这么宽，因为大西洋的面积是逐步扩大的（时至今日仍在扩张中）。之后我们还会再次说到这些美洲猴子，它们在本书中的地位十分重要。因此，请先不要忘记它们。

新世界的类人猿被称为"阔鼻小目"（美洲人将之称为"小猴"），而旧世界的猴子则被称为"狭鼻小目"。阔鼻小目在南美洲发展出了许多分支，当地当时并没有其他的灵长类动物。而狭鼻小目则在旧世界繁衍分支，并取代了狐猴和附猴的祖先的地位，因此，这些猴类如今已经很少见了[174]。狭鼻小目的分类主要分为两大类或两大科：1. 猴子（即猴科）；2. 猿和人类（即人猿总科）。

新世界的猴子有一条尾巴（除了部分猕猴除外），而人猿总科则没有——因此我们人类就没有。在猴科中，猕猴、狒狒、西非狒狒、狮尾狒和长尾猴属于同一类，而叶猴和疣猴属于另一类。后者后来发展出一种特殊的消化器官，能够以树叶为食，并从而在进化上取得了巨大的成功。

人猿总科是由大型和小型的猿加上人类组成的总科。长臂猿属于小猿，而红毛猩猩、大猩猩和黑猩猩属于大猿。

但大猿并不是一个自然的分组，而是一个人工分组，因为从进化的角度看，人类与黑猩猩之间，比黑猩猩与大猩猩之间更为接近（参见图十一）。而大猩猩和黑猩猩与我们之间的亲缘关系，又与它们和红毛猩猩之间更为接近。大猿并非一个进化枝，而是一个进化层级的概念，但如果在这种分类中把我们人类也算上，那就可以算是一个进化枝了，因为"大猿"这个术语对于人类也是适用的。

总而言之，我们不是大猿的后代，而是它们的其中之一（人类、黑猩猩、大猩猩和红毛猩猩），我们共同组成了一个自然分组，在现代通常被称为人科（属于人亚总科）[175]。

鉴于我们的物种获得的巨大成功，有人会认为人猿总科会日趋多样化，并逐步替代掉猴子，因为我们是最高级的灵长类动物中最高级的一类（用传统的说法来描述的话）。事实真是如此吗？人猿总科是否从一开始就碾压其他猴类，并可以预见将会具有一个光明的未来？

有趣的是，人猿总科的历史与合弓纲（哺乳动物及其祖先所在的进化枝）之间有一定的相似之处：成功，失意，最终走向辉煌。让我们回忆一下，有扇形背部的爬行动物首先出现，接着是类哺乳动物的爬行动物，之后，我们这些古老的祖先似乎让位于恐龙和其他蜥类了。但之后事情又发生了变化，突然之间！恐龙意外地灭绝了，最终将历史的舞台拱手相让，哺乳动物重新成为主流（我们永远都不会知道，这一系列变化是否是注定迟早会发生的）。

在渐新世的末期和中新世的初期（两个前后相连的时代），即大约2300万年以前，在非洲，旧世界猴与人猿总科首次分道扬镳。

这对中新世时期的人猿来说并非坏事，它们衍生分化出了许多分支，广泛分布在欧洲、非洲和亚洲的热带雨林（全年湿润的雨林）、照叶林（由月桂类的多年生树木组成）和季节性树林中。它们是第一批占主导地位的灵长类动物，当时的地球可谓"人猿星球"。随后，如我们所知，地球的气候变化了，热带与亚热带的雨林从此开始衰减（我们如今已经很难想象，西班牙、匈牙利、意大利、希腊和土耳其在中新世时期曾经是一片遍布各种人猿总科动物的茂密雨林；但如果有人想知道照叶林的样子，可以到特内里费岛和戈梅拉岛[1]去看看，在那里仍保有这种类型的树林，尽管直到人类登上加纳利亚群岛之前，当地从来没有过任何灵长类动物）。结果就是当今的人猿总科的物种多样化程度是很低的，尤其是大猿类。相反，另一类狭鼻小目的大类中（即有尾巴的那类，或称猴科），却衍生出了多种多样的分支，而没有受到天气的影响。其中的原因我们不得而知，但看起来猴科对气候变化的适

---

I　加纳利亚群岛中的两个岛。

应性似乎比人猿总科更强一些……当然，要把智人排除在外。

大猿类（黑猩猩、大猩猩、红毛猩猩）的脑化程度比猴类更高，但这在当时并没有给它们带来什么优势，因为人猿总科丧失了自己从1000万年以前延续到当时的物种多样性，而脑化程度高的特点本身也并不比其他适应性的变化显得更好或更坏，比如说，我们不能说疣猴和叶猴调整胃的结构使其能够适应消化树叶的能力就比大猿类差。从物种的丰富性和地理分布来看（不然我们还能如何衡量呢），疣猴和叶猴通过这种适应性的调整获得了进化上的巨大成功。如果疣猴也会思考，也许它们甚至会自问，我们人类为何没有像它们那样进化，既然有这么多树叶可以作为食物，为何我们没有开发出以树叶为食的能力，去调整自己的消化器官而不是大脑呢！

那么，黑猩猩和大猩猩为何没有能够完成像我们人类这样的进化呢？

这是一个常见的问题，因为许多人都会认为"进化"就意味着成为人类，而不是成为大猩猩。黑猩猩、大猩猩和人类都是人猿总科的非洲进化枝中的成员，基因组非常相近，因此，我们的共同祖先距今时间不会太长。这位共同祖先来自非洲，生活于大约1000万年以前甚至更近的时间内。当时还是中新世的时代，正是人猿总科的辉煌时期。在它的后代中，大猩猩的进化线首先分离，但几乎就在同时（根据遗传测算，约在距今600万年以前），黑猩猩与人类也分道扬镳了。在大约200万年以前（同样根据遗传分子学测算），黑猩猩在刚果河一带又分化成两支——普通的黑猩猩和倭猩猩。

大猩猩、黑猩猩和人类拥有一位共同的最后祖先，但这位祖先并不是三者中的任意一种。这就回答了这个如此常见的问题，即黑猩猩和大猩猩为何没有进化，而我们却进化了。黑猩猩和大猩猩绝对不是什么活化石——这种错误的概念和进化层级观一样，阻碍了我们搞清楚进化的真实情况。为此，我在本书中才多次强调不要采纳那些错误的观点（我本人也一直在持续反对这些论调）。所谓的"预适应"一说也同样是一种有害的观点，会令我们对进化产生错误的理解。实际上，大猩猩、黑猩猩和人类之间的联系非常紧密。而目的论者的理论错误地将之解读成不同的进化层级（迈向进步的阶梯上的一级级台阶），认为大猩猩和黑猩猩有预适应的特征（其器官的进化已经准备好了接受未来的变化），是活化石一样的存在，并以此解读生物的多样性。在他们看来，这些物种是在迈向完善的道路半途遇到了阻碍，而停顿在了一个半完成的状态中；更有甚者，有些物种甚至是退化了。这三个错误论调构成了令目的论者十分满意的终极结论——我们人类的出现代表着我们的成功。

从我们的最后一位共同祖先开始，人猿总科沿着三个不同的方向分别变化（进化）了许多。黑猩猩和大猩猩在体型、所在生态环境和社会行为表现方面都有很大的差别。黑猩猩身披黑色的毛皮，当它们在地面上行走时，它们用后足和所有手指（除了大拇指之外）中指骨的背面撑在地面上来行走，而不是像有些人错误地以为的那样，是用指关节贴地[176]。

黑猩猩更偏向果食性（以成熟的水果为食），而非叶食性（以嫩叶为食），大猩猩则正好相反；比起笨重的大猩猩（它们会花很多时间在地面上），黑猩猩更倾向树栖，体型更娇小；黑猩猩的两性之间的体型差异较小；它们会组成由多个雄性和雌性构成的小社会；而大猩猩则仅由一个雄性和许多雌性构成社会团体，只有在雌性的基数极大的情况下，才会增加几个雄性。

而到了我们这儿，我们人类的身体上没有覆盖这么多毛，我们的皮肤颜色更暗（而黑猩猩的皮肤颜色更明亮）。我们生活在地上，而非树上。我们用两条腿走路，从体型比例来看，我们的脑体积很大。我们一般生活在由多个家庭共同构成的社会群体中。这种社会关系有两个层级（组织与家庭），这与任何其他现存的人猿总科都不一样。大猩猩是以家庭为单位群居的，而黑猩猩则以组织为单位。长臂猿是一夫一妻制的，但它们不会共同构建社会团体，仅由夫妻俩共同抚育幼崽。

一个重大的问题是——黑猩猩和人类的共同祖先是如何在地面上行走的？有可能是跟黑猩猩和大猩猩一样，用从食指到小指的指骨背面撑住地面；如果是这样的话，这种奇特的四足行走的方式就只进化过一次。还有一种理论则认为行走方式进化过两次，大猩猩先进化，随后才是黑猩猩。

我们这个物种的直系祖先最早是什么时候出现的呢？它们又具有怎样的形象？

我们的直系祖先最早的化石（但这个定义并非没有争议）来自距今最多600万年以前的时代，不晚于450万年以前。这些祖先生活在埃塞俄比亚、肯尼亚与乍得地区，当时那里曾经是一片多雨的雨林，而不是现在这种旱地。我们已经描述过从当时的祖先延续至今的四个物种，该祖先可以统称为始祖地猿，我们发现的第一副始祖地猿的完整骨架[177]被称为"阿尔迪"，是一只雌性的拉米达地猿。从这副骨架中可以看出，始祖地猿基本上是在树上生活的，它们的手臂很长（比腿更长），而且强壮有力。它们的牙齿从大小和珐琅质的厚度来看，与黑猩猩的牙齿非常类似，这说明当时它们所在的生态位与黑猩猩的很接近。相反，阿尔迪和它的同类的犬齿则比其他现存的大猿更小，形状和功用更像我们人类的犬齿。但在阿尔迪之前的始祖地猿的犬齿则更大一些，从形态上来看更接近黑猩猩。

　　在我看来，始祖地猿是很少下地的——远少于大猩猩，甚至少于黑猩猩。它们主要是在树上生活的。当它们来到地面时，它们如何移动呢？阿尔迪的发现者认为它们主要靠双腿移动，但姿势会很笨拙。人类与其他任何想要尝试只靠两条后肢走路的动物的区别（黑猩猩和大猩猩有时也能用后肢走路）就在于人类行走时的稳定性、跨步的宽度和能够大步行走的潜能，而始祖地猿当时尚不具备这些能力。尽管如此，我仍然愿意相信，当始祖地猿下地时，它们可能会采用一种磕磕绊绊的笨拙的行走方式来解决这个问题，因为它们很少会下到地面上来，所以这个问题不会对它们构成太大的自然选择的压力[178]。

　　相反，黑猩猩和大猩猩则需要花费很多时间在地面上，因此它们面临更大的自然选择压力，也因而更适应四足行走（这种移动方式非常独特）的模式，它们的前肢也为应对这种行走模式而发生了变化（不光只在手指部分），来更好地保持平衡，并在身体的重量全部压上来的时候能保持直立。它们的前肢完成了真正的支柱的作用。

　　第一批真正用双足行走的动物究竟是什么时候出现的呢？到底是在何种时刻，它们开始面临必须用双腿大步前进的情况？

毫无疑问，从亲属关联性上来看，在我们的祖先中，南方古猿是第一批直立行走的，生活在距今四百多万年到两百万年之间，当时它们在非洲地区广泛分布，至少在非洲中部、东部和南部都有分布。南方古猿中最著名的一副化石骨架别称"露西"[179]，是一只阿法南猿，生活在距今 340 万年以前的现埃塞俄比亚地区。但是，如今人们又发现了一具更为完整的化石骨架——同样为雌性——其完整程度接近 90%，几乎就是一副完整的骨架了。这具化石骨架发掘于南非地区，别名"小脚"（Little Foot）。据说，这具化石比露西更为古老，从中我们能更好地观察到南方古猿的行走方式[180]。

毫无疑问，南方古猿是我们的直系祖先，因为它们的姿态完全是两足行走式的，与当代人类一模一样，它们具备了能够直立行走的全部适应性（进化"小修小补"工作的伟大成果）。这些调整是从头到脚覆盖的，从头骨的底部（能够向下方看）到足部的调整（平坦的足弓，粗壮的脚趾平整对齐），由一根脊柱贯穿全身（包括三根椎骨和第四根骶骨），然后是骨盆（形状完全改变）和腿部（从股骨开始呈对角交汇，然后从臀部一直到膝盖）。

南方古猿的下肢较短，但长度仍与手臂接近，这意味着它们仍然是出色的攀爬高手，并花费大量时间在树顶上生活，在这里它们可以吃到成熟的水果，还能远离各种危险[181]。它们的手指和脚趾的指骨仍呈一定程度的弯曲，这出自我们的祖先需要悬挂在树枝上的实际需求。

但是，南方古猿的牙齿更大，牙齿的珐琅质也更厚，这意味着它们的食物不仅仅局限于森林中的产物，而是更加杂食。所有这一切令人不禁联想到，也许南方古猿居住的森林不是那么完整的，也就是说，它们所在的生态环境比较支离破碎。而相反，大猩猩和黑猩猩就一直居住在非洲热带地区的多雨的雨林中，没有遇到太多变化，时至今日，它们的后代依旧居住此处。


但是，进化中的小修小补是一回事，而剧烈的变化又是另一回事了。双足直立行走的移动模式以及为此所做出的几乎影响整个骨骼结构的数量众多的调整和变化究竟是如何出现的呢？我们是否又像前面提到的眼睛的案例一样，面对着佩利在《自然神学》中提出的"上帝的钟表"的挑战？

或者，暂且放下人类的议题不谈，鲸类（比如海豚和鲸鱼）是如何从不会游泳的哺乳动物中变化而来的呢？翼手目（蝙蝠）又是如何从完全不会飞行的哺乳动物中进化出来的？关于我们的生物设计的起源议题一直是一个难题，因为这些变化看起来都像是突然发生的，就像在生命历史的电影中突然快放一样，仿佛一夜之间，一个四足行走的哺乳动物就忽然变成了一只蝙蝠或一只海豚[182]。

在我的孩提时期和少年时代，西班牙的电影还是审核制，会剪辑不恰当的镜头。因此，在放映时有时镜头之间会出现跳跃，令人很难理解之前到底发生了什么。在人类的进化过程中，我们也可以认为，每当更多过渡阶段的化石被挖掘出来，就像是缺失的链条被补上了一环，随着越来越多的化石被人类发现，人类进化史上的这种跳跃也越来越少了，但仍有一个重要的情节跳跃没有得到解释，那就是双足直立行走的姿态的起源。这并非只是一个小小的变化，因为它意味着从头到脚，对整个骨骼结构都要重新设计。这不是人们通常以为的只是"用后脚站立"这么简单[183]。为了直立行走，人类需要先跨出一只脚，并在空中停留一阵子，再重新放回地面，而且在整个过程中还要保持身体的平衡。

让我们来深入地看一下，为何化石研究中会存在这样的差距。我们缺少这个中间过渡阶段的化石，这是因为我们现在已经发现的化石还是太少吗？这到底是因为生命的电影中被剪辑掉了这一段，还是因为这个变化确实就是跳跃式地、突然地发生的？如果是后者的话，这个过程到底又会是怎样的？

辛普森在他的历史性著作《进化的节奏与模式》中，在我们已知的两种进化模式——分支演化（枝化演化）和前进演化的基础之上，又提出了一种新的进化模式。

让我们回忆一下，分支演化是指一个物种分化成两个以上的多种物种，互相之间没有太大差异，在生态上占据接近的适应带，生态位非常接近，所占据的适应性景观的山头也是大同小异的。我们之前已经看到，有些科普作者认为，分支演化在人类的进化过程中从来都没有发生过，或者至少是很少发生。

我们再继续回忆一下，前进演化则是随着时间的推移，渐进式地、以几乎不被觉察的程度逐步从一个物种渐渐演化成其他物种，整个演化过程始终在同样的适应带（或生态带）中发生。在辛普森看来，这种演化形式有许多种变化，其中最常见也是最重要的前进演化就是进化的整体发展本身[184]。

从物种的家谱（专业名词叫"系统发生学"）来看，如果采纳人类的进化过程主要由前进演化主导的理论，那进化过程中就只会产生很少的分支，甚至是根本没有分支。而人类分支演化论的拥护者则会将我们的家谱看成一棵枝叶繁茂的大树。前者的理论是简单的、直线前进的，认为在我们的进化过程中，每个阶段在世界上只有一种我们这个谱系内的物种，而后者的理论则更为复杂，认为在同样的时间段内，在世界各地会有不同的演化历史存在。

但是，一个适应带是为何会变化呢？一种生活方式怎么会突然剧变成另一种，猿怎么会突然就变成另外一种生物？始祖地猿是怎么变成南方古猿的呢？南方古猿又是如何转变成人类的？总之，在进化过程中，这些伟大的生物设计、进化中的创新突破，究竟是如何产生的呢？进化过程中是如何进行这种创造的？

为回应这些问题，辛普森提出了一个全新的进化模式，来解释进化中大型的进步现象。我们还记得，正是这些"进化中的重大过渡"使得布鲁姆认为，在其背后一定有一个神秘意志的作用，才能引导进化朝着某个目标前进。在这个第三种模式中，进化的发生更加突然，辛普森将之称为"量子式进化"，指一个适应带用一种很快的方式（这是从地质时间的角度去理解，与人类的代际交替相比，这个时间其实还是很慢的）过渡到另一个适应带的过程（参见图十三）。

因此，辛普森在 1944 年提出，通过这种特殊的方式，我们可以更好地理解进化过程中的重大创新突破，这种创新并不那么常见，但更具创新性，由于过渡时间很短，这也是为什么我们无法找到什么相关的化石记录的原因。

那么，我们是否就是通过这种量子式进化的方式，从大猿的适应带跳跃到人科的适应带，即我们的领域，并从此在这个领域扎根下来了呢？

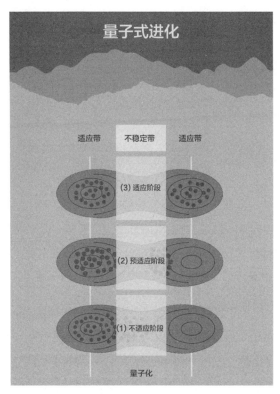

图十三：量子式进化

　　为了说明生物为何会在短时间内在生态位上发生剧烈的变化，1944 年，辛普森在分支演化和前进演化的基础之上（参见图十），又添加了一种被称为"量子式进化"的演化模式。辛普森认为，一般情况下，物种会随着适应度景观的山头移动，就像冲浪一样。但在有些情况中，它们也会在很短的时间内爬下一座适应性山头，再去攀登另一座空缺的山头。为此，它们需要先下到山谷，而这是违反自然选择规律的，会导致它们面临很大的生存压力。按照辛普森的理论，蝙蝠和鲸鱼的进化都是量子式进化模式的代表，因为两者都是从既不会飞行也不会游泳的陆地四足动物中快速进化而来的。1950年，有其他科学家提出，人类直立行走的姿态也是量子式进化的成果，但在这个议题上辛普森的态度要保守得多。

量子式进化的问题在于，为了从一个适应性的山头过渡到另一个，物种需要先来到适应度景观的谷底，但离开一个适应度景观的山头就意味着失去适应度，而这是违反物竞天择的逻辑的，因为自然选择理论应该推动生物不断向上，并有利于适应度最高的动物（占据了最高的山头的物种），而对适应度没那么高的动物不利。

以人类的眼睛为例——这是创世论者和进化论者之间最具争议的经典案例之一——在眼睛的进化过程中，从涡虫（一些水生的扁平蠕虫）到脊椎动物和章鱼的眼睛，所有的中间阶段都会带来新的优势。现代生物学能够通过一系列视觉器官的作用机制对眼睛的进化进行解读，其中每一次的结构都比上一次的设计更加完美。但是，大部分的视觉器官进化自然都与生态位有关，比如类人猿灵长类成为昼行性动物之后，它们的眼睛里失去了一层能令它们在黑暗中看得更清楚的膜[185]，而它们原本昼伏夜出的祖先曾经是有这一层膜的；从这个角度来说，这个结构设计是劣于祖先的，但问题是类人猿已经不再需要这层膜了，而生物学向来都吝啬资源，绝不能产生不必要的浪费。

因此，自然选择本身是从来不走下坡路的。从这个角度来说，要从一个适应性的山头跳到另一个山头，除非发生奇迹。但辛普森并非骤变说的支持者[186]，他和所有新达尔文主义者一样，支持的是自然选择理论。

那么，我们该如何科学地解释这种进化模式呢？

为了解释这个悖论，辛普森引用了休厄尔·赖特1932年发表的关于适应性景观的比喻的那篇文章中提出的另一个机制。该机制被称为"遗传漂变"，指的是一小部分生物群体可以徘徊在自然选择的规律的边缘，直到出于某种偶然，它们从一个适应性的山头过渡到另一个。我承认，这是一个比较技术性的概念，但在演化生物学中这个概念十分重要，因此我们将继续探讨它。

遗传漂变之所以会发生，是因为在一小部分群体中，出于纯粹的概率原因，某个在真正意义上的广大物种范围内本应该是很少见的基因意外地在这个小圈子里占据了主流，而在大物种群体里，这个基因本来是不会有发展的，因为不具备优势。这个少见的基因也许能够为生物准备好某种预适应，这种能力在它们现有的适应带中是没有什么用的（虽然也没有什么害处），但是，这种能力却意外地在另一个适应带中非常有用（即它们对面的山头）。

但是休厄尔·赖特本人却在 1945 年的一篇介绍辛普森作品的概要文章中，否认了遗传漂变说可以用来解释量子式进化的理论。到了 1949 年，辛普森仍在捍卫量子式进化说[187]，尽管他承认，这个理论的推广不太顺利，遭到了许多人的批判。

在之前提到的 1950 年于冷泉港举行的关于人类进化的研讨会上，两位重要的科学家舍伍德·沃什伯恩[188]和 W.W.豪威尔斯（他是大会的主席）[189]也引用了量子式进化理论来解释我们的祖先开始直立行走的现象，在他们看来，该现象正是这种进化模式的一个很好的实例。两位古生物学家都提到了辛普森是量子式进化理论的倡议者。

辛普森本人也参加了这次大会[190]，但奇怪的是，在这次大会中，他没有沿用之前的解释去捍卫他的量子式进化理论，即从一个适应度景观的山头下山，穿过山谷，攀爬上另一个适应度的山头。实际上，他在自己的通讯稿中甚至都没有提到"量子式进化"这个说法。这次辛普森说的是，在有些情况下，一个适应带可能会拓宽，他用这个理论来解释直立行走为什么会出现。

辛普森在 1944 年用来说明量子式进化的案例是马科动物（马和其他）的进化。它们原本以嫩叶为食——因此牙齿比较小，牙冠也比较低——而之后马科动物开始吃草，牙齿变大，牙冠变高，并通过增加牙骨质来抵挡牙齿在咀嚼带有矿物质的草茎时发生的磨损。

但就在仅仅 6 年之后，在 1950 年的大会上，他又认为，具有抗磨损性能的牙冠对于食用嫩叶也是有益处的，因此马科动物其实从来没有失去过自己的适应性："为了使分支物种能够适应草食而产生的这个新的特征，使它们能够咀嚼具有强磨损性的食物。但是，食用不那么具有磨损性的嫩叶食物的能力并不会因此丢失。"

在人类进化的案例中，辛普森同样认为，人类从四足变成两足的进化过程并没有损害他们的适应性，因此为完成这一进化，也不需要爬下两座适应性山头之间的非适应性山谷："人类直立行走、将双手用来使用工具而非在地面移动的这个进化，也许（和马科动物的案例一样）也是一个很好的例子，能够说明物种分支后，对于整个大物种来说，更多的是增加而不是减少了它的适应性。"

为了避免悖论，用新达尔文主义者更能够接受的其他理论替代量子式进化说，辛普森给出的结论像是一个文字游戏，因为在生物学中，物种分化应该永远意味着生态位变得更细分，是非物种分化（泛用性）的情况才能扩大生态位。因此，在1944年提出量子式进化理论之后，辛普森又通过这种说法在1950年背叛了自己的理论，就像人们常说的，"在自己的牌局中作弊了"。

说了这么多，那么，依据现代进化理论，像我们人类的直立行走这么剧烈的变化到底有没有可能在这么短的时间内发生，而不需要更长的时间来缓慢渐进呢？在从四足动物到两足动物的过渡期间，我们的祖先要如何适应这个变化呢？他们不需要穿过非适应性的山谷吗？

实际情况是，我们没有科学上的明确答案（多么神奇的表述！）来解释双足行走到底是怎么出现的，因为我们找到的南方古猿的化石已经是完全完成的形态了，正符合辛普森的量子式进化说的预示。

一种可能的解释是，双足行走明显是突然意外出现的，这种现象首先意味着一点点基因变化（少量突变），但却具备非常重要的适应性效果。这个关键的创新节点是在很短的时间内出现的，随后在自然选择机制的积极推动之下，一系列的后续连锁反应最终导致了人类直立适应性的出现。辛普森和其他科学家们都注意到了这个创新节点论，在我看来，这个案例和其他化石分析表明发生快速进化的案例一样值得探讨。

在人类直立行走的案例中，关键的创新节点可能是（髋骨中的）髂骨翼的朝向变化，在人类适应双足行走时，髂骨翼从朝后变成了朝着侧边。通过这种方式，某些臀部的肌肉束——最前方的那些——转为向后拉伸，带动扩展了髋骨的连接（原本和黑猩猩一样）向两侧拉伸，而这正是在行走时能够保持躯干平衡的必要条件，以确保当一足抬起时，身体不会向侧面倾斜，导致整个身体朝侧边摔倒。这种防止身体平衡崩溃的机制叫作"髋关节外展"，如果没有它，人类就根本不可能直立行走[191]。

不幸的是，在阿尔迪的化石中，骨盆部分的保存情况很差，但还是能根据骨架的外表看出这个特点（至少它的发现者是这么声称的）。但目前，我们对于直立行走的起源依然所知有限。

有一点是明确的。通过直立行走，人类的手臂不再像四足动物那样，需要在移动时承担起维持身体直立的工作。从某种角度来说，可以说人类的手臂被解放了。南方古猿将它们的手臂解放出来后用于其他工作，用手臂当作挂钩，把自己悬挂起来。这就是为什么黑猩猩的手那么长，大拇指很短，距离其他手指的指肚位置很遥远。黑猩猩和其他人猿总科的猿类用手臂把自己悬挂在树枝上，并通过旋转手腕、手肘和胳膊完成从一只手到另一只手的交换，并以此完成移动。当然了，我们人类也可以做到这一点，只是没那么灵敏（虽然孩子们在儿童公园中通过这种方式移动得相当好）。而南方古猿的手则和我们人类的手基本相同，拥有精准操纵极小的物品的强大操作能力。这是一种与生俱来的能力，南方古猿只是重新拾起了它——因为大部分猴子都有这个能力，但在用手当挂钩悬挂身体的人猿总科的其他猿类中，这个能力则大范围地丧失了。

这里还需要再次强调一点——人类这个物种目前具有的所有特征并非是在同一时间一起出现的，也就是说，这些适应性之间互相没有关联，在解剖学—功能学领域也并不需要作为一个完整的整体来看待。换句话说，直立行走和用手使用工具的能力，与人类脑部的大体积扩张之间没有直接联系，只是单纯地早于脑化现象开始了而已。这就是所谓的"碎片化进化"，在进化中非常常见，而且只在古生物学领域中会发生这样的现象。没有任何其他的科学细分领域会在如此缓慢的时间中慢慢进化。实际上，在南方古猿的化石出现以前，人们曾经以为脑化现象是早于直立行走出现的，因为智力从一开始就是人类进化的主动力（所有的目的论者都会押注这种进化模式：先是脑化程度进化，然后再是行走方式的进化）。然而，事实恰恰是相反的，因此当这个事实被揭露出来的时候，曾经引起一片哗然。但另一方面，这也不是我们第一次发现生态环境的改变和牙齿及行走方式的适应性进化早于脑化进化出现了[192]。

灵敏的手对于发展技术来说至关重要，因此我们可以自问，直立行走的进化是否本身就是能够将双手从行走的职能中解放出来，去生产工具的一个必要先决条件。但直立行走和人类学会雕琢一块石头这两件事之间也有可能没有任何关系，如果是那样的话，用经典的术语来说，直立行走就是一种预适应，即是为了未来的变化提前做好的准备。另一方面，既然之前提到过人类的进化模式可能是所谓的"自始至终只有一个物种"的模式，因此我们应该对代表人类进化的化石进一步展开深入研究，来更好地理解过去到底发生了什么。

---

**生命简史**
VIDA, LA GRAN HISTORIA

还能更复杂

对于那些对进化理论非常感兴趣，也不惮把事情搞得更复杂的读者来说，在辛普森的三个演化模式（前进演化、分支演化和量子演化）之外，我还能提供另一个进化模式理论。这种理论被称为"间断平衡"[193]（意味着被时而打断的稳定状态），由北美古生物学家尼尔斯·艾崔奇和斯蒂芬·杰·古尔德于1972年提出。艾崔奇和古尔德完全不同意辛普森和其他新达尔文主义者的观点，他们不认

---

可前进演化是在进化中起到最主要作用的模式，恰恰相反，这两位科学家认为分支演化才是进化的主要模式。

但艾崔奇和古尔德的理论还不仅限于强调分支演化在进化中的大量出现。在这两位古生物学家看来，在化石记录中，过渡阶段出现令人遗憾的断层的原因，在于物种分化通常是一种本土现象，而且从地质时间的维度来看，是在一段很短的时期内发生的，因此很难留下保存完好的记录。与新达尔文主义相反，两人认为，在大部分的时间中，物种内部通常完全没有发生任何大事。进化是通过漫长时间的积累，一代接着一代，由微小的变化累积而成的这个概念，是"英国荣耀"传奇的翻版，当年的英国就曾经这样渐进式地完成了社会的演化。而据艾崔奇和古尔德说，一般来讲，物种平时是不会进化的，而是一直处在一个稳定的平衡状态中。

在辛普森的最后一部作品（《化石与生命历史》，1983 年）中，他表示，在他提出"量子化进化"的学说时，他就已经想到了"间断平衡"的概念。经过这么多年的刻意遗忘之后，辛普森终于又想起了量子化演化一说，但他的这个声明没有什么效用，因为辛普森的"量子化进化"指的是例外性的、突破性的大创新，而艾崔奇和古尔德则认为间断平衡是进化中的常见模式。

艾崔奇与古尔德基于恩斯特·迈尔的"地域性物种形成"理论提出了他们的间断平衡论。该理论曾假设，一个新物种通常都是在一个与世隔绝的封闭式小群体中产生的。可以预见，比起具有大面积分布的物种，生物在被分开的（分隔的）区域中形成新物种的频率要高得多，因为物理上的疆域隔离阻碍了基因的互相流动，因此每个物种只能适应本土化的地理环境。

在人类的进化中，这样的情况也更常发生（人口因为地理原因而分开），因此在人类的发展中，遵循的也应该是这个间断平衡的模式，而非朱利安·赫胥黎和——很矛盾的——恩斯特·迈尔本人提出的前进演化模式。

尼尔斯·艾崔奇和伊恩·塔特索尔曾在1982年合著了一部作品（《人类进化的神话》），在其中，两人探索了人类进化由间断平衡模式来推动的可能性。两人并没有得出绝对的结论，因为人类进化史上的相关化石发现还很匮乏。如今，相关的化石要丰富得多了，但我们接下去还会看到，人类进化的几何学路径（前进演化还是分支演化，以及在后者的情况中，物种的出现是快还是慢）的难题依然不能被视作已经解决。尽管如此，塔特索尔还是在他之后的所有作品中都用间断平衡的理念来解读人类进化过程中的化石，尽管调性和之前略有不同[194]。

在1982年的作品中，艾崔奇和塔特索尔还研究了间断平衡在人文历史中的模式影响。在人文历史中，大型文明的起源都是从非常剧烈的变化中诞生的，但之后会在很长一段时间内，在文化和技术方面完全保持稳定平衡。古埃及人就是一个很好的例子。根据两人的观察，古埃及文明延续了数千年而没有发生什么重大的变化。因此，人文历史和生物历史一样，并非是随着时间的推移，由许多微小的变化逐渐累积起来的直线式前进过程，而是时不时来一段插曲，每次间断时变革则十分激烈（通常只经历数代甚至只有一代），而之后又是绵延许多代的漫长的平衡期。除了少数几个例外，人类文明的发展大部分都是遵循这种模式，也因此在任何文化中，身在其中的人类都会有一种世界将永恒不变的印象。生物学中的物种演化也是同理。

不管怎么说，在学术领域百家争鸣总是好事，新的理论能帮助我们用一种全新的视角去看待问题。在这个案例中，间断平衡理论可谓是自辛普森以来，古生物学领域最具原创性、最令人感兴趣的理论了。

---

# 第九天
## 尼安德特人与我们

在今天的课程中，我们将回顾从已知的最古老化石进化到当今人类物种的化石记录，深入探讨人类的进化模式。在此过程中，我们还将参考现代的基因数据科学，来探索我们是否像有些人说的那样，是一个多样化的物种，还是仅由单一物种构成的罕见存在。在今天的课程的最后，我们还会探讨性别选择的话题，达尔文曾用这个话题来解释人种之间的差异。

一旦将双手从行走的工作中解放出来，文化是否就会出现？我们当今人类所属的人属这个大类，是否就是随着文化的出现而出现的？

文化可以被理解为是代际之间不通过基因遗传，而是靠着学习和模仿等手段，来传递习惯和行为模式的一种现象。许多其他哺乳动物也有类似的传统，比如虎鲸。黑猩猩能够使用工具，而且在各地不同的群体会传承不同工具的使用技能。因此我们可以推测，南方古猿的情况估计也是如此。

石器技术的使用，指的则是用石头来制造工具——哪怕还十分粗糙——通过用一块石头敲击另一块石头来雕琢工具的形状。非洲最早的石器技术出现在距今250万年甚至更早，而南方古猿早在420万年以前就出现了。

黑猩猩会把石头当作锤子，用来敲开坚果，但它们不会雕琢石器。在我看来，这并非是由于认知障碍的缺陷，即由于不能理解这种做法而导致的，而仅仅只是因为黑猩猩的手臂和手之间缺乏必要的协调性，使得动作过于笨拙，缺乏精确度。黑猩猩在投掷物体时同样有这种缺陷。总的来说，这是生物力学和神经运动学的作用结果，因为在实验中已经证明，如果给黑猩猩一块已经削好的薄石片，它们是能够用它做到比如砍断绳子和用它来寻找食物之类的事情的。

而南方古猿由于不再使用手臂进行四足行走，它们的手则更具备必需的灵敏度。南方古猿的手与我们的手几乎是一模一样的。因此在我看来，南方古猿要制造一个简单的工具没有什么困难，它们也会将这种传统一代代传承下去。也许这样的行为会在不同的族群、不同的时刻发生，会视环境的需要而进行必要的创造，而不是随着时间的延续而表现出连贯性，也因此没有在考古学记录中留下太多的痕迹。

很可能是南方古猿而非某种人属物种创造了最早的石器工具，但只有在人属生物的时代，他们的身体与工具的使用才开始相互协调，因此如果缺乏石器工具的辅助，我们的祖先在解剖学、生理学和伦理学方面展现出的特征都将会是令人费解的，而这一现象是在人属生物的出现后才发生的。从那以后，人属生物的生物学和文化特性共同进化，形成循环反馈机制（feedback），造就了新的进化轮回。

人属中最原始的物种是能人，它们与南方古猿几乎没有什么区别，身高都很矮，但能人的脑容量更大，而相反地，牙齿和脸颊则更小。如果我们在这里援引古生物学之父、法国科学家居维叶的器官相伴原理来解读能人的特性，那我们就不但要像平时那样分析它们的外表特征，在此之外，我们还要在它们的手里放上一把工具，因为如果没有工具（尽管工具本身并不属于它的器官），我们就无法解释它们的牙齿和脸颊（其中的骨骼支撑）的缩小，当然，也无法解释能人的化石中脑容量的扩大。因此我们可以说，在这种情况下，工具与表征是相伴相生的。而相反，我们不需要在一个南方古猿的手中放上一把工具才能理解它的种种表征。

　　理查德·道金斯在自己最满意的一部作品中提出了"延伸的表现型"的概念[195]，来指代那些由基因远程操控的行动，其效用超越了细胞壁的屏障，有时甚至会超越皮肤的屏障。

　　由基因远程操控的行为包括动物制造物品的行为（动物的工程杰作），比如有些黄蜂会给自己的幼虫准备泥管（这些黄蜂还会用自己的蜂毒致使某些猎物瘫痪，但不弄死它们，然后把它们放进这种泥管中，作为提供给幼虫的食物）；白蚁的蚁丘；裁缝鸟的鸟巢和海狸筑的水坝等。在海狸的案例中，不光是水坝本身，包括水塘和水坝中积蓄的水，都可以被视作是海狸的延伸表现型的一部分。事实上，这是世界上最大的表现型之一。在火地群岛，我曾目睹海狸所筑的极为壮观的堤坝——过去，北美移民为猎取海狸的皮毛，曾将它们引进当地，如今海狸已经在那里泛滥成灾。

　　那么，既然裁缝鸟的鸟巢、白蚁的蚁丘都可以视为它们各自的表现型，我们为何不能将高迪的圣家大教堂或是马德里王宫看成是人类的表现型的延伸呢？

　　理查德·道金斯曾经警告道[196]，"延伸的表现型"这一术语，以及其背后的理念，是不能扩展应用到人类的造物上面的，除非这一批建筑师是受到基因编码的支配才制造出哥特风格的建筑，而那一批建筑师又是由于另一组基因编码的支配才造出现代风格的建筑，而非他们有意为之。但很显然，没有一个会引导人类制造哥特建筑的基因，也没有另一个使人会自动造出现代化建筑的基因，这些建筑师也不是凭着本能造出的这些建筑，而是有意识地去这样建造的。在研究史前石器技术时，这条规律同样适用。有没有一个基因会引导史前人类制造奥尔德沃文化（能人的文明）的石器，另一个用来制造阿舍利文化（源自非洲的直立人文明）中的石器，还有一个用来制造莫斯特文化（尼安德特人的文明）的工具呢？如果事实真是如此，那就意味着这些人类能够制造石器纯属出于本能。因为确实有些研究人员认为，在生命的历史中，唯一的有理性的动物只有我们当今人类。在这种情况下，就必须有某种基因[197]（这只是一种说法）来促使这些史前人类能够制造不同类型的工具。如果事实真是如此的话，石器时代的文明就是由与当今人类完全不同的物种所制造的，但这是出于他们的延伸的表现型的一部分，仅仅只是自然选择的结果。

相反，如果这些史前人类是在完全出于自主意识的情况下制造出这些工具的，那他们起码得有能人以上的水平。在这种情况下，这些石器就不是我们祖先的延伸的表现型，就像浪漫主义和文艺复兴主义风格也不是我们这个物种的表现型一样。这些不同的风格不是在基因的支配下创造的，而是由模因所主导的。"模因"这个概念也是道金斯在《自私的基因》一书中提出的，他指出模因会呈病毒式扩散。模因可以是一首歌、一种时尚、一种风格、一种技术、一种行为模式，能够在不同的头脑之间相互理解和扩散。而我们马上就会看到，在史前时期，最重要的模因就是新石器时代的模式：基于农业和畜牧业的基础而发展起来的生产经济，并快速扩散，影响越来越多的史前人类的心智。

---

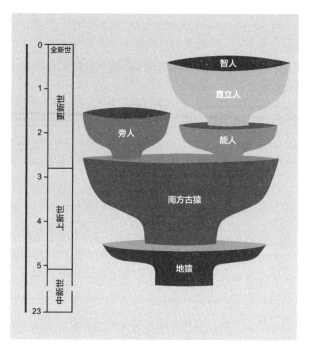

图十四：人类进化中的适应性分支

　　在我们的进化史中，物种的分类不断增加。在过去，我们曾说人类的进化史是一条直线，三个物种一个接一个地出现，但这已经是一个旧理论了。然而，人类进化的大型生物设计的差异性确实不大。也许所有在南方古猿之前的物种都可以被视作是一个基础设计的变种，即我们所谓的"地猿"，它们并不是完全直立行走的动物。当然了，南方古猿代表的是人属动物进化的另一种模式，其中也有不同的分支，但每一种都能完美地实现直立行走。旁人与南方古猿不同，它们的咀嚼器官（即脸和牙齿）会显得更粗壮。我们可以给"能人"打上引号，指代另一种与南方古猿和旁人相类似的身体结构设计，但它们的脑容量更大。"直立人"的引号则代表着一种新的生物模式的出现——特征是身高较高、脑容量显著增加、面部较小——这类物种曾广泛分布于非洲与亚洲，而欧洲的发源者尼安德特人则可被视为是另一种人科生物，当然了，还有源自非洲的智人，它们与其他的物种都有显著的不同。

在能人的化石中，最具代表性、最完整的化石（也成了该物种化石的典型）距今至少有 200 万年，出土自肯尼亚与坦桑尼亚。但在埃及还出土过距今超过 200 万年的一部分化石（一块颚骨和半块下颌骨），尽管并不完整，但也能证明该物种最早的起源要比 200 万年前更早。能人的进化层级仍属于南方古猿一类，两者在外表上很相似（如果同时见到活的南方古猿和能人，我们很难通过外表区分），但它们属于我们这个进化枝，从属人科。

最近，南非的一个山洞[198]出土了众多类似能人的史前人类留下的生存痕迹，这些化石属于多个个体，但科学家对它们进行年代分析后，震惊地发现这批化石的年代距今只有 30 万年。这些史前人类仿佛是在一个与世隔绝的地带中残存了下来，并和更接近于我们当代人类的其他物种达成了和谐共存的关系，这一点很难解释。这些化石的发现者将它们命名为"纳莱迪人"。

除此以外，一些史前人类的化石也曾在东非被发现，他们的脸更宽，牙齿更大，但脑容量也同样更大，有些人认为他们是能人的一种，还有些人则认为他们是能人的近亲卢多尔夫人。有些学者甚至认为他们是以一种独立的进化方式向着脑化的方向进化的，是脑容量增加的趋同演化的一种体现[199]。尽管我们对所有的趋同演化案例都很感兴趣，但这个案例尤其引人注目，因为它意味着在进化的"超空间"中，智力的发展进化途径也有不止一条。但这个案例尚不明确，就像美国人说的"the jury is out"——陪审团还未进入法庭给出他们的最终判决。

但在至少 200 万年以前，能人并非在非洲大陆上生活过的唯一人族[200]，还有一种叫旁人的史前人类分布在各地（参见图十四），他们的脸和牙都很宽大，十分擅长咀嚼，他们的颞肌和咬肌十分发达，能够抬起下颌骨，闭紧嘴巴，用下齿用力咬合上齿。很明显，他们的适应带与能人是不同的，他们以结实（很难咬开）、坚固（很磨牙）的植物为食，比如小型的种子、谷物和带壳的水果。这些食物通常生长于比他们的祖先所在的热带雨林更干燥、更开放的空间中。

仿佛这还不够似的，在同样的年代中（距今 200 万年到 150 万年之间）还出现了比能人更高的个体，他们的腿更长，能够跨大步走远路，脑容量更大，脸和牙齿则更小。他们被称为直立人。

根据那时的遗迹记录，当时的人科分类还不仅限于此。因为在非洲以外，在格鲁吉亚的德玛尼西和高加索南部也发现了史前人类的化石，不管是身高、颅骨形状还是脑容量，其形态都介于能人和直立人之间。这种史前人类被称为格鲁吉亚原人，但这些史前人类的命名者如今则更倾向于将在德玛尼西发现的化石归到直立人一类，尽管在我看来，他们的形态明显比直立人更原始。

尽管直立人（以及格鲁吉亚原人）的脑容量比能人更大，但这并不意味着他们的脑化程度更高，因为直立人的身高也更高，而且体重也因此增加。在他们的进化中，是否也是先改变骨骼和牙齿，调整其生态位，然后才发生脑化的呢？

在长达 250 万年的漫长时光中，发生了种种变数，我们如何才能正确解读？

要理解过去到底发生了什么并不容易，因为凭借现有的化石和数据，我们还无法重构一条完整的线性物种进化链。很明显，旁人是一条不同的进化路线，是与其原本的适应带相分离的一条进化分支，他们在大约一百多万年前灭绝了[201]。在另一条分支中，能人与南方古猿更接近，而直立人则与现代人（即智人）更接近，在格鲁吉亚发现的原人化石则介于两者之间。问题是，所有这些化石所处的时代差不多都是相同的，而非随着时间推移陆续出现。

目前我们只能说，从现有的化石记录来看，前进演化的进化模式在这个案例中并不适用。现有的化石彰显的是一种分支演化的模式，即在过去，这几个物种曾经在很长一段时间里面一度共存过，并将自己的特征没什么变化地遗传给他们的后代[202]。

但是，要更好地理解人属的分支演化，我们还得回溯至 250 万年以前。在大约那个时期，上新世宣告终结（最后一个地质时代是第三纪），更新世开始（首个地质时代是第四纪）。两者之间的界限是由气候的变化来区隔的，正是从更新世之初开始，地球逐步变得更冷、更干燥，冰川逐步扩散，尤其是在北半球（我们将冰川覆盖的时期称为冰川期），与其他冰川消退的时期（比如我们的时代）相区隔。

这种气候变化对生态环境造成了巨大的影响。在非洲，寒冷气候的蔓延对森林生态造成了损害，使热带雨林变得支离破碎，而稀树平原的面积却因此扩大了。所谓的稀树平原指的是一片广袤的平原，其中生长的植物可以是树木、灌木（以荆棘类灌木丛为主）或草丛。否则，如果树木过多，则应该称为雨林，而如果植物过少就成了草原（牧场）。

我们如今找到的第一批人属和旁人系的化石的遗迹，所属的时代就是在当时气候变化后的不久。在距今200万到150万年以前，这些祖先各自分化，形成了众多类人物种。看起来，气候的变化同时助长了两个不同的种系群体——人属和旁人——的进化和发展。

这种分支演化的模式一直延续到距今很近的年代（直到智人成为唯一的类人生物），因为尽管旁人在一百多万年前灭绝了，但体型矮小的南非纳莱迪人（如果官方公布的年代追溯数据确实可信的话），和另一个同样神秘的体型矮小、大脑容量较小的类人物种依然生活在同样的时代中。后者不知用什么办法穿越了海洋，来到印度尼西亚遥远的弗罗勒斯岛，在那边一直生活到距今5万年甚至更近的时代。这个物种被称为弗罗勒斯人，即我们所熟知的霍比特人。

岛上的居民通常身材矮小，这是他们适应资源匮乏的一种应对方式，因此，我们可以将这些岛上的类人物种视作一个体积缩小版的直立人或者格鲁吉亚原人（他们的身材更矮小）的进化版。但是，如果不看体积的缩减，他们同样也有可能是直接从能人或者纳莱迪人演化而来的，但后一种假设的问题在于，我们并未在非洲大陆以外的地方发现过后面这两个人属物种的化石。

但霍比特人和纳莱迪人只是生活在亚洲和非洲边缘地带的外围少数案例，并不和我们的物种直接相关。与此同时，多年前灭绝的旁人则可被视为我们的远亲。那么，现代综合理论的作者们为何会将直立人视作人类进化的主要且唯一的根基呢？如果说直立人就像演化过程中的主干，为何他们没有再继续分化，却能保持完整地前进演化，直至今日呢？

这一物种（直立人）有效地进行了大量的地理扩张，整个非洲和亚洲直至爪哇岛都有它们存在的痕迹。从在非洲发现的他们的第一批遗迹所追溯的时间算起，直到这个物种最后的痕迹在距今约50万年以内的爪哇岛消失（参见图十四），这个物种从距今200万年以前开始，持续了极长的时间。但是，我们没有在欧洲找到直立人的明确化石痕迹。迄今为止，我们在欧洲找到的最古老的疑似化石是在阿塔普埃尔卡的大象峡谷挖掘出的一块下颌骨——它有可能属于这一类别，但这块化石能提供的信息太少了，还不足以正式得出这个结论。

同样位于阿塔普埃尔卡的格兰多利纳遗址中的化石遗迹就要更多一些，年代可追溯至距今80万到90万年以前的更新世之初。在这个时期或者之后不久就进入了中新世的中期[203]，在那个时代，已经有更多人类开始在欧洲生活，但从我们已掌握的考古学证据来看，生活痕迹最北只到英国。在格兰多利纳发掘的遗迹化石不像是直立人，我们将这种新的物种命名为"前人"。这个遗址曾发掘出大量的相关化石（至少属于11个个体的遗骨），因此在不久的将来，我们一定能得到更多的相关信息。

但是在历史上，曾经贡献了最多人类化石资源的遗址则是另一个——同样位于阿塔普埃尔卡的"遗骨峡谷"（距今45万到40万年之间），其中发现的遗骨属于将近30个不同的个体，其骸骨尽管都破碎了，并混杂在了一起，但总体都完整保留了下来。

从这些更新世中期的化石中，我们可以观察到尼安德特人的一些特征，看起来他们处在和前面那些物种不同的进化阶段，但在解剖学中，仅在部分领域有区别，主要是他们的牙齿和颌骨，以及将下颌与颞骨关联起来的连接处，还有面部骨骼（包括环面和上眶股的边缘）与其他物种不同[204]。总而言之，他们的特征（再一次地）体现出一种碎片式的进化，因为从这些化石的身体结构来看，纯尼安德特人的牙齿和一个半吊子的脸和颌骨的进化组合到了一块儿，而他们的脑颅（或神经颅）也不是尼安德特式的。

所有这些都可能意味着尼安德特人的进化是从脸部结构开始的，最早始于一个符合生物力学的适应性特点变化，与嘴部尤其是前齿的使用有关。之后，在更新世晚期[205]所谓的经典尼安德特人身上，面部的特征进一步放大，同时颅骨的进化有了显著改变，以一种更有特色的方式扩容（从额头到后脑勺的宽度被拉长，横截面呈圆形，枕骨像头冠一样环绕着它），其颅内面积（即脑容量）比当今的平均面积更大。但是，由于尼安德特人的身材十分高大，因此他们的整体脑化程度并没有比我们更高（但也不比我们低！）。

如之前所说，从白骨之坑挖掘出的那个时代的非洲化石（主要来自更新世中期）互相之间都非常类似，隶属于同样的进化层级。然而，当欧洲的人类沿着同样的进化枝向着尼安德特人进化的同时，非洲的古人类在继续进化的过程中却没有显示出与尼安德特人有任何关联，即没有体现出任何独特的专属特征，或叫专属生态适应特点（如果我们承认，这些生理结构的调整都是为了实现某种功能的话）。

当然了，从非洲古人的化石来看，他们也同样不具备智人的一些特征，比如垂直的前额、球形的颅骨、下巴托住下颌骨、直立的身体等等。在我看来，最后一项特征是一种生物力学领域的适应性调整，能够使人类行走更长的距离并在同时消耗更少的能量，尽管现在有新的论文正在争论这种功能解读是否合理。

在研究化石时，我们只能通过一些具体的特点（即专属特征）来识别我们的物种。这些化石来自于距今几十万年以前的更新世中期。因此，他们这个物种比尼安德特人出现得更晚、更新。但最近，在摩洛哥的一处名为杰贝尔·依罗的遗迹中，发现了当代人类物种的新化石（一块颅骨），其年代可追溯到距今约31.5万年以前[206]。这项研究的作者认为，在这个化石的面部有一些特征，能够证明它是一种早期的智人物种。和遗骨峡谷的案例一样，在这个化石中，脸部的进化要比包含了脑部的颅脑（神经颅）的进化要更快。在我看来，把杰贝尔·依罗的化石称为"前智人"要更准确些，因为他们还远没有进化成现代人类。同理，遗骨峡谷的化石则应该被视为"前尼安德特人",因为他们只反映了尼安德特人的一部分特征。

而在亚洲大陆,情况则更不明确,因为在中国曾经发掘出不像是直立人的化石,就像我们刚刚讨论的前尼安德特人和前智人的案例一样。

在爪哇岛上,直立人则继续进化,直至最终灭绝。他们灭绝的时代也许并不遥远。爪哇岛的直立人究竟是何时灭绝的,这一点学界尚存争议,但从昂栋的爪哇化石遗迹来看,肯定远小于 30 万年。这些化石仍被归类成直立人,但与世界上任何其他地方的直立人相比,岛上的这些直立人的颅骨变化了很多。他们的头变得更大(更膨胀),同时颅脑容量也变得更大。与尼安德特人和智人一样,这些爪哇直立人也同步发展了自己的大脑,在我们讨论进化中的平行演化和关于智力进化的超空间中的可行解决方案时,这个案例提供了有趣的参考。如果来自昂栋的化石被证实和首批智人以及尼安德特人属于同一个时代,那就意味着,在旧世界的三个不同的地点,人类曾经三次攀上过同一个适应性的山峰。

在这段进化史的结尾是我们和尼安德特人。后者在距今 4 万年甚至更短的时间内灭绝,在那以后,我们就成了唯一的人类(弗罗勒斯的霍比特人也差不多是在同一时间消失的)。

通过现代古生物基因学技术,我们发现,在当今人类的基因组中,仍然携带其他人种(甚至是物种)的少量基因的痕迹,尽管数量较为稀少[207]。除了遗传自非洲撒哈拉地带的人种以外,其他当今人类都携带了一小部分百分比的尼安德特人基因(约占 2%,比例根据人种区别略有不同)。如我们所见,尼安德特人发源自欧洲,但随后扩张分布到了中亚和亚洲西南方(近东和中东)。我们的祖先自 6 万年前离开非洲时,就开始吸收尼安德特人的基因,而他们正是我们现代人类的祖先(英文就是这么称呼我们这个物种的——modern humans)。与此同时,美拉尼西亚(新几内亚和太平洋上的其他岛屿)和澳大利亚的居民也贡献了丹尼索瓦人的基因。丹尼索瓦人是又一个已灭绝的人类种族,他们曾经居住在(西伯利亚的)阿尔泰山上,曾经在当地的丹尼索瓦洞被发掘。如今,我们只能通过基因了解到他们的存在(很少有化石记录),尽管在当时,他们在亚洲大陆可能曾经有过极为广泛的分布。最近[208]科学家曾公布了一组基因组（提取自丹尼索瓦洞遗址的一位女性的一小块骨头），从中可以看出，研究对象的母亲是一位尼安德特人，而父亲则是一位丹尼索瓦人。然后，其中的丹尼索瓦父亲又具有尼安德特人祖先的基因。由此可见，在当时，丹尼索瓦人与尼安德特人之间的交往是非常频繁的。

这就又把我们带回了这个关键的问题——人类进化的模式到底是什么？是否真如首批新达尔文主义者所说的，我们的进化模式与其他物种都有所不同？

所有这些尼安德特人、丹尼索瓦人和我们——甚至可追溯到与直立人——之间的基因互换，是否意味着我们都属于同一个物种，意味着人类的进化史终究就像现代综合理论者说的那样，是呈网状进化的？

恩斯特·迈尔的物种定义理论曾指出，不同的物种之间必须存在不可逾越的屏障，完全阻断基因的互换，双方的繁殖必须彻底隔绝，不存在例外。如果按照这种理论，那么我们确实可以和尼安德特人以及丹尼索瓦人合并成一个物种。

但实际上，早在1942年，恩斯特·迈尔就已经承认，在自然界中存在一定的争议现象，在一些特定的情况中（他将之称为"分界线"），生物地理学（即研究物种地理分布的科学）的规则在其中并不适用。在有些情况下，存在以下两种难以界定的可能性：

1. 在一种情况下，物种具有极广泛的多样性，即它的多种亚种在地理范畴中广泛分布，且彼此间的区别很大（被称为"准种"），而这些准种之间还能互相交换基因、繁殖后代；

2. 在另一种情况下，一组相互并无交流的群体内部有足够多样化的形态，因此在生物学上，人们会很难相信这些群体之间在基因上能够完全隔绝开。迈尔将这样一组群体统称为"复合种"，在我看来，我们的案例更适用于这种情境。之后我们将会看到，许多哺乳动物的进化中同样有复合种的存在。因此，我在这里再次重申，要理解人类的进化史，最好不要把它当作一个独一无二的案例来看待，而应该从哺乳动物的常规进化中寻找规律。

对古生物学家而言，有趣的地方在于迈尔提出的分界线案例参考的并不是古老物种的化石，因为那会带来许多不确定性，明确的信息很少，而是以现存的生物为例来说明的。其中，如果我们仔细观察旧世界的猴子——比如狒狒——我们就会看到，灵长类动物学家对现存的这些物种的总数量是有争议的；尽管他们可以对当今现存的所有狒狒都进行全面的研究，但他们依然会争论某些狒狒群体到底是属于复合物种还是单一物种。

另一个类似的案例与我们的情况更接近，即关于长臂猿属中的长臂猿的物种分类争议。更接近的还有猩猩的案例，有些专家认为猩猩本身就是一个单独的物种，下属有两个亚种，分别是苏门答腊猩猩和婆罗洲猩猩，但另一些灵长类动物学家则认为，和前面那些案例一样，这两种猩猩是各自不同的两个物种（甚至在苏门答腊的热带雨林中，还可能存在与前两者相去甚远的第三种物种）。

大猩猩的物种分类也是如此，由于彼此之间过于接近，学界为其归属几乎要吵起来。有些专家认为，生活在山地中的大猩猩和生活在维龙加火山的大猩猩是不同的物种，另一些专家却并不这么认为。甚至连两种黑猩猩的物种（普通黑猩猩和倭黑猩猩）在 20 世纪 30 年代以前，都曾被视为是一个统一的复合物种。所有这些案例——狒狒、长臂猿、猩猩、大猩猩和黑猩猩——都可被描述成复合物种，而这样的案例在灵长类动物和哺乳动物中远不止一例。

现代基因科学也并没有如人们期望的那样对解决问题有所帮助，反而令问题变得更复杂了。通过基因检测，我们发现只要没有明确的物理屏障的阻碍，在相近的哺乳动物之间的基因互换（杂种或杂交）其实是非常频繁的。比如狼和土狼之间就会互换基因。同样的情况也发生在斑马和驴、欧洲野马（现在的家马就是从它们发源而来）和蒙古野马（或普氏野马）之间。我们知道，在倭黑猩猩和黑猩猩各自的进化过程中，它们也曾数次互相交换基因，甚至连非洲野牛和原牛在历史上也曾互换过基因，尽管两者分属不同的物种（野牛属和牛属）。

最近我们还发现[209]，在现存的棕熊体内仍能发现已经完全灭绝的洞熊的2% 左右的基因，尽管两者早在 100 万年以前就在进化过程中分道扬镳了。

这个比例大致也与我们在发源于非洲以外的现代人体内发现的尼安德特人的基因比例大致相同（尽管会根据人口的不同有所差异）。换句话说，如果要把尼安德特人和现代人类看成是同样的物种，那么我们就必须把洞熊和棕熊也视作同一个物种。但除此以外我们还发现，现存的不同熊类在进化的历程中也曾不断地互换基因。这是否意味着自从 100 万年以来，所有熊属（这一大类中包括了洞熊）都属于同一个物种？答案当然是否定的。在现存的熊类当中就有好几个不同的物种，而已经灭绝的洞熊与它们都完全不同。

仿佛这些证据还不够似的，最新研究数据还证明，在不同属的象之间也曾发生过基因流动（包括非洲象属、古棱齿象和猛犸象）[210]。

而在相同属的物种之间，基因的流动更是显得司空见惯。

迈尔在他收集信息的过程中发现了这一模式，因此，他在 1996 年[211] 发表的一篇论文中调整了自己对生物学物种的定义规范。这篇论文不太为人所知，也很少被引用，标题很主观，叫作《什么是一个物种，而什么不是》（*What is a species, and what is not*）。在这篇论文中，迈尔接受了不同物种之间会有基因流动（且能够在科学上被证实有效）的现实，但仅限于这些基因流动属于偶发情况，并不会在两个物种之间通过基因融合产生第三个中间物种的情况下。也就是说，两个互换基因的物种各自仍保留着其自身基因组的完整性，且依然能够被识别。从这个全新的视角来看，古老的洞熊已经永远灭绝了，而棕熊则是另一个完全不同的物种。

根据迈尔调整后的这一理论，尼安德特人和我们也都分属不同的物种。就像洞熊的案例一样，尼安德特人已经不复存在，尽管现存的部分人类（智人）依然携带他们的基因，但我们并没有与尼安德特人合并交融并产生出一个新的中间物种。因此，在撒哈拉以南的不携带尼安德特人基因的智人后代与其他携带尼安德特人基因的现代人类之间的基因没有显著差别。同理，尽管在中央地区的黑猩猩体内携带了一部分来自倭黑猩猩的基因，但西方黑猩猩的体内则没有这些基因。

最近，考古学家在迦密山（以色列加利利地区）的米斯利亚洞穴中，发现了一块带有牙齿的上颌骨，这块化石距今约有 18 万年的时间，且来自于智人（至少从这块遗骨的特征来判断），尽管由于这块化石很小，我们下这个判断需十分谨慎[212]。在加利利的另两处遗迹（同样来自迦密山的斯虎尔和卡夫扎）中，则发现了距今10万年的完整骨架化石，这些骨架毫无疑问是属于智人的。尽管我们不知道，人类最早的这波人口扩张一直延伸到了亚洲的何处为止。我认为，我们的物种最大的也是决定性的一次人口迁移发生在距今6万年以前，在此之前，人类没有进入过欧洲，尽管他们有可能曾经更早地抵达亚洲[213]。

通过基因数据我们可以得知，我们的物种在进化过程中曾经克服过所谓的"种群瓶颈"，即在某个时刻，人口的规模曾急剧地缩减。根据基因追溯，这一人口收缩发生在距今约75000年以前，出于某种原因，人类从这场浩劫中成功幸存了下来。原因可能与当时苏门答腊发生的一场巨型火山喷发相关，这场巨灾无疑影响了天气，使全球气候忽然急剧变冷，火山的冬天持续了多年。另一些学者则认为在一段时期的温暖气候之后，新的冰川期再次到来，导致了生态系统的崩溃[214]。由于这些原因，尽管我们的物种拥有强大的智慧，在当时也曾差点濒临灭绝。到底是什么触发了我们的种群瓶颈？这一点仍有待争议，但毫无疑问的是，确实有一场灾难导致了我们的祖先的人口规模剧烈下降。不管原因为何，当今人类都是当时仅存的寥寥几个幸存者的后代。

生命简史

VIDA, LA GRAN HISTORIA

无夏之年

自有记录的历史以来，史上最大的一次火山喷发发生在1815年，当时，位于印度尼西亚的坦博拉火山（位于松巴哇岛）发生了剧烈喷发，火山灰一时间覆盖了整个地球。更雪上加霜的是，火山喷发的当年正好处于太阳活动的低活跃期，而且当时又是近代历史上最寒冷的时间段之一，史称小冰河期，当时，冰川在地球上呈扩张趋势。因此，在随后的1816年期间，整个欧洲就没有经历过夏天。整个夏季阴云密布，降雨不断。粮食颗粒无收，在欧洲、亚洲和北美的许多地区都因此引发了饥荒，并随之造成严重的社会问题。

1816年，在日内瓦的一座小村庄中，一群英国知识青年在莱芒湖边一起度过了整个六月，其中包括拜伦勋爵、诗人珀西·雪莱和玛丽·雪莱（当时他们尚未成婚）以及医生约翰·波里多利等人。由于连日来不断下雨，天气寒冷，这些年轻人决议靠讲恐怖故事来消磨时间，他们编出的故事就和当时的天气一样阴冷黑暗。在这场讲故事比赛中，玛丽·雪莱（当时还只是一个年仅19岁的少女）创造出了著名科幻小说《弗兰肯斯坦》，波里多利则写出了《吸血鬼》，这本书是后续所有吸血鬼故事的始祖。

尽管如此，这场著名的火山喷发比起75000年前在苏门答腊（多峇湖）发生的那场火山喷发的规模仍要小上许多，当时的那场大喷发可能影响了地球上所有的人类——以及其他所有哺乳动物——因为当时的喷发对太阳光的削减要更猛烈得多。它很可能导致了当时人口数量急剧削减，不过人类还是设法作为一个完整的物种存活了下来。最近发布的一篇论文中指出，在南非的两处遗迹（位于尖峰）中，发现了人类在那个年代的生存痕迹。看起来，他们成功地撑过了那次灾难。但很有可能，住在沿海地区的人类拥有更丰富的资源，因此能够更好地生存，他们由于在超火山喷发巨灾中受到的影响要小于内陆地区[215]。

作为总结，人类进化中的主要模式到底是怎样的呢？

之前我们已经说过，我相信迈尔提出的复合物种现象曾经多次发生，用这种理论也可以很好地解释同样古老的化石遗迹之间的对比（隶属于同时代的化石），这些化石来自不同的地区，相互间都有明显的区别。尼安德特人与现代人类就是一个很好的复合物种现象的例子，这种融合同样也发生在丹尼索瓦人，可能也曾发生在当时在亚洲同时存在的其他人类物种之间。在我看来，我们所说的直立人也可以视作一个复合物种的共同体，而非一个单一的物种（参见图十四）。

同样的现象早前也许也在南方古猿身上发生过。在距今400万到300万年期间，南方古猿曾经活跃于非洲的东部和西部。它们被分为三种不同的类型，肯定能够共同组成迈尔所称的一个复合物种。相同的情况在之后的100万年内持续，当时在南非也出现了南方古猿的痕迹[216]。同样的情况也在接下来的100万年间在旁人身上出现了，他们至少也存在两个分支，一支来自南非，另一支则来自东非。

组成这些复合物种的群体本身从进化的角度来看各自都是不同的物种。我指的是并非所有的南方古猿物种都对能人或旁人的出现有贡献，在两者的案例中，都只有一种专门的南方古猿物种会演化成后者。同理，只有更新世中期[217]的少部分欧洲古人类演化成了尼安德特人，也只有一小部分来源于非洲的人类祖先演化成了现代人类。

而在当今世界，只剩下现代人类硕果仅存，尼安德特人则消失了。我们没有与他们融合或混杂，而是将他们取而代之了，当两个物种同时竞争一个生态位时常常就会发生这种结局。

当然了，当代不同的人种并非像库恩错误地以为的那样，来源于古老的直立人，我们的起源要比这近得多。

因此按照我的理解，人类的进化模式并非是直线前进式的，而是以分支演化的模式在进化。只是到了现在，只剩下一根分支仍旧存活，而这支分支还很年轻，是错综复杂的人类进化树丛中新萌发的一支幼芽。如果要用几何图形来形容的话，人类的进化是呈辐射状发散的，首先是地猿中发散出一支，随后是南方古猿，再之后出现了人属和另一支旁人的谱系。每次的辐射发散都反映了前者的特征，并将前者取而代之，尽管这种替代并不是即刻发生的，也不会一次性完整地替代对方，双方会在一段时间内共存，正如古生物学告诉我们的，这种模式几乎每次都是这样发生的（参见图十四）。

---

## 生命简史
VIDA, LA GRAN HISTORIA

### 趋势：回顾更复杂的议题

在人类进化的过程中，是否有什么明确的趋势？我们能否用一句话概括人类的整个进化过程，如大脑越来越发达？为了解决这个问题，我们有必要回到之前的复杂议题，即关于间断平衡的理论中，我们古生物学家对这一议题一直相当关注。我希望你们也会对这个话题产生兴趣。

尼尔斯·艾崔奇和斯蒂芬·杰·古尔德认为[218]，我们这个物种存在两种进化趋势——脑体积的增加和身体体积的增加，但间断平衡的理论和这两种进化趋势之间有一个冲突：要解释这两个变化，经典的理论应该是前进演化或线性演化的进化模式（直线前进的演化模式，艾崔奇和古尔德将之称为"逐步渐进"），关于这种演化模式，我们已经探讨了许多了。但间断平衡理论者则不怎么重视这一演化模式。他们更偏向分支演化（枝化演化）的进化模式，并认为物种一旦诞生，在很长一段时间内都不会发生大的变化（保持恒定状态）。

那么，回到人类古生物学中，人属物种是如何在保持稳定的状

---

态下，持续地发生例如身体体积增长和脑体积增长这么显著的变化的呢？间断平衡理论者给出的解释是，这一变化是通过物种的选择来实现的[219]。在我们的进化案例中，这里指的是体型较大的人属物种比体型较小的物种更具备生存优势，在脑容量的比较中也是一样。换句话说，比起小型的人种，体型更大、脑容量也更大的人种能够存活更长时间，繁衍更多该人种的后代（能够生殖更多这个人种），因此当双方在地理上处于同一空间时，小型人种就会被大型人种替代。更高大的身材和更大的大脑对于人属物种的进化更有利（尽管一直到进化的最后阶段，依然有两个小体型、小脑容量的人种存活到了最后，但他们都在世界的尽头与世隔绝地生存着，他们是弗罗勒斯人和南非人）。

但在我看来，人属的这两个进化趋势并没有那么显著，也不需要花那么多时间去探讨。首先，在我们的进化中，身体的体型一共就只有两种：1. 包括地猿、南方古猿、旁人、能人、纳莱迪人和弗罗勒斯人在内的小体型；2. 包括直立人、前人、尼安德特人、智人（再加上前智人和前尼安德特人，因为他们可以被视为是两个不同的人种）在内的大体型。可能格鲁吉亚原人的体型介于两者之间，但在所有案例中，人类的身高和体重在整个六七百万年的进化过程中都没有一个恒定的、直线发展的发展趋势。

至于脑体积，地猿的脑体积和当今的黑猩猩差不多，南方古猿的脑稍微更大些，但在很长时间内，两者在自己各自的进化阶段，脑体积都没有发生显著的增长。确实，人类的脑体积后来又增加了，但我们要记住，尼安德特人和现代人类的脑容量分别是各自增长的，也就是说这是一个平行演化的案例，而非前进演化（或有什么趋势性）。

---

既然如此，为何现代人类在不同的人种之间，外表会有那么明显的区别呢？我们之间的基因是否有显著差别？

　　事实并非如此。现代基因技术已经证明了我们远非地球上最多样化的物种之一，事实正好相反，我们是多样性最为匮乏的物种，如果考虑到只有像我们这样的哺乳动物才会遍布全球，那这种匮乏就显得更加明显了。令人惊讶的是，智人在足迹所至的所有地域都没有表现出多少基因多样性，其多样化的程度甚至还不如居住在刚果河一侧的非洲热带雨林中的普通黑猩猩的一半甚至三分之一。我们所有人种的物种多样性的总和，加起来还不如常见的黑猩猩的一个西方分支！

　　那么，人种的分支又是怎么来的呢？

　　达尔文在《物种起源》（1859 年）出版 12 年之后[220]，又出版了一套两卷本的著作《人类起源与性别选择》。在这本书里，他重点探讨了一种新的选择理论，该理论及其涉及的相关生存竞争在 1859 年的《物种起源》中鲜有提及。我指的就是性别选择理论和关于繁殖权的竞争，在达尔文看来，性别选择不仅影响了人类的起源，也同样是人种的起源。

　　达尔文注意到，在动物界有些动物的特征不能简单地和该物种所在的生态环境（即其生态位）相联系。最经典的案例就是雄性孔雀的尾羽，它并不能帮助雄孔雀更好地飞翔，反而会阻碍它的行动。为何这些在飞行中行动最迟钝、最难以逃脱猎食者追捕的个体会被选择呢？

　　生物的个体不仅要保障自己的生命，还需要通过遗传的方式将自己的特征复制到自己的后代身上，才能实现基因的永存。如果没有产生后代，那么从进化的角度来看，它们就仿佛从来没有存在过。该个体独特原始的特性、它的特别之处、使其区别于同类物种的特质，一切都将不复存在。因此，可以说自从在进化中出现了两性繁殖之后，我们就能通过自己的后代实现生物学意义上的永恒。唯一的成功就在于繁殖，因此，个体需要同时具备经济上的功能（这里指的是在自然界中的功能）和繁殖能力。

　　就像每个物种都只有最大限度地细化自己在自然界中的分工（生态位）才能谋生，在繁殖的领域，也只有最擅长这门造诣的专家才能留下后代。

在有些案例中，这种造诣在于如何引诱异性，比如孔雀、天堂鸟、鸨鸟和细嘴松鸡的求偶（四个例子都是鸟类，并非出于偶然）；而在另一些案例中，雄性必须展现它们的武力，即在与同性的斗殴中获胜，才能成功求偶。这一类型的案例有鹿、海象和大猩猩等（三个例子都是哺乳动物，同样并非出于偶然）。

达尔文将雄性为争夺雌性而大打出手的行为称之为"战斗法则"（law of battle），这种行为在自然界中随处可见，因此该理论并未遭受质疑。但有些科学家并不认同动物会和人类一样凭借喜好或根据对象的美丽程度来择偶的理论。达尔文认为，动物歌唱和舞蹈的行为是为了展示自己的美丽之处，我们人类炫耀自己的美的行为也是这种求偶行为的延续。相反，阿尔弗雷德·拉塞尔·华莱士则并不认可达尔文所说的动物也具有"审美品位"的这种说法。在华莱士看来，这些行为同样是由于他和达尔文共同发现的自然选择的影响造成的。也难怪人们常说，华莱士比达尔文本人还要更达尔文主义[221]。

举例来说，华莱士认为，有些鸟类物种中两种性别的羽毛的差异完全可以用常规的自然选择理论来解释：雌鸟需要独自孵化小鸟，因此它们会更慎重，不愿将自己的窝暴露在天敌面前。但华莱士的理论不能解释一些极端情况——比如许多物种在求偶期都会展示色彩鲜艳的羽毛，或跳起求偶的舞蹈，这种行为只有性别选择理论可以解释。同样明显的是，当一个性别比另一个更强壮、更全副武装时，这一性别的物种会为了交配权而大打出手，这一点华莱士也没有否认。

但如果仔细审视这两种案例，就会发现无论是外貌的竞争还是打斗的竞争通常都有利于更有活力、处于全盛期的个体。在打斗的案例中情况很明显，因为这完全是体力上的竞争；但同样地，能够拥有更美丽的皮毛、鳞片或羽毛；更会炫耀自己、唱歌更动听；飞得、游得、跑得更快；跳得更高；或能展示出自己胜于同类的任何一方面的个体，通常也更健康，拥有更优质的基因。在这类非打斗型的竞争中，有一个极具代表性的例子来自澳大利亚和新几内亚的鸟类（比如园丁鸟），它们会花费大量的精力搭建藤架或凉棚，把它们装饰得富丽堂皇，以致鸟儿之间还会互相占巢。

因此，这并不是一个美学问题，而是关乎基因质量。动物不会像人类一样能够通过欣赏造型艺术而感受到愉悦（也就是说，它们不能纯粹地感受到美的存在本身带来的视觉享受），而是会通过对方的外表来识别出最优秀的个体，并与它们繁衍后代。

但华莱士的怀疑并非没有道理，毕竟科学家应当永远保持好奇心。关于性别选择理论，最大的问题在于它通常都很难被证明。我们如何才能证实，一个动物发展某种特质是因为这种特征能够吸引异性呢？我们怎么知道动物的喜好呢？

不管怎么说，当一个物种的某种特征无法用生态理论来解释时，尤其是当这一特征只存在于两性中的某一性时，我们就有理由怀疑，它有可能是性别选择的产物。


回到人种起源的问题。达尔文认为，在我们这个物种中，男性会为了挑选配偶而互相斗争（即所谓的"战斗法则"在择偶过程中更占主导性），最强壮的战士通常能获得他们最想要的配偶（即最美丽的女人）。这群人也在繁殖上能够获得最大的成功，因为最强壮的男人能够更好地保护自己的子女，并提供最富足的食物，因此这些后代也最有可能存活下来继续繁衍自己的后代，生生不息。通过这种方式，人类最优秀的战士的特质得以代代传承。

这种择偶方式又是如何造成群体（人种）的不同的呢？

达尔文就此提出的理论在科学史上鲜有人知，甚至可说是闻所未闻，但在我看来，理解这一理论有助于理解这位伟大的英国自然学家的思想的精髓。那就是无意识的选择论。在达尔文的牧场比喻中（他一直在思考这个理论），一些动物种类的优化可能是出于纯经济学上的原因，也就是说，是出于实用性的考虑。但也有一些动物是纯粹出于牧场主一时的心血来潮而被选上的，没有任何实用性。根据达尔文的说法，一旦第一批这样被选择的动物在牧场中发展出某些特定的特点，后人的配种过程中就会不断地强化和突出它们的这一特点，尽管这一过程并不具备任何实用功能。

在人类豢养的牛、马、绵羊、山羊、狗、猫、鸡、鸽子甚至某些鱼类中，我们都能找到对应的例子。一个物种中有一批动物具备有别于其他同类的鲜明特征，有时这种特征甚至很是荒唐古怪，而且也没有任何经济价值，但我们人类就是喜欢它们，仅仅因为它们具有"本地特色"。

在人种的起源过程中，也发生过类似的情况。达尔文认为，证据就是全球不同的民族都会以各种人类能想象的不同方式装饰自己的身体，包括对肢体的改造、文身、根据各地不同的文化习俗修剪头发和胡子，在有些情况下这些装饰甚至会显得怪异、荒谬、毫无美感可言（如果像拉马克错误地以为的，人类会将自己在人生中经历的特质都遗传给下一代的话，地球上的民族应该会比我们现在的实际情况更多样化才对）。

我认为，如果我们仔细考虑一下，就会发现同样的理论也可以用来解释各个民族之间不同的服饰和饰品。每种文明都曾经有自己独特的一套服饰文化（我在这里用了过去时，因为随着全球化的进程，如今全球人民的服装越来越大一统了），因此我们很容易就能通过一个人的服装、鞋帽、头饰、颈饰和脸部及身体的装饰来辨别出这个人来自哪里、隶属于哪种文明[222]。

在我小时候，有一种介绍世界上各种民族的小彩画系列，还有同类的纸牌。任何一个孩子都能通过外貌和画中人物的穿着，从这些画上分辨出红皮肤的因纽特人、祖鲁人、俄罗斯人、印度人、阿拉伯人、犹太人和中国人。每个民族都有自己典型的民族服装以及特有的打理头发和胡子的方式。

服装的选择一方面与气候有关联，自然，因纽特人要穿得比非洲人更厚实，才能抵御极地的严寒，但另一方面，这些服装也体现出每个文明不同的审美。同样的情况是否也会发生在外貌的选择中，即有些身体特征是为了适应环境而产生的，而另一些则是性别选择的产物？

达尔文这样总结道："我个人坚信，在所有造成人种外表不同的理由中，性别选择的影响是其中最重要的，这一点不仅在人类身上有所体现，在有些动物的情况中也同样如此。"

临近《物种起源》发布 150 周年之际，如今，我们对用来解释人种区别的性别选择理论究竟已经掌握到怎样的程度？性别选择是否仅简单地体现了人们对于肤色、发型、体毛（身体毛发的多寡以及这些毛发位于何处）、发质（直发、卷发、波浪形的发型、粗发、细发）、鼻子（扁平鼻还是鹰钩鼻，宽鼻还是窄鼻）、嘴唇（厚嘴唇、薄嘴唇）、眼睛（眼睛是不是够圆）、身体比例（手臂和双腿是长是短，躯干是胖是瘦）等等因素的喜好（和对应的选择）？

　　首先，我们要审视跨人种的不同之处（在各个民族通用的一些区别）是否是适应性的，即受到功能性的影响——也就是说，是自然选择的产物——还是说与生态适应完全无关。之前提到的人类学家库恩认为，人类（几乎）所有的区别（人种区别）都是为了适应不同的气候条件而发生的。生活在格陵兰地区与生活在奥里诺科河沿岸或生活在西班牙当然是很不一样的，这就解释了对应的人种差别。

　　在我们的物种的进化过程中，毫无疑问也能看到性别选择的影响，在全球范围内，男性和女性之间都有显著差别，两者的区别几乎遍布全身，尤其是在体毛、身高、体型、外观（尤其在腰身和臀围方面）和胸部的发育等方面都有显著不同；男性和女性甚至在走路的方式和嗓音的粗细方面都不一样。如果没有这些第二性征的存在，那我们就只能通过第一性征（阴茎与睾丸，以及阴道）来区别男性和女性了。

　　而在达尔文看来，所有跨人种的差异都是性别选择而非自然选择的产物。这个理论比较难解释肤色的差别，因为在各个人种中，男性和女性的肤色都没有显著的差异，而如果男性是根据肤色（作为择偶要素之一）来选择女性的话，双方在这方面的身体特征应该会有所不同才对。但根据西方旅行者的证词，达尔文观察到各地的民族都对与自己同肤色的人有更强的偏好，并认为其他肤色很丑。他还指出，在有一些猴子中，两性之间的肤色也会有差别，并因此认为肤色之差也是性别选择的产物。

　　然而，在这方面，达尔文的结论是错误的。人类的肤色和黑色素的多寡似乎与人们所在地区接受的日晒量更加密切相关，因此这是一个适应性特征，是常规的自然选择的产物（而非性别选择的结果）。在暴露于更多紫外线 B 辐射的地区，当地民族的肤色会变得更黑。之前我曾提到过，黑猩猩的皮肤其实更偏白，而人类的皮肤相对更偏深色，我想"黑猩猩是白的"这个说辞一定会令不少读者大吃一惊。这个结论意味着智人最早在非洲起源时，肤色应该是白色的。随后，随着人类逐渐走出非洲，各个地区的民族由于自然选择的影响发展出了不同深浅的肤色，在远离赤道的地区，由于缺乏太阳光照射，当地人的肤色就会变得更浅，黑色素更少。

事实上，人类需要通过皮肤接收一定量的紫外线 B 才能生成维生素 D（一种激素），并需要通过它补充骨头中的钙质，完成发育。但如果走向另一个极端，缺乏足够黑色素的皮肤暴露在过多的紫外线照射下的话，就会产生严重的晒伤甚至导致皮肤癌变。根据推论，尼安德特人的皮肤是浅色的（我们之前是通过纯粹的推理得出这个结论，如今我们通过基因研究证实了这一点）[223]。

适用于哺乳动物的生物地理法则对于人类的进化也同样通用，该法则名为"艾伦法则"（更确切地说，是一种常见的规律总结）。根据艾伦法则，在同一个物种中，如果一个族群有更强烈的通过皮肤散热的需求，它的四肢就会更长。相反，如果需要保留更多热量，四肢就会变得更短。所谓的"股长指数"丈量了从被股骨隔开的胫骨（肌肉前方的腿肚）的总长度，参考该指数能够相当准确地预测出来者所在地区的年平均气温（自然，尼安德特人的股长指数具有寒冷气候的特征，胫骨较短，体现了他们在冰川时期为适应寒冷的欧洲地区而发生的对应调整）。

我们同样还观察到，自古以来就居住在高海拔地区（如埃塞俄比亚、安第斯山脉或西藏）的民族通常不会遇到从低地过来的居民在高海拔地区会遇到的问题，比如慢性高原反应或是生出体重不足的早产儿。这些山上的居民似乎在短时间内（仅仅数千年）就已经通过自然选择，适应了高原上的缺氧环境（在空气中的氧压更低）。

其他的区别人种的特征，比如新几内亚的巴布亚人、希腊人、坦桑尼亚的哈扎人、中国人之间的区别则没有明显的适应性特征。自然选择的一个重要的变量就是休厄尔·赖特提出的"遗传漂变"，我们在本书之前的章节中已经提到过（参考介绍量子式进化的内容），指的是一小部分生物群体徘徊在自然选择的规律的边缘，直到出于某种偶然，从一个适应性的山头直接过渡到另一个。进化生物学承认，生物群体在各个地域发生的不同变化中，其中有一部分变量仅仅是出于偶然发生的，并不具备适应性的功能，也因此与当地的生活条件无关；因此我们不能说所有的人种特征都是适应性的产物。新达尔文主义也承认遗传漂变的机制，达尔文本人也未对此提出质疑。因此，我在本书中也介绍了这一概念，尽管它可能会带来新的疑问。遗传漂变加上自然选择和性别选择，三者共同构成了新达尔文主义者用来解释生物特性的理论基础。

最新发布的一篇论文[224]研究了人类不同的鼻子的形状，来探讨这三种机制——遗传漂变、常规的自然选择和性别选择在其中的影响。这个研究比较片面，没有囊括所有的人种，但已经是相关领域中最完整的一次研究成果了。

论文作者发现，人类的鼻子的宽度与该人种所在的地区的温度和空气湿度之间存在某种关联。在更温暖、更湿润的地区，当地人的平均鼻宽要更宽；而在干燥、寒冷的地带，当地人的鼻子则普遍更窄。之前关于鼻腔骨骼结构的研究也得出了同样的结论。这些区别与人类的鼻子和鼻腔的功用有关，能够通过宽度变化调节吸入空气的温度和湿度。当然了，这种联系较之黑色素与紫外线 B 辐射程度之间的联系还是要稍弱一些。

而在另一方面，在所有民族中，男性的鼻子普遍都比女性大，因此我们可以推测这其中也许有性别选择的影响。研究者们最终得出的结论是，在任何民族中，人们都会倾向于选择更能适应当地气候的鼻型（因为它们更健康），因此这种鼻型是生态环境的选择和性别选择共同作用的结果。

作为总结，在查尔斯·达尔文提出性别选择理论一个半世纪之后，问题仍未完全解决，关于人类性别选择的影响力仍有待未来进一步继续研究。但有一点很明确，与自然选择的理论不同，我们对于达尔文同样自豪的性别选择理论的关注度还远远不够。

就在不久之前，我们刚纪念了《物种起源》出版 150 周年。接下来，在2021 年，我们也该同样纪念《人类起源》的出版。也许到了那时，关于性别

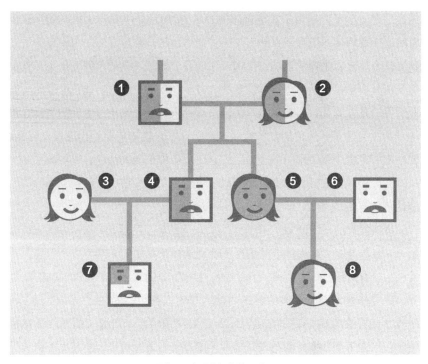

图十五：亲属之间的基因联系

　　如果我是本图中编号为 5 号的那位女性，我和我的父母、兄弟、子女和侄子侄女们（通过遗传）共享多少基因呢？我们可以观察"我"的亲属们脸上的阴影面积。自然了，我和我孩子的父亲或是我和妯娌之间不（通过遗传）共享任何基因。

选择与人类进化的争论又会同样变得热门起来——两者恰好是达尔文的著作中最主要的两大内容。

　　至此，我们已经介绍了人类身体的进化。接下来，我们该探讨我们的行为模式进化了：从合作和利他主义这些特征为基础，一直探讨到相对没那么明显的铸就了我们这个物种的成功的所有要素。在下一日的课程中，我们会先从动物说起，并再用两天的课程介绍人类的行为。

# 第十天
## 为了族群的利益

　　过去我们认为，在动物的社会中，个体会为了群体的利益而乐于自我牺牲，即便有时甚至要付出生命的代价。然而，这种利他主义与达尔文自然选择理论的基本原理是相悖的，因为自然选择理论的基础就在于认为生物个体会为了争取资源而相互竞争，即个体主义。为了解释这种理论与实际之间的背离，人们对于动物之间的合作行为做出了如下解释，如亲属选择或整体适应度理论；群体选择论；进化稳定策略；互惠利他主义与互利共生，等等。介绍完这些理论之后，我们将结束关于新达尔文主义的课程。

　　在蜂巢中，蜜蜂会像神风敢死队员那样勇于牺牲，这个现象曾令进化生物学家头痛不已。当蜜蜂蜇人时，它伸出的刺是缩不回去的，除非它将自己的内脏撕裂直至死亡——因为蜜蜂锯齿状的尖牙是向着后方生长的。自然选择的过程怎么会留下一个如此痛苦地破坏个体的设计呢？

　　就连达尔文本人都找不到对这种现象的解释，在他看来，蜜蜂的这种行为是违反自然选择理论的，因为自然选择理论本应保留能更好地适应环境的个体，而不是能够最无畏地面对死亡的个体。达尔文给出的解释是，蜜蜂是为了蜂巢的整体利益而牺牲。换句话说，一个蜂巢的所有蜜蜂是作为一个独立的个体在进行生存竞争。

事实上，直到数年前为止，我们还经常会在生物书中读到——或者在那些很有教育意义的关于自然界的纪录片中听到——个体是如何愿意为了整体的利益尤其是为了整个物种的利益而牺牲。父母会尽全力保障自己的孩子的安全，以确保物种的未来。如果不是为了让这个物种能够延续下去，它们何必冒很大的风险呢？它们本身从风险中能得到什么好处呢？科学家还说，年迈的蜜蜂会为了种群的利益牺牲自己，以便让年轻一代得以存活！就连死亡本身都因此被赋予了利他主义的崇高目的，这样也便于我们接受这种说法。

这些解释听起来有点像道德寓言。动物们给人类上课，教育我们什么才是良好的行为表现。但实际上，根据自然选择理论，在自然界不存在道德规范（反而是反道德的），只存在个体之间的生存竞争。那么，利他主义又是为何出现的呢？

1945 年，休厄尔·赖特建立了一套理论模型（一套数学模型）来专门解释生物种群中个体的利他行为，该理论还被纳入辛普森著名的著作《进化的节奏与模式》的修订版[225]。问题在于——个体如何避免非利他主义者利用了利他主义者的牺牲而发展。但之后在 1953 年，辛普森提出，休厄尔·赖特的遗传学模型提出的条件过于苛刻，因此在自然界中几乎不可能实现。自此，利他主义的行为失去了理论基础，再次陷入了无解的境地。

之后，伟大的英国演化生物学家威廉·D. 汉密尔顿在 1964 年发表了两篇历史性的论文[226]，对蜜蜂和其他昆虫自我奉献的社会性行为给出了解释，也就此宣告了新达尔文主义时代的终结。接下来就让我们来看看他的理论。

达尔文同时期的英国同胞赫伯特·斯宾塞曾在 1862 年首次提出著名的"适者生存"学说（survival of the fittest），来解读自然选择理论。达尔文本人也采纳了这个说法[227]，但仅用"适者生存"来解释自然选择论并不全面。因为自然选择不光涉及生存（生命经济的一面），还与繁衍息息相关。

种群的基因延续是新达尔文主义的理论基础，也就是说，个体的适应度或生物效率（被称为 Darwinian fitness）不是根据个体本身的生命长度来衡量的，而是根据其在生殖年龄期留下的子孙后代的数量来衡量；更精确地说，是根据一个个体与其他同类相比，能够遗传给下一代的基因总数量的多寡来决定的。但如果这个个体的子孙没有存活，或是它没有留下子孙，那这些失败不能计入其中。因此，我们也可以说，个体的适应性是根据其子孙的数量决定的，除此之外的其他任何衡量方式都没有意义。一个生物个体也许能够跑得很快、飞得很高或拥有其他各种体力上的出众之处；也可能它能够比其他同种群的任何同类都看得更远、嗅觉和听觉的可达范围更广、更能够耐受寒冷或炎热，甚至可能更聪明；但从进化的观点来看，如果它没有留下子女、孙辈、曾孙和曾曾曾孙等，那这一切的优点就完全没有意义。因此，进化的成功在于个体需要建立起属于自己的王朝。即便个体的生命很长，如果没有留下后代，那它在进化上就是失败的，在这场种群竞争的奥运会上不会留下任何记录。个体的卖点（套用一个工业设计上的说法）不在于它本身多么能够适应环境，因为这场竞争的衡量标准并不在于速度、高度、深度、距离或其他类似的参数。生命的竞争不是体育比赛，胜者的金牌不能共享。

实际上，最能适应环境的个体，即这场比赛中的最佳选手同样也应该是在种群中存活时间最长、留下后代最多的（与种群中的其他成员相比），因此从这个角度来看，我们可以说生物的优化和个体在繁殖上的成功几乎是同义词。因为如果一个个体年纪轻轻就死掉了，那么它的基因就很难铸就成功者的传奇，而如果个体能存活到老年，成功的概率就会大很多。当然，这里的"老年"与"青年"都是相对而言的，因为每个物种有自己不同的生命长度（延续生命的潜能不同）。但总而言之，任何一种生物特征（不管是身体特征还是行为学特征）只有在增加了个体的适应性，并将这种适应性遗传给尽可能多的后代时，才能称得上是被选择的适应性。

威廉·D.汉密尔顿将繁殖的成功（Darwinian fitness）扩展到了基因的成功或是我们在学术上所说的整体适应度的领域，也被称之为整体适应或普遍适应。也就是说，在计算个体留给后代的基因总数时，需要将它们通过养育和保护近亲的后代所做的贡献也计算在内，只要个体养育亲属的后代所获得的收益高于这种行为对于养育自己的后代所造成的影响的成本，个体就会愿意付出[228]。但是在计算收益的时候，需要注意血缘关系的密切程度，这会使情况稍显复杂，但尚在可接受的范围内，我们接下来就会看到。重要的是，哪怕说来令人难以置信，但实际上，增加亲属的适应度尽管会损耗个体本身的适应度，但整体来说还是有收益的。是否听起来很不可思议？这就意味着，与我们通常的看法不同，个体的社会学行为并非总是为了增加自身的适应度（我们可将之称为"个体适应"）。这就是汉密尔顿的天才理论，这一理论被引用了太多次，我都担心整体适应度这种说法会引起人们的反感了。

我会对该理论再稍作说明。这个理论乍一看并不能轻松理解，这没什么关系。与科学史上所有革命性的理论一样，汉密尔顿的理论是违背我们的直觉的，需要苦苦思考才能理解。如果在一个危险的处境下，我救下了自己的一个孩子的性命，那就是救下了许多自身基因的副本，因为按照遗传学的理论，我的孩子身上有 50% 的基因与我是相同的，因为他的基因组成中一半的染色体来源于我的遗传。那么，同样的道理对我兄弟的孩子也一样适用（参见图十五）。

如果我救下的是我的侄子，那么我们共享的基因比例[229]将下降至 25%。因此，两个侄子加起来就等值于一个儿子，但八个表亲（来自表兄妹的孩子）才能等值于一个儿子。不管是在面临生死抉择时，还是在更常见的养育侄子侄女的情况中，原理都是一样的，因为和养育自己的子女一样，我都是在为延续自己的基因而做投资。从另一种角度来看，很明显，两个个体之间的血缘关系越近，这种投资的收益也就越大，因为我们拥有更多的继承自共同祖先的相同基因[230]。

我要再重复一遍，整体适应度理论（Theory of Inclusive Fitness，英文首字母缩写为 TIF）在解读包括人类社会在内的高等动物社群的行为时能够起到重要的作用。通过利他行为保留下来的一个基因如果能够有利于近亲的发展，就能更好地在自己的种群中得以延续，因为从遗传学的角度来看，这个近亲更有可能拥有与之相同的基因（遗传自某位共同的祖先）。

在汉密尔顿以前，我们曾说，我们会为自己的子女操心，是因为我们遗传了自己祖先的基因，而这些基因又通过我们的子女而得以延续[231]。而在后汉密尔顿时代，我们则说，为了延续遗传自祖先的基因，我们不但会照顾自己的孩子，也会照顾近亲的骨肉。我们如今不正是这么做的吗？

换句话说，根据 TIF 理论，我们人类所称的"利他行为"——即一种对于实施行为的个体有损害，但却有利于其他个体的行为，实际上是一种与我们的利益息息相关的行为，因为它关乎个体所携带的基因的延续。用政治上的话术来说，利他行为是一种"裙带关系"的体现，因为个体会帮助的对象是与其共享最多的基因的亲属，即他的家人。

TIF 理论最明显的一个例子就是蜂巢。膜翅目动物特殊的基因结构[232] 导致了工蜂与它的兄弟姐妹们共享的基因数（四分之三的相同基因）高于它们可能拥有的子女的共享基因数（二分之一），或是它们与自己的父母之间的共享基因数（也是二分之一），这就解释了工蜂为何不会繁殖，也解释了它们为何愿意为了蜂群的整体而牺牲，因为它一直做好了为自己的兄弟姐妹而献身的准备。

在汉密尔顿创建 TIF 理论的同年，约翰·梅纳德·史密斯也提出了"家族选择"或"亲属选择"的说法[233]。但是，"家族"一词的使用可能会令人心生误会。"家族选择"在这里并不意味着个体被强加某种选择，必须加入族群之间的斗争，获胜的族群才能赢取资源。事实上，整体适应度理论中所指的"家族"是指拥有血缘关系的一群人，而非将整个族群视为一个"家族"整体。更准确地说，该理论是指个体会做出有利于与自己拥有相同基因的近亲的行动。选择的主导权依然在个体手中，只是根据 TIF 理论，个体为了自己的基因延续的利益所做出的举动也同样有利于其他的个体罢了。如果我的基因会在我的后代身上延续，那么与我和我的孩子相同的基因也同样会在我的侄子们身上延续（记住，两个侄子等于一个儿子）。

这是否意味着，在动物中没有真正的利他行为，个体也不会为了群体甚至是整个物种的利益而乐于自我牺牲？但这不能解释如下现象：例如鱼群会成群结队地行动，仿佛它们达成了某种共识，并享有共同的利益；许多哺乳动物和鸟类会警告同类发生袭击的危险，以便种群中的同类能够逃亡；麝牛在遭遇狼群时，公牛会挺身而出，挡在母牛和小牛面前；有些动物的体内含有毒素，掠食者被它们下毒后，就会放弃再去吃它们的同类的念头；响尾蛇在咬人之前会发出声响；旅鼠的数量过多时会集体自杀；最后还有——许多动物个体在年老体弱时会将食物和资源留给年轻一代，为此甚至不惜牺牲自己的性命，好让后代在自然界得以生存。这些现象又该怎么解释呢？

几乎所有的科学家都会坚决否认上述行为中有利他主义的影响，不管这些合作在我们看起来像是多么动人的互助友谊，但事实上，这些动物只是在遵守动物社会中的规则而已。

威廉斯[234]曾在他于1966年出版的知名著作《适应性与自然选择：对部分现行进化理论的批判》一书中深入研究过这一议题。该书的副标题很明显地说明了作者对一些流行的进化理论持反对意见。威廉斯认为，觉得动物有利他行为的举动，会愿意为了族群的利益而自我牺牲的理念是错误的[235]。该书的核心思想很简单：在威廉斯称之为"生物群适应"的行为中，唯一发挥作用的机制是群体选择论。

哎！这些奇怪的新名词又开始令我们头痛了（生物群适应和群体选择），但这些烦恼还是很值得的，因为威廉斯的著作影响了进化理论思潮中的许多因素，许多人都引用过他的理论，尽管真正理解的人寥寥无几。30年后，威廉斯本人在1996年该书再版时写下的序言中也遗憾地提到了这一点。

"生物群适应"指的是个体在行动中将自己的利益居于群体的利益之下，这里的"群体"可以指一个族群、一整个物种甚至是某种更宽泛的概念（更具包容性），比如居住在某个地域的所有物种的集合，即所谓的生物群。

产生生物群适应的前提是，必须承认存在比个体的选择更高级别的选择机制，在这种更高维度的竞争中，不同的生物群相互斗争，其中如果一个群体中有利他主义倾向的个体数量更多，那么这个群体就更容易在这场竞争中获胜。举个例子，如果有一群猴子、牧羊犬和猫鼬互相竞争，在有的群体中，会有个体负责监视自己群体的地盘，并保护这些地盘不受敌人和猛兽的侵犯。这些无私的哨兵有时需要为完成自己的使命而付出生命的代价，但整个群体包括其中更自私的那些个体，都能从中获益。相反，如果另一个群体中的利他者更少，自私者更多，那么整个群体有可能都会因此而面临灭亡的危险。

到了这里，问题就在于这种群体间的选择影响有多大了，如果影响够大，那么自私者的基因就无法留存到后世，因为在此之前它所在的整个族群都已经灭亡了，并由不那么自私的其他群体取而代之。换句话说，在一个群体内部，自私者有可能会胜过利他者，但整体而言，由利他者构成的群体要胜过由自私者构建的群体[236]。

这就是之前已经提到过的休厄尔·赖特的理论，但威廉斯在研究了不同的案例后，得出的结论是——尽管表面看起来像是那么一回事，但实际上，在物种之中并不真正存在这种所谓的"生物群适应"。威廉斯并不认为群体选择的概念从本质上是错的。群体选择可能确实存在，但只存在于少数未经深入研究的生物群适应案例中。实际上，他推论群体选择的影响力并没有大到能够影响生物群的适应性，它并不是一个能够有效影响进化的因素。

威廉斯提到[237]，在他的学生时代，曾经有一位同学向教授提问，质疑一条鱼如果它的鱼肉有毒，对它自己到底有什么好处？耗费资源（承受一定的代价）在体内制造毒素究竟能有何获益呢？毒素要到鱼被掠食者吃掉之后很久才会发挥作用，那对受害者本身又有什么意义呢？当时，教授和其他同学们都对这个问题感到不可思议，并异口同声、坚定地回答道："被吃的鱼体内的毒素可以阻止掠食者继续吃它的同类。"威廉斯在很多年以后，才意识到这个想法的错误之处。实际上，动物（和植物）并不是为了保护自己的同类才在体内制造毒素的[238]。真正的解读来自于汉密尔顿的理论（整体适应度理论）。由于这些体内带有毒素的动物通常与它们的近亲在一起生活，因此，如果一个个体让吃它的动物中毒，它就能救下自己的近亲，即与它共享最多基因的同类，而这些基因中也包括产生毒素的基因编码（一个兄弟拥有同样基因的概率是50%）。1930年，费希尔也提出了威廉斯的同学曾经提过的这个问题，他举的例子是有些毛虫的味道特别难吃，而他得出的结论与威廉斯是相同的[239]。

按照威廉斯的理论，鱼群会集体行动也同样并非出于某种合作精神，而是因为单条鱼想要尽量不被孤立——被周围越多的鱼环绕越安全。一条落单的鱼面临的危险要大得多，因此当天敌出现时，鱼群就会紧紧地聚集到一起：每条鱼都想尽量躲在鱼群的中心地带。

同样地，响尾蛇会响尾（甩动尾巴发出响板似的声音）也不是为了好心提醒其他动物避免被咬，即为了其他物种的利益而发声。事实上，它们发出声响只是为了防止自己被"某些连毒性最强的物种都敢攻击的鸟类和动物"吃掉，如达尔文在《物种起源》中所描述的。达尔文还说，"蛇类（他提到了响尾蛇、眼镜蛇和鼓腹毒蛇）的行动原理，与一只母鸡在看到一只狗冲向它的小鸡时，张开翅膀、竖起羽毛的行为如出一辙"。在达尔文看来，"在自然选择的机制下，一个生物永远不会做出对自己的害处大于益处的行为，因为自然选择原理只为每个个体的利益而服务"。

兔子和鹿在遇到一只肉食性动物时，会竖起尾巴并露出醒目的白色后背，但汉密尔顿的理论也同样能够解释这种行为。通常鹿群会与自己的幼崽一同行动，因此这种警告行动能够直接传递给与它们共享一半基因的亲属。而很明显，这种行为在抚育幼崽的时期过去之后就没有任何意义了，但是要让鹿的基因系统做到仅仅在一段时间内让利他主义占上风无疑是更困难的（这将需要一个开关一样的机制），况且，鹿群一般只需要在冬季的短短几个月里这样做就可以了。

整体适应度理论也用同样的原理解释了物种的社群中，担任哨兵工作的个体的利他举动，解释了它们为何会愿意冒着生命危险来警告其他同类。如果这个物种来自一个大家庭，那么它的警告行动当然要冒一定的风险，即承受一些代价，但也许整体来看获益的部分会更多。如果哨兵死了，它的基因就断绝了，但它的警告行为能够抢救下更多与它一致的基因。这是另一个群体选择的例证。

在麝牛的案例中，公牛会用它们的角组成屏障来保护母牛和小牛，这种行动同样可以用整体适应度理论来解读，但还可以增加一个额外的解释：当一个动物越强壮时，它就会越倾向于战斗而非逃跑；而当一个动物不擅长打斗时，它则更倾向于逃跑而不是战斗。因此在面对狼群时，强壮的公牛在前方直面敌人，而母牛和小牛则躲在后方，随时准备逃跑。

总而言之，威廉姆斯在他的作品中表示，只有可以明确肯定不存在其他解释时，才能考虑将一个行为解读成利他主义。

当然了，年老体弱的动物的死亡不能视作它们作为个体为群体、种群、物种、整个生态环境中的物种社群、生物圈或生物群做的最后一个贡献。没有谁是为了使同类获利才衰老和死亡的，但是威廉斯对于衰老和死亡的话题本身同样也很感兴趣，还出版了另一些作品专门探讨这一议题[240]。不幸的是，我们还不能解释个体的消亡在自然选择的进化理论中到底处于怎样的位置，这个有趣的议题依然是进化生物学中的一大未解之谜。

总而言之，在自然选择中，唯一真正能够影响适应性的机制只有对个体起作用的机制，即达尔文和新达尔文主义者所说的自然选择理论——整体适应度理论是它的补充。

因此，对于"个体的行为追求的最大目标是什么"这一问题，回答应该是"能够遗传到下一代的自身基因的副本数量"。也就是说，个体的所有行为都是为了将它的适应性更好地传承下去。

汉密尔顿与威廉斯终结了新达尔文主义的篇章。在此之前，自20世纪中叶该理论成型以来，其中的几个严重谬误一直未得到指证，尤其是这种关于个体会为了族群的利益而自我牺牲的理论。随着这个错误被指出，我们看待生命的角度也不一样了。

威廉斯用他的作品让我们从沉醉于其中的（美好的）梦境中惊醒；在我们原本的美梦中，自然界有着天堂一般的环境，处处充满和谐——更重要的是，充满意义——动物们为了家族与子孙后代辛勤劳作，将社群、物种甚至生命本身的利益置于自身与家庭的利益之上。在威廉斯之后，学术界再也不会看到或者听到"为了族群的利益"这种表述了，而在此之前，人们会自然地如此解释这些行为，当我们观察自然界的生离死别时，这种说法听起来曾经是如此优美动人，令人心生欣慰。

当资源枯竭时，旅鼠（一种极地的啮齿动物）并非为了防止族群数量过多而集体自杀，正相反，正是由于资源的枯竭，旅鼠才不得不出发去寻找还有未耗尽资源的新生活场所，为此它们需要承受溺死或坠崖的巨大风险。华特·迪斯尼在 1958 年发布的著名纪录片《白色荒野》中，所谓的旅鼠集体自杀的镜头完全是人为制造的，但是大家都信以为真。

听起来这很符合逻辑。

---

**生命简史**
VIDA.LA GRAN HISTORIA | 上帝的效用函数

亚里士多德在他的一本关于动物的著作中提到，一个动物的每一个部位（就像人工制作的一个工艺品的每一个零件）都有其存在的目的（其特有的使命），为了完成某个作用。因此，如果每个部位都能够发挥其特有的功能，那么整体就将完成某种更高层次、更复杂的行动。那是什么行动呢？这是一个好问题。答案是机体所有的适应性共同完成的终极目标，就是实现繁殖上的成功。因此，如今在关于手、眼睛、胎盘、头发、免疫系统或大脑有什么作用的问题之外，我们还要加上一个问题——这些具体的特质如何能够助力繁殖的成功？威廉斯发出如是问[241]。

理查德·道金斯的解释与之类似。生命的效用函数或曰"上帝的效用函数"是什么？他问。道金斯解释，"效用函数"是一个经济学概念，指的是在每种情况下实现利益最大化所需的影响因素。

---

在生物的案例中，答案就是"传递给下一代的基因数量的总和"。

但基因仅仅只是分子（如我们所知，它们是数字信息的携带工具），而不是生命机体。因此，有些生物学家和古生物学家严苛地批评了这种只从分子和繁殖的单一视角来诠释进化，而不考虑生物个体和它们的效益问题的解读行为。

古生物学家尼尔斯·艾崔奇就是此类言论的批评者之一。他将汉密尔顿、梅纳德·史密斯、道金斯这样的只关注基因的科学家称之为"超达尔文主义者"。相反，艾崔奇将自己定义为"自然主义者"，这个概念里包括了古生物学家、环境科学家、系统科学家以及其他研究生命个体的专家。这些科学家在研究中不那么执着于基因因素，而致力从自然中寻找对进化现象的解释。

超达尔文主义的反对者认为他们过于局限于个体传递的基因数量，这在他们看来是进化中最核心的主题，即随着时间的推移，不同族群之间的基因流动是如何变化的[242]。在自然选择论的影响下，某些基因会胜过其他的基因。

在自然主义者——即自认只接受新达尔文主义（而不是超达尔文主义）的科学家看来，提出遗传学的理论（关于基因流动的变化的研究）本身并没有错，但这一研究应该仅应用于与之真正相关的研究领域，即群体遗传学中。但在进化的大议题下本身还有很多其他的影响要素。感觉超达尔文主义者摒弃了自20世纪中叶以来提出的现代综合理论中所有与基因研究无关的部分，尽管现代综合理论也少不了如辛普森这样的古生物学家、迈尔这样的生物地理学专家、赫胥黎这样的动物学家，甚至是如多布然斯基这样的自然主义遗传学家的参与和贡献。

从根本上来说，两者的分歧在于看问题的视角，但双方的差异并非南辕北辙。在超达尔文主义者看来，个体在努力留存下尽可能多的自己的基因（并对其他同类的基因造成损害，使它们传递给后代的基因要弱于自己的）；而在自然主义者看来，个体在生命中获得成功是因为它的适应性更佳，同时它也能因此获得更多后代。首要的问题是生存，其次才是基因的传递。对于超达尔文主义者而言，个体的适应性变化是为了在未来实现基因永存，而在自然主义者看来，每一代的个体都从它们的上一代那里继承了更好地适应环境的基因，同时也因此能将这份基因继续传递给自己的下一代。一方关注基因，而另一方则关注个体与环境的关系，或者说是生态圈及其相关适应性的关系。而我个人作为一位古生物学家，我的职业特性以及我接受的教育决定了我势必会站在自然主义者的那一边。

另外，同物种的动物之间的打斗又该如何解释呢？在这些打斗中，同类之间会注意避免出现伤亡，不是吗？这些绅士行为是否也属于有利于族群或整个物种的生物群适应？

诺贝尔奖得主康拉德·洛伦兹（伦理学与动物行为学的奠基人之一）在他的许多作品中曾着重探讨过动物之间这种仪式性的打斗，包括《所罗门的指环》（1949 年）等，尤其是在《攻击性：被误解的天性》（1963 年）一书中，他将这些行为与人类制定的骑士法则做了对比：这些法则是为了避免人类在斗争（如过去在角斗场上或现代人在体育运动竞技）中对自己的对手造成过度的伤害。

在洛伦兹看来，毫无疑问，出现这种行为的原因是为了维护族群的利益，仿佛自然母亲为了照顾自己的孩子们，通过这种方式来确保一切都井然有序，世界能够正确地运转。这听起来像不像是某种泛神论的宗教或新时代下对帕查妈妈[I]的偶像崇拜？最有趣、最不可思议的地方在于，如今回头来看，当时无论是洛伦兹还是与他同时代的同行们都完全没有意识到，"为了族群的利益"这一表述本身就是与达尔文的自然选择进化论不兼容的。如我们所知，1966 年威廉斯的著作出版之后，情况才发生了急剧的变化，但问题依然存在。

如果"族群的利益"不能解释这些仪式化的打斗，那么合理的解释又该是什么呢？

几年之后，英国进化生物学家约翰·梅纳德·史密斯通过博弈论和进化稳定策略或称 ESS（Evolutionary Stable Strategy）来解释许多物种的仪式化（规范化）的打斗，过去人们曾经认为，会出现这种行为是为了避免给对手造成损伤，即是为了集体、族群或整个物种的利益[243]，但梅纳德·史密斯通过数学模型证明，事实并非如此。

有些人也许听说过著名的"囚徒困境"（如果有人不清楚这一案例，可参考附注）[244]，从中可以理解博弈论的原理。

在我们用进化稳定策略来解释动物之间骑士风格的打斗行为之前，让我们看一个例子来更好地理解 ESS。假设在某一类海鸥的群体中，存在两种表现行为，即两种策略。一部分海鸥比较老实，会自己去捕鱼吃；而另一部分海鸥则如同强盗一般，会从捕鱼的海鸥口中抢夺它们的食物。如果有一群海鸥全部都是由老实海鸥组成的，其中却由于基因突变（或由于外来者的闯入）出现了一只强盗海鸥，强盗海鸥的行为风格会很快地扩散开，并以牺牲捕鱼的普通海鸥为代价，即所谓的强盗策略"侵入"了这个族群（这是一个学术术语上的用词）。如果整群海鸥都变成了强盗海鸥，那么它们最终将会因为不再有可抢夺的对象因饥饿而死；而如果在一群海盗海鸥中出现一只捕鱼海鸥的突变者（或一只来自外部的捕鱼海鸥），即所谓的捕鱼策略"侵入"

---

I　帕查妈妈是安第斯土著人崇敬的女神，也被称为大地与时间之母。

这个族群，情况会稍微好一些。在这群海鸥中，强盗海鸥与老实海鸥的数量最终会达到一个比较平衡的比例。假设两者的比例为1:9，其中10%为强盗海鸥。这个小团体将维持不可侵入的状态，不能再容忍哪怕再多一只强盗海鸥或老实海鸥的加入。

在这个群体中的个体不一定非要严格按照强盗海鸥和老实海鸥区分，因为从数学上来说，如果海鸥们（所有海鸥）都能在90%的时间表现出老实捕鱼的倾向并在10%的时间内表现出强盗倾向，那么结果其实是一样的。这个比例就是进化稳定策略（ESS），因为在这个比例下，两种策略中的任何一个都不会侵占整个群体。海鸥的老实捕鱼倾向比例如果占到94%，效果将劣于90%，而强盗海鸥的行为比例如果到达13%，也会劣于10%的频率。作为总结，梅纳德·史密斯提出的进化稳定策略指的是一种被群体中的大多数适应的策略，它不会被另一种突变的或是来自外部的策略所侵入。

现在，我们来看一下个体之间的骑士化的打斗。

梅纳德·史密斯举了一个纯理论性的简单案例。假设一个个体可以通过两种方式进行打斗——像鸽子那样或是像鹰那样打斗（当然了，这种行为模式是由基因决定的，并不以动物的个体意志为转移）。在鹰的打斗中，没有手下留情的余地，战斗会不断升级，直到：1. 赢得战斗，对手遭受严重伤害或逃走；2. 输掉战斗，挑战方自身受到同等程度的严重伤害。而鸽子的打斗从来不会造成如此严重的后果，双方的战斗比较保守，一旦对手想将战斗升级，鸽子会在有受伤的风险之前率先选择逃走。所以鹰的策略就是单纯地赢得战斗，而鸽子的策略却并非如此。在一个鹰的群体中，鸽子可以在获胜后全身而退；而在鸽子的群体中鹰也同样如此。因此在理论上，我们会看到一种混合的战略（时而采取鹰的策略，时而采取鸽子的策略）在进化过程中逐渐趋于稳定。

采取鹰或鸽子的策略的比例，会根据战利品的价值（在适应性方面的奖赏）和要付出的代价（受到的伤害）等参数的不同，根据某种数学模型公式进行价值分配。在这个公式中，我们还可以引进其他参数，比如是主场作战（在自己所在的地盘作战通常会具备一定的优势）还是客场作战。梅纳德·史密斯的整个公式理论比较复杂，我们在这里就不做进一步的展开了，但我们要记住，该理论可用来理解动物之间规范化的打斗行为，甚至是更进一步地适用于生物界所有利益冲突的案例中。

理解这一点非常重要，因为正如我们常在电视纪录片中见到的，大自然中发生的许多打斗——如繁殖季的打斗或群体内部为确认社会阶层而发生的打斗——都具有某种舞台表演式的井然有序的感觉。

进化稳定策略还可用来解读生物学中的一些其他的重要疑问，例如在动物物种中，两性比例总是大致地维持在 1:1 的比例，即便在那些明显采取一夫多妻制的动物群体中也不例外。既然在经历一番斗殴（当然了，是规范化的打斗）之后，最终只有少数雄性能够成功获得繁殖权，而其他雄性则在基因遗传上不能做出任何贡献，那为何不少生一些雄鹿，多生一些雌鹿呢？原则上，少数雄性、多数雌性的选择应该对物种有利才是，就像在畜牧业中，用于配种的雄性的数量要远少于（用于生育的）雌性。培育超过必要数量的雄性会被视作是一种浪费钱的行为。

费希尔在 1930 年提出，在一个群体中，少数性别相较于多数性别，在遗传自己的基因给到下一代时通常会更具优势，因此它们会凭借这种优势和增加的遗传频率逐步增加自己的比例（在一个群体中占少数的雄性或雌性都能更好地保障自己的后代遗传），直至最终实现两性数量的重新平衡[245]。因此，在任何物种中，进化稳定策略都会是确保两性的后代数量大致相同，而事实也确实正是如此[246]。这条生物学原理以"费希尔原理"而著称。

在纪录片中，我们还看见过狮子、狼群、猎狗或黑猩猩在狩猎时仿佛合作无间似的集体行动，这种个体之间的合作行为又该如何解释呢？是什么促使它们在追求共同的目标时选择了相互合作？

首先，我们要自问，这些猎手是否真的是以精心组织的方式在共同展开狩猎？尽管看起来十分明显，但并非所有人都同意这种看法。这些狼群、猎狗、狮子或鬣狗是否只是因为饥饿而正好同时开始狩猎，又正好选中了同样的猎物？一只鹿被一只狼所追逐，它在逃跑的另一个方向上又遇上了另一只；就算再次侥幸逃脱，在下一个方向上还有第三只……如此循环，在它的逃脱道路上总有天敌在堵路，直到最后终于有一只狼抓住了这只鹿，而其他狼群则一拥而上，将其分而食之。灵缇犬狩猎野兔的过程也差不多（尽管我并非狩猎领域的专家）：当一只狗要追上兔子时，兔子会朝其他方向逃跑；而另一只狗又会截断它的后路，但这些灵缇犬并非是在合作，事实上，它们在为了狩猎同一只兔子而相互竞争。总而言之，当有两只或以上的狩猎者在追逐猎物时，看起来总像是一场精心策划的围捕行动，但事实有可能远远没有这么和谐。每个猎手都在各行其是，尽管事实上它们切断了猎物每一条逃生的后路，看起来像是事先商量好的。

一旦猎物被杀死，战利品并不会在猎手之间公平分配，尽管每个猎手都同等地出了力，也冒了同样的风险。猎物首先由更高阶级的领袖享用，这令我们不禁怀疑这些猎手是否真的是在集体行动。但就算如此，这种合作中也没有利他主义，而只是单纯地为了共同的利益而行动。对于这场狩猎的所有参与方来说，它们都期待着获得胜利。尽管获得的回报并不平等，但如果它们分别单打独斗，没有一个个体能如此轻松地获得同等的成果。

所有参与方都有所获益，没有任何个体获得损失或为了其他个体的利益而需要自我牺牲。

在社会生物学中，这类合作被称为"互利共生"，但这一术语在很早以前就被用来形容动物学中不同物种之间的合作了，所以这里我们也许该用另一种表述，比如"利益互惠"[247]。这种行为的特点在于个体的行动与它们单打独斗时的行动如出一辙（比如追逐猎物、截堵它的后路、试图自己干掉猎物等），但在几个个体共同行动时会更有效率。

动物在面对敌人时共同防御的合作也可看成是一种利益互惠行为，比如之前提到过的麝牛面对狼群时的防御行为、鱼群挤成紧紧一团或有些物种会有哨兵监视掠食者的行为。


通过以上理论，我们是否就能完全理解动物社会行为学的全部了？

并非如此，还差一个细节。动物之间的互惠或交换帮助的行为也有助于我们理解利他主义。一个个体通过这种方式对于未来进行一笔人情投资，以后会在它需要的时候要求索还同样的被服务的权利，就像在银行里预先存钱一样。

在动物的利益互惠行为和这种互惠利他行为之间有一个显著的差别，在于其时效性之分。在利益互惠行为中，对于所有参加者来说，利益是一次性同时瓜分的，例如当它们集体享用猎物的时候；另一个利益互惠行为的例子是个体聚集在一起取暖的时候，所有个体都能在同时取暖。

而猴子们互相给对方捉虱子的行为就不是一个利益互惠行为，因为在利益收获前有一个时间差。盎格鲁—撒克逊人的形容是"我先给你挠背，你再给我挠背"，这是一个互惠利他主义的案例，因为我们可以把这句话解读为"我在现在给你挠背，是为了期待你在未来会给我挠背；如果你不这样做，那么下一次你要求我给你挠背以前，我会记着这笔旧账的"。确实有研究指出，在同一群猴子中，如果有一些猴子之前给另一些猴子捉过虱子，后者会更愿意在未来帮前者捉虱子。

1966 年，威廉斯在他的杰作《适应性与自然选择》中，就注意到了猕猴之间的这种合作分工，并认为这种形成联盟的合作能力对于延续自身基因是具有选择价值的。换句话说，那些不参与互惠而且不结盟的个体与结盟的个体相比是有劣势的。因此，这种互惠利他行为是为了个体的利益，而并不代表个体的利益要屈从于集体的利益，威廉斯是不认可这种说法的。

在 1966 年，威廉斯提出，互惠利他行为只会发生在哺乳动物之间，而且仅仅发生在其中大部分群体具有认知能力的情况下。但到了 1996 年，他又推翻了当时的说法，因为看起来动物不需要太高的智力就能记住它们向谁提供过帮助，谁又欠了它们的人情，而这种能力能够帮助它们联合起来，并识别出那些欠了人情不还、不值得再次提供帮助的个体（因为对这种个体提供帮助就是一笔糟糕的投资，只有付出而无法获得回报）。

但总体上，动物还是需要拥有一定程度的认知能力才能实现互惠利他行为，因此许多科学家认为利益互惠（结果是即刻回报的，不需要记住过去给谁提供过哪些好处）在动物中会比互惠利他行为发生得更加广泛。

# 生命简史

VIDA, LA GRAN HISTORIA

## 一报还一报

互惠利他行为的概念最早是由北美进化生物学家、社会学家罗伯特·泰弗士在1971年的一篇论文中提出的[248]。即便在家庭外部，帮助他人也不会是一桩坏事，因为别人日后会返还这个人情。这就像在银行里储蓄，以便在未来拥有存款一样。今日我为你付出，明日你为我还情。泰弗士在同一篇论文中也引用了囚徒困境的例子来帮助大家理解一个群体中个体之间的合作行为，这是复杂社会形成的基础。

威廉·汉密尔顿和一位之前与生物学毫无关联的政治学家罗伯特·阿克塞尔罗德于1981年发表了一篇论文，研讨如果囚徒困境的情形在不同的参与者身上多次发生（在计算机术语中这被称为"迭代"）后会出现怎样的结果。

在这篇论文中，汉密尔顿与阿克塞尔罗德表示，在经历了多轮囚徒困境（多次迭代）后，当且仅当重新找到同样的参与者的概率很高的情况下，最好的策略（ESS策略）将是：1. 在双方都是第一次参与此情境时进行合作；2. 如果对方并非第一次参与此情境，在囚徒困境第二次发生时选择背叛对方。如果对方是第一次参与，则选择合作；3. 只记住对方在上一次情境中的表现（即最后一次参与到囚徒困境的情境中时的表现）。

换句话说，根据上一次的经历来决定这一次的行动是一种进化稳定策略，如果一个群体中的大部分个体采取这种策略，它们就不会被其他策略侵入。这种策略在英语中被称为"tit for tat"，可以被翻译成"一报还一报"。我们可以看到，这是一种非常简单的行为模式程序，只需要很少的几个指令，一个简单的数学公式。因此，我们可以认为该策略在动物界被广泛应用，不管一个物种的中枢神经系统有多么基础。

至此，我们已经完全解释了没有血缘关系的个体之间的合作行为，这些行为与道德或良知无关，只是出于通过遗传继承下来的行为模式，是出自动物的本能。

到这里，我们已经掌握了所有解读动物社会行为学的关键知识，这些知识是生物社会学的科学理论（以及相关的数学公式）的基础：汉密尔顿的整体效益理论；梅纳德·史密斯的进化稳定策略；利益互惠和动物之间通过记住之前的情谊而形成联盟、实现互惠利他行为的能力等。

# 第十一天
## 大辩论

在今天的课程中，我们将讨论人类的自由意志，以及我们的行为在多大程度上受到基因影响等重大问题。鉴于我们人类的基因是自然选择的结果，曾为了适应很久以前的史前生活环境而作过调整，那么值得考虑的是，了解我们的过去是否会对理解现在有所帮助。

如果个体努力的目的在于使自己从祖先那里复制下来的基因能够在自己的族群中永远流传下去，如果这就是它的目标和使命，那么在这一过程中，真正起决定作用的，到底是个体还是基因本身呢？

从魏斯曼、费希尔、威廉斯、汉密尔顿到梅纳德·史密斯，这一进化史发展的链条终结于理查德·道金斯的理论。我们之前已经介绍过，早在19世纪时，德国科学家魏斯曼就提出过基因永恒的概念（当时他指的是生殖细胞种系），而与此同时，身体（体细胞）只是传递这种种系的工具，最终迟早会变成一具尸体（动物的不方便之处就在于最终迟早会死亡，尽管这一点只有我们人类有所自觉）。基因于个体中永存的概念在社会上已经深入人心，我甚至在报纸上看到过一篇文章[249]，其中提到一批用于物种繁殖的伊比利亚猞猁，里面有一只猞猁死掉了，文章里是这么说的："感谢杜利洛，它的基因依然存活于原野之中，在它的后代的血脉中流淌。因此，如今伊比利亚猞猁面临的灭绝危险也减轻了一些。"个体死后，基因依然活着！

如果把以下要素结合起来看：1. 罗纳德·费希尔提出的进化的本质在于随着时间的推移，族群之间的基因交换所保留下的变化（我们之前描述过的"基因之河"）；2. 比尔·汉密尔顿提出的卓越构想，即个体根据他人与自身的血缘联系紧密程度来决定能够为他人做出贡献的程度；3. 乔治·C.威廉斯的理论——动物世界中并不存在真正意义上的利他行为；4. 约翰·梅纳德·史密斯的进化稳定策略，解释了动物如何通过规范化或叫绅士化的打斗来保障繁殖或保障社会秩序；5. 罗伯特·泰弗士的互惠利他主义。这些理论为理查德·道金斯的理论奠定了基础，1976 年，他出版了一部著名的作品《自私的基因》，并在该书中首次提出，个体只不过是携带基因的临时容器，是基因的复制者，其最终作用是用来确保基因的永存[250]。

让我们思考一下这一观点，试着理解"自私的基因"背后的逻辑：为何个体需要帮助自己的亲戚？它们是怎么认出自己的亲属的？即便是我们人类，也不能仅仅通过外貌的相似性来百分之百地确定对方是不是自己的亲人。但道金斯认为如何辨认亲戚并不重要，因为个体可以简单地将与自己共同成长的同伴视作自己的亲属，而这些对象通常都是它们的兄弟姐妹或其他家族中的至亲[251]。至于前一个问题，个体之所以会倾向于帮助自己的近亲，有时甚至不惜以牺牲自己的利益为代价，理由很简单——这些亲属携带的基因与它们自己的基因相一致（传承自大家共同的祖先）的概率，要高于与其无亲无故的其他个体。一切的根源就在于物种内部、基因之河中的各个基因之间为了生存（为了延续）而进行的斗争[252]。

从这个角度来看，在费希尔之前举过的那个例子中，毛虫的味道难吃，不是为了保障家族中的其他毛虫的存活率，而是为了保障自身的延续，准确地说，是为了保障导致这种难吃味道的基因副本在这种毛虫的兄弟姐妹们身上能够延续。威廉斯举过的有毒的鱼的例子也是一样，这种毒并不是为了保护鱼的兄弟姐妹，而是为了保护这些兄弟姐妹身上也同样具有的能够产生毒素的基因副本。这个解释很绕，几乎像是一个谜语，但确实有其道理。

这就是这条理论链条的终结，也是汉密尔顿没敢钻研或者不愿去研究的领域。无论如何，汉密尔顿提出的整体适应度理论还是从个体的视角出发的：是"我"通过帮助亲属的后代（尤其是血缘关系最近的亲属），保障了"我"的基因副本的整体适应度的增加。汉密尔顿仍是从个体的角度来探讨进化论的，因此我们才说他是最后一位新达尔文主义者。道金斯在这方面走得更远，他是从基因的角度出发去探讨的。他提出了唯基因中心论，并在学术界和公众之中都获得了巨大的成功。

基因是否也控制着人类的行为呢？
诺贝尔奖得主英国人查尔斯·斯科特·谢灵顿在 1940 年写道：

> 为了实现基因复制的下一个轮回，我们有时需要一个交通工具来运输它，以护理这颗生命的幼芽。这种交通工具就是多细胞生命体的个体。"母鸡是一个蛋到另一个蛋之间的过渡。"[253] 生命的幼芽本身是微观的，但承载它的交通工具却并不是。在最近的时代中这种交通工具……成了一个完整的个体，即我们人类自身；在人类的许多行动之中，包括了新的思考能力，即我们常说的"追本溯源的能力"。也许到了某一时刻，人类意识到自己只是运输新生命的交通工具时，有些个体可能会得出自己的存在毫无意义的结论；但相反，也有人会认为自己就代表了生命本身，是数亿年的进化变迁留下的遗产，并会为这种重要的传承使命而深感自豪[254]。

理查德·道金斯的《自私的基因》认为，多细胞复合体生物只是携带基因的工具，但与大家过去的想法不同的是，在这里所有的基因并非作为一个整体（每个生命体各自的基因型）而存在，而是一个个分开的个体。这里有一个巨大的差别。选择一个群体中最优秀的基因型（换句话说，适应性最好的个体），和选择最好的基因本身完全不是一回事。

根据道金斯的理论，每一个基因都是一个有待被选择的独立个体，但它们与其他基因一起共用同一辆"交通工具"。因此，这些基因不但需要自身出色，还需要与其他基因兼容，形成一支优秀的队伍。从这个角度来说，理查德·道金斯常说的"自私的基因"，在某种程度上也是"合作的基因"，因为在"旅途"中与好的旅伴为伴对它来说是有利的，因此也是它追求的（当然了，这里指的是无意识间的追求）。

一个重要的问题在于，基因如何能够联合起来，一起登上最好的"交通工具"（即最优秀的身体）来驶往下一站。如果不能解释这一点（基因如何合作），整个"自私的基因"的理论都是立不住脚的。道金斯对这一现象的解释建立在演化生物学的一个著名理论"频率依赖选择论"上，该理论是费希尔原理的延伸（我们之前介绍过，费希尔原理解释了动物的两性出生率为何会基本维持在1∶1的大致比例上）[255]。

我们看一个道金斯所举的频率依赖选择论的例子，来了解基因是如何合作的。假设（这是一个纯靠想象的思维实验）有一群蝴蝶停留在有着纵向裂纹的树干上，并假设停在这种树干上的蝴蝶有两种基因能够帮助它们模仿（伪装）成自己停靠的树。其中一种基因决定了翅膀上的彩色条纹，它可能是横向的，也可能是纵向的。还有另一种基因决定蝴蝶停留在树干上的位置，同样可能是纵向的，也可能是横向的。如果在一群蝴蝶中，不管出于什么原因，占主导地位的是纵向条纹的翅膀基因[256]，那么在另一种基因中，横向停留的基因就会被选择，即与树干上的裂纹形成十字交错（这样蝴蝶翅膀上的纵向条纹就会与树干上的纵向裂纹混在一起）。相反，如果在另一群蝴蝶中，占主导地位的是形成横向条纹的翅膀基因，那么纵向停留的基因就会被选择。不管在哪种情况下，两种基因的组合都能形成最优解来确保对双方最有利的交通工具，或者至少来说，是确保当蝴蝶停留在树上时，能够实现最大程度的伪装。这个案例还可以扩展到更多基因的组合上，不管我们想要多少都可以（比如说，作为开始，我们可以再加入一组基因是作用于前部的翅膀，而另一组基因是作用于后方的翅膀）。

# 生命简史
VIDA, LA GRAN HISTORIA

## 基因在，故我在？

古生物学家斯蒂芬·杰·古尔德坚持反对理查德·道金斯的观点（两人甚至于 20 世纪 80 年代末在牛津就此话题进行过公开电视辩论）。古尔德表示，"自私的基因"这一说法令他感到毛骨悚然。在古尔德看来，基因必须是以集合体的形式被选择的，也就是说，基因的组合才是互相争夺生存权的主题。自然选择是应用于携带基因组合的身体之上的，是个体在为自己的生存做斗争，而不是基因。这是达尔文进化论思想的基础，古尔德也同意这一点。

古尔德在自己的著作《熊猫的拇指》（1980 年）中专门用一个章节来探讨了基因组合的自然选择，并对道金斯 1976 年的著作展开了全面的抨击。古尔德反对道金斯的理论依据是，他认为自然选择无法辨别基因，而只能作用于个体之上。如果自然选择的机制要直接作用于基因，那每个基因就必须能体现一种表型特征，也就是说，需要能够体现某种形态上、物理上或行为上可见的细节特征。换句话说，每一种表型特征与每一种基因之间需要存在一种一对一的对应关系（每个特征对应一个特定基因），因为自然选择只对表型本身起作用。为了让基因能够真正成为被选择的对象，还需要另一个因素——所有的表型特征都必须具有适应性，即能够为生存或繁殖发挥对应的作用。只有在这种前提下，自然选择机制才会通过外部特征识别出基因本身。但古尔德争论道，事实远非如此。进化的过程本身要比这复杂得多，不同的基因之间存在复杂的相互作用，因此在完成成长的基因复制者身上，并不能找到基因与外部特征之间一一对应的相互关系（即一个基因对应一个特征的模式）。此外，并非所有的表型特征都能对争取生存权或繁衍后代发挥重要的作用，也就是说，并非所有的特征都属于适应性的特征，而自然选择机制是不会对基因携带者身上那些不会带来相应益处的特征起作用的。

归根到底，"自私的基因"只是一个比喻，在研究物种生物学时，它能起到的作用也是相对的。在形态学家研究生物解剖学、生理学家研究生物的功能、分类学家为物种分类、生物地理学家研究物种的地理分布或古生物学家研究化石记录时，是否从基因的视角看问题都无关紧要。问题在于"自私的基因"这一比喻在研究行为学（伦理学）——尤其是社会行为学时——是否有帮助。道金斯的理论将在这一领域经受实践的考验。从另一方面来说，道金斯与古尔德一样，确实是一位伟大的科普作家、优秀的作者与辩论者。

---

最终，基因总能实现和谐的组合，看起来仿佛合作得亲密无间，尽管事实并非如此。基因的组合是通过频率依赖选择来实现的，这又是一个新的需要掌握的概念——频率依赖选择论可说是道金斯理论的核心思想和基础。通过该理论，道金斯才能解释为何基因（作为一个个独立的个体）才是选择的对象，而非个体或它的表现型。

但道金斯并未将他的"自私的基因"的理论扩展到人类的范畴中，因为在他看来，人类通过自我意识能够摆脱基因影响的支配。交通工具摆脱了它的乘坐者。在我们人类的案例中，重要的是"模因"，即信息的携带个体，但它是通过大脑直接传递信息的。

另一位科学家也在读过汉密尔顿的著作后对他的整体适应度理论留下了

深刻的印象。昆虫学家、专长于蚂蚁研究的科学家威尔森于1975年出版了一部著作，令其名声大噪——《社会生物学：一种新理论》。该书的最后一章中提到了人类社会生物学的概念。这一章节虽然不是该书的主要内容，却引起了轩然大波。一大批科学家，包括威尔森在哈佛的同僚——直到此前为止还是他的朋友——如斯蒂分·杰·古尔德与理查德·勒沃丁等，都激烈地反对他提出的人类行为模式——虽然仅限一小部分——是由基因决定的这一观点。更有甚者，两人还批评他提出的人类行为由生物基因决定的理论是为了维护历史现状，维护现有的男权主义、特权阶级与国家地位。换句话说，承认人类社会与生物学有关联就是（不可避免地）在维护男权主义、父权制度、种族主义、阶级制度和殖民主义，尽管古尔德并未对威尔森本人做出上述指控。

实际上，古尔德对汉密尔顿的亲属选择论是持支持态度的，他认为这一理论能够推进对于蜜蜂、蚂蚁或白蚁等昆虫的社会生活的研究[257]。但古尔德坚信人类社会的情况应当有所不同，由于人类的脑容量巨大，我们完全不应该在任何情况下受到基因的支配和影响。在我们的案例中，将一个基因（或基因的组合）与特定的行为联系起来的联想，比如说认为是基因推动我们发起战争或推论男女在社会行为上的表现不一致，应该都是不可能的。

对于人类社会生物学最尖锐、也是最出色的指控也许来自一本名为《不在基因中——对生物种族主义的批评》的著作，该书由理查德·勒沃丁、S.罗斯与L.J.卡明三人在1984年合著出版。书中有一段写道："通过提出人类行为的方方面面都是高度适应性的产物——至少在过去曾是——社会生物学为维持当今社会的现状提供了合理的理论依据。"也就是说，在这些作者看来，人类社会生物学的存在是为了维持现状，是为社会不公做辩护，在他们眼里，该理论"为企业主和仇外者提供了一个理论依据"[258]。

不能否认，50年后的今天，当我们再次回顾威尔森在20世纪70年代中期提出的理论时，自然会觉得异常。古尔德曾经举过一个例子，威尔森曾于1975年在《纽约时报》上发表过一篇文章，提出在史前时代，男性和女性的分工据推测已经有了倾向性。威尔森声称，在以捕猎或种植为生的社会中，男性要出门狩猎，而女性就会留在家里。在这一前提下，他认为时至今日，在一个自由并平等得多的社会中，男女的劳动分工依然具有一种由基因决定的强烈的倾向性（与过去相比既不多也不少）："甚至在接受了同等教育，并具有同等的进入相关行业机会的前提下，男性依然会不成比例地在政治、经济与科学领域占据主导地位。"

生物哲学家迈克尔·雷斯在自己的作品《社会生物学》（1980 年）中也批评了威尔森于 1975 年在《纽约时报》上发表的这篇文章。他认为社会生物学家在处理一些推论时应该更加谨慎，但他并不认为社会生物学在本质上代表了性别歧视。"应该给社会生物学一个证明自身正确性的机会。"他总结道。

这些批评者有时也会提到理查德·道金斯的基因决定论，但人们对他的评论要宽容得多，因为他的理论从来不适用于人类的案例中。


我们是否只是自身基因的奴隶，或者按照经典的说法，出生时我们的心智只是"一张白纸"？我们人类是否具有自己的天性，还是说如西班牙哲学家何塞·奥特加·伊·加塞特所言，我们的文化只是人文历史的产物[259]？

根据官方数据，在西班牙，女性的犯罪率比男性低得多——而且整体而言罪行也较轻。事实上，在 2018 年，西班牙监狱中 92.6% 的罪犯都是男性。这是否意味着性别之间的基因差异是导致犯罪倾向的主要原因之一？还是说这完全是由于我们西方社会为男性和女性分配的社会角色不同所造成的性别影响？

对这个问题的最新答案也体现在科普作家尤瓦尔·赫拉利在 2015 年出版的作品《未来简史》里。在该书中，作者指出，我们如今对于甜食的偏好，源自我们的祖先对于在自然界能找到的可食用的水果甜味的回忆；当今年轻男性对于危险驾驶、互相斗殴、通过黑客行为获取互联网机密信息的热衷，也同样源自 7 万年前我们的祖先。"一个年轻的猎人冒着生命危险战胜了所有对手，成功击杀了一头猛犸象，并以此获得了同族美女的芳心，如今的我们依然受到这种男子汉的基因的影响"。换句话说，尽管遭受了猛烈的抨击，基因决定论（至少在某种程度上）远未消亡。

许多研究进化论的生物学家（尤其是研究社会行为学的演化的科学家们）都相信，对历史的深入研究将有助于我们这个物种在未来发展时能够做到以史为鉴。即，生物学的历史应该成为我们理解自身天性的钥匙，而这种认知又将在科学的基础上帮助我们解决社会问题。1990 年，生物学家理查德·D. 亚历山大（我们稍后会对他展开更全面的介绍）曾经说过：

> 这个世界上充斥着诸如谋杀、暴力、恐怖主义、剥削、欺骗与歧视等种种罪行。我认为，很显然，在很多情况下，这些行为并不能简单地看作一种病态，也无法轻轻松松地消灭。因此，从某种程度上来说，我们应该通过对自身的深入了解，以及对某些案例的解读（对造成苦难的行为进行研究），来思考这种利益的竞争与冲突的根源。其次，我们在这个星球上的生存正在面临威胁，这一方面是因为人口的增加，另一方面也是因为我们不断地通过各种方式（科技手段）试图改善人类的生活质量，但矛盾的是，这种行为反而却削减而非增加了人类长期生存的机会。看起来，只有通过进一步加强对自身的了解，我们才能阻止或逆转这种危险的倾向[260]。

1944 年，罗伯特·赖特出版了一部作品[261]，热情推荐当时刚兴起的"进化心理学"理论，该理论是生物社会学理论的分支，用于解读人类的行为。赖特将它的诞生称为"一场无声的革命"。罗伯特·赖特表示，一旦掌握了这种观点（在他看来这个理论很容易理解），我们对于社会现状的看法就将彻底改变。罗伯特·赖特指出，以下心理学和社会学问题都能通过这种全新的进化视角进行解读，一起来看一下：

> 浪漫、爱情、性（男性／女性）是否真的天生适合一夫一妻制[262]（在什么样的条件下，人类会不那么坚持一夫一妻制？）；友情与敌意（办公室政治背后的逻辑是什么，或者说，政治这个概念整体背

后的逻辑是什么？）；自私、牺牲、愧疚（自然选择为何会给我们留下充裕的愧疚空间，比如良知？良知是否真的是"道德"行动的准则？）；社会阶级与阶层跃迁（人类社会的阶级是固化的吗？）；男性与女性对于友情与野心的不同倾向性（我们是否只是自身基因的奴隶？）；种族主义、仇外心理、战争（我们为何会如此轻易地将大批人群排除出我们的同情圈外？）；欺骗、自我欺骗、下意识的思维模式（是否存在真实的内心？）；不同的心理病理学症状（抑郁、神经质或偏执狂等这些表现是否属于人类的"天性"，如果它们属于天性的一部分，是否会变得更容易被接受？）；人类之间爱恨交加的复杂感情（为何不能是单纯的爱？）；父母对自己的孩子造成巨大心理伤害的能力（爱在心头口难开？），诸如此类。

这些问题目前都未得到完全的解答。然而，杜普雷[263]坚定地指出，整体而言，进化与我们所谓的人类天性没有任何关联。在这一点上他同意古尔德、勒沃丁以及其他曾经抨击过（当涉及人类时的）生物社会学理论——以及论证更充分的进化心理学——的科学家的观点[264]。在这些批评者看来，我们的行为中没有任何具体的特征是由于过去的进化历史所导致的，换句话说，并非由自然选择筛选出的最能适应史前生活环境的基因所决定[265]。因此，杜普雷总结道，不管我们对自身的进化史了解到何种详细的程度，对于心理学或社会学也毫无帮助。人类的心理与生物进化学毫无关联。古人类学家伊恩·塔特索尔用毕生精力研究人类的进化史，他的结论也与杜普雷大同小异[266]。

但如果如塔特索尔所称，进化心理学是一种"伪科学"的话，我们为何会对与我们最为接近的动物的行为模式如此感兴趣呢？我们为何给英国科学家简·古道尔颁发了阿斯图里亚斯王子奖（以奖励她对黑猩猩的研究贡献），同类的北美科学家戴安·弗西（山地黑猩猩的研究者）的传记电影又为何会获得巨大成功？这些"其他猿类"的社会行为与我们的行为之间究竟有何联系？

1983 年，荷兰灵长类动物学家弗兰斯·德瓦尔出版了一本书名激进的作品（《黑猩猩的政治》），获得了巨大的反响。该书介绍了一个动物保护区内黑猩猩群体的社群生活，以及其中几个成员之间的权力变迁。25 年之后（2008 年）该书再版时，我们可以看到，出版社是这样介绍此书的："本书的第一版不但因其学术成果而在灵长类动物学家之间引起轰动，同时，该书所提炼的关于人类行为的基本特征的总结，也引起了政治家、商业领袖和社会心理学家的广泛关注。"有些评论家这样评价弗兰斯·德瓦尔的作品："看过此书后，我看待办公室斗争或学术机构的政治斗争的视角完全变了。"

最后，还是有些学者坚持认为，我们还是应当对人类的社会行为是否有生物学基础这一命题继续深入研究。一位知名的神经生物科学家罗伯特·萨波斯基刚出版了一部新的著作，书名耐人寻味——《好好表现：我们最好与最坏的行为背后的生物学原理》（2017 年）。为防止该书的倾向性引人误会，萨波斯基解释道，这本书的主要目的是为了回答以下问题——生物学能够如何影响我们的合作、联盟、互相理解、同理心和利他主义？

那么，关于人类的行为模式，我们究竟能从生物学中得到什么启发？

有一种与之前不一样的看问题的方法，就是"换一个角度"。不是通过研究动物的哪些行为（从生物学角度）在人类的行为中有所体现，而是自问人类的哪些行为在动物的行动上也有共通之处。换句话说，有哪些行为特征是人类和动物共有的（当然了，人类也算是动物的一种）。这就是所谓的"认知行为学"提出的研究方法，该学科是行为学的一个分支，专门研究动物的头脑，就像认知心理学专门研究人类的头脑一样（自然了，认知行为学的基础在于研究的动物需要拥有一定的心智，用不那么专业的术语来说，就是要"有脑子"，我们之后会专门探讨这个话题）。

动物行为学家马克·贝科夫与哲学家杰西卡·皮尔斯曾经出版过一本书名很有趣的作品，叫作《丛林法则：动物的道德生活》（2009 年）。在书中两人指出，只有一部分动物（黑猩猩、倭猩猩、大象、鬣狗、狼、海豚、鲸甚至老鼠）拥有道德观。两位作者认为，这（这种道德观）正是这些动物的一系列行为背后的逻辑，如利他主义、互惠主义、诚实、信任、同情心、同理心、痛苦、安慰、团结、平等、公平斗争、谅解等等。

贝科夫和皮尔斯认为，同理心是道德观的基石。如果动物能够理解其他同类的感受，它们就会同情对方的遭遇，从而能够避免遭受对方所经历的苦难，这对它自身是有益处的，我们人类将这种能力理解为有道德的体现。

由于有道德行为准则的这批哺乳动物来自五个不同的目——包括灵长目、肉食目、鲸目、啮齿目和长鼻目——因此可以推论，动物的道德准则（丛林法则），曾经以不同的方式独立进化过多次，是一个典型的趋同适应的范例。经历了数百万年的时光，这些沿着不同的发展路径进化的动物都发展出了相似的道德法则，尽管并非完全相同（在行为道德准则的超空间中，这些动物各自占据着不同的山头）。

上述所有案例中的物种都是过群居生活的，因此我们似乎可以推断，社会化是形成道德准则的前提（也可能是反过来的）。同时，灵长目、长鼻目和鲸目又是哺乳动物中脑化程度最高的，也是行为最复杂的（直白地说就是最聪明的）。除此之外，事实证明社会化程度最高的哺乳动物也是最常在一起玩耍的，最典型的例子就是我们都很熟悉的狗。就像其他社会生活一样，在这些打闹嬉戏的活动中，动物们严格遵守一定的行为规范（法则），如果它们违反了这些规定，游戏就会停止，比如不能以撕咬等方式对对方造成伤害，也不能在打闹中试图与异性交配，这些行为都是严格被禁止的，在游戏中不被允许出现。因此在集体嬉闹的游戏中，我们能够同时看见社会生活、道德观、智慧与友爱的体现。

贝科夫与皮尔斯知道，他们关于道德进化的理论强调了道德观从动物到人类的延续性，这有可能会为过去的生物社会学与进化心理学提供理论基础。但两人补充道："认可道德行为的生物学根基，并不意味着我们就有借口可以原谅那些邪恶或残酷的行为，它们依然是邪恶或残酷的。"

在进化过程中，任何恶行或犯罪都不会受到审判。我们都同意这一点，但任何社会生物学家、进化心理学家或认知行为学家都不可能会说这一点可以在人类社会同样适用。这场辩论探讨的问题要比这深入得多，并不是简单的"基因决定的正面行为"和"基因决定的负面行为"之分。

也许，如果在提到上述基因理论时，威尔森若是提出基因是为了让人类为日后的学习过程做好先天准备——这是他现在的说法——他就不会受到如此激烈的抨击了。毕竟，著名语言学家诺姆·乔姆斯基就曾用数十年的时间试图证明，我们生来就为了未来有可能学习一门语言做好了准备，我们这个物种先天就具有语言学习的思维器官。

---

## 生命简史
VIDA, LA GRAN HISTORIA | 美丽的风景

---

威尔森在最近出版的一本书中写道[267]，人类和其他拥有大型大脑的哺乳动物的行为并非盲目地遵从直觉，而是由心理学家所称的"预学习"机制（prepared learning）所决定的。这种预学习机制通过基因承载，通过遗传继承，可以帮助我们事先做好学习某种行为模式（或几个行为模式）的准备，而这在理论上是完全可行的。我们对于自己想学的东西会学习得更好，不是吗？因此，这一机制对我们的后天学习能起到帮助。威尔森指出，这种对于学习的倾向性能够解释不同文化之间种种惊人的巧合。在一次实验中，几个志愿者被问及如果在不考虑经济条件的前提下，他们会希望如何建造自己的房子，几个志愿者的回答都存在明显的统一倾向性。尽管细节有所出入，但所有的选择中都包括三个共同点：（1）大家都选择了山上的场地，能够一览无余地纵观山下的景色；（2）大家都希望自己看见的住处附近的景色是草原和森林相间隔的（即所谓的多元

---

生态），既不是一个封闭的森林，视野不开阔，也不是一个完全一览无余的平整草原；（3）在住所附近一定要有水（河流、湖泊或大海）。这个关于理想生活住所的假设，正好契合非洲稀树草原的大致环境，我们的进化过程中有很大一部分就是在当地完成的。这样的风景让我们觉得美丽，而威尔森的问题是——为什么我们会觉得它美呢？

至此，我们还未正式地给基因一个定义，或者说，我们已经用过几种不同的方式来形容它。因此，接下来我们该问自己这个问题："基因到底是什么？"

马特·里德利曾经解释道[268]，"基因"一词在现代生物学中具有好几层意思，尽管生物学家自己在工作时可能也没有注意到这一点。一方面，基因是信息的综合体，是一个存储信息的文档，能够在漫长的时间中保留记忆。在基因中记录着来自祖先的智慧，记录着这个物种的全部历史。在孟德尔最初的理论中，基因是继承单位，负责传递信息。另一方面，基因又是生产蛋白质的程序，它能够催化（加速）细胞之间的化学反应，因此基因也是新陈代谢单位，或者也可以说是生产蛋白质的指南。

但是，如果身体中的所有细胞含有的基因成分都是一样的，为何身体组织会有如此之大的差别，有诸如大脑皮质、表皮组织、肾脏、肝脏、肌肉等等不同的分工？答案是，基因在身体的不同部位中，根据不同的时刻和不同的组合，分别有激活和未激活两种状态，通过这种方式，构成多细胞生命体的身体组织和器官才会有所不同。因此，基因也是开关，是成长单位。我们之前提到过的法国科学家弗朗索瓦·雅各布和雅克·莫诺就是通过发现基因的开关机制而获得了诺贝尔奖。

事实证明，人类的基因中有一半以上的基因与苍蝇是相同的，因此毫无疑问，基因是可以互换的粒子单位。我们与任何昆虫、软体动物、节肢动物、棘皮动物相同的基因（有许多）都继承自数亿年以前曾经生活在地球上的同一位共同祖先（第一个对称动物）。1900 年，一位科学家许霍·德弗里斯就此提出了全基因组的理论，尽管他之后发现在此之前，孟德尔早就发布过同样的结论了。因此，德弗里斯只得承认孟德尔的理论，尽管他从来没有认可过孟德尔的论文的真正价值。德弗里斯在基因学的发展史中通常被描绘成一个反派的形象，但他有一个观点非常重要：他认为，物种的不同并不意味着它们的基因组合是全然不同的，因为事实上，所有物种的基因（几乎）都是大致相同的（基因组）。因此从这个角度来说，基因也是进化单位，因为相同的基因可以在许多不同的物种中发现，尽管这些物种可能在进化关系上相距甚远。在另一方面，一个基因可以在同一个个体的不同发展阶段分别介入，因为基因有不止一种功能。它们只是砖块，但用它们能造成各种不同式样的房子。

这里再插一句，德弗里斯是进化论发展历史上的重要人物，还因为他曾反对过达尔文提出的物种起源是源于自然选择机制的说法。德弗里斯认为，物种是由于基因突变而诞生，是一个跳跃的过程，而非缓慢地通过自然选择的机制慢慢进化。德弗里斯基于他对植物的观察结果提出了突变论，但在 20世纪 20 至 30 年代，遗传学为自然选择的原理提供了充分的证据之后，这一理论就被摒弃了。最近 20 年来，这一理论和新达尔文主义一样已经宣告结束，如今在演化生物学的历史中，突变论已经完全被排除在外[269]。

我们还经常说到基因是如何导致疾病的。在有些情况下，我们指的是一个突变的基因会如何引起症状，这也就意味着一个正常的基因能够保障健康。这是基因在医学上的另一个含义，是一个健康单位。基因的作用在于能确保一切井井有条地运作，不会出现混乱。只有在基因出现缺陷时，我们才会注意到它的重要性。1902 年，英国医生阿奇博尔德·伽罗德发现了一种名为"黑尿症"的疾病，这种疾病的遗传遵循孟德尔遗传学定律（就是说由一个基因引起），由于基因突变导致患者缺少一种特殊的酶（或者说是一种用于加速化学反应的蛋白质，一种催化剂）。伽罗德是第一个发现孟德尔提出的基因在制造蛋白质方面的专业分工的科学家，但就像孟德尔本人一样，直到很多年以后，他才意识到自己这个发现的重要性。

除了继承单位、进化单位、新陈代谢单位、成长单位或健康单位之外，按照某些科学家的说法，基因有时候也可以是选择单位。如我们所知，理查德·道金斯将基因称为"自私者"，因为它们只考虑自身的利益，而不考虑宿主的利益。道金斯描述的基因自有其性格与个性。

道金斯回忆道[270]，自己曾经有一次听莫诺提到过，每当他难以理解某种化学反应时，他就会自问如果他自己是一个电子，在这种场合下应该怎样做，于是难题就能迎刃而解。道金斯的理论也是一样的，他会自问如果自己是一个基因，他会怎样做（尽管莫诺自然不会认为电子本身具有意识，道金斯也不会认为基因本身具有自我）。

因此，当我们在探讨动物的社会学行为时，"基因"一词是与选择单位有密切联系的，两者之间密不可分。基因（不管是独立的基因，还是和其他基因一起）也是一种直觉单位，也就是说，它规范了动物的行为，使其向有利于自然选择的方向发展（利他主义还是利己主义，等等）。

很明显，如果仅仅基于基因的影响来探讨人类的心理学或社会学，那么问题是被过分简化了。毫无疑问，所有的社会行为都应该归属于社会科学的范畴。但是，（按照复杂度逐步递增来看）生物学、心理学或社会学是否能够兼容，就像（按照基础科学的程度来看）生物学、化学和物理学能够兼容一样？不同的解读是否能够相互支持，最终达到社会学的范畴？

马特·里德利认为，跨越自然科学与社会科学的边界来给"基因"一词下第七个定义是完全有可能的。在马特·里德利看来（他遵循进化心理学创始人约翰·托比和勒达·科斯米德斯的看法），基因也是一个从外界萃取信息的单位，因为基因中保存的成长信息必须时刻与外部环境保持一致。因此，个体在成长时才能和外部家庭及社会环境步调一致，在成年后能够顺利地融入这个环境。基因已经替它提前做好了准备，认为我们纯粹只是被基因支配行事，或是认为我们单纯只受到自己所在的家庭和社会环境的影响，这两个看法都是错误的。基因和教育的作用是互补的。

基因本身会严格遵循自身的表达，完全可被预期，但我们不要忘记雅各布与莫诺发现的基因开关机制，即基因会根据外部环境有激活和不激活两种状态。马特·里德利总结道，基因是一种经验机制。我们不应该将基因视为支配我们的暴君，而应该将其理解为我们的支持者，因为它为动物和人类的种种行为提供了可行性的机会。因此，我们不应该对基因产生恐惧，它不是支配我们的神，而是我们的服务者。用信息世界的例子来简单比喻的话，就像每当有一个新的程序加入电脑中，它都会允许我们做更多的事，给我们更灵活的操作空间，而不是限制可行性或操作空间。

如今在生物学界，已经没有人会将基因组看作个体的设计蓝图了（就像建筑师用来造房子的蓝图或者工程师用来设计机械的那种蓝图）。我们如今已经很清楚，在一个合子（受精的卵子）中，不存在机体本身的代表或描述信息。相反，理查德·道金斯将生物发展机制比作折纸艺术（一种源自日本的纸艺，西班牙也有）。在胚胎折叠展开的过程中，个体遵循基因的指示，按顺序依次构造各个器官并将其展开（参见图十六）。我们无法从一个成年人已经发育完毕的身体倒推出创造它的指示信息，就像我们无法从一道已经上桌的菜来倒推烧菜时的菜谱（厨师烧菜的操作顺序）一样[271]。


杜普雷则倾向于将基因型比作一套菜谱，可根据外部条件的具体情况进行可行的操作实践。换句话说，个体的成长取决于外部环境，因为一套特定的基因型可以发展出不同的表型（但其变量是有限的，受到物种自身的特性限制）。但我认为，总的来说，菜谱比喻说和将基因视为外界信息萃取单位的理论是可以兼容的。

罗伯特·赖特用另一个比喻来解释基因是如何起作用的。假设人体的体内装有许多调节开关，就像机器用的那种调节开关一样，这些开关也构成了人类的整体的一部分（我想到了过去老旧的收音机或电视机上的那些旋钮，我们可以用它来调台、选频道、升高或降低音量）。本质上所有的按钮都是

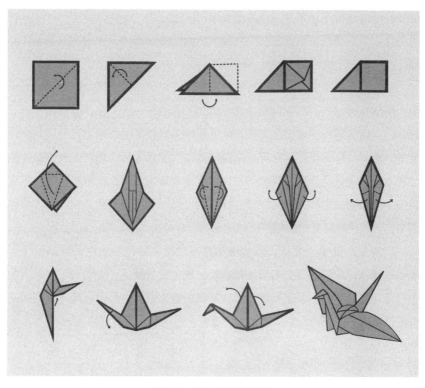

图十六：亲属之间的基因联系

　　毫无疑问，基因中包含了制造一个新的机体需要的信息，但具体的制造过程究竟是怎样的呢？个体的基因型中并没有包括一张完整的成年个体的设计蓝图，更准确的比喻是将基因型比作一本操作指南。厨师的菜谱或是千纸鹤的折纸指南，也都是类似的比较好的比喻。在折纸的比喻中，基因型包含的信息包括了如何折叠纸张以及折纸步骤的先后次序等。

基因，但不同的表现并非完全由不同的基因所决定。相反，相同的发展机制可以整体运用于所有的物种，然后在每个个体的成长过程中，基因通过特定的渠道萃取信息，然后在个体的幼年成长期调节其认知，使之与社会环境相一致，因为这些个体成年后大部分情况下都会生活在同样的环境里。因此，当文化之间的差别或同一文化中人与人之间的差别越大，我们就越需要在外部环境和教育上找原因，而越少在基因上找原因。

如今，自然不会再有人盲目地捍卫基因决定论，但大部分科学家也不认为人类的行为与表现出相同行为的动物的相似性——至少在部分情况下——跟我们基因的影响因素完全无关，尽管这种关联性是通过预学习的倾向来体现的。法国数学家与哲学家笛卡尔提出的二元论认为，人类同时具备身体和心智，而动物只是器官的机械组合，没有主观意识，其生命形式本身并不比我们的汽车高级多少，因此在年老体衰后可以无所谓地丢弃。我们的理论会不会也陷入这种二元论的陷阱呢？

事实上，只要读过灵长类动物学家弗兰斯·德瓦尔的作品或其他任何类似的著作，我们就不会对黑猩猩或倭猩猩（或其他灵长类动物）的共情能力、互帮互助的能力、正义感或解决问题的能力有丝毫怀疑，毫无疑问，在我们最亲近的近亲与我们人类之间，处世之道具有一定的连续性。

# 第十二天
## 从昆虫到人类

在进化中，只有一种情况下会发生真正的利他主义，而非出自虚假的利他主义或基因的自私——群体选择。但为了实现群体选择，我们的祖先又不得不常年生活在冷酷、无情、残忍的战争中。我们很难接受这一点：利他主义的自相矛盾之处在于，它恰恰正是侵略和暴力的产物。

我们的物种以高度的社会性，以及容忍、合作及利他主义的美德而著称。在生物学的超空间内，这些显著的特点理当占据一个极高的山头。在动物的世界中，复杂的社会是如何进化的呢？在这个超空间内是否有不止一座山头？

类似的山头主要有两座。昆虫也能够形成高度组织化的社会结构，包括蚂蚁、蜜蜂、黄蜂（膜翅目）和白蚁（蜚蠊目下级的等翅目，蟑螂也属于这一目）。从这个角度来说，根据赫胥黎的衡量生物进化尺度的指标来看，这些昆虫在某一个指标上已处于高度完成的状态了，那就是独立于外部环境的能力。蚂蚁和白蚁的蚁穴都能在内部保持恒温状态，在每一层都有许多走廊和通风口来发挥有效调节温度的作用。但这些巢穴与其说像是城市，不如说更像国家[272]，因为不存在比这些蚁穴（或白蚁穴）更上级的机构，而且这些蚂蚁（以及白蚁）互相之间一直在为了地盘和资源而大打出手，就像古希腊或文艺复兴时代的意大利，城邦之间经年累月战火不断。

威尔森认为，社会化的最高程度叫作真社会[273]（最发达的社会），可以通过两种方式实现：在无脊椎动物之间，可以发展成昆虫的社会形态；而在脊椎动物之间，则由人类这个物种来实现[274]。昆虫的国度已经拥有数亿年的悠久历史了，而我们人类的国度在历史上才存在了数千年而已。我们还是真社会性的新手。

但并非所有专家都认可人类社会可被定义为真社会的说法，学界由此爆发了激烈的辩论。

尽管我们人类的社会能够识别出部分真社会性的特征，比如几代不同代际的家属共同生活等，但按照真正的真社会性的标准，一个群体中无须所有成员共同参与繁殖，而只需要部分成员承担这个角色就可以了，最常见的是一个女王和寥寥几个雄性（比如蜜蜂中的蜂后和雄蜂）。此外，真社会性的动物层级分明，因为一个社群中的大部分，即所有不参与繁殖的动物，都承担生产型的工作（它们是工人或士兵，负责收集甚至播种食物，捍卫蚁穴、白蚁穴或蜂巢），而少数负责繁殖的动物则完全不参与生产。

在非脊椎动物中，除了膜翅目或等翅目，还存在其他真社会性的物种：鞘翅目的某个物种以及生活在海绵之中的多个小型的十足目甲壳类动物（虾和对虾）。有趣的是，还有几种啮齿类动物也是真社会性的，包括两种生活在南非的鼹鼠，它们都各自独立地进化出了自己的真社会性形态。

但在人类之中，所有的人都会参与繁殖（或说都具有繁殖的能力）；并不存在一大批不能繁殖的个体来负责为整个社群服务，而由少数有生产能力的人组成特权阶级。因此，我们似乎远远谈不上是真社会性的物种。但威尔森提出，最早的人属祖先在一个固定的营地中负责养育幼儿，而不是四处移动；几个成人会负责照顾这些幼儿，而其他成人则出门去觅食（打猎、捡野果、收集农作物）。在这种模式下，幼儿是由与他们非亲非故的大人们负责照顾的。按照威尔森的说法，在这种组织方式（专业说法叫非亲养育）下，最早的人类面临合作的选择压力（也就是说，密切合作的群体与合作不那么密切的群体相比，具备相对优势）。这种选择压力形成了当今人类的真社会形态。

当然了，古人类学家目前并没有找到我们的祖先是由非亲的族人养育的证据。我们该从何找起，又想要找到什么呢？但是，心理学家朱迪斯·里奇·哈里斯在1995年发表了一篇杰出的论文[275]，其中有一个观点我觉得很有意思。她提出，孩子们主要并不是从自己的父母，而是从自己的玩伴那里受到的社会化的影响（叫作群化社会理论）。也就是说，在我们这个物种中，幼儿预先就做好了接受群体教育的准备。在许多人类社会和其他灵长类动物的社会中，都有相同的现象。根据这个理论，进化并没有（通过自然选择）设计我们的孩子们与父母一起成长，而是更多地促使他们与其他孩子产生紧密联系。这很容易令人联想起威尔森说的那个古人抚养孩子们的营地[276]。

总结一下威尔森的观点，在某种程度上，我们的进化过程中实现了满足真社会性的一些特定条件。这些条件包括以下三点：1. 劳动分工（一些个体倾向外出觅食，而另一些个体则选择待在营地中）；2. 在一个族群中几代人共同生活；3. 一个足够牢靠的巢穴或居住区（营地），用来养育后代。所有的真社会性物种都有一个这样的居住地。当然了，火的发现有助于保障巢穴的安全。

其他哺乳动物（除了鼹鼠）也经历了类似的向着真社会性发展的阶段，尽管过程还不完全。比如，在非洲猎犬（或野犬）中，只有一雄一雌负责生育，而兽群的所有其他成员则集体为养育小狗贡献食物，这些小狗与自己的母亲一起生活在它们的巢穴中。我们的社会则是在合作和劳动分工上非常发达，但并没有明确的繁殖分工。

不管怎么说，社会化的昆虫和人类都是陆地的伟大产物，是物种征服陆地的过程中通过激烈竞争胜出的赢家的后裔。昆虫的社会已经延续了多年，而我们的社会能延续多久还有待观察。因为很有可能，由人类定义的最新的人类世会比开始时更突然地迎来结束。我们会在本书的终章部分讨论这些末日场景的可能性。

那么，人类的利他主义又是怎么来的呢？在进化的过程中，它是如何诞生的？是什么力量推动了它的出现？是什么使我们成为我们？

天才的生物学家霍尔丹在1932年出版的一本书中已经解释了人类的利他主义问题——书名就简单直白地叫《进化的原因》——在书中他写道："如果有些基因会引起人类做出对自己不利、但对群体有利的行为，这种基因将会在个人所在的同族小团体（由亲属组成）中扩散。"

这种说法听起来与多年后梅纳德·史密斯提出的家族选择论颇为相似，但之后霍尔丹又解释道，即使在这些由少部分血缘关系十分紧密的个体（来自同样的家庭）组成的小团体中——即所有人都携带利他主义的基因的情况下——相反的突变（即自私的行为）也依然会发生，并有可能会因为它能给携带者带来益处而蔓延（产生了投机主义者和吃白食的人）。因此，霍尔丹怀疑，拥有利他主义基因的人群基数应该会很大。霍尔丹还说，我们所谓的许多利他主义的行为，从自然选择的角度来看其实都是利己主义的，它间接地关系到我们的后代传承的利益。

威尔森曾经一度认同汉密尔顿于1964年提出的用整体适应度理论来解释真社会性的学说，在20世纪60年代和70年代这几十年来，他都是该学说的坚定捍卫者。但之后，威尔森本人对这个理论开始越来越质疑了[277]。首先，尽管所有的膜翅目都有相同的生物学传承，但其中只有一小部分发展出了真社会性。其次，白蚁、某种鞘翅目、多种虾和鼹鼠也都是真社会性的，而它们不具备与膜翅目相同的基因系统[278]。实际上，如今威尔森已经不再认可整体适应度理论，而只认可群体选择论了。而实现群体选择论的前提是，群体之间会产生激烈的竞争，因此群体内部不太会产生分裂的倾向，因为分裂会使一个群体在面对同物种的其他群体时变得虚弱并被打败——是自私者的基因引发的恶行导致一个群体内部出现问题，并因此被其他群体所打败。但群体一旦落败，这种自私者的基因也就跟着烟消云散了。我们可以将自私者想象成是社会的寄生虫。就像生物界的寄生虫（比如螨虫、昆虫、好几种蠕虫和微生物）一样，这些寄生虫如果过度增殖，就会使它们的宿主变得虚弱并最终导致宿主死亡。在群体（社会的身体）中也是一样，如果被社会寄生虫感染，社会的机体也会失去竞争力并最终消亡。在极端环境下，人类在进化过程中不断面临着群体之间的激烈竞争，正是通过这种竞争，我们如今才能构建这种类似真社会性的社会体系。在生命的历史中，进化出真社会性的案例并不多见——如我们所知，只发生过十九次，加上我们人类，总共也就二十次。

我们之前已经介绍过，乔治·C.威廉姆斯认为，整体而言，在动物之中并不存在真正的生物群适应，他因此推论群体选择并没有多大的潜力来影响动物发生高度社会化的行为。但在威尔森看来，人类却会受到利他主义的强烈推动，这不能仅仅用家族选择（裙带关系）、互惠利他主义（互相帮助的行为）、利益互惠主义（为了实现共同利益而结盟）来解释。因此我们可以怀疑，在第一批人属动物中，由享有许多共同基因的小家庭共同组成了族群，在这个阶段是亲属关系在发挥选择作用；但根据威尔森的理论，随后随着族群之间的斗争日益激烈，真正的利他主义行为也在没有血缘关系的人当中出现了，这些非亲非故、有时甚至素不相识的陌生人之间的合作，构成了真正的利他主义的基础。

按照威尔森的观点（达尔文的看法也与之类似），在我们最近的进化过程中，在我们成为人类的历史中，我们自古至今都生活在持续不断的斗争中。一方面，我们在每个群体内部要与社群中的其他成员之间为提高社会阶层（社会地位）而激烈竞争，为此我们需要足够聪明灵活（这里是个体选择论在起作用），因为社会环境是如此复杂多变。我们都亲身经历过，个体之间时刻都在分分合合。昨天还是不共戴天的两个敌人，今天突然会为了对付共同的第三方敌人而携手合作。而另一方面，不同的群体之间会为了争夺领土和资源（这两者在本质上都是一回事）而不断地激烈斗争，因此又要求部落之间的成员拥有强大的互相合作能力（这里又是群体选择论在发挥作用）。

因此，出于各种各样的原因，人类的发展史是由鲜血写就的。在阿塔普埃尔卡山的格兰多利纳考古遗迹中，曾经有一个有力的案例，一组十一个前人的骨架在那里被发现，距今大约80万到90万年以前，他们明显是被当时入侵这个山洞的侵略者杀害并吃掉的。

因此，在我们体内的自私基因是个体选择的结果，而利他主义的基因则是群体选择的结果。我们人类是部落动物，从体育竞赛到地缘政治，我们每天观看的电视节目中都在上演不同部落之间的冲突。按照威尔森的说法，个体选择造就了我们所谓的"原罪"，而群体选择则形成了我们所称的"美德"，这种道德观甚至导致我们有时会称颂和讴歌在战争中杀害其他部落或派系成员的行为；一些人眼中的英雄——广场中央矗立着的骑马的英雄铜像——它的形象对于其他人来说却可能意味着血腥。由于两种选择同时起作用的缘故，我们在两股冲动之间互相形成了一种微妙的平衡，即人们熟知的善恶之争。如果个体选择占据绝对的主导地位，社会体系就会土崩瓦解。而如果群体选择的影响过于强烈，人类的社会形态就会变得跟蜜蜂和蚂蚁一样。我们将成为完全的真社会。

我们能够想象吗？如果我们人类组成这样一个社会——其中只有少数个体待在一个安全的地方，专事负责繁殖；而社会的其他成员，也就是大部分的成员，则一生辛勤劳作，将自己短暂的生命完全奉献给这些繁殖者。这个阶级分明的社会听起来与阿道司·赫胥黎（朱利安·赫胥黎的兄弟）在1932年出版的反乌托邦作品《美丽新世界》中的描述如出一辙。该书出版时，人口遗传学家的奠基人们（霍尔丹、休厄尔·赖特、罗纳德·费希尔）刚刚打下一个新理论的基础，那就是日后的达尔文主义现代综合理论[279]。

威尔森认为群体选择才是推动社会进化的引擎，同时完全抛弃了汉密尔顿将整体适应度理论用来解释发达社会形态的说法。2010年，著名学术杂志《自然》上发表了一篇相关的论文，引起了洪水般的批评之声[280]。该杂志后来又刊登了一篇反对他的学说的论文，数百位知名科学家在那篇论文上签名，这一举动可谓前无古人后无来者。至于真理究竟掌握在谁手里，究竟是威尔森和他的同僚，还是整体适应度理论的支持者？只有时间能告诉我们答案了。

威尔森是否是唯一捍卫群体选择论的进化生物学家？

威尔森并非独自一人，尽管情况几乎也差不多了。另一位生物学家——

戴维·斯隆·威尔逊就曾提出过非常相似的观点[281]。威尔逊提出的叫作"多层级选择论"，即，群体选择在好几个层面同时发生作用，而不是像其他人提出的那样只对个体、家庭或基因单独产生影响[282]。

按照威尔逊的说法，像你我这样的多细胞复合生命体本身就组成了一个小小的社会，我们的身体由众多真核细胞（或曰完整的细胞）构成，每个细胞都有自己的细胞核与细胞质，比如线粒体。我们应该还记得，这类细胞自己又是一个集合体，是很久以前由于内共生现象而产生的（线粒体本身也是一种拥有生命的细菌）。染色体也同样可看成是一个由基因共同构筑而成的社会集群。再细分一点的话，生命本身就是由于分子之间的合作而诞生的。

所有这些单位共同构成了一个亚级，而在每个阶层上，都会发生与真正的社会生活相同的问题——为了集体的合作行为与为了个体利益而利用集体的自私行为之间的冲突。因此，在所有的组织结构中，都存在热心市民和不法之徒。

在一个多细胞生命体（比如一个动物）中，每当细胞分裂或基因复制时，就会有利用集体（利用这些细胞和基因）的个体出现的风险，因此，需要做好预案来防止秩序被这些个体颠覆。如果没有任何外界约束的话，染色体就会在细胞内自由乱跑；基因之间将随意竞争，看谁复制的次数更多（就像病毒一样）。事实上，确实存在一些跳跃的基因，学名叫"转座子"[283]，它们能从一个基因组跳到另一个基因组，并一路留下自己的复本，像病毒一样地自我增殖。人类的基因组中，有相当一部分就是由这些古老的转座子组成的，如今它们处于未激活的状态（尽管据我们所知，人类的脑中依然存在跳跃的基因，尤其是在海马体中，好几种神经系统疾病似乎都与之有关）。

在基因复制时，减数分裂的机制能确保染色体中所有的基因都能通过性细胞或配子（动物体内的精子和卵子）得到同样的机会。若非如此，有些基因就会利用机会，在配子中的表达超过其他基因，但这种情况偶尔确实会发生，因此在基因组内部会产生冲突（基因组内冲突）。

这里再稍作一些解释。基因要脱离身体，唯一的办法就是从它进来的地方出去，即通过配子或性细胞。我们人类的诞生需要两个配子（一个卵子和一个精子），但出生的人类却依据其性别的不同，只能产生一个配子（要么是精子，要么是卵子）[284]。当两个配子相结合时，如果公平地竞争，所有的基因所拥有的"上船"的机会应该是相等的。但有些情况下，有些基因会作弊，抢夺掉它的同类的机会，不止一次地上船，并将同伴抛弃在岸上[285]。

癌症就是一个案例，我们从中可以看到变异的肿瘤细胞（它们与身体内的其他细胞在基因上已不再相同）是如何以宿主的健康为代价，不断地复制和蔓延，逃过了身体的警卫系统（即免疫系统）的监视，并像真正的吸血寄生虫一样，扰乱了整个体内循环。这些癌细胞简直可以称得上是最不团结、最坏的居民了，但因为它们无法从一个身体过渡到其他身体上，所以当它们背叛的宿主死亡时，它们最终也会迎来不可避免的毁灭。

我们只将一个真正的个体视作一个整体组织（而不承认细胞、线粒体或基因的组织性），是因为尽管在这些次级的层级中，自私的行为整体控制得还可以，但从未达到完全实现控制的状态，正如刚才的例子展示的，自私的行为仍会出现。相反，在由动物个体组成的社会组织中，这种冲突会带来更严重的后果，因此这些组织在我们看来也更自律——我们也可以说，更像一个个体。组织之间的不团结则更像是自由的体现。

最终，两个生物学家的看法趋于一致。两人都认为，我们人类跟蜜蜂、蚂蚁和白蚁一样，都是真社会性动物，在社会中我们也共同构成了各种上级组织——群体、部落等，这些都是最高的社会组织层级。在所有的层级中，都是通过群体选择的影响，来制造保障社会和谐的机制[286]。

马克·贝科夫和杰西卡·皮尔斯也反对动物中存在道德观（丛林法则）的说法，他们认为群体选择的理论比个体选择更有说服力："我们和戴维·斯隆·威尔逊和爱德华·O. 威尔逊等生物学家的看法一致。我们相信在理解合作和其他亲社会性的行为表现时，群体选择原理能够起到很好的参考作用。"

神经科学家罗伯特·萨波斯基则认为，也许群体选择在进化的整体过程中并不那么有影响力，但对于人类的进化至关重要。萨波斯基总结道："个体选择成就的我们就像一把只有三只脚的椅子一样摇摇欲坠，而亲属选择（家庭选择）和互惠利他行为就像给椅子补上了第四只脚，令社会结构稳定。"

弗兰斯·德瓦尔也不认可通过围绕基因和基因的利益（基因中心论）来解读动物行为表现的方式，尤其是关于同情心的解读——黑猩猩、倭猩猩和其他动物都会帮助与它们非亲非故的个体，有时甚至是素昧平生的陌生个体——基因论中关于同情心的解读并不能针对这种行为给出一个合理的解释。

关于同情心，解剖学与功能学上的解释（即生物学解释）可能在这些动物的神经回路中，即我们所称的镜像神经元。镜像神经元与运动神经元之间存在联合机制，因此我们在看到一个物体时能够对应地做出行动，比如抓起某个东西（在旁观者眼中只能看到行动，而看不到这个行动背后的机制，但镜像神经元在这个情况下会和运动神经元同时激活）。

这些镜像神经元最早是由比萨大学的贾科莫·里佐拉蒂的团队在猕猴而非人类身上发现的，这就意味着这种机制至少在类人猿等灵长动物中广泛存在，是从我们古老的共同祖先那里传承下来的。因此，它们可谓是相当古老了。

但我们还需要解释在进化生物学中，这种镜像神经元究竟是如何产生的，以及我们是否能完全撇开基因和它的利益的视角来看待它的进化。

人类的身体结构中还有一个令人惊讶的特点，那就是人有时会脸红，这种脸红在他人面前暴露了我们的真实情感，当我们身处脸红时的难堪局面时，我们肯定不希望这种机制存在，但它能给其他人传递很多我们没说的信息。人类还是唯一在眼睛中看得见眼白（在眼球的巩膜处）的生物，这样其他人就可以观察我们的视线是看向哪个方向的，这也同样会在他人面前出卖我们的秘密意向。群体选择论能否解释我们的生理结构中的这些特征？因为这些特征看起来更像是为了集体而非个体的利益而服务的。

在我之前介绍科学家如何对"自私的基因"理论群起而攻之的章节中，读者也许会自问：我们为何不从一开始就接受所有层级的生物机体都可以看作是真正的社会的理论。这样这个故事就简单得多，也容易理解得多了。原因在于，不管这种说法看起来多么有吸引力，我们都得先找出足够的证据，才能说服大多数的科学家接受它。

---

## 生命简史
VIDA, LA GRAN HISTORIA | 骇人听闻

毫无疑问，捕食者会毫无怜悯地吃掉它的猎物，寄生虫则同时在猎手和猎物身上寄居，这种行为我们已经司空见惯。但在动物的世界，仍有某些行径让我们人类在道德上觉得骇人听闻，比如杀婴现象，这种行为在哺乳动物甚至包括灵长类动物中都很常见。

在很多社会化的物种中，动物群落都是由数个雌性和一个雄性繁殖者组成的（比如狮子、叶猴、大猩猩等等，这一类的动物有许多），在这种情况下，如果兽群的首领被其他雄性取而代之了，那么该兽群的幼崽就将面临灭顶之灾，因为它们不是新当权者的孩子，而是它的前任的。通过杀害这些幼崽，正在哺乳期的母亲就能重新激活卵巢的运作，再次进入繁殖期。兽群中的雌性会毫无障碍地和刚杀死它们宝宝的雄性重新交配、繁殖后代，而不会对它有怨恨之心（至少它不会拒绝与新的首领交配）。这对双方来说是一个双赢的局面：父亲能够立即将它的基因遗传给后代（鉴于它的江山也不是千秋万代的，因此有必要抓紧时间尽快繁殖），而对于母亲来说，由于它与前任首领（已被现任首领所取代）所生的孩子已经死了，它也没有其他出路（母亲之前为了保障自己的后代传承所做的努力和投资的时间都已经付诸东流）。我们可以看到，与人类的想法不同，

---

在动物之中，基因的利益高于道德。

在自然界如此频繁地发生的杀婴现象常常被用来作为一个例证，以证明群体选择在这一情况下的失效，以及个体选择是如何占据上风的。很明显，群体并不介意失去雌性和之前的首领生下的孩子，尽管之前已经为此投资了不少时间和精力。但对新的兽群首领来说，它需要让自己的基因从零开始地流传下来。事实上，通过杀婴行为，兽群的遗传情况回归到了起点。

---

确实，群体选择论可以解释人类进化（以及进化整体）中的许多现象。但要实现群体选择，各个群体之间需要产生一定程度的冲突，但我不认为在许多社会性的哺乳动物中存在频繁的冲突，在我们的祖先之间也一样，不管我们有多么的部落主义（唉！至今依然如此）。此外，在我看来，将人类视为真社会性动物是一个有趣的、值得思考的比喻，但我并不会严格按照字面意思去理解这一点。

说实话，我个人并不认为群体选择在动物的社会进化中起到了很重要的作用。我更赞同威廉斯和他之后的几个科学家的观点。我们对群体选择是否足以造成威廉斯所谓的"生物群适应"，即推动个体做出有利群体但损害个体基因利益（繁殖上的成功）的行为表示怀疑。这一点并非完全不可能，达尔文理论并未从根源上否定这一点，但事实是，在群体中的个体选择的竞争影响力，看起来远大于群体之间选择的影响力。

动物的群体总体来说都是建立在血缘联系，即亲属关系上的，因此我更认同用汉密尔顿的群体适应度理论和其他我们之前已经介绍过的机制（互惠利他、利益互惠、进化稳定策略）来解释个体之间的合作行为，不管这些个体在群体中是否有亲属关系。

但是，正如我们之前分析过的，在人类的进化中有一个全新的特征，是不存在于其他任何动物的物种进化过程中的。那就是符号认知的出现。互不相识的个体尽管并不享有同样的基因，但却认可他们处于同样的一个集体之内，因为他们分享同样的信仰，并共享同样的表达方式。

在任何情况下，这都是当今生物进化史上最能引发大家讨论热情的议题之一。正是通过对这个议题的探索，我们才能理解驱使人类合作以及导致群体之间的排外情绪的原因。我们人类最好和最坏的一面都发源于此。

# 第十三天
## 华莱士的错误

在今天的课程中，我们将研讨人类智力进化的来源，并探讨人类的智力与我们古老的祖先在过去的狩猎行为是否有（密切）联系。我们是否从一开始就是"杀手猿"？这种对血的古老嗜好是否至今影响着我们？我们是否都具有凶残的天性？

毫无疑问，我们人类是史上智力最高的动物，但我们是如何进化到这一步的呢？

在《人类起源》中，达尔文推论，在男女两性的不同特征中，有一些区别是在智力上的。作为一个维多利亚时代的绅士（乡绅），达尔文深受他所在的乡村贵族阶级的影响，认为男性在精力、勇气、毅力、想象力和逻辑推理能力方面都更胜一筹[287]。达尔文认为，万幸的是，这些性格和智力的优势能够不分男女地遗传下去（尽管程度不同），因此两性之间的差别没有大到像孔雀那样迥然不同。但总体来说，他认为男女除了身体特征、有没有胡子这些外表的区别以外，在智力上也存在性别上的二态性。他还补充道，即使男女接受同样的教育，至少在短期内也不能消除两者之间的这种智力差异。在这里，达尔文对于生物学遗传的理解是错误的，他以为，虽然男女在青春期前显露出的特征在遗传上没有明显区别，但他们成年后（尤其是男性）的特质将不会在两性中平等地遗传，而会更多地遗传给男性后代。

达尔文把男性的这种先天优势归因于自然选择，也就是说，由于男性在过去需要在狩猎中与野兽搏斗、守卫财产、保护全家免受各种威胁，因此才获得了这些优势。同时，他认为男性也在争夺异性的斗争中能够凭借这些优势脱颖而出，也就是说，还受到性别选择的影响。

自然选择进化论的共同发现者阿尔弗雷德·拉塞尔·华莱士则认为，人类的本性（人性）无法……以自然选择原理来解释[288]。相反，达尔文则用进化论来解释一切，从对美丽的艺术、歌唱等事物的喜爱，到更高的认知水平，都是从动物世界发展到人类的[289]。

华莱士的推理过程本身并不乏逻辑，但他用来解释智力进化的最终结论却绝对谈不上正确。华莱士在他的旅行过程中，曾与许多没有书面文明的文化深入打过交道。自然，他与这些原住民的联系要远比达尔文更广阔也更深入（后者终究是个"少爷"）。他的亲身经历使他对各地的原住民很有好感，他欣赏他们，也对他们有足够的了解。华莱士注意到，这些原住民的表达能力很差，对数学一窍不通（甚至连最基本的加减乘除都不会），对音乐的掌握能力也很欠缺。在这些原住民的文化中没有交响乐，更没有合唱团。但只要受过适当的教育，这些原住民在上述领域都能和西方人一较高下，在书写能力上也不例外。因此，华莱士只能承认，人类对于数学、音乐和其他艺术的掌握能力是天生的，即便在最野蛮和落后的地区也不例外，在道德的培养上也是如此，这是维多利亚时代的人们高度重视的、将人类与动物区分开的最本质的区别。

那么，我们如何解释自然选择对于这些个体的影响呢？毕竟，在过去人类部落的原始生活中，个体的这些认知能力看来没有任何适应性的帮助可言。

华莱士得出的结论是，自然选择无论如何都不能实现这种影响。因此，华莱士转而投向唯灵论[290]的怀抱，在他那个年代，这种理论在当时的知识分子圈子内很流行，并被视作一门严肃的学问，甚至是科学。该理论不可辩驳的证据在于，当时人们认为与死者交流是可行的，就像某些灵媒在通灵仪式上展现的那样。当然了，我们现代人都知道这是在弄虚作假，但在当时，通灵术迷惑了不少渴望见证奇迹的群众。看来对奇迹的渴望也是人性的一部分。讽刺的是，作家阿瑟·柯南·道尔曾经创作出像夏洛克·福尔摩斯这样理性又讲逻辑的天才人物形象，但他自己也是当时唯灵论的众多坚定信徒之一。

在华莱士看来，是"灵"在引导着整个进化，最终目的就是为了让我们能够实现拥有智力的奇迹。

就这样，最终，尽管嘴上说是自然选择论的捍卫者，但华莱士在本质上却背叛了自然选择理论，因为他在解释进化的过程中引入了精神力量的元素：一股神秘的力量坚定地引导着进化的方向，如此一来，动物的适应性调整本身将不再重要。达尔文说过，生物会调整它们的生存模式以适应环境，这是进化的核心，这一点华莱士也表示同意，但如今华莱士又指出，适者生存不足以解释人类的智力和道德等高等能力的出现，也不能用来解释进化中发生的其他重大事件。

实际上，华莱士提出了在进化的过程中，有三个历史性的时刻受到了全新力量（而不是自然选择）的影响。第一个重大转折在于生命的起源，第二个是动物的知觉和意识的出现，而第三个就是我们人类的进化，"从无机物的世界中诞生了生命，到动物，再到人类，在这三个进化的过程中，明确地显示出有一股无形的力量、一个精神世界的影响，这个世界的影响力要高于在它下级的物质世界"。

但我们要正确理解华莱士的意思，他并非在谈论宗教或我们常说的神秘力量的影响。华莱士所指的精神世界并非我们理解的超自然力量（超自然力量的定义本身就确定了它是具有特殊性的），而是包括了物质世界所有看不见的力的影响，这些影响力每天都在运作。也就是说，他指的是自然中的力量。华莱士写道：

这个精神世界指的是我们知道的各种神奇而又复杂的力量总和，
包括重力、向心力、辐射力、化学的作用力、电力等，如果没有这些力的影响，我们的物质世界就不可能成为现在的样子；如果没有这些力（或是有些人称之为"原子力"的这种力）的存在，我们这个物质世界甚至都有可能不复存在。

如今我们知道，物理中有四种基本（也是看不见）的力的作用：重力、电磁力、强核力与弱核力。但如今没有人会认为，这四种基本力作用会对华莱士提出的三个生命历史的关键时刻——再重复一遍，即生命本身的起源、有知觉和意识的动物出现（有感觉能力、有主观生活的能力）和人类出现——有什么影响。

从这里开始，华莱士就已经完全脱离了科学的疆域，尽管他个人对精神力量的影响坚信不疑，因为在19世纪末期，精神力量曾与物理和化学的力量处于同等的地位。华莱士最后总结道：

> 我们会发现，在达尔文主义中，哪怕在最极端理性的结论中，也从来没有否定过人类天性中灵性力量的存在，甚至还对这种存在的证据提供了支持。达尔文主义向我们展示了在自然选择规律的影响下，人类是如何从一个低等级的动物进化而来的；但它也同样向我们展示了人类的智力与道德是如何的不可能从这种方法进化而来，而是显然另有其根源；对于这个根源，我们能找到的解释只有精神世界中不可见的力的影响。

当然了，在当今对进化论的研究中，没有人会把华莱士的理论当真，这不仅仅是因为唯灵论很快就过时了，更主要的也是因为华莱士的理论完全就不是一个科学理论。

我们之所以能够进化成智人（拥有智慧），是否就是为了要狩猎其他生物并凌驾于它们之上？我们不正是通过智力才登上了生物食物链的顶端，凌驾于所有哪怕最强大的掠食者之上，虽然我们的祖先曾经是和平的素食主义者，只靠水果和树叶为食？这种生态位的改变——从素食动物到肉食性动物——是否与我们的智力进化有关？

很久以前（如我们所见，从达尔文开始），在人类的进化领域就有一种我们可以称之为"狩猎假说"的理论，认为我们发达的大脑和生态位的改变都是源于我们祖先饮食结构的改变。从和大猩猩一样的以素食为主并主要以水果和植物为食，过渡到以动物为食——一开始是吃死掉的动物，然后发展到自己去狩猎——摄入越来越多的蛋白质和脂肪。工具的发明在这个过渡阶段无疑发挥了决定性的作用，因为我们的生理结构本身并不具备供我们屠杀、撕碎猎物、咬碎骨头的器官功能。如果没有武器，我们将无法进化成肉食性动物。因此，我们可以说是武装起来的灵长类。

澳大利亚考古学家雷蒙德·达特、1942年首个南方古猿（南非的"汤恩小孩"）的发现者，是第一个正式提出"狩猎的猿类"的概念来解释人类进化源头的科学家，也就是说，认为狩猎行为是人类与猿类分离的开始。1953年，他在一篇科研论文中正式介绍了自己的理论，标题十分直白——《从猿到人的捕猎者过渡》[291]。达特形容南方古猿当时在南非居住的山洞就像一个嘴的形状，山洞位于悬崖之上，洞口朝向卡拉哈利沙漠的广阔平原，当地树木稀疏，水果和坚果稀少，凶猛的野兽四处徘徊。

在南非的遗址中并未发现南方古猿使用石器的痕迹，因此达特推断当时的古猿使用兽角、骨头和兽齿来制作工具[292]。在南非的这些山洞间出没的有蹄类动物对于当时的南方古猿来说，既是这些猎手猴的猎物，同时也为它们提供了制造武器的原材料。多年来，达特在南非马卡潘斯盖的山洞中深入发掘，曾发现众多非洲南方古猿（"汤恩小孩"的同种）的遗迹，因此他对这一领域颇有研究。

达尔文本人也曾将我们人类犬齿的缩小归因于对石头和棒子的使用，在雄性之间的斗争中，这些武器取代了犬齿的作用。这个说法很有道理，因为在南非古猿中，我们不仅能观察到它们的犬齿较小，还注意到它们能够特别灵活地运用手和手臂操纵物体，其灵敏性比现在的黑猩猩要高得多。后者也会挥舞树枝、丢石头来威吓敌人和对手，但动作要笨拙得多。它们的掌控力比较差，也不精准，在眼、手和手臂之间缺乏协调能力。

凭借对兽牙、兽骨和兽角的灵活运用——当时的猿人还没有学会使用石器,用的仍是动物器官的一部分——南方古猿从位于悬崖上的山洞中走了出来,把非洲平原变成了它们的猎场,我们真正的历史从这里开始。但达特的理论还不止于此,他将人类残忍的天性也归因于我们的遥远祖先"对血与尸体的原始渴望"。按照这个理论,我们人类起源时即是"猎手猿",也是"杀手猿",我们残杀其他物种为食,甚至会杀害并吃掉与自己敌对的同类。

达特的理论一经推出便广受欢迎,在 20 世纪 60 年代曾被科学界普遍认可,同时在公众之间也变得家喻户晓,这主要是因为有一个北美作家罗伯特·阿德雷就这一议题推出了一系列的畅销科普书(阿德雷于 1961 年出版的第一部作品《非洲创世纪》就是一本畅销书,之后他还出版过若干部相关话题的畅销科普作品,其中最有名的是 1966 年出版的《领地命令》和之后于 1976 年出版的《猎手理论》)。

1965 年,学界召开了一场名为"人类猎手"的著名座谈会[293],在会上,著名考古学家舍伍德·沃什伯恩(我们在之前的课程中已经介绍过他)与 C.S. 兰开斯特共同提出了我们人类的主要性格特征起源于狩猎行为的理论:"使我们与猿类分道扬镳的生物学、心理学和习惯的影响要素,归根结底都与过去的狩猎传统有关。"沃什伯恩与兰开斯特认为,以狩猎为中心的文明无疑是从直立人的时代开始的,或者也可能更早,从南方古猿的时代开始,尽管在后者的时代狩猎还没有占据这么重要的地位。当然了,只有男性才会出去狩猎,而女性则主要负责农作。

到了 1968 年,斯坦利·库布里克与亚瑟·C. 克拉克终于将"杀手猿"的理论转化成了实际的影像。在他们制作的电影《2001 太空漫游》中,伴随着理查·施特劳斯的《查拉图斯特拉如是说》的交响乐作为人类进化史的配乐,电影的第一幕就展示了猿猴厮杀的场景。诸如此类探讨人性起源的电视广播节目还有很多[294]。

达特与沃什伯恩的理论中很有趣的一点在于,达特将当代人类的心理特征(这里指的是对血腥的渴望)归因于我们遥远的祖先以及我们作为生物群体的起源。据达特对他的同时代人物的观察,这当然不是什么积极的特征

（达特曾在一战期间做过军医，当时见过不少人类自相残杀的血腥场面）。当年南方古猿挥舞着尖利的兽角或用沉重的骨头杀死猎物时，是否就为日后的原子弹屠杀埋下了前因？在电影《2001太空漫游》中，"杀手猿"将骨质的武器扔向太空，随后这把武器进入围绕地球的轨道，变成了一颗原子弹[295]。

在达特于1959年（与丹尼斯·克雷格合著）出版的作品《缺失链条的冒险》中，达特写道：

> 达尔文不会想到，仅仅在一个世纪之内，科学的进步就推动了毒气弹、大规模杀伤性武器和原子弹的诞生。达尔文会将这种行径归因于人类自古罗马时代开始的角斗士表演、奴隶制、捕猎人类并割掉头皮和砍掉头颅的行径、杀婴行为、嗜虐心理和对苦难的无动于衷等种种历史；不管在发达文明还是野蛮人的社会中，这些行径都是道德观匮乏的表现，但他不会推测出现这些行为是因为人类从他们的祖先那里就继承了相关的性格特质。

达特还提出，直立行走的姿态是人类能够使用武器的起源，这种姿态有利于人类挥动或扔出武器。我们的好斗天性也都是从使用武器开始的。

康拉德·洛伦兹在他1963年出版的著名著作《攻击性：被误解的天性》中也引用了达特的理论，但做了细微调整：

> 古人类学家在研究南方古猿的行为习惯时，常常强调这些猎人祖先将他们所谓的危险的"食人族"天性遗传给了自己的后代。这种说法错误地混淆了"食人"和"肉食"的不同概念，两者其实在很大程度上是互不兼容的。实际上，如果人类没有遗传肉食的天性，那才遗憾呢！

这个说法令人吃惊。为何拥有"肉食天性"会是一件好事？这会使我们的人际关系变得更好吗？

洛伦兹和许多其他人类学家都指出，达特的错误在于他将种间的侵略性与种内的侵略性混为一谈（前置词的区别很重要）。前者对应狩猎行为，是指两个不同的物种之间的互相关系，比如掠食者和猎物的关系，因此认为动物在自己的同类当中也会自相残杀无疑是一个愚蠢的错误，事实正相反，其实许多擅长狩猎的动物内部的共存是相当和平的。

实际上，反倒是常被看作具有祝福性质的鸽子（它们本身就是和平的象征）对待同类却相当野蛮，但我们主要对掠食性的动物更感兴趣，通过研究它们，我们想确认人类是否既是"猎手猿"，也是"杀手猿"。

按照洛伦兹的说法，在动物的斗争中，如果胜利者面对已经认输了的对手不能控制自己的攻击性，那这个物种迟早会灭绝。如果一只胜利的狼会咬碎一只被它打败、已经向它投降的狼的脖子，那么世界上就没有狼这个物种了。按照洛伦兹的说法，这种本能的束缚影响力非常强大，因此强壮的狼不是不想杀死虚弱的狼，而是无法杀死它，因为它的本能会阻止它这样做。对手如果表现出屈从，就会在胜利者身上无可避免地（我们甚至可以说是违背胜利者意愿的）触发对攻击性的束缚。

洛伦兹的理论认为，人类最早的祖先持有的生物性武器（用动物器官做成的武器）威力并不强大，"鸽子、野兔甚至是黑猩猩都无法一举击倒或咬死自己的同类"。由于武装较弱，人类的祖先并未受到强烈的选择压力，从而使他们能够在进化过程中发展出"对于使用拿某些动物器官制成的沉重武器的强烈而坚决的禁忌，以保障自身物种的生存"。然而，洛伦兹告诉我们，当我们的某个遥远时代的祖先首次用真正的武器将自己武装起来之后，一切都变了，因为一块石头的力量抵得上一百拳："自此，人类在自然界的这场残酷游戏中，就像鸽子有了乌鸦的喙。[296]"

而当人类通过学习使用标枪、弓与箭等远程武器杀生之后，情况就变得更加恶劣了，更别提对火器的使用了。因为生物的冷静机制只有在近距离看到对手屈从的表达和态度时才能起作用，但在使用大炮、导弹和空际炸弹等远程武器的情况下，我们根本看不见我们的对手[297]。因此，我们现在和未来的战争形式是如此具有破坏力，会将全人类都置于危险之上。科技的发展将我们带入了一个陷阱（我们将在终章中继续讨论其他进步带来的陷阱）。洛伦兹指出，这个问题亟待解决。

1967年，英国动物学家德斯蒙德·莫利斯出版了一本名为《裸猿》的书，引起巨大反响，因为该书首次从动物学的视角来研究人类，将人类只看成另一种动物，在那个时代（也许至今仍是如此）这种观点实属首创。在《裸猿》中，德斯蒙德认同达特与洛伦兹的观点：我们的本质就是变成猎手的猿，而如今我们面临的问题就在于能够远程杀人的现代武器妨碍了进攻性的安抚机制在人类身上发挥作用。

时至今日，"猎手猿"的理论依然常被用来解读我们人类的起源，我们可以回想《2001太空漫游》中重现的人类进化的第一步。许多人都相信通过狩猎，我们（从字面意义上）才真正地在进化路径上与黑猩猩分道扬镳。尽管如今我们已经知道，第一批人属动物——地猿——是在森林中居住，以蔬果为食，而非以狩猎为生。接下来的南方古猿依然基本居住在森林中，以水果为食，尽管它们的居住地地形更多样化，所处的森林不像地猿的森林那样封闭和繁茂。南方古猿还进化出了能够咀嚼坚硬植物的机制，它们的臼齿很大，表面尖利，能够用来磨碎食物。南方古猿的这种牙齿形态——小小的犬齿和巨大的臼齿——完全不是食肉动物的样子。

如我们之前所说，也许在晚期南方古猿的某些物种中，有成员学会了使用石器，并开始食用它们找到的动物尸体甚至亲自出去捕猎，也许这些南方古猿时不时会狩猎并食用一些小型猎物。但很明确的一点是，变成"猎手猿"并不是我们与黑猩猩分道扬镳的起点，实际上要到数百万年之后，这两个物种才会完全分开。

有些黑猩猩的群体也会猎杀羚羊或猪科动物（猪）的幼崽，但狩猎并不是它们所在生态位的主要组成部分（因此它们的狩猎能力在生理结构上毫无体现）[298]。地猿和南方古猿的情况也是一样。但到了能人的时代，出现了一个新的组合：臼齿的大小缩小了，并且他们学会了用锐器切开食草动物油脂丰厚的坚硬皮毛，割开它的肉，但这些锐器并不是器官本身，而是用石头制作的工具，是能人在学会使用工具以后制作出来的。

那么是否是在能人的时代，大脑、狩猎和工具的使用才终于结合到了一块儿？人类究竟有哪些特质通过了自然的选择？这其中是否包括做一名好的猎手？

我们之前提到过的理查德·D. 亚历山大在20世纪的最后25年中曾经发表过几部著作[299]，其中将人类的进化分为两大阶段。

在第一个阶段中，自然选择机制按照正常的模式运作，也就是说，通过生态压力进行选择。古典的说法叫作"来自大自然的敌意"，用达尔文的说法来解释，就是个体面临生存威胁的情况，需要在生态环境中寻找自己的容身之处，当今所有除人类以外的物种都处于这种情况下。

但人类一旦掌控了生态环境，就开始进入下一个阶段：社会竞争。在这个阶段中，选择的压力并非来自气候、温度、食物或寄生虫——甚至并非来自野兽——而是来自社会内部，在于群体内部的竞争（为追求社会地位）和群体之间的竞争（为争夺各个群体拥有的领土和资源）。在这个新阶段的竞争要求包括：

1. 个体要熟练地应对社会上的人际互动，才能在群体内部实现最大化的繁殖成功。也就是说，需要熟练掌握所谓的"马基雅维利主义"，也可以说是"权谋之术"。这些行为最终会影响整体有效性（整体适应度）的增加，但如果个人能够快速解读出其他人的意图，甚至在有可能的情况下，驱使集体为个体的利益来服务，那么对个体本身是很有好处的。

2. 与此同时，个体又要有合作的能力，为增加自己所在群体的整体有效性而努力，以确保自己所在的群体在面对其他群体时能够获胜（合作共赢）。

因此，在这个人类进化的第二阶段中，威胁我们祖先生存的对手不再是野兽，而是另一个人类，是自己的同类，或者更准确地说，是来自另一个群体的人类，如我们在阿塔普埃尔卡的格兰多利纳遗址的案例中看见的那样。

我们愿意按照理查德·D. 亚历山大提出的，从对生态环境的掌控和社会竞争的两个阶段来看待人类进化，那么我们可以将社会化的历史进程分成以下三个阶段。

在第一个阶段中，我们的祖先组成一个个小团体，共同抵御野兽的威胁，团体内只有少数几个男性。理查德·D.亚历山大没有说明这个阶段的人类处于哪个阶段，我们可以假设是南方古猿的时代。

在第二个阶段中，这些小团体除了要保护自己不受掠食者的伤害（亚历山大指出，这个时代的防御手段更加具有攻击性，此时的人类已经不是像过去那么容易被捕食的猎物），还要出去狩猎。我认为能人最符合这个阶段的描述。

而在第三个阶段中，人类组成的小团体将日渐壮大，其中的男性也越来越多，但不是为了防御野兽（尤其是大型猫科动物）的风险，而更主要的是为了防范其他与之相似的人属群体的来袭。在敌对的群体之间开始竞争，在地缘政治中我们将这种现象称为"均势"[300]。理查德·D.亚历山大指出，正是这种均势平衡的竞争压力推动着人类与大型猿类之间渐行渐远。理查德·D.亚历山大甚至还推测，其他猿类与人类的进化方向不同，也许恰恰就是为了要避免与我们的祖先产生冲突。不然的话，据他推测，如果人类灭绝了，黑猩猩原本是有可能进化成与人类类似的某种生物的，因为它们已经具备了实现这种进化所需的一切要素，尤其是团体合作和不同群体之间竞争的能力，而且它们的脑容量也和我们一样，因此这种人类之间的均势平衡竞争（按照他的理论）完全有可能在黑猩猩之间重演[301]。

在这里，这个最后的阶段可以推测为是直立人的时代，这是人类进化中第一个全球性的物种，我们可以说，当时的人类已经实现了对生态环境的完全掌握，有能力从非洲出发，走向全世界了。

从社会学的角度来看，我们人类是灵长类动物中与众不同的一个物种，因为在我们组成的群体中，可以有许多男性共同合作，同时在男女之间又能缔结稳固的伴侣关系，同时对亲子关系有很高的信任度。这里有一些重要的数据：大猩猩之间的亲子信任度很高，但这是因为大猩猩的社会群体中，通常只有一个或少数几个雄性繁殖者，如果群体很大的话（前者的情况多见于山地大猩猩，而后者多见于平原大猩猩），雄性的黑猩猩会组成联盟，共同捍卫领土和狩猎，但它们的亲子信任度比大猩猩要低得多，通常需要通过DNA鉴定才能确认一只黑猩猩的爸爸到底是谁。

人类这种独特的社会结构（具有家庭和群体两个层级）也许从直立人的时代就已经开始了，也有可能始于直立人之后的物种；不管是哪种情况，这个变化都来自社会进化的第三阶段[302]。但理查德·D. 亚历山大的理论还不仅局限于对旧石器时代和生物进化的研究本身。他提出，同样的机制也可以用来解释我们的物种的社会及政治进化（经历了群体、部落、族长制、国家—民族的不同演变阶段）。"邻里之间的竞争、群体之间的敌对甚至更广泛的各单位之间的合纵连横，都可以用均势平衡理论来解释"[303]。

亚历山大提醒我们，在所有的人类文化中都具备复杂的亲属关系系统，这一点至关重要，因为我们在为他人提供帮助时，需要确定对方与我们的关系到底有多亲近[304]。除了亲属关系（正如某个黑手党所说，家庭是最重要的[305]）之外，亚历山大还注意到另外两个重要因素：一个是我们已经介绍了很多的互惠利他主义（在两个个体之间互相提供帮助），而另一个对我们来说则是一个全新的概念。它事关个体的社会声望，该理论是理查德·D. 亚历山大在人类社会进化研究中做出的主要贡献之一[306]，尽管其实费希尔在1930年时已经提出过类似的理论。

我们之前已经介绍过费希尔是如何解释为何一些昆虫的幼虫味道很难吃，他用这个案例来说明"滞后的利他主义对于自身基因延续的益处"。但随后他又用同样的理论来解释他所谓的"部落社群"中的人类的行为。尽管他承认，我们的情况比昆虫的幼虫要复杂得多，人类做出的对自身不利的行为可以解释为"是为了名誉和声望，为了家族的荣耀"。就像口味难吃的虫一样，做出献身行为的英雄本身将不复存在，但他的基因副本将在他的孩子、兄弟姐妹和表亲之中流传下去。而真正重要的正是基因的存活，而非个体本身。

对名誉的追求，是一种经济与社会学意义上的间接互惠，它是对两个个体之间互相交换帮助行为的直接互惠机制的补充。间接互惠对人类来说相当重要，在这种情况下，个体提供的服务是给到他所属的集体的，集体中的每个人都可从中受益，而不是提供给自己的亲属（在亲属关系中）或我们之前欠了人情的某个人（直接互惠机制）。因此，它是一种推动合作的额外机制。

人类在社会体系中的间接互惠机制可以理解成是对集体本身的直接互惠机制，"以集体代表其他个体"，在集体中，所有人都会关注这些行动对未来可能会造成的影响。在这样一个社会环境中，如果持续出现多余的利益，集体选择机制将推动个体慷慨地为集体提供帮助，因为这有利于集体内部的合作和紧密联系。亚历山大认为，间接互惠机制是人类的法律与道德观的基础。

　　对于普通人（以及企业或机构）来说，没有什么比名誉更重要了，任何对名誉（比如一个人的好名声、名望等）的不当攻击都应该遭到惩处。此外，社会舆论（通过群众说闲话的方式）在狩猎和采集食物的群体中能够发挥有效的矫正作用，可以用它来惩罚自私自利的行为。

　　然而，存在诽谤行为的前提是要掌握语言，因此我们不确定间接互惠机制在动物的群体中是否能够广泛存在。也许黑猩猩中存在间接互惠的行为，其他有些哺乳动物也许也有这个能力。

　　总而言之，所有这些影响力的总和——亲属关系、利益互惠、直接互惠和社会互惠（或曰间接互惠）已经足够帮助我们理解人类为何会在群体内部合作，并对理查德·D.亚历山大提出的合作共赢理论模型表示支持了[307]。

　　合作共赢模式的出现，是否与人类脑容量的增加有关？或者说整体而言，社会的复杂性是否都与脑的发达程度相关？

　　针对这个疑问，亚历山大引用了一个英国心理学家尼古拉斯·K.汉弗莱的理论，后者曾在1976年出版过一篇著名的论文[308]，论文中提出人类的智力是一种社会化的工具，是用来应付社会生活的不确定性的。汉弗莱提出，我们的祖先面临的不断增长的挑战并非来自自然环境，而是来自与我们的同类在社会环境下交往的需要，随着社会的进化，这种交往也变得越来越复杂和不可预测。

　　理查德·亚历山大进一步解释道：

　　　　汉弗莱并不是在说，其他人类的行为和气候变化一样不可预测

（无法控制）。我们无法改变天气，但却可以影响我们同伴的行为。进化中的挑战在于，我们如何通过影响其他个体的行为，使其更符合我们自己的利益。汉弗莱列举了好几种出于主观目的预测和操纵他人行动的方法，这些变化逐渐改变了智力的复杂程度，并最终造就了现代人类[309]。

在汉弗莱提出的原始理论的基础之上，亚历山大又补充了不同群体之间相互敌对的情况（即均势平衡竞争理论），在人类进化的第二个阶段，这种合作共赢模式是推动进化发展的主要动力。那么，个体为什么不放弃权谋之术的竞争，离开社会生活的环境，自己独自生活呢？对于这个问题，亚历山大给出了答案。因为如果离开群体独自一人生活的话，生存会更加艰难，甚至几乎不可能实现。除了要应对野兽的危险，独自生活的人类还要面对与他同类的其他有组织的、成群结队的群体带来的威胁。

这里的重点在于，汉弗莱与亚历山大都不认为我们的大脑主要是处理环境信息的器官（一言以蔽之，就是处理关于狩猎信息的情报），主要功能也不是用来制造日渐复杂的工具（即处理技术信息），而是为了处理社会信息，为了在社会环境中取得成功。只有在社会系统的环境下，才能解释我们这个物种最突出的一些特征，不光包括认知能力，也包括许多生理和解剖学上的特征[310]。

当华莱士说，考虑到物质生活（即技术水平）的匮乏，他无法理解那些没有书面文化的民族的思维能力时，他就已经彻底滑向了错误的道路。如果他再仔细审视一下自己应该十分熟悉的这些原始社会群落的生活，他就该注意到，这些部落内部的社会复杂性一点都不亚于他所在的维多利亚王朝的社会。华莱士应该理解，我们的智力首先是一种情感工具，而数学能力要在之后很久才能出现，是在人类已经能够分析掌握类似一个人类群体这样复杂而不可预测的研究对象之后的事了。

在本章的最后，请允许我再对人类的两面性——和平与暴力的冲突——展开一些探讨。关于这种两面性，英国专家理查德·朗厄姆在深入研究了黑猩猩的攻击性行为之后，最近提出了一个新的理论（出自他的作品《善行悖论：人类进化中道德与暴力之间的奇妙联系》，2019年）。在书中，作者将攻击性行为分为两类：1. 被动攻击，主要受情绪驱使，会以激烈、无法控制的形式爆发；2. 主动攻击，是经过精心计划的冷静行动。人类在第一种攻击性上的表现频率很低，但主动攻击的指数很高。对于这种矛盾，我们该如何解释呢？

如果我们仔细观察倭猩猩的行动，就会发现在它们的群体中，被动暴力行为的出现频率要比在黑猩猩群体中少得多，原因在于，倭猩猩的群体主要都是由雌性构成的，它们会积极阻止雄性的攻击性。相反，黑猩猩的群体则主要由雄性组成，因此在其中才会出现这么多被动的暴力行为，成员经常怒气冲天。

关于人类进化过程中的被动攻击性为何会减弱，我们从自己家中或车库里就能找到答案：如果你仔细观察我们的家养动物，就会发现它们的行动要比同物种的野生动物要平和、冷静（总体来说也更天真）得多。朗厄姆和其他有些作者一样，认为智人是将自己圈养化了，并且它们因为这种行为而总体上变得更加温和。

但如我们所知，当代人类与尼安德特人共享同一位共同祖先。但是，尽管我们的祖先逐步走向圈养化的生活，但尼安德特人却直到灭绝为止，都一直保持着"野生"的风俗。就像主动圈养化的倭猩猩和黑猩猩也来自同一位祖先，但它们还是成功压制了雄性的攻击性（通过雌性掌权的方式）。在人类的历史中，史前人类并不是由女人掌权的，因此阻止攻击性的力量来自其他原因，即集体的惩罚。

在由男性掌权的人类中，如果有个体因为无法控制自己的情绪而出现被动暴力行为，也就是说，其被动攻击性过高，那么社会主体就会冷静地、有计划地将其抹杀。在这里，一种人工的选择机制在起作用，有点类似人类自新石器时代开始的对家养动物进行人工选择的过程。通过这种方式（通过"枪决队"的处决），可以解释在我们的物种中为何会出现被动暴力因素的下降和主动攻击性的上升。

毫无疑问，这种假设很有启发性，但该理论主要只建立在对灵长类动物和现代社会人种学的研究之上。在古人类的遗址中，很难找到当时的人类有处决同类的迹象。而且，动物在家畜化的过程中还会出现外观的改变（鼻子变短、皮毛变色、大脑变小、耳朵下垂等等），我们也有必要在对人类化石的研究中找找看有没有类似的蛛丝马迹，尽管我们如今能找到的只有一些骨头了。

# 第十四天
## 我知故我在

　　我们已经讨论了智力的演化，但在进化的过程中，意识又是如何出现的呢？意识是否也是为了适应环境而出现？若真如此，它的作用又是什么？它的目的是什么？在进化的过程中，意识一共出现过几次？其他的现存生物——比如黑猩猩、海豚或大象中——是否也存在一定程度的自我意识，或者说，对自我的认识能力？甚至更进一步地说，这些动物的同类是否也能意识到自我的存在？它们的同伴知道这一点吗？机器是否有朝一日也会产生意识？最后，我们将会探讨符号和语言认知能力的诞生，正是这些能力使我们凌驾于所有物种之上。我们是唯一会说话的动物。

首先，什么是意识？意识一共有几种？

越来越多的科学家倾向于认为，如我们常说的，许多动物（包括哺乳动物、鸟类、章鱼，也许还有其他的许多脊椎动物和非脊椎动物）都有感知能力和情绪起伏。换句话说，它们是有知觉（或者说有感觉）和情绪的。它们能够体验自身活生生的经历，有一种内在的感受和体验，以主观视角观察世界（以个体的角度看待外物）。同时，它们也具备不同的情绪状态，能够体会到诸如爱情、喜悦、失望、抑郁、愤怒、怨恨、紧张、恐惧等种种情绪。

此外，几乎所有专家都指出，有些动物能够体验到我们所谓的（因为我们在这里不可避免地要使用描述人类情感的词汇去描述这些情绪）同情心或同理心，甚至会对同类所遭受的不公待遇表示愤慨。也就是说，有些动物能够感觉（比如饥饿）和感受（比如愤怒，或者想去玩乐的愿望）。

这里我们要花时间略作说明。我们这里指的动物的感觉，不是像胶片感光那样的"感觉"；尽管即便是胶片，除感光以外也有好几种敏感性。这里指的也不是工业设备那种对于外界环境变化的感知和反应能力，比如用来探测气体、运动、声音、温度的升高或降低、化学反应等外界环境指标，并对此做出反应，发出警告或激活气体设备的机制（我们可以想象一个用于防火的烟雾探测器、用于控制温度恒定的恒温器或用于防盗的警报系统等）。从单细胞生物开始，所有的生物就都具备这种程度的感知能力，因为生物需要从外界获取信息以维持其生存。但无论是电影胶片还是光感细胞，虽说它们是感光的，但都不会像有些动物一样真的感觉到光的照射。

在实验室里做实验的时候，我们首先要检查哪些动物需要在开始实验前事先麻醉，以让它们不会感到实验过程中的痛苦（屠宰场屠宰用于食用的动物时也是同理）。无疑，我们不需要麻醉一只牡蛎，但却需要麻醉一只章鱼（尽管章鱼和牡蛎一样都是软体动物）。原则上，所有的脊椎动物都具有一定程度的知觉。我们可以将这种程度的感知能力称为"知觉"，而将"意识"一词留给人类——也许还包括一些哺乳动物，根据数据显示，它们都是社会性的动物，这是一个有趣的发现。不过，人们还是常常用"意识"一词（单纯的字面意思）来当作"知觉"的同义词，而用"自我意识"来指代我们人类的思考性的意识。

2012的《剑桥意识宣言》认为，许多（除人类以外的）动物都具备产生意识（感觉能力）必要的神经底物，即便某些缺乏新皮层的动物也不例外（新皮层只存在于哺乳动物之中，人类脑组织的90%都由新皮层构成）。该宣言没有绝对断言动物一定具备知觉，因为这一点很难通过实验证明（也就是说，难以从外部证实），但却从生物学的角度提出了这样的假设，从而推动了各种立法保障来禁止虐待动物、随意展开动物实验或其他类似的行为。

我们会自然地觉得知觉是一种适应性能力，比如如果能在被灼烧到的时候感觉到疼痛感，自然是有好处的，这比放一个纯粹自动化的机器去防火要有效得多，但实际上我们也能很容易地设计一个能够自动远离较高温度环境的机器人，或是让它对任何其他外界刺激做出正确的反应。而且——为什么不呢？——我们也可以设计一个对内在刺激能做出反应的机器人。比如动物在体内血糖降低的时候会去寻找食物，机器人在电池电量不够的时候也会发出警告，并询问要不要进入节电模式。那么，为什么我们需要感觉到饥饿之类的情况，遭遇这种饿得胃痛的感受呢？我们可以回想跳舞小人的玩偶，只要你拍拍手，它们就会自动列队，开始唱歌跳舞。这些小人完全没有感觉，但也可以对外界刺激做出正确的反应。

有人也许会认为，能够拥有愉快或痛苦的内在感受是一种有效的学习方式，有助于增加生活经验，牢牢地记住什么是对于生存有帮助的行动（积极作用），什么是有害的（消极作用）。但如今，系统专家所谓的"算法"已经越来越成熟了，机器也完全可以像人类一样学习，在这个领域已经有了突破性的成果。

但人类还存在一种独特的意识能力，也许是独一无二的，或者至少也比黑猩猩或海豚在这方面的能力要高出许多。我指的当然就是人类的自我意识，即意识到自身的存在（对"我"的存在，同时也包括对"你"的存在的认识）的能力，也可以称作反思意识。对于人类来说，具有意识意味着他能够同时注意到外部发生的事和我们自己内部发生的情况，包括我们自己的精神状况。这种能力能够审视我们的情感和思考，对生活进行反思，不仅仅是存在而已（苏格拉底曾说过，完全的人类生活应该是一个在哲学上不断内省的过程），而是要"活得有意义"（如亨利·戴维·梭罗所言）[311]。

换句话说，人类"觉醒"了。其他任何没有自我意识的生物即便拥有知觉，也仿佛是活在梦中，只是单纯地生存、生活、维持生命，保持一段时间的存在，直至死亡而已。

想象你在一个黑暗的电影放映厅中，全神贯注地投入一部电影的情节里，就像人们常说的，"投入到了忘我的境界"（甚至由于太过专注而感觉不到时间的流逝）。你感受到了电影中的紧张、恐惧、愤怒、柔情、喜悦、吸引力、爱情等等因素，但却完全不会对这些情绪进行思考或审视。所谓有知觉地生活就是如此……但你在这个过程中不会思考自身，不会思考这九十分钟的电影情节之外的存在。

另一个常用的例子是梦游者。人们在梦游时不但会走路，有时甚至还会说话，但却对这个过程完全没有意识，醒来之后也不会记得自己在梦游时的所作所为。18 世纪的杰出思想家德尼·狄德罗曾经用音乐家的情况做过一个比喻：音乐家能够一边和人交谈，一边演绎一首乐曲（或是边想事情边演奏）。从这里可以看出，人类似乎可以对眼前发生的事情做到视而不见或听而不闻。我们也常常边想着自己的事情边开着自动导航驶过漫长的旅程，而丝毫没有注意到自己经过的村镇。

非人类的动物是否就是这样生活的？它们是否完全沉浸在自己的生活这部电影中，如同在梦游一般（或者照现在流行的说法，仿佛行尸走肉一般）？对"我"的自我意识是否与智力的产生有紧密联系？

自我意识的概念很难定义，我们会不由自主地将它和智力联系在一起。我们会觉得，我们之所以有自我意识，是因为我们具有智慧，至少，没有人会觉得在地球上没我们那么有智慧的物种反倒会更有自我意识，或是相反，更有智慧的物种会没有自我意识。动物的智力水平很难衡量，但脑化程度是可以量化的，即对比脑的重量在全体重中的占比（我们人类、猿类、有齿鲸类及大象共同位列脑化程度最高的物种之首）。谁会想象脑化程度更低或是连新皮层甚至类似的脑内结构都没有的动物能够意识到自身的存在呢？事实上，我们是这个星球上脑化程度最高的物种，同时也是唯一的完全具有自我意识的物种，因此我们很难将这两种特征在生物身上区别看待。

我们为何需要感受冷热、饥饿、恐惧、爱情等等这些的问题已经很难回答了，而我们人类为何要具有个体身份认知这个问题则更难回答。这种能力伴随我们的一生，是每个人（不可分割、永恒）的一部分。

　　有时，人们会将自我身份作为一种人类的附加能力，一种新的功能（现象），当系统的复杂度到达一定的程度后才会出现，但我认为这种说法并没有解答上述问题。相反，它却引起了新的疑问。意识是否会在互相联系的数量达到一定程度后必然出现？计算机是否也能够到达这个程度，感受到痛苦或愉悦、快乐或悲伤与忧郁，甚至和我们人类一样，在了解死亡之后开始畏惧死亡？就像我们的某个遥远的祖先忽然觉醒一样，机器是否有朝一日也会觉醒？

　　让我们一点点来看。

　　与我们讨论的这个议题密切相关的一个思维要素是"心智理论"[312]。它指的是一种能够设身处地站在他人的立场，从他人的视角观察事物的能力。丹尼尔·丹尼特[313]将之称为"意图焦点"（或称态度、立场或观点），他这样描述这种特性："意图焦点在于通过解读某个个体的行为（人类、动物、器械等），将自己代入这个角色，想象对方会如何'选择'他的'行动'，'注意'他的'观念'或'愿望'。"我们人类在与他人交往时会使用这种能力，但在非人类的范畴内这种理论也同样能够得到应用。它源自一种生物性的基础，也就是说，是出于本能（而非后天学习）的能力。我们甚至会将这种能力运用于没有生命的大自然环境中，给予其目的性。相反，科学却要求完全基于科学法则而不是出于目的性，来解释世界的真实，尽管这与我们习惯的这个本能是相矛盾的。我们的本能倾向于认为世间存在的一切皆有其目的性，而科学则通过理性思维，取代了这种奇迹式的思考。

　　科学家对其他物种是否存在这种给予其他个体目的性的思考模式一直存在争议。证明这一点的方式之一是确认一个动物是否会去观察其他动物视线的移动方向，并随之（转头）移动自己的视线。这种行动意味着它正在调查其他动物在关注什么，但要想象与我们很不同的物种会这么干是有困难的。如果一头牛正在草地上吃草，却忽然转过头去观察是什么事情令另一头牛十分感兴趣，我们会觉得这头牛的行为太像人类了。

除了了解对方的意图和目的之外，心智理论还在于了解"对方所了解的东西"，其至能够确认对方是否在这方面犯了错误，是否它们其实并不真的了解自己以为了解的事实。科学家对黑猩猩、倭猩猩和长臂猿的研究实验结果表明，当这些动物中的某个个体有一个错误的观念时，它的同伴似乎能够意识到它的错误。比如在某个地方放了一个东西，过了一段时间之后，实验员改变了这个东西的位置，这些动物会期待它们的同伴还会去原来的位置寻找这个东西[314]。过去人们认为人类的儿童要过了4岁才能通过这个实验，但最新研究表明，孩子们在更早的时候就已经能意识到其他人的所思所想了。


但是，上述发现是否能证明黑猩猩、倭猩猩和长臂猿具有自我意识？心智理论是否是自动运行的，即在当事人自己都没有注意到的情况下，毫无征兆地就会运行？

理论上，心智理论（或说是意向态度）和其他能力一样，只是一项本能，并不要求当事人本人意识到自己的心理活动。笛卡尔曾经建立过心智／身体的二元论，其中他把心智比作水手，而身体则是船（两者密不可分，但却是不同的个体）。如果笛卡尔来到我们这个时代，他肯定会将这个比喻换成驾驶员与车辆。

然而，就在最近，我们已经在畅想无人驾驶技术了，未来也许所有车辆里都不会再有一个驾驶员坐在方向盘前，那么笛卡尔比喻中的驾驶员就将变得可有可无了。毫无疑问，汽车完全可以没有任何意识地自动运行——目前只有汽车可以做到这一点，以后还有许多其他交通工具也将陆续开发出无人驾驶功能——据说在不久后的将来，汽车就再也不用配备驾驶员了（或者仅在某些特定环境下才需要人类驾驶员）。哪怕就在现在，我们也已经在使用各种导航系统来告诉我们交通状态，帮助我们更好地规划路线。自动导航能通知我们堵车路段、交通事故地区等等（它们甚至还能告诉我们哪里有警察检查的风险，哪里有测速仪）。只要在现有的程序上再加上一个驾驶系统，之前提过的未来设想就即将实现。

　　总结一下，是的，在没有意识到的情况下主动应用意向探查能力是有可能的，但即便如此，我们依然将意识看作一种适应能力，它的出现是为了帮助我们在社会生活中取得优势。社会生活是如此复杂，在这种错综复杂的环境下还是驾驶员的"驾驶"比自动驾驶来得更有效。毕竟，要预测其他人在下一刻会如何行动是如此困难！而在我们集体参与的社会活动中，更重要的是了解他人是否犯了错误，因为这种认知是欺骗和操纵的基础。只有当我们知道他人有一个错误的观点时，这个事实才能对我们有所帮助。我们能否无意识地做到这一点呢？有朝一日，机器是否也会这样故意欺骗我们？它们也会掌握权谋之术吗？我们之后会回答这个问题。

　　在理查德·亚历山大的进化模型中，自我意识与想象假设社会场景的能力密切关联，我们将通过这种想象挑选与我们最利益相关、风险攸关的行动，"需要能够通过借鉴过去在社会生活中获取的信息，来预测和改变未来的社会生活，构筑某个场景"。

　　换句话说，这种能力的目的在于试图改变未来。只有我们人类能够做这种长远的规划。我们通过检索过去的记忆拼接新的场景，就像从回忆中把一段段活生生的场景剪切下来，根据一个新的脚本粘贴在一起，就像剪辑电影一样。因此，记忆的存在对于意识的产生是不可或缺的。而人们常说，动物没有过去和未来，它们永远生活在当下，尽管这个观点还没有完全得到证实。

　　理查德·道金斯也认为，构想未来的能力解放了人类。只有我们人类通过这种方式脱离了我们的基因的统治。他在《自私的基因》的最后章节中将基因称为我们的"创造者"。基因没有计划、没有意识，只会盲目地局限于自我复制的本能。基因只为短期利益而工作。我们人类则可以为了长远利益而牺牲暂时的利益。（而最简单的自私主义总是蛮横无理的：我要，我现在就要！）

　　由于意识的存在使我们脱离了基因的束缚，我们甚至还可以选择同时对短期利益和长期利益都无动于衷。

假设反思意识的目的是为了构建合适的社会场景，这种能力又是怎么来的呢？

理查德·亚历山大认为，自我意识的起源恰恰来自于想象其他人会如何看待我们的能力。了解别人是如何看待自己的，这会很有用处，因为知道这一点之后，我们就可以对应地调整自己展现出来的形象，从而按照我们的意愿影响、欺骗甚至操纵他人。正因此，我们才如此在意自己的形象。我们可以将意识定义为审视自己的感觉和思想的能力，如尼古拉斯·汉弗莱所言，用形象化的画面来比喻的话，就像是"内在的眼睛"（参见图十七与图十八）。但在自我观察（自我倾听）和想象别人如何看我们（和解读我们）的行为（也就是说，通过外部观察）之间并没有很深远的鸿沟。早在镜子和相机发明之前，我们就是——形象地来说——通过自己在他人眼中的倒影来了解自身的。也就是说，意识的出现是为了控制我们的形象、他人对我们的看法，并根据我们的需求来操纵这些认知。我们将自己放在他人的立场来审视自我。如今，我们似乎很清楚个人、企业或机构的形象的重要性，也知道可以通过形象的包装来欺骗他人。但事实上，自从我们人类产生自我意识以来，我们其实就一直在这样做了。

但汉弗莱的观点则是，审视自我的这面"镜子"并不在自我之外，而恰恰就在我们的大脑中。在汉弗莱的论述中，他提出了这个经典的问题——一个大脑能否看到自身，并检查自己的功能。因为如果大脑不能审视自身的话，我们就得自问：是谁在检查大脑的功能呢？（换句话说，是谁的内在的眼睛在审视？）

但是，汉弗莱的回答是——一个人没法看到自己的眼睛，而必须要有一面镜子。同理，为了实现内省的功能，自然也赋予了我们在脑中有眼睛和"镜子"的功能，来检查大脑的运作。汉弗莱将这种机制称为"自我反射视角"（self-reflexive insight）。通过检查我们自己的想法和感受，我们就能想象其他人的想法和感受，这些信息对于我们理解他人、在社会上竞争是有帮助的。换句话说，自我意识是我们能够预测其他人会做什么。为此我们建立了"如果我处在这种情况下，我会怎么做？"的假设机制。

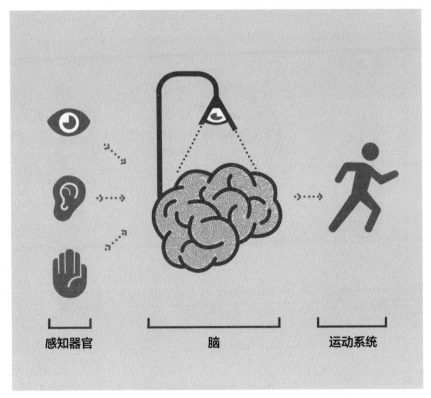

感知器官　　　　　　脑　　　　　运动系统

图十七：亲属之间的基因联系

　　在进行一个自发的、自动进行的动作时，信息通过感知器官进入大脑，大脑的运动皮层会发出必要的指令，使身体能够根据各种不同的情况，做出一系列反应动作。假设一匹斑马用眼角的余光扫到了一只狮子在靠近。在这种情况下，如果它还要想想自己该干什么的话，它就没有时间逃命了。本图可与尼古拉斯·汉弗莱的另一幅示意图互作对比。

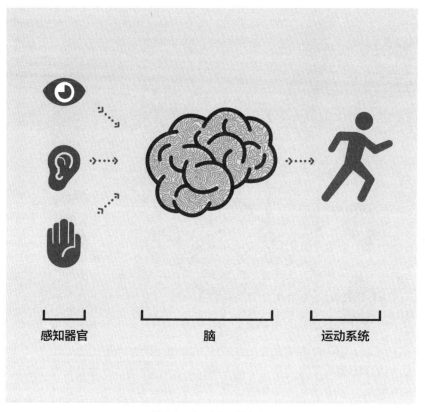

感知器官　　　　　　脑　　　　　　运动系统

图十八：有内在视野的大脑

在内省机制中，我们会检查我们自己的想法，审视内省，整理我们知道的信息。

按照尼古拉斯·汉弗莱的说法，在这种模式下，我们也能因此想象其他人的所知所想，更重要的是，能够通过这些预设，提前判断他人的行动。当我们的祖先在社会环境中激烈竞争时，这种适应能力将给他们带来很大的帮助。本图例可与尼古拉斯·汉弗莱的另一幅示意图互作对比。

# 生命简史

VIDA, LA GRAN HISTORIA

## 这儿发生了什么？

　　尼古拉斯·汉弗莱曾经自问，对"自我"的意识究竟意味着什么，因为按照自然选择理论，如果在进化过程中出现了新的功能，这个功能一定自有其用途[315]。在（由德尼·狄德罗提出的）关于自动机（机器、电脑、机器人）是否能植入意识（灵魂）的老问题之上，新增的问题是"它的作用会如何体现"。

　　或者说，是什么推动了意识的诞生？汉弗莱认为，对于一只青蛙甚至一头母牛来说，意识都毫无作用，因此它们不具备意识。这一点很重要："自我"的意识不是对所有物种都有用的，只对在生物学上具有复杂社会形态的动物有帮助，比如人类，以及一定程度上也包括黑猩猩，也许还包括狗（狗是一种很神奇的生物，因为它是我们按照我们的形象和相似程度创造的，因此狗会做出它的祖先狼永远也不会做的某些行为，而且在很多方面，它比大猿表现得更像人类）。

　　总结来说，自我反射视角给我们提供了一种自然心理学能力，能通过它来了解其他人的心理活动："每个人都能审视自己的内省，观察和分析自己的过去和自己的精神状态，并在此基础上反映出其他人深层次的心理活动。"汉弗莱说。

　　对于一个像人类这样高社会性的动物来说，这种能力至关重要，"如果缺少了这种理解、预测和操纵同物种其他同伴的能力，一个人就连一天都很难生存下去"。更不要说在史前社会了。这样的人类会处于一种我们如今称为"自闭症"的情况下，恍若幽灵。

为了让我们能够更直观地理解这些概念，尼古拉斯·汉弗莱用一幅画作来举了个例子。这幅知名画作（图十九）来自俄罗斯画家（生于乌克兰）伊利亚·列宾，这位艺术家在苏联革命之后曾经以其社会主义现实画风而知名，当时的苏维埃政权欣赏这种绘画语言。

这幅争议中的画作是在1983年列宾参观了普拉多博物馆、临摹了委拉斯凯斯的画作后绘制的。我发现，列宾的画作与《宫娥图》（图二十）之间有许多相似之处。首先，在构图上，不同的人物都位于不同的空间层次中。其次，两幅画作都向着观众的方向敞开（增加了一个维度），这是场景的一部分，使观众感觉自己仿佛也身在画中，是画中场景的参与者之一（人们形容委拉斯凯斯完全画出了整个场景的氛围）。但最主要的相似点在于，两幅画作都会令我们不由自主地自问这儿发生了什么。我在这里不对《宫娥图》做过多分析，但任何人都可以试着理解列宾的画作中发生了什么。请在接着读下去之前，先花一点时间仔细观察这幅画作。

现在，我们可以解读列宾的这幅通常被称为《意外归来》或是《无人等待》的画作了。常规的解释是，画中的主人公是一位政治犯（一位革命者），他刚从沙皇的监狱中被释放，没有事先通知就回到了家里（他的形象瘦弱而委顿，服饰显得风尘仆仆，鞋子又脏又旧）。在他进门后，首先看到他的人物是厨娘（她好奇地打探着发生了什么事）和女佣（她疑惑地打量着自己刚刚帮他开门的男士）。母亲（也可能是妻子）看到自己的儿子（或丈夫）进门，立即就站了起来，仿佛看到了一个幽灵。正在弹钢琴的妻子（也可能是大女儿）仿佛不敢相信自己的眼睛。女儿（小女儿？）看起来似乎不知道刚进门的这位男士是谁，因为她已经不记得自己父亲的样子了。相反，儿子看起来还认识自己的父亲。

感谢进化给予了我们自然心理学的解读能力，我们才能做出上述解读，并能够和他人感受到同样的情绪、感情、情绪状态和思想。通过这种能力，我们才能从画中人物的表情中，解读出惊讶、沮丧、好奇、意外、喜悦等种种情绪。

我们还会假设，几秒钟之后，屋里就会爆发出一阵阵欢呼、欢笑、哭泣、拥抱和亲吻。感谢意识的存在，我们才能像这样预测未来。

---

我们终于谈到了科幻小说中最重要的（也是最令人不安的）议题：机器会产生自我意识吗？或者，它们是否至少会有感觉或产生情感吗？那么外星人呢？

所谓的"人工智能"（AI）基于算法运行，也就是说，其行动是基于计算机程序的指示，遵循一连串的指令，采取对应的步骤、行动及方法来实现目的。计算机的算法是硅基性的，而感觉（如疼痛、炎热、饥饿）、情绪状态（如恐惧、温柔、愤怒、悲伤和沮丧）以及人类的思想活动的产生则是基于碳基性的化学反应（地球上的所有生物都遵循这一相同的有机化学原理）。但确实，如果主观意识只来自程式化的结果，那么机器的硅基性算法和动物及人类的碳基性生物化学反应（亦即芯片与神经元之间的区别）其实并没有那么大。

根据尤瓦尔·赫拉利的说法，生物学已经证明所有生物（包括人类）同样是算法的结晶。但是，他也提出，尽管近年来人工智能领域的发展已经有了很大的进步，机器依然没有一丝产生自我意识的迹象，因为这两者（即智力和意识）是截然不同、彼此独立的。计算机可以在一场国际象棋比赛中击败世界冠军，但却不会感到哪怕一丁点高兴或者骄傲的情绪。我还要补充一

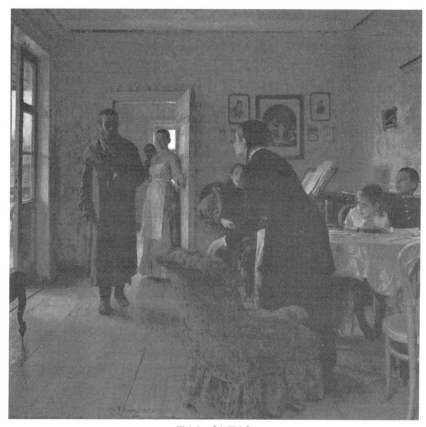

图十九:《在屋内》

　　伊利亚·列宾在仔细研究了普拉多博物馆的《宫娥图》之后绘制了这样一幅画作。我们感觉自己仿佛也身在画中的房间中,屏住呼吸,亲身经历画中的事件。

图二十:《宫娥图》

　　这幅著名的画作依然谜团重重。评论家们仍在讨论委拉斯凯斯到底想通过画中人物告诉观众什么信息。此外,这位天才画家将整幅画的场景完全向观众敞开,使得观众感觉自己仿佛也身在场景之中。通过这种方式,委拉斯凯斯(他自己也身在画中)邀请我们一起加入了他的游戏。上述所有这些特征使得这幅画成了一幅无与伦比的杰作。

点，那就是机器从来没有表现出过一丝一毫的幽默感。

然而，伟大的葡萄牙神经科学家安东尼奥·达马西奥却对此持完全相反的看法[316]。他认为，不管是人类还是动物，都不是由算法定义的。这并非因为我们拥有某种非物质性的资质（比如灵魂），而是因为在意识产生的过程中，除了神经元的活动外，我们的身体也参与其中，并将相关的状态信息（包括从内脏以及肌肉骨骼系统中的肌肉中产生的信息）传递至中枢神经系统，以维持生物有机系统的稳定与平衡，从而确保个体的生存。

总之，达马西奥总结道，如果没有身体，就无法生成主观经验，因此无法产生意识。有些人预言未来也许有可能从个人身上下载他的思想，并以算法的形式装载到一部电脑上，从而确保个体的永生（而非仅仅只是算法）。但达马西奥会反问，那么身体本身也能下载吗？答案当然是不能。而只有当一个机器人也被赋予了一个真正的身体，并拥有能将身体各部位及各系统的状态信息及时传送至中央数据处理区的功能时，才有可能在有朝一日产生自我意识。达马西奥认为，在其他星球上产生类似动物或人类的带有感官的生物有机体是有可能的，但其基质十分重要，如果生物原理不同，感受也将会变得相当不同。

我们这一天从讨论智力开始，随后开始讨论"意识"，之后进入关于自我认知的探讨，现在，该轮到关于"思想"的讨论了。什么是"思想"？"思想"是由什么组成的？其产生的原理又是什么？动物也拥有思想吗？

确实，许多作者都坚信，所有的哺乳动物和鸟类，也许还包括一些冷血的脊椎动物（有一些是爬行动物），当然还包括著名的章鱼，都拥有思想。令人称奇的是，鸟类大脑的行为模式与哺乳动物截然不同。比如美国鲣鸟在准备过冬前，会将食物分别存放在许多不同的地方，而且能够清清楚楚地记住之前存放粮食的各个地点，仿佛脑中有一张细节清晰的粮食存放点的地图。而最近的一项实验则证明，鸽子具有时间和空间的概念。

如果拥有思想，生物就拥有了一种在自己的头脑中再现外部世界的能力，在这个内在世界中，各物品都拥有自己的形象（并非一定是视觉形象），通过时间和空间的不同类型区分（某件事何时发生、某件物品处于何处等）。

为了自我理解，这些内部的形象符合实际物体在真实世界中的形象，也同样符合其真实的空间关系（如一些物品与另一些物品之间的相对位置）。

我们通过感官从外部世界获取的大量信息会经过大脑过滤，并整理成一个对应的内部世界（即个体的私人世界）。通过这种私密性的再现世界的方法，我们的世界才不会仅仅是一堆各种感知的混乱集合。在现实世界中，我们身边的事物在通过不同的方式、不同的角度、不同的时刻甚至不同的光线时看起来可能都不一样，但各项事物——比如一个具体的人、我们的家、我们的猫、附近的山等等——在我们的脑海中的印象都是独一无二的，只有一个固定的形象。而且，通过不同的感官渠道到达大脑的不同信息也都会统一地整合到这一形象中，因此不管是通过闻到、看到、听到声音去认识事物，还是通过形状、颜色和质地来认知，信息都能统合。因此，虽然有些感官特性会随着时间的推移而变化，但我们并不会因此而错认一朵玫瑰和一朵茉莉。

我们对事物的基本认知来自我们内心为它定义的这个形象，而对应的行为则是基于这个内在形象而产生的。因此，大脑是一个感知—认知的器官，也就是说，在思考的时候，我们一边感受，一边认知。

现在我们从另一个角度——行为的角度来解读一下。

个体的行动一方面遵循本能的冲动——源自天生（如同代代遗传的程式），尽管会随着进化逐步成熟——这种本能是生物能够在这个世界生存的基本保障。但行为的产生也可能来自于所谓的条件反射，即个体在生命中，将某种行为与它带来的奖励或惩罚的后果联系在了一起。条件反射并非先天形成的，而是伴随着痛苦或愉快等体验，基于经验产生的。在两种情况下（不管是本能还是条件反射），由感知所产生的信号都会直接触发动物的行为模式，从外界观察，就像是一系列的机械性刻板动作。

我们再重复一次，这个触发—反应的联系机制有可能是天生的——生物在来到这个世界时，这种反应机制就蚀刻在基因上；也有可能是后天通过试验和试错，通过经验习得的（但应该学习什么，如何学习，何时学习等信息依然都通过基因来记录）。

但哺乳动物、鸟类或其他任何有思想的生物不仅仅是通过本能或条件反射来行动，也就是说，其行为模式并非和机器一样，只有固定的模式，而是有一种处理信息的内部机制，能够系统性地重构世界，我们将之称为思想。而与之相反的是，自动化机械或电脑则没有这个内部世界。也因此，哺乳类和鸟类在我们看来比行为相当具备可预测性的机器……或者是节肢动物（如昆虫、螃蟹、蜘蛛等）更灵活，能更好地适应外部环境。

正如我们看到的，我们有很多理由可以推断，许多动物都是有思考能力的，其中有一些甚至有自我意识。它们不仅仅是算法的组合，还有私密的经验，其感知、感情及思想构成了它们独特的个体。

那么如果动物和我们一样具有思想，它们为什么不跟我们说话呢？它们为何不能理解我们的语言？它们的思想活动没有名字吗？

在康拉德·洛伦兹有趣的作品《所罗门王的指环》中，作者引用了所罗门王的传说。在传说中，这位以色列最睿智的国王拥有一枚魔法戒指，他能通过这枚戒指与动物交流（该书的德语原标题直接说他能够与哺乳动物、鸟类和鱼类对话）。不幸的是，这在现实中是永远都不可能发生的，因为人类的思维模式与动物差异很大，我们可以进行符号化的思考，而动物则无法给周边事物命名。

人类的语言是基于符号产生的，与自我意识密不可分。至少，我们认为世间已知的唯一一种完全拥有自我认知的生物就是我们自己，同时我们也是唯一能够使用符号和语言的生物。基于同样的理由，我们也很难预测，如果人类没有掌握语言，是否还会产生理性？（当然，没有理性的情况下则肯定不会掌握语言。）尽管论证起来十分困难，我们依然可以想象一下，如果某个物种的两种能力——基于符号而产生的沟通能力以及理性的思考能力——之间没有关联的话，它们能够在没有语言的条件下思考吗？这种思考会不会只有它自己能够理解？

所有的生物都能互相沟通，但只有我们人类使用符号来沟通，也就是说，我们随意创造的任意标志，也只有使用这一标志的社群内部才可以理解，而对于其他人来说都无法理解，因为它们不像本能那样具有普遍性[317]。我们使用某些声音（音素）来代表某些事物（如说出一个单词）时也同样如此。其意义的局限性正如军事语言中五角星的作用、博士们在学术活动中佩戴的四角帽或是婚戒在社会生活中代表的意义（至少在西方文明中）相类似。这些符号中没有一个是记录在我们的基因之上的。但在被赋予意义之后，一个装饰品就能够代表一场葬礼、一件艺术品或一种语言（我们将之称为装饰品或旧石器时代的艺术，不仅仅只是为了给观察者造成美学上的印象，也是为了分享和交流这种理念）。

我们人类在沟通时，各自使用只属于自己的社群的语言。但有意思的是，当我们在进行网络对话时，我们经常会使用表情符号来加强对实际情况的理解。而这些表情符号是国际通同的，在所有国家都适用，没有英语、西班牙语、阿拉伯语或汉语这种差别。但如果没有这些表情符号，许多重要的细微含义就会丢失，如讽刺、愤怒、同情、理解、爱、幽默、悲伤等等。表情符号是一种更好的沟通载体，更有效，更安全，比起书面语言能够更好地传递情绪。在一场网上聊天中，它们取代了语音语调和身体语言能起到的作用——而在一场面对面的对话中，没人能保持静止不动，并用一成不变的单一语调说很久的话。

看看一幅表情符号的画面。你们可以看到，许多表情符号都对应具体的面部表情。所有人都能理解这些符号，也许是因为它们已经随着手机和其他电子设备的使用而广泛地普及化了，但可以肯定的是，它们具有如此高辨识度的另一个原因也是这些表情是物种生物遗传性的一部分，就像我们常说的，它存在于我们的基因中（如所有人在感到悲伤时都会哭泣）。从这个例子中我们可以看到，生物学原理与文化在人类社会中是如何共存并互为补充的。每个社群都使用自己独有的语言（文化），但所有人都使用同样的表情符号（生物学）。

但人类的语言并不仅仅由符号（即代指事物的词）组成，为了让语言具有意义，能够描述一些有趣的事情，还需要将这些词汇互相组合，而组合词汇的规则就是我们所说的语法。

理查德·道金斯认为，完全的人类语言，也就是使用语法的语言，从它产生的巨大历史影响来看，可以称得上是人类在进化过程中实现的一大突破（几个大突破中的一个），哪怕在它成型的那会儿也许看起来只是一个小小的变化，好像没有多少创新。道金斯认为，语法成功的关键在于其递归性，即通过构建嵌入式从句的方式，将一些句子嵌入（嵌套）到另一些句子的内部。在计算机编程语言中，使用这种递归能力不需要下达许多复杂的指令。比如把一个子程序在另一个程序内打开或关闭的指令相对是容易的，就像在一段正常书写的文本中给其中一个句子打上括号（然后在其中还可以再内括另一个句子，以此类推）。这些增加的程序指令从遗传学的角度来看就等同于基因的突变。道金斯认为，可能就是一个或少数几个人的基因突变使他们获得了在从句中嵌套从句的语言构筑能力，而这种能力改变了一切。因为通过使用语法，沟通的可行性被无限放大了。

理查德·亚历山大则强调时态的重要性——通过时态，我们能区分过去、现在和将来。如果我们再加上代表人物和地点的词段，我们就能讲述所有的历史，或想象各种各样的未来。

通过进化，我们得到了更强有力的工具，能更好地应用于我们的思维。

在人类的进化过程中，象征思维和语言能力是如何出现的呢？

尼尔斯·艾崔奇与伊恩·塔特索尔在1982年的一篇论文中提到，在整个生物圈的发展历史中，人类是唯一一个能够理解象征符号的物种。两人引用了一位著名神经科学家的话作为例证：

> （乔治）撒切尔认为，人属物种在进化过程中的主要复杂时间节点——如社会结构、狩猎、工具的使用，等等——可能都是基于神经的发展而产生的，而同类的神经发展过程在其他哺乳动物物种中则相对"低效"。撒切尔认为，语言在进化上是突然出现的，前提是人类的脑部需要发展到一定的规模。通过这种量子式的神经进化飞跃，大脑能够处理大量信息，因此人类才能做出种种与众不同的行动[318]。

在 1982 年出版的这本书中，艾崔奇与塔特索尔引用了乔治·撒切尔的理论（另一方面，这个理论很难验证），该理论能够很好地解释人属物种之间颅底形状的不同。尼安德特人的颅型是大而长的，而现代人类的颅型则是弯曲的（颅顶有弧度），因此，能够容纳同样是弧形的大脑，因此随着脑容量的增长，我们这个物种的颅型也越变越圆，几乎成为球形。人类颅底形态学的变化又与我们的语言能力密切相关（喉咙的位置较低），而尼安德特人的语言能力也因同样的原因受到削弱（他们的喉咙位置较高）[319]。

曾经有一段时间，学界普遍认为尼安德特人不能很好地发音，是因为他们的咽部[320]与我们不同，但如今这个理论已经不那么热门了。我个人当然也并不认同这种理论[321]。从纯物理的角度来看，人类为了能够说话所需的生理结构早在直立人时期就已经完备了。尽管有不同的研究结论，但实际上发声器官并不是一个问题，接收器官（听觉）也同样不是问题。另一个有待研究的问题是——声音是何时变成语言的。

自 1982 年以来，在古人类学的研究领域又有了很多新的进展，新的化石和遗址不断被发现，但塔特索尔始终坚持认为，不管是尼安德特人还是其他现代人以外的人属物种都从来没有具备过象征思维能力或语言能力。

塔特索尔甚至还进一步提出[322]，为了实现象征性思维和语言能力所需的条件是突然出现的，是这些条件重组了人类的生理学结构，才导致了我们这个物种的出现，但这种重组与思想或语言本身无关[323]。

也就是说，使得人类能够使用符号并通过声音（音系和词汇）进行符号编码的解剖学结构和神经结构并不是为了说话和思考而出现的，这些能力并非源自认知的适应性。就和鱼的鳍一样，它们最早不是为了日后让四足动物能够在陆地上行走才出现的，而是为了能让鱼在水中游泳，行走的能力是在（进化上）很久以后才发展出来的。鸟类羽毛的进化也是同理，它们最早出现的目的是为了让某些恐龙能够保存身体的温度，而后来才逐渐转变成辅助鸟类飞行的道具之一。人类用符号进行象征性思考和使用语言的能力也是一样，它们早在 20 万年以前就已经成为我们的身体设计的一部分了，但却一直沉睡着，并未用于思考和交流。直到数千年甚至是几十万年以后，这种能力才被发扬光大。

用经典的说法来讲，这是一种预适应能力，在现代古人类学中将其称为扩展适应。这种能力最早可能源自一种很小众的突变，但在神经系统的结构中（脑内的神经连线中）有所体现，就像是建筑中石质拱形结构的拱顶石一样，只是一个很小的构造，但对维持整个结构的平衡来说是必须的（至关重要），如果没有它，整个拱形就无法成型。因此，拱顶石具有重大的意义，它是完成整个拱形结构的最后一环。

塔特索尔的理论如下：在距今大约 75000 年以前，在非洲的古人类中，出现了符号认知和语言能力。这些能力早就已经做好准备以投入使用了（比如，在孩子们的游戏中），只待被人类从实践中唤醒。塔特索尔是这么描述的，人类这个物种早在 20 万年以前便已经出现，而在距今 75000 年时，他们的语言能力觉醒了。随后，在人类还处于非洲的起步阶段时，一场大型的气候灾难令人类发展陷入了瓶颈期，但也正是从这场危机中，完全具有符号象征能力的人类诞生，而这些人类从此将走向整个世界。

鉴于这些内容十分重要，我们在这里再做一下总结。根据伊恩·塔特索尔和其他一些作者的说法，即便是智人，在其存在之初——也就是说，根据遗骨化石记录，在距今 20 万年以前——他们的思维模式跟我们现代人也是不一样的。当时的智人还没有语言能力，尽管他们的大脑已经是半球形的了，而且他们也已经具备了符号认知的潜力，发音器官也已经做好了联结语音的准备。

可能发生的一个情况是，在智人出现的数万年以后，某种文化的契机（而非生物学的）激活了他们的神经系统，使他们开始能够使用符号进行象征性的思考。根据考古探索中发现的第一批装饰品的时代来计算，这个时间最多不会早于 10 万年以前。总而言之，塔特索尔认为，结构的准备出现在功能性之前，在进化中这种情况很常见。在这个案例中，相关的生理结构早在数十万年以前就已经准备好了。

在古老的象征性的物品范例中，最典型的例子来自南非近海的布隆伯斯洞窟中发现的饰品，是用蜗牛壳制作的，上面穿了孔，可以将壳串起来挂在一起，还有两片红色的赭石[324]，被雕刻成叶片的形状。这个饰品距今已有75000年的历史，在当地还发现了一块小一点的石头，上面有人用赭石当画笔绘制了图案。这些非洲古人毫无疑问地具有和我们相同的符号象征能力，因为无论是制作项链还是在石头上画画，在物理性的世界（也就是我们所谓的现实世界）中都没有一点实际的（被承认的）作用。我是指这些物件不能当作器械工具来使用，不能用来切割、敲击或打孔，尽管在精神的世界即非物质世界中，这些物品毫无疑问能够发挥社交工具的作用。我们人类的存在感也能够在这种想象的世界（或者说是虚拟的世界）中发展，沿用某部著名电影的说法，就是我们自己的"矩阵"[325]。

在一个更古老的遗迹——距今约10万年以前的以色列斯虎尔遗迹中，考古学家曾经发现过与我们同种的古人类化石遗迹（即并非尼安德特人），在这里也同样发现过两片被穿孔的海生腹足动物（海蜗牛）的壳，可用来制作项链坠或其他饰品。但斯虎尔的开口位于加利利的迦密山上，离海也不远。而在距今70000年前的一处阿尔及利亚的考古遗址（尤德·杰瓦纳）中，也同样发现过类似的贝壳（据推测也是作装饰用途的）。而从当地到海边的距离（在那个年代）就很远了，差不多有两万公里的距离，这意味着当时的人类已经开始贸易了，在不同的族群之间会互相交换物品，并会和跟自己非亲非故的其他人类打交道。这一切都意味着语言能力（用编码的信息进行交流的系统）和符号认知能力的存在。

一个有待解决的问题在于，如果上述理论成立的话，在我们的物种中的这种量子式的神经进化飞跃究竟是如何扩散的。如果只有一个个体因为基因突变具备了语言能力，他能与谁进行交流呢？也许他会首先和自己的孩子们交流[326]，随后将这种突变基因扩散到自己所在的族群中与他具有密切血缘联系的人群中。也许这样一个大家族最终将成为第一批会说话的人类。

但是，根据量子式神经进化骤变说的坚定支持者的说法，尼安德特人是没有语言能力的。他们对于象征符号的理解能力并不比自己的祖先强到哪里去，尽管他们已经能够生火、用石头制造非常精细的工具，甚至已经学会了设身处地地站在他人的立场思考。按照乔治·撒切尔的说法，这些能力所仰赖的神经活动过程与其他的哺乳动物物种相类似。

那么，我们该如何解释尼安德特人的复杂行为呢？

按照伊恩·塔特索尔的说法，尼安德特人的行为是由情感和直觉来主导的，是一种无意识的逻辑过程，但却非常准确，在我们的日常生活中这种模式也经常出现。我们常常无需思考就很清楚自己该怎么做。因此，尼安德特人是感性的、直觉导向的，但却欠缺理性，也没有符号认知能力。

从科学的角度来看，尼安德特人仅仅凭直觉行事的这种说法并不荒谬。神经科学家已经告诉我们，在很多情况下，我们自以为是有意识地、经过思考地在行事，但实际上却是出于本能、下意识地在行动。也就是说，我们首先行动，然后才给我们的行动同时冠以理由。因此我们才会说服自己相信（对于我们自身）我们是先思考过再行动的，我们先评估了情况、做了决定，然后才开始行动。尽管在很多情况下，这些顺序其实是反过来的。

尼安德特人和其他古人类物种尽管已经有了自我的意识，也能够猜测他人的意图，但这些人类的生活是明显务实的[327]。可以说他们都是非常现实主义、以实践为主的。他们无法将自己记忆深处的影像组合起来，创造出新的前所未有的故事。他们也不会畅想未来。他们不会想象一件事情可能会如何发生，既不会向往某件他们想要实现的事情发生，也不会顾虑某件他们不愿接受的事实是否会发生。他们只关注此时此刻。他们永远活在当下（就像英语所谓的现在进行时态，总是用"正在"接上动词变位——"我正在吃饭""她正在游泳""孩子正在哭""篝火正在熄灭"）。他们不会做白日梦，也不会幻想[328]。

我们可以确定，尼安德特人已经学会了生火，并会在日常生活中使用火来烹调（有许多用于生火和用火烹饪的设施）。他们已经会在夜晚围坐在火边取暖，并感到安全。但是，根据量子式神经进化骤变说，他们在火堆边夜聊的内容中不会谈到部落过去的历史，也不会聊起统治世界的神灵——也就是说，他们不会去试图解释世界上发生的自然现象，并试图为这些现象寻找一个原因，尤其是为生与死寻找解释，因为凡事都有其原因。

他们也永远不会自问，我们为何在此？

为了说明这个问题的本质，我将引用美国古人类社会学家沃尔特·戈德施密特对于文化的定义来稍作解释[329]：

> 文化是人类对于这个世界和其中包纳的事物的共同感受，其中也包括了个体本身的感受和个体认可的行为模式。这种感受不仅限于感官感受本身，其引起的心理感受和情感也是同样可以共享的（一个群体会共同认可一个统一的自我身份定义）。随着个体的成熟，这种对于世界的感受逐渐变得可以共通。在一个社群中，每个成员的想法都各不相同，但这些个体却能够做出整齐划一的行为表现。群体会尽量追求这种统一性，为此在很大程度上需要使用统一的语言，以及通过社群和其他社会机构的仪式来加强这种整体认同感。我们可以将这种文化世界称为"象征性的世界"，或者我们可以将这个世界想象成一个"赛博空间"，也就是说，是人类的思想创造出的虚拟空间。

这个赛博空间将是我们居住的世界的虚拟现实（我们与我们的同族人共享的一个广阔的幻想世界），对于古人类学家来说，问题在于尼安德特人是否也和我们一样有这么一个由他们自己的符号构建的象征性的世界，并在其中有精神生活。如果尼安德特人也有这种精神世界的话，他们的每个社群（每种文化）中的这个象征性空间也应该都是各不相同的，正如现在各个民族的文化各不相同一样（也就是说每个民族都生活在自己特有的"矩阵世界"中）。

## 关于尼安德特人的终极谜团

　　尼安德特人对我们来说依然是一个谜，尽管我们对他们的了解正在逐渐深入，甚至已经解析出了其中几个个体的全基因组序列。还有什么有待我们发现的？缺失的恰恰是最重要的一环——他们的思想。如果我们与他们有朝一日面对面地狭路相逢，会发生什么？（我们的祖先确实有过这样的经历。）在很长一段时间以来，学界认为尼安德特人没有任何人类物种的特征，包括完全直立的身姿等。研究描绘出的尼安德特人的形象是脖子粗壮前倾、面目蠢笨、双臂下垂、膝盖蜷曲，所有这些特征都让他们看起来更接近猿类。但这种看法正在逐渐改变，尤其是当我们知道当今人类的体内仍继承着大量尼安德特人的基因时（起源于非洲南撒哈拉地区的人类除外）。最近在西班牙的一处考古遗迹中，发现了有两个山洞的墙上留有史前人类绘制的标记（其中一个来自坎塔布里亚，另一个来自马拉加），在第三个山洞中还发现了画在墙上的手的图案（来自卡塞雷斯），这些图形的年代远早于克罗马努人到达欧洲以前，因此只可能是尼安德特人的作品。在卡塔赫纳附近的一处遗址中，还发现了穿孔的贝壳，也被认为是尼安德特人用来作装饰品的[330]。

　　除此之外，考古学家还发现了猛禽和秃鹰的爪子和翅膀中的骨头的遗迹，这意味着尼安德特人将这些鸟类带到他们的洞穴内，在石器工具的帮助下拔下它们的毛，留下了它们的羽毛和爪子，可能也是用作装饰的。此类痕迹最早于意大利富马内的山洞遗址中被发现，随后有越来越多的考古学遗址中发现了类似的证据。

　　和有关尼安德特人的任何议题一样，学界现在正为他们是否具有符号象征理解力展开激烈的辩论。在我看来，我现在依然很难想象尼安德特人会像我们一样举办入会仪式或婚礼；或是讲述部落里传说中的神话历史，或是创造出任何含有神灵或其他在日常现实生活中并不存在的幻想生物的故事。在德国的霍伦斯坦—施塔德遗迹，曾经出土过一个著名的半人半狮的狮子人雕像（距今约 35000 年），是用猛犸象牙雕刻的，它能证明雕刻这个作品的人类与我们没什么两样，也具有幻想的能力，但在这个雕像出现时，尼安德特人至少在中欧地区已经绝迹了。在同时代的当地遗迹中还发掘出长笛，也同样是由克罗马努人制作的。在我看来，种族的出现和同种族的群体聚合现象也同样远在尼安德特人消失之后才出现。我在讲座中经常会提到，尼安德特人是没有自己的"旗帜"的，也就是说，他们没有思想和文化身份的区分，而只有生物学上的亲属关系。但这些年代如此古老的壁画确实令我困惑。我们该对这些作品继续深入研究 [331]。

---

　　康威·莫里斯一直很关注趋同演化的现象，他认为尼安德特人也有符号认知能力，他们也会说话，会在安葬死者时举办葬礼仪式。也就是说，符号认知能力和语言能力在进化过程中趋同出现过至少两次，我们从而可以得出结论，那就是一旦脑化程度达到一定的水平，符号认知的象征思维能力和语言能力就会不可避免地出现（因此也将是可以预测的）。

　　我同意尼安德特人也有自我意识的说法，甚至我们和他们的共同祖先可能就已经有这个能力了 [332]，但我也同样认同我们的物种是符号象征能力最强的物种的说法，也许也是唯一一个能够创造完整的"看不见的世界"，并与"看得见的世界"互动，自建理论解释现实世界并为其赋予意义的物种。我们将世界拟人化了。

所谓的谵妄，这种意识上的病理现象指的是能够看见不在视线中的东西，看见并不存在的事物。正是这种幻想能力给了人类坚不可摧的力量。这是一个没有象征思维的生物与另一个有这种能力的生物之间的真正区别。例如一个自动机也许可以做到很多现实中的事，但它永远也不会创造神话；而没有神话的话，人类将永远也不会构筑起文明（参见图二十一）。

在能够看见不可视事物的物种出现以前（很可能就是我们这个物种），所有的物种都是基于亲戚关系和对社群其他成员的直接认知来构筑社会的。按照这种方式，它们构筑的集体无法超越一定的规模[333]，因为个体无法将集体中所有成员的所思所为的信息长期存储下来，来预测他人的行动。一个脑所能处理的信息是有限的，因此社会的复杂程度必须限制在一定的界限范围之内。而如果能够基于共同的神话传说来构建族群、用象征性的方式来打造集体身份的话，两个个体之间事先不需要相互认识，就能将对方认作自己的兄弟姐妹，尽管两人之间并不存在共享的基因。这样一来，部落的生物学集体的规模就能实现飞跃。我们期待着有朝一日，这种飞跃能够实现全人类都互相认同为一个共同的部落。

但在此之前，我们需要先跨越巨大的障碍，因为基于象征身份的认同感同样是有界限的。实验证明，人类甚至愿意为了仅仅只是与自己支持同样足球队的同伴而忍受现实上的生理伤害（比如会导致疼痛的电击）！但他们却不愿意为了支持对手球队的人付出同样的牺牲。这个神奇的例子证明了，集体的界限可以远超家庭的局限，扩展到甚至整个部落；但该实验也同样证实了要在我们的圈子中容纳其他部落却不容易（这里的"部落"指的是任何与自己共享同样的神话、历史和幻想现实的象征意义的同伴，在实验中族群之间并不以语言区分）[334]。

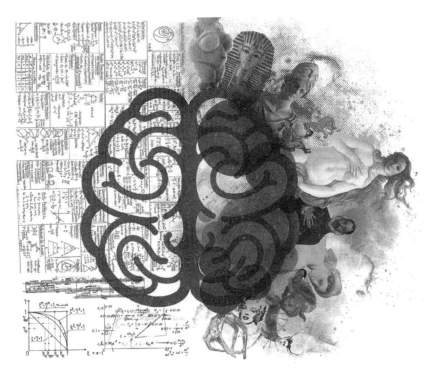

图二十一：两个半脑

　　人们常说左脑是负责分析和理性的，而右脑则是负责想象、创造和艺术的。尽管这个说法有点简化了，但半脑之间的功能区分的确是有科学依据的。

# 生命简史

VIDA, LA GRAN HISTORIA

## 一个非常、非常稀奇的理论

关于人类语言和自我认知的起源有许多推测，其中有些理论颇为大胆。在这之中最超前的理论来自研究脑进化的博学学者杰里森的假设。他自己都承认，这个理论相当奇怪，与其他所有的理论都不一样，因此我们将在今日课程的最后对该理论稍加介绍。瑞典诺贝尔奖得主尼尔斯·玻尔曾对一位年轻的物理学家说过："你的理论有点疯狂，但还没有疯狂到正确的程度。"而我们必须承认，杰里森的理论足够疯狂。

我们人类作为从类人猿进化而来的灵长类动物，是通过视觉和听觉渠道来接收外界的信息的，因此我们在脑中会将世界用视觉图形和声音的方式进行再现，但其他哺乳类动物则基本是依赖嗅觉的（鸟类和爬行动物除外，它们也依赖视觉更多）。杰里森认为，其他哺乳动物依赖嗅觉构筑的脑内世界在质量上并不比我们人类的差，也同样的精确和明晰。按照杰里森的理论，一切（语言能力和对自我的认知）都始于我们开始狩猎的时代。于是我们又回到了人类进化的猎手论假设[335]。

杰里森介绍道，我们的祖先在大草原上开始冒险，并开始捕猎。但为了狩猎需要记住大片的地理疆域，杰里森继续说，狼群就有这样的能力，尽管它们的脑容量与体重的比例在哺乳动物中属于常规水平（并没有非常脑化）。狼群能够在它们的脑中构建出大片疆域的地图，凭借气味作为标记，因此这是一张凭借嗅觉认知的地图；

但我们的祖先当时还没有发展出能够在脑中构建凭借视觉认知的地图的能力，因为在过去，一个黑猩猩或者大猩猩之类的灵长类动物居住的领土范围要比这小得多，也很容易就能在其中搞清方向而不会迷路。因此，当他们的世界变得更广阔了之后，我们的祖先就开始用词语来给不同的疆域打标签，给不同的风景赋予不同的名字。他们就此发展出了一种新的感知能力，即对词语的认知。我们的祖先用词语标记自己的领土，从而能够实现狼群和其他肉食性动物用嗅觉标记地图的类似功能。这就像是在对自己说话，但当时词语还没有被当作一个沟通交流的工具，而只是一个认知工具，只是为了用来识路的。这些词语留在每个人各自的头脑中，而我们的祖先并不会用它们来互相交流。

其他的哺乳动物，即那些以嗅觉为主的动物，将自己的空间记忆储存在海马体中，这是大脑中的一片古老的领域，位于颞叶的内侧，它并不是新皮质（用于实现高等功能的大脑皮质）或旧皮质（嗅觉认知功能的皮质）的一部分，而属于古皮质（最原始的皮质）。大脑两侧各有一个海马体，每个海马体的形状都类似一个海马（海马体就是因此得名的）。人们曾在海马体中发现一些用来标记具体的物理方位的神经元（位置细胞）。按照杰里森的说法，人属生物也是利用海马体来储存词汇信息的，这是他们发明的一种新的诠释外部世界的方式。

但是词语是可以用来交流的，而关于外部世界的信息（即外部世界的每个事物从哪里来，什么时候出现）也同样可以拿来交流，因此一个个体可以通过从其他个体那里获取信息来进一步充实他的认知地图。杰里森大胆地推测，对于自我的意识（以及对于他人的认知）也正是由此而来的，是为了区别从其他个体那里通过交流获得的信息，和个体自身通过自己的感知获得并存储在自己的个人记忆中的信息。

这不仅要求我们将自身理解成世界上存在的一个事物（从外部审视自身），还要求我们意识到我们自身这个存在的思维与其他我们周围的同类（群体内的其他成员）的思维模式是不同的。通过沟通，我们能够实现认知，并需要将我们自己的思维与其他人的思维区分开来，而不至于混杂在一块儿。为此必须要掌握自我意识，这样才能在思维中设限，确认哪里是自我意识（"我"）的结束，哪里是他人的意识（"你"）的开始。

正如杰里森自己也承认的，这个理论相当古怪。

但是，科学家关于海马体的最新研究结论令人震惊，也教育了我们不能随便否认任何一种假设，不管这种假设看起来是多么的疯狂。一位阿根廷的神经科学家罗德里戈·奎安·基罗加[336]在最近的一项关于海马体神经细胞的研究中有惊人的发现。罗德里戈·奎安发现了一些奇妙的神经元，被称为"詹妮弗·安妮斯顿神经元"。在一篇科学报告（而且还很专业）中会出现这么一个名字，是因为这位神经科学家发现，自己的一位患者脑中的某些神经元只要看到这位著名女星的任何照片都会被激活。他还将另一位患者的某些神经元命名为"哈里·贝瑞神经元"，因为这些神经元在患者看到这位女星的任何照片时都会被激活，哪怕在她化妆成猫女时也不例外。甚至在没有照片的情况下，患者只要看到哈里·贝瑞的名字，这些神经元就会启动。总而言之，我们可以认为这些神经元中储存了关于这些女性的概念信息。罗德里戈还发现另一些患者的脑内也有类似的神经元在活动，也同样以名人的名字对这些神经元进行了命名。

因此，也许杰里森的理论并没有看起来的那么疯狂，因为我们可以试着探索储存概念的神经元和储存位置的神经元之间的关系。按照奎安的理论，位置本身也是抽象的，也是一种概念。

丹尼尔·丹尼特[337]也曾以自己的方式得出过类似的结论："词汇为我们提供了一种新的认知能力（但在许多情况下是各种能力相互叠加的），能够起到旗标的作用，使我们变得更有智慧。这些旗标可以用来标记疆域范围，使得生物能够更加轻松地探索它们周围的世界。如果没有这种可以移动和记忆，并且能够与他人共享、记录、从不同的视角去观察的标志物的话，是不可能在多维度的抽象世界中进行这种探索的。"

如我们所见，在意识的领域中，关于自我认知、符号象征思维和人类的语言等议题，尚有众多疑团有待探索，这也是科学研究中最重大的挑战之一。

---

# 第十五天
## 类人生物与进化的未来


在这一天里，我们将探讨非类人生物的物种是否有可能进化出理性思维，不管这种进化出现在宇宙中的何处。同时，我们还将讨论类人生物的进化是否必须要严格遵循我们人类走过的进化道路。有两大纯理论性的思维实验。同时，我们也将研究南美的类人猿进化路径，那里就像是一个独立于旧世界的新的星球（人类发源于旧世界）。最后，我们将不可避免地面对进化的未来发展的议题。

在所有现存物种中，我们是唯一会自问"我们为何在此"的物种，而很显然，我们是在这个地球上进化至此的。但是，如果有一个物种不具备我们的这些特征，即并非类人生物，那它是否也有可能问出同样的问题？这种新的物种是否必须非要是类人生物才行呢？

朱利安·赫胥黎是这样认为的。在他看来，毫无疑问，只有一丝不苟、原封不动地复制我们人类的进化路径，才有可能产生理性。以下是他的原话：

> 概念性的思考能力只能诞生在一个多细胞生命体的身上：它必须是一个两侧对称的动物（身体分成镜像对称的两个半身，如果从横截面来看，就像是镜子的两侧）；必须拥有头部和循环系统；它必

须是一个脊椎动物，而不能是软体或节肢动物；在脊椎动物中，它必须是一个陆生动物；而在陆生动物中它必须是一个哺乳动物。最后，拥有理性的物种只能在发展出社会化形态的哺乳动物中出现；它们每次的产仔数量是个位数而非一群后代；而且，它必须是在经历过很长一段时间的树栖生活之后，刚刚来到地面上生活不久。

当然，我们确实很难想象一个没有头部、五边对称的动物（与身体呈两侧对称的动物不同，这种动物身体呈五边对称）能够思考，比如海胆或者海星；因此，在智力的进化道路上，我们可以把棘皮动物门整个排除在外；但不要忘记，我们和它们在进化上是密切关联的，并共同构成了一组总门。考虑到软体动物的生理结构很难发展出一个很大的脑部，不把软体动物门列入考虑也是合理的（尽管康威·莫里斯将章鱼誉为"名誉脊椎动物"，戈德费里·史密斯认为它拥有智慧）。此外，软体动物几乎没有离开水生活过，在朱利安·赫胥黎看来，这也会是一个问题。

节肢动物（动物中的另一组门）倒是确实能够离开水生活，比如蜘蛛、螨虫和蝎子（螯肢亚门）以及各种昆虫。昆虫是陆地货真价实的征服者，种类繁多，数量惊人（名下有众多不同的目），但它们的体型在任何情况下都不可能发展得很大。这种生理结构的限制是因为昆虫需要通过被称为"气管"的空心管子来将氧气输送到细胞内。这种呼吸系统导致昆虫无法发展出很大的体型[338]，也因此就不可能有一个很大的脑袋。它的体型限制了神经节穿过。

如果我们继续遵循赫胥黎的理论来看，那么只有脊椎动物有机会发展出抽象思维的能力，因为它们是脑容量最大的动物；而在脊椎动物中，只有羊膜动物是通过创新的生理结构（通过胚胎、皮膜等）真正脱离了水环境的。在羊膜动物中，哺乳动物和鸟类能够控制自己身体的体温，但鸟类的前肢必须完全用于飞行，已经变成翅膀，因此它们无法精准地操控物体（光靠鸟喙是不行的），因此鸟类哪怕再聪明（我们已经知道，鸟类的脑化程度比其他蜥蜴目要高），也不可能实现技术发展。

此外，胎生哺乳动物的繁殖系统还允许胚胎在母体中延长发育的时间，通过母体来交换氧气、汲取营养，而全然隔绝于外部环境（吸收的是胎性营养）。但赫胥黎指出，大部分的哺乳动物的肢端都有专门的用途（用于四足动物的行走、飞行、游泳、掘地等），因此缺乏具有多功能的四肢。只有灵长类动物不受此限制，由于它们在树上生活，因此五指差距不大，指甲平坦（而不是爪子型），这使得它们在抓取物体、通过触摸感受物体质地时，拥有了很大的优势。而在灵长类动物中，类人猿的眼睛是长在正面位的（视线向着前方），具有立体（三维）的视野，因此它们的脑除了处理听觉信息之外，还能专门处理视觉信息。此外，类人猿在大部分情况下还都是社会性的生物。

连赫胥黎本人都对发展意识需要在树上生活一段时间这一点表示惊讶，但我们要自问：如果我们在其他哺乳动物的科目中寻找，是否也能找到可能发展出智慧的潜在选手呢？海豚和大象都很聪明，但它们是否有可能发展出科技文明，发明文字、电脑、电话等技术呢？这些发展是否正是被它们缺乏掌控物体能力的器官的生理结构局限？因为要操纵这些物体，光靠海豚的吻或大象的鼻子都是不够的。

最后，类人猿正是在从树上来到地面之后，才开始用双足行走，并因此才能将它们的前肢从移动的工作中解放出来，能够用来操纵物体，将它们变成了超级前肢。人类和其他灵长类动物用手握住一个物体时，能够用我们的指肚来感受这个物体的质感，敏感度极高。同时，我们还能用我们的三维视角全方位地观察这个物体。大量的信息就这样通过触觉和视觉快速涌入大脑，在赫胥黎看来，能够同时处理两种不同的感知器官带来的信息去认知一个物体，是能够产生理性思维的先决条件。

但是我们在这里要先暂停一会儿。朱利安·赫胥黎的理论到底是一个严肃的科学理论，还是只是一种单纯的重复叙事呢？

很显然，赫胥黎的理论看起来只是对我们的祖先进化至今的发展路径做了一个简单的描述（复述），而他本人也知道这一点。如果从回顾性的视角（就像看着汽车的后视镜）去看任何现存的物种，我们都可以整理出一套对应的类似结论，将进化中发生的任何预适应或大型的进化变化说成某种夹竹桃、鲸类、蝙蝠或蚂蚁诞生的先决条件。

但是，我们都可以试着用这种视角来参与这场严肃的讨论。以下场景是否有可能呢：乘坐宇宙飞船旅行的软体动物？在重工业行业中辛勤劳作的棘皮动物？做贸易的蜘蛛？有大学学位的昆虫？国会中的鲱鱼议员？操纵计算机的鸟类？鳄鱼哲学家？鲨鱼职业运动员？海豚和大象艺术家？珊瑚和海蜇又能担任哪些角色呢？尽管在有些动画片中，我们会看到鱼和海绵能够思考和说话，但没有人会把这种场景当真，我们需要暂时搁置怀疑，才能更好地享受看动画片的快乐。孩子们会相对更容易接受这种场景。

在当代科学界，是否还有其他人认为智力进化的路径只有一种呢？

有趣的是，朱利安·赫胥黎并不是唯一认同为了发展智慧与科技必须复制人类进化主要路径的科学家。在生物学界，这种理念也绝不是过时的、可以摒弃的。就在最近，威尔森也提出了同样的或至少说是大致相同的理论。威尔森使用迷宫这个比喻来说明他的理论。他提出，要达到人类社会这种复杂的社会形态（另一种社会形态则是昆虫的社会），需要穿过一系列的迷宫，而且要在每个岔路口都沿着正确的方向前进，才能找到出口。威尔森所说的迷宫指的是外部环境，因此这些迷宫并不是永恒不变的。这个迷宫是伴随着进化的过程生成的："该迷宫随着进化的发展路径而同步生成。旧的道路（生态位）可能会在这个过程中关闭，而新的道路则会重新开拓出来。迷宫的结构部分取决于穿过它的所有物种。"在迷宫中每次打开的新出口都意味着新的机会，但有些岔路则不会将探索者带到任何地方，而是单纯的死路。因此，要在这个充满了死胡同（即进化陷阱）的迷宫中脱身并非易事。实际上，当今生物圈中存活的所有物种在各自的进化历史中都曾穿越过自己对应的进化迷宫，但迷宫中的大部分物种则迷失在其中了，因为，正如我们所知，生命之树上的死枝远远多于活枝。

要在所有的十字路口一个接一个地猜中正确方向的可能性微乎其微，但我们的物种做到了，因此，我们如今能在这里实属不易（但其他现存物种的运气也不比我们差）。在迷宫中每次做出幸运的决定时，真正的走大运是威尔森所称的预适应现象。但他也澄清道，这个词不是用来表示命中注定（我们可以回忆一下我之前介绍过的对这个术语的一些不当应用）。等时机到来时，预适应就只是迎合时代变化的常规适应而已。威尔森想用"预适应"一词说明的是，如果没有发生这些进化上的变化，我们就不可能在这里或读或写，而其他任何有智慧的物种也同样都做不到。

威尔森并没有像赫胥黎那样回顾了很长一段时间的生命发展历史，但他认为只有某种大型的（这样才能容纳一个大型的脑）陆生脊椎生物、有手（而不是鳍或翅膀）、有一对大拇指、指甲平坦、有触觉灵敏的指肚（而非爪子或钩爪），才能发展出智能。这就是我们拥有的幸运选择[339]。威尔森告诉我们，手部的这些特征（以及其他必须的预适应能力，比如三维的视野）只有曾经在树上生活过的智慧生物才能获得（因此这些能力也是它们为了适应丛林生活所做的适应）。随后，这些动物还必须从树上下来，在陆地上用双腿直立行走；同时，它们还需要掌握能够精准地丢东西的能力，才能改变饮食结构，变成肉食性动物，然后还需要掌握火的用处（在威尔森看来，这一步同样不可或缺）才能真正有机会作为一个拥有高等智慧的生命体登上生命舞台。

由此可见，这段旅程与朱利安·赫胥黎在七十多年以前提出的进化路径十分相似。因此，朱利安·赫胥黎、康威·莫里斯与威尔森等众多科学家都得出结论，即"智慧生物必须是类人生物，不然则毫无可能"。但威尔森并未将朱利安·赫胥黎或康威·莫里斯尊为他的理论的奠基者。几位科学家的理念只是恰巧不谋而合，是一种趋同理论现象。无论在生物学、历史或进化理论的发展过程中，趋同现象总是如此无处不在。

为了验证"只有类人生物才能发展出这种程度的智慧、社会复杂度和科技"这一理论是否正确，现在，我们来进行另一项思想实验。让我们自问一下，为何几乎所有科幻故事中的外星人都长得和我们十分相似？如果其他星球上也存在智慧生命，它们在生物学上和我们可能会有哪些不同？

在这项思维实验中，我们可以调整重力、氧气浓度、温度、湿度和其他环境影响的参数，但最简单的方法还是参考地球的主要环境条件来思考。

威尔森[340]关于外星生命的看法与康威·莫里斯相同，他认为如果在其他星球上存在智慧生命体的话（比起康威·莫里斯，威尔森对这种假设的接受度要高很多），那么这些外星生物必须在本质上与我们人类几乎完全相同，尽管可能会有一些外观上的不同，两者对于光谱和声音的感受能力也许也会不一样，也许外星人会用人类无法听见的很高或很低的音频来交流（但也许其他有些动物确实能够听见），或者能看见我们人类看不见的某些紫外线（但是某些昆虫可以看见）。

威尔森关于外星生物的描述可能是相关科幻小说描述的起源：

外星人从本质上会是陆生生物，而非水生生物，因为在它们向着智慧与文明进化的最后阶段，它们必须学会掌握火或其他便于携带的能量源，才能发展出超越原始阶段的科技（又一次强调了掌控火的重要性）。它们会是相对体型较大的动物。它们会是以视觉和听觉为主导的动物（我们要记住，大部分陆生动物主要依靠化学感知能力——嗅觉和味觉来认知）。它们的头与身体其他部分不同，位于身体的顶部，面向正前方，身体狭长，呈两侧对称。它们的下颌骨与牙齿相对较小或呈中等大小，因为它们是杂食性动物，不需要用力咬碎某种坚硬的食物或嚼碎某种富含纤维的植物才能吸收营养。它们没有大型的犬牙和角（科幻小说家、漫画家和电影导演们，注意了！），因为这些武器是用来防范掠食者或用于跟不同的物种竞争的，而外星人已经发展出了发达的社会结构，因此不需要一对一地与对手身体力行地搏斗[341]。它们拥有高度的社会智慧。它们拥有少数用于行走的附肢。它们或通过内部的骨骼结构支撑身体（就像我们的骨头），或通过外部骨骼实现支撑（就像节肢动物），身体的各个部分互相铰接，其中至少有一对附肢的末端是有指肚的手指，这些手指具有高度的敏感性，它们用它来感知物体和抓取物体。此外，它们是具有道德准则的生命体。

如果外星人来访地球，最后一条前提会是一种保障。不过，尽管我们说过，威尔森相信外星人的存在（他号称是根据概率的计算得出的结论），但他并不认为外星人会到访地球，理由在于微生物群的现象。微生物群是在动物体内与之共生的微生物集合体（主要由肠道细菌组成）。在现代医学中，微生物群被视为是人类身体的一种器官，总重量约为三千克。保障微生物群的良好状态有利于人体健康。威尔森认为，外星人体内可能也有自己的微生物群，由众多微生物组成，而这些微生物只能在它们发源的星球上生存。因此威尔森认为，除非将一个星球上的所有现存生命全部消灭，并将之改造成与外星人的母星相同的生物圈环境，不然外星人在其他世界的殖民是不会成功的。

威尔森补充道，上述结论仅考虑了进化本身的限制，而没有考虑生物学的干预。因为假如技术发展足够成熟，外星人可能会通过基因技术对自己进行大幅改造，从而使自己能够适应新的自然环境。但威尔森不相信外星人真的会这么做。他也不认为我们人类会出于医学以外的目的，通过我们最新掌控的基因技术对自己进行类似的改造。他认为，人类物种的外形不会发生什么变化，但能通过基因技术实现近乎永生。

然而，很少有人知道，早在1959年，威尔森提出这些理论的许多年以前，有一位杰出的美国人类学家威廉·豪威尔斯就已经设想过外星生物会是什么样子[342]。他通过这种思维实验来论证地球上是否注定会进化出像我们这样的生物[343]。豪威尔斯很确定，鉴于宇宙是如此浩瀚无限，与我们的星系相似的世界比过去天文学家预估的要多得多，因此，无论找到一颗与地球相似的星系的可能性看上去是多么微小，宇宙中一定还存在其他的人。

豪威尔斯提出，在这个思维实验中，我们需要毫无偏见地从零开始，只探讨它们是否拥有智慧，也就是说它们是否和人类一样具有自己的文化、能够互相交流想法并相互合作。在此基础之上，豪威尔斯得出的结论是，外星人和人类在主要的身体系统上不会有太大区别（尤其是循环系统和神经系统），它们也会有一个头部，上面有嘴和其他感知器官，此外还会有一个高度发达的脑部。最后这一点确保了它们的行动不会是僵硬的、出自本能的（预先编码的），就像昆虫那样，而是灵活的，基于学习能力的（也就是说，预编码的是学习的能力）。豪威尔斯认为，它们对于世界的感知可能会和我们不一样，也许我们感觉到的东西它们可以看见，而我们看见的东西它们则通过感觉能力获得（如我们刚才所说，威尔森的看法也与之类似）。豪威尔斯还相信外星人可能有两种性别（三种或以上的性别理论上也是可行的，但在实践中有很多困难，因为寻找伴侣的难度会变得很大）。在他的想象中，外星人的体型不会很大也不会很小。如果它们的体型太小，脑部就无法发育到足够的规模；而如果太大，它们的四肢为了支撑身体的重量就势必会变得很粗壮，参见大象的情况（长颈鹿的腿对比之下就细很多，但它们的体重也没有那么重）。它们的手上毫无疑问会长着手指（至少五个），但它们并不一定必须要是双足行走的动物。

豪威尔斯认为，外星人完全可以长六个附肢，两个前肢上的末端是有着灵巧手指的手，可以用来操控工具。这种情况也完全有可能在我们身上发生（也就是说，如果是这样的话，类人生物就完全会是另外一种样子），如果当时我们在水中的祖先有三对鳍，而不是两对的话（一对胸鳍和一对腹鳍）。正是因为第一批踏上陆地的脊椎动物（我们的祖先）只有四只脚，而不是和昆虫一样有六只脚（六足动物），在仅有的四肢中，我们需要将双手从行走的工作中解放出来去发展技术，因此我们才会变成双足行走的动物。在四足行走的前提下，这不止是一个优势，也是唯一的解决方案。但是，如果我们有四条腿而非两条的话，我们的体型就可能会大得多，比如像马。我们就会成为半人马似的动物了。

和其他研究过这个议题的科学家一样，豪威尔斯也不认为从海洋中可以诞生出文明："水对于创造和沟通的阻碍要大得多，也许会导致这些进化不可能发生。"但是，我们为何如此确定科技文明无法从水中诞生？我们可以认为是游泳这个动作的限制导致的，它要求鱼鳍不能变成手的形状[344]，也可能是因为在水中无法掌控火。但豪威尔斯还提出另外一个论据：在他看来，水中的环境对沟通会是一个阻碍。如今我们已经知道，鲸类可以很好地在水中远距离沟通，因此这个论调在我看来并不可靠。那么，我们是否能想象海豚拥有手而不是鱼鳍呢？在它们的进化过程中，为了实现抓取东西的功能，需要做出哪些适应性的调整呢？在我们的进化历史中，我们是通过在树上生活的经历进化了手部，海豚又如何呢？一旦离开了大海，它们在陆地上如何避免干渴？将身体裹在某种类似潜水装的装满水的外壳中？它们如何离开水行动（在水中，重力的影响要小得多）？还是说，它们会发展出海中的文明？

让我们仔细审视文学、电影和动漫（漫画）科幻故事中的经典案例，来看看在这些故事中是如何解决这个问题的。我很希望能与他人共同尝试这种思维实验来寻找灵感。但据我所知，在这些故事中，没有任何外星人是基于某种严肃的生物理论而创造的，除了《星际迷航》系列中出现过的某些类人生物（尽管在我们看来，它们就像是奇装异服、乔装打扮的人类）。

但事实就是，在我们的星球上从来没有存在过、眼下也不存在除我们这一脉之外的人类。尽管我们已经学习了那么多趋同适应的案例，但我们人类却没有和其他任何一系物种发生过趋同演化。没有任何其他物种来占据我们的生态位。没有任何袋鼠、鸟类或蜥蜴与我们在本质上真正相似。我们是否可以由此推测，我们人类诞生的可能性本是微乎其微的？或者可以反过来问，什么样的趋同演化能够使我们的进化变得可以预测？

在胎生动物中，我们双足行走的姿态是真正罕见的例外，与鸟类或袋鼠的双足行走性质完全不同。但是，双足行走的姿态可能在灵长类动物中不止一次地发生。我们之前已经看过我们可能的直系祖先地猿的例子，它们可以直立行走，但动作相当笨拙。然而，这可能只是因为它们很少下地，相反却经常在树上生活，因此，当它们难得到地面上来时，这种不完美的双足行走方式已经足够满足它们的行动需求了。

距今七百多万年以前，在远离非洲的现今托斯卡纳与撒丁岛一带（当时，它们还是地中海上一组联合在一块儿的岛屿），曾经存在过一种叫山猿的灵长类动物，它们和人类、黑猩猩、大猩猩、红毛猩猩和长臂猿是远亲

（都同属于类人猿一科）。山猿和地猿一样，基本在树上生活，但它们的骨骼的某些迹象显示出，当它们难得下来地面时，它们也能用双足行走，尽管相比地猿和人类，动作要笨拙许多。在托斯卡纳岛，当这些山猿从树上下地时，并没有天敌会威胁它们的生命，因此，山猿这种不完美的行走方式已经足够它们解决在地面行动的问题。

当然了，智力的发展也是与我们的进化息息相关的重要议题。我们已经发现有齿鲸（齿鲸类）、海豚、鼠海豚和大象的智力水平都非常高。有些鸟类也相当聪明，尤其是鸦科。新喀里多尼亚有一种乌鸦甚至还会使用工具。在这里，我并不打算讨论这种乌鸦是否能发展出像我们一样的具有文明的物种。我想说的是，在大脑生理结构进化的超空间中，在热血动物的物种中发现不止一座代表智力的山头并没有多么特别，而是不可避免的现实。

如我们之前所说，在人类自身的进化史中，本来也有可能出现两种不同的分支，从两种不同的南方古猿往下传承，变成两种不同的高度脑化的大型人属动物（能人和"卢多尔夫人"）[345]，只是事实上，其中一种继续进化成了智人，而另一种则半途灭绝了。

再往前看，自从 100 万年前的共同祖先以后，尼安德特人与我们也开始各自发展，但双方都平行进化出了大型的脑部，因此，尼安德特人与智人是地球上迄今为止脑化程度最高的两个物种。

这里的结论就是，如果从一个不太遥远的分支点开始出发，其他类人猿也可以发展出与我们相似的特性。另一个人属，另一个人科，或者更远一点，另一个类人猿……


慢着……关于这个令我们如此介意的议题，我们不能在自己的地球上来做个自然实验吗？比如在南美的新世界猴中，它们在与世隔绝的环境中能够达到怎样的脑化和社会化程度，又能在何种程度上掌握工具的使用呢？

罗伯特·赖特曾经解释道，在双方发生实际接触以前，旧世界和新世界就是两个独立的培养皿。自 15000 年以前，人类踏上美洲大陆以后，双方就在完全隔绝的情况下各自发展，并培养出了各自的文化（只有 2000 年以前因纽特人从西伯利亚迁徙到新大陆时，这种隔绝状态才稍微被打破过一小阵子）。所谓的培养皿是指一种玻璃制的圆形容器，可以在其中培养微生物进行实验观察。培养皿是一个与世隔绝的微缩世界，完全与外界相隔绝。当西班牙人首次踏上美洲大陆时，他们不仅在当地发现了与自己的国家极为相似的社会结构，同时也发现了大量的、各式各样的猴子，比如阔鼻小目和长尾猴。因此，美洲的长期隔绝状态下的实验进行了两次：一次是文化上的，另一次则是生物学上的。这些美洲猴子是在约 3000 万年以前，与旧世界的狭鼻小目（其中包括我们人类）相分离的。

当然了，阔鼻小目中从来就没有产生过人类。欧洲人在美洲看到猴子并不觉得稀奇，他们已经在非洲和亚洲见识过长尾巴的猴子了。但是，欧洲人在美洲没有发现任何黑猩猩、大猩猩或红毛猩猩。美洲大陆没有大型的阔鼻小目，甚至连长臂猿这种体型的猴子都没有，在我们的进化枝上，长臂猿已经是体型最小的猴子了（也是脑化程度最低的）。

这种现象是否说明，类人生物的出现并非是注定的？即便这些美洲的猴子来自类人猿一支，但它们也没有进化成人类。美洲培养皿的这个实验，是否恰巧证明了类人生物的出现并不是不可避免的？

这个结论看起来很合理，但我们要记住，在旧世界，热带雨林的面积（直到地球变冷以前）曾经大幅扩张，远远超过了南美在类似的生态环境下的森林面积，尽管当时的南美是一个很大的岛。我们可以认为，正是因为这个原因，阔鼻小目的物种丰富性远不如狭鼻小目来得多。换句话说，相比狭鼻小目，阔鼻小目在生物设计的超空间中探索的旅程要慢得多，也没有那么复杂。

适应性的丰富程度，即创造性，毫无疑问地是与促使其产生的环境所占的地理面积有关的。生物可能性的多样化发展需要大量的空间支持，同时还需要大量的时间，这样才能确保不同的进化路径出现并在彼此间成功分离。一个超级大陆（尤其是像旧大陆这种）与一个岛屿在这方面能提供的环境背景是不一样的，不管这个岛屿本身面积有多么大（南美、澳大利亚或马达加斯加），我们不能期待岛屿能和大陆具有同样的创新能力。这里，我们也会回想起工业和经济发展在这两种不同环境下的对比，两者是在不同的市场规模中竞争和进化。

也许，新世界猴在脑部设计的超空间中找到智力进化的山头只是一个时间问题，但是，就和进化中的很多案例一样，这一幕永远也不可能发生了，因为另一种物种——即我们——已经登上了这座山头，而它们已无法与我们抗衡（很可能它们也不会和与我们十分相近的物种去竞争，比如尼安德特人、丹尼索瓦人或霍比特人）。

无论如何，根据康威·莫里斯的观察，某些阔鼻小目的物种也已经发展出了高度发达的社会结构，比如蜘蛛猴。另外，卷尾猴的脑化程度非常高（相对它的小体型，它的脑袋显得特别大），也能使用石头作为工具。更具启发性的是，它们还会狩猎！卷尾猴喜欢吃肉[346]。

康威·莫里斯大胆地想象了一下阔鼻小目的未来："如果我们人类没有离开非洲，那么很可能在此后不久，在南美附近就会出现与我们类似的生物，它们也会使用工具，而且肯定会喜欢肉的口味。"

因此，这些证据证明，进化有可能是可以预料得到的。但相反的论点——即进化不可预测——也同样有很多可靠的证据。


如果按照某些人的看法，进化是可以预测的，那么未来的生物圈会是什么样子呢？如果我们可以预测未来，是否就能证明进化可以被预测？而如果我们不能确定接下来会发生什么，我们又凭什么认为如今包括我们人类在内的生物发展至今是理所当然的呢？

可以明确的是，要推测动物（或植物）在长远时期内的未来发展是很困难的，尽管我们已经知道很多哺乳动物的物种迄今为止出现的时间不过 100 万年，其中很多甚至还不到 50 万年，其平均历史才不到几十万年。当然了，从我们开始农耕和狩猎起，人类的影响就开始扰乱了当今生物的进化轨迹，更不用说自工业革命以来了。如今，我们甚至还能通过基因工程对物种进行基因改造，在实验室里规划生物的进化路径，就像工程师设计机器，或者更像程序员用电脑编程的某种算法。但我们在本书中已经进行了大量的想象性实验，因此我们仍可以自问，如果去除人类的影响要素，物种未来的进化会是怎样的？也就是说，我们可以想象未来可能会变成怎样……从11700年前的全新世开始，即我们所生活的后冰川时期。或者说，想象如果我们的物种从地球上消失，地球的未来将会变成怎样。

动物最早爆发多样性的第一个阶段是在古生代，当时是鱼类和两栖动物的天下；第二个阶段是中生代，以爬行动物为主；第三个阶段是新生代，则是哺乳动物的时代。历史大致是这么划分的。如果去除我们人类的影响，假设我们的物种由于某种病毒或战争的因素从地球上消失了，但这种因素又不会影响其他物种，那么，地球是否会迎来第四个物种爆炸的年代？届时，在脊椎动物中，谁又会成为这颗星球的主宰？而在哺乳动物的时代之后，接下来会有哪个物种登场？这个新的主角大概会是某种全新的物种，但由当今的某种哺乳动物进化而来（或者某几组动物，谁知道呢？但我想不出它们可能会来自哪种动物）。

在这个话题上，朱利安·赫胥黎写道[347]：

> 举例来说，棘皮动物在中生代结束之前到达其巅峰状态。节肢动物包括其中的佼佼者昆虫类，在新生代之初实现其巅峰；而自渐新世开始，无论蚂蚁还是蜜蜂都再也没有发生任何新的进步了。鸟类的巅峰时刻在中新世末期，而哺乳动物的巅峰则始自上新世。

生物学家朱利安·赫胥黎和之前提到过的古生物学家罗伯特·布鲁姆（参见第六章）都认为，人类是唯一还保有真正的进化潜力的物种，我们是唯一还有可能转变成某种全新的生命——而且是通过极大的转变——并开启一个新的时代的物种。其他的动物都已经在各自的生态位中过度细分了，因此已经很难离开自己既定的进化轨道[348]。不管它们的进化路径多么漫长，它们最终都会进入死胡同里，就像棘皮动物那样。生命的历史已经终结，人类是进化还能继续进步的唯一希望，而这恰恰是因为人类没有专项细分到某个领域里，而仍然只是一种具有普遍性的哺乳动物，没有蹄子、爪子、翅膀、鱼鳍等等。

当然了，赫胥黎知道，人类在自己的领域——即智力和心理发展上——是非常细分的，但他并不认为这种细分会阻碍人类继续进化，相反，他认为这种细分使得人类能够越来越好地掌控外部环境，因此这种细分与其他生物的细分不一样，并不会削弱人类进化的潜力，反而会增强它。因此，按照赫胥黎的看法，为了会出现更多的限制进化的生态细分，但我们的细分将会进一步拓展进化的可能性（但在我看来这种说法更像一个文字游戏，一种逻辑陷阱）。

因此，赫胥黎认为，科学应该主导人类的进化，使我们能够变得更好。这才是真正的进步。在赫胥黎看来，下一个地质时代只能是由我们人类将自己改造成更好的人类，几乎接近神的地位。如今，我们已经在探讨永生的可能性了，这也是我们目前与神之间可能有的唯一差别了。因此，朱利安·赫胥黎的结论是，进化的未来是可以预测的，那就是一个更好版本的我们。

朱利安·赫胥黎曾经含蓄地批评过罗伯特·布鲁姆："包括布鲁姆在内的一小部分生物学家依然在用'神秘意志'的因素解读进化的进步，但随着现代自然选择理论的发展，这部分科学家的数量也越来越少了。"有趣的是，赫胥黎没有提到的却是他和布鲁姆都一致认同"除了人类物种以外的进化已经结束"的结论（赫胥黎在1933年写给布鲁姆的一封信中承认了他在这方面的影响）。

在马克·斯威利兹看来[349]，朱利安·赫胥黎在提出进化终结论时，没有引用布鲁姆作为该理论的参考来源——这个理论最早是布鲁姆原创的古生物学观点——是因为他不想被人联想起这位南非苏格兰科学家提倡的目的论主义（赫胥黎觉得布鲁姆应该为此感到羞耻）。朱利安·赫胥黎并非目的论者，任何一位新达尔文主义者都不会相信进化有某种终极目的。但正如我们所知，赫胥黎是狂热的进步主义者。他捍卫自然选择论，认为自然选择的机制没有任何其他目的，只是推进了各个物种更好地适应自己所在的环境（适合一只蝙蝠的适应性未必适合一只袋鼠），但他却认为，进化是有取舍性的，会助力生物向着人类的方向发展。实际上，布鲁姆的理论也差不多是同一回事，而且也同样有化石证据的支持，他只不过是把自然选择的作用换成了神的影响。威廉斯在 1966 年时曾说过，朱利安·赫胥黎看上去像是在捍卫自然选择理论，但随后却明目张胆地掏空了其内核（背叛了自然选择理论的本质）。

但是，看到一位相信神秘意志影响力的古生物学家（布鲁姆）和一位无神论的新达尔文主义生物学家（赫胥黎）对于进化的过去、现在甚至未来的解读竟然如此殊途同归，也会让人觉得十分有趣。两人都相信，人类现在的状态还并不完全。

我怀疑，人类在任何时刻都会不可避免地认为自己的时代就是历史的终结，尽管我们一次又一次地看到意料之外的革命和大型社会变革在不断地发生。就在我们这个时代，很少有人会预测到柏林墙的倒塌，我怀疑也不会有人之前能预料到极端伊斯兰主义的复兴，以及宗教会如此地用最简单粗暴、最激进的方式回归地缘政治之中。

在对于进化的研究中，也许赫胥黎的理论归根到底是正确的，其他物种不会再发生真正的新的变化了，但这并不是因为赫胥黎提到的这些物种缺乏进化的潜力，而是因为我十分担心未来我们人类会按照自己想要的样子去塑造其他物种，而且未来只有我们允许存在的物种才能够生存。进化游戏的法则已经彻底改变了。

---

## 生命简史
VIDA, LA GRAN HISTORIA

### 进化尚未结束

在《进化的意义》一书中，辛普森抨击了"进化已经结束"这种理论。他提出，首先，在当今这个时代，仍有物种依然处于十分

---

原始的状态，也就是说，几乎没有生态细分。在哺乳动物中，辛普森举了负鼠和树鼩[350]为例，这两种生物自白垩纪以来就没怎么发生过变化，依然保持着完全的适应性。两者中都有可能诞生出新的适应性物种。尤其是树鼩，如果当代的灵长目消失，它们有可能会进化成与灵长目相似的某种生物[351]。

其次，所谓的已经细分的物种就不能再发生新的大型变革的论调也并不正确。如果回到侏罗纪时代，我们不会觉得，当时的哺乳动物就是一些已经十分细分的特殊的爬行动物了吗（它们有十分特别的皮毛、奶水、牙齿等等）？然而我们都知道，事实上在此后不久，这些哺乳动物的多样性就开始大爆发，无论是蝙蝠、海豚、大象、刺猬还是人类都是从当时的这些哺乳动物进化而来的。而如果我们开启一次回顾历史的时光旅行，我们不会觉得任何时代的生物群体看起来都已经细分并适应当时的环境，不会再发生新的变化了吗？

所谓的"科普定律"认为，只有并没有生态细分的生命体才能具备进化潜力。但辛普森认为该理论并不可靠，因为并没有一个明确的标准来界定到底哪些生物算是完全细分的，而哪些生物不算。总之，辛普森认为，一个完全不细分的生物群体的理论只是一个抽象的概念，一个神话。

但我们仍要面对进化终结论的另一个有力依据。布鲁姆曾提出，自从三叠纪以来，也就是2亿年以前，再也没有新的爬行动物的种类出现过，同样地，在4000万年前的始新世以后，地球上再也没有出现过新的哺乳动物或鸟类的新类型。按照布鲁姆的看法，这就意味着这些物种都已经过度生态细分，以至于已经失去了进步的空间。

在这方面，辛普森也同样根据严格的计算进行了反驳[352]，他的结论是，从寒武纪到新生代，尽管新物种的井喷程度发生了暴跌，

> 但新的物种的进化仍在进行，尽管频率各有高低。最后一批新的脊椎动物的诞生出现在三叠纪末期（哺乳动物）和侏罗纪时期（鸟类）。在此之后，再无新的物种出现了。
>
> 但问题在于，我们如何界定一批新的物种足够特别，因此可以将其列为新的一种分类。毫无疑问，自从第一批哺乳动物和鸟类诞生以来，两者都在各种方向上发生了很大的变化。比如谁能想象得到，一种小型、夜行的陆生哺乳动物随着时间的推移，最终竟会演变成蓝鲸，即生命历史上已知的最大的生物呢？

在讨论了类人生物和进化的未来之后，在这一天的学习中，我们不可避免地要回到这个终极疑问的讨论上来——我们为何在此？

本书的目的并不是为了替读者给出这个答案，因为这并非一个科学问题。您可以自己根据科学展露在您面前的信息来自己回答。偶然还是必然？斯蒂芬·杰·古尔德与之前的辛普森和雅克·莫诺倾向于认为人类的出现只是偶然。康威·莫里斯则倾向觉得是必然。偶然性的理论认为，在生命的历史中，在我们进化到今天这个地步的过程中，曾经发生过大量的意外事件（环境变化、历史时间等），这些环境要素中任何微小的改变都可能会造就一个全然不同的结果。我们能够否认这一点吗？并无可能。也因此，康威·莫里斯并不排斥这种说法。但他补充道，进化中的环境要素的改变只会影响生命的表面因素，也许会导致进化出的生物的外表并不是我们今天熟知的模样，但其结构和构造是不会变的[353]。无论如何，同样的生物特性总会不断地重复出现，进化自身的局限性和无处不在的趋同演化注定了某种类似我们的存在迟早会诞生。

康威·莫里斯让我们自己在偶然性和必然性之间做出选择。他在解说的结尾写道："当然了，选择权在您自己手中。"

我相信，在两种解释之间还有另一条道路，即关于概率的问题。在向着人类进化的过程中，每次导致物种多样性增长的大型进化阶段（进化转型、进化性的进步、所谓的"吊车"）都有一定的概率会发生，有些情况下，发生的概率会大于其他情况，而所有的概率最终相乘[354]，就会成为一个很微小的概率数值，但这个数值并不是无限小的。

然而，并非每次新生命诞生时，都会通过恰当的方式来取代旧生物的位置，也就是我们所谓的"公平竞争"，并非所有的生物扩张都会按照辛普森所谓的轮替（或者说替代）的方式发生：一组全新诞生的进化枝（过去从未有过的）与一组过去曾占主导地位的、历史悠久的老进化枝（也许过去一直占据这种主导地位）相互竞争，谁赢了，谁就占据这个生态空间。"The Winner Takes It All"，胜者通吃，就像ABBA[1]在那首著名的歌里唱的。

但是在有些情况下，竞争中的获胜者会得到外援的帮助，比如陨石撞击、冰川、大陆板块撞击或是某个板块从地壳中分开。如果我们将这些与生物学完全没有关系的天文事件或地理事件加入计算之中，那么类人生物出现的概率就会变得更小了。

但是，注意了！我们还有强大的趋同演化，这种力量的影响贯穿了生命历史的所有时代，它可以对抗类人生物出现的贫瘠概率。

当然了，最终的选择权（命中注定？纯属偶然？难得一见？）在您自己的手中。

---

1    ABBA，瑞典的流行组合，成立于1972年。

# 终章
## 美妙的奇迹即将来临

　　自从 3 万多年以前，一种全新的生物在肖维岩洞（位于法国）上画下自己的壁画以来，时至今日，人类这个物种在形态上和认知上与当年并无差别。毫无疑问，这些史前人类的艺术创造力一点都不比我们现代人低。从那以后，人类的艺术创造风格发生了许多变化，但始终是在艺术的两极——抽象和具象、概念和写实之间寻找平衡。这一原则早在旧石器时代最早的艺术作品中就已经有所体现。总之，自肖维岩洞至今，人类并没有大的变化。

　　距今约 14000 年以前，当史前人类在阿尔塔米拉洞穴画下野牛的图像时，当时的人类就已经在美洲的部分大陆、欧亚大陆、非洲和大洋洲都有分布。当时，只有太平洋群岛、马达加斯加、格陵兰岛和南极洲的动物群和花草树木还没有受到人类存在的影响。在那个年代，澳大利亚大部分的大型有袋动物都开始逐渐消失，随后不久，美洲大型的胎生动物也开始陆续消失。

　　人类这个物种非常强大。我们占据了地球的大部分地区，个体对自身的存在有清楚的认知，能用语言交流，懂艺术，会用火，会为死者举办仪式性的葬礼，会用神话来解释这个世界，对我们为何在此这个问题做出解答。这一切是否意味着我们可以自视为一个高于其他生物的物种，一个具有统治地位的物种呢？

这个问题很难回答。我们如何衡量这一点呢？依靠人类生物量[1]的参数计算吗？当时的人类总数肯定不会超过七百万，但当时的人类在某种负面意义上确实占据主导地位，那就是人类灭绝其他物种的能力，即为了自身利益（至少是短期利益）而影响生物群系的能力。

实际上，根据最新计算，人类和家畜化的哺乳动物（主要是牛和猪）在哺乳动物的生物量占96%（其中人类占36%，家养动物占60%）。家禽（母鸡、孔雀、鹅）的生物量则是野生鸟类的三倍。这个事实很恐怖，当然不是一个好兆头……对我们而言（在所有的动物中，节肢动物的生物量依然占一半，而人类和家畜在所有动物的总生物量中的占比为8%）[355]。

由于人类导致的大型生物灭绝究竟是从什么时候开始的呢？

澳大利亚的大型动物的灭绝事件很可能（但并不完全确定）是由于智人的到来造成的。美洲大陆的大型动物的灭绝也可能是出于同样的原因，但在冰川时代末期，地球同时还遭遇了剧烈的气候变化，改变了整个世界的自然生态，因此人类的因素也可能会与其他非生物学的因素共同起作用。

在冰川时期之后，人类的数量爆炸性地增长，并开始掠夺一切可用的自然资源，其中也包括小型的动物如兔子、禽类、乌龟、鱼类或海产（如帽贝、牡蛎、海蜗牛、螃蟹、海胆等等）。这是否意味着当时的人类已经学会了利用食物的每一份热量，还是说这只是因为当时的人类通过狩猎捕获的猎物还不足以养活所有人？无论如何，在尚处于冰川时期的旧石器时代末期，人类学会了从自然界提供的动植物资源中汲取养分，这些资源虽小，但数量丰富，而且可以提前准备。

在最后一次冰川时期之后不久，人类进入新石器时代，并开始从事种植及畜牧业，这种行为开始改变世界。这并不是因为农业或畜牧业为人类提供了粮食或更健康的生活，甚至也不是因为它们能延长人类的寿命，而是因为

---

I  生物量，指单位面积或体积内的生物总量。

通过这两种产业，地球上的人类数量实现了大量的增长（参见图二十二）。

我们可以认为说话比咆哮更高级，会在墙上画画的能力使我们超越了其他任何一种物种。但是，从生态学的角度来看，阿尔塔米拉的克罗马努人并不比他们在洞穴壁上描绘的狮子或熊更高级，两者的数量当时也不过旗鼓相当。当时，大型食肉兽与克罗马努人互相尊重……彼此也各自敬而远之。

有趣的是，在新石器时代，人类将动物家畜化的现象不仅仅发生在中东的"新月沃土"一带——当地为我们贡献了小麦、大麦、黑麦、豌豆、扁豆和其他各种农作物，以及绵羊、山羊和牛——而是在其他新石器时代的各地文明中也都有独立体现，尤其是在中国、美索不达米亚和安第斯山脉地区。所有这一切令许多人（比如贾雷德·戴蒙德）不禁想到，农业和畜牧业的发明也许是不可避免的，前提是当地得有符合种植条件的自然作物（数量并不多）和根据其特性能够被驯化的野生动物（数量同样稀少）。在驯化动物的过程中，最重要的条件是这些动物必须非常社会化，能够适应群居生活，因为独居的动物驯养起来要困难得多。因此也可以说，动物的社会化也有助于人类的大型社会化。

---

**生命简史**
VIDA, LA GRAN HISTORIA

**历史的陷阱？**

---

新石器革命曾在五个不同的地带、在不同的时间段内独立发生。首先是在亚洲西南部的"新月沃土"地区（从土耳其到伊朗，途经叙利亚、以色列和巴勒斯坦），随后是中国、美索不达米亚、安第斯山脉地区和亚马孙地带，其中包括当今的美国地区。在其他地区

---

也发生过驯养动物和种植庄稼的行为（比如西非热带地区的萨赫勒、埃塞俄比亚和新几内亚），但我们不知道这些地区的农业是否和上述五个地区一样是自发产生的，还是受到其中某个主要新石器时代的文明和经济模式的影响或推动，从其他地区学到了驯养动物和种植农作物的经验后在本地进行了推广。毫无疑问，至少在欧洲、印度河谷及埃及地区的文明就是受到了其他古文明的影响而开始从事农业的。

农业为何会在这些地区而不是其他地区诞生？根据贾雷德·戴蒙德的说法[356]，种植和畜牧业的诞生需要满足两个条件：1. 当地的人口密度必须很高，因此当地的人类已经发掘了一切可利用的资源，也就是说，已经把狩猎和采集模式的经济效益扩大到极限（除了大规模的狩猎行为之外，也已经完成了野生植物的采集和小型动物的资源利用）；2. 这些人类居住的地区中必须存在适合种植的植物和能够被驯养的动物。在能够满足这些苛刻条件的地区，新石器时代文明就能够发展起来，仿佛命中注定的某种宿命。一旦一个地区的人口密度和文明程度发展到一定规模，只要自然条件合适，当地的文化就一定能够得到发展。

这是否意味着从事农业和畜牧业的人类比从事狩猎和采集的人类更加幸福，因此人类才会全面转向田园生活？按照罗伯特·赖特的观点，包括新石器文明在内，自古至今，文化发展总体上一直都在进步和优化。他的著作的标题就清楚地说明了这一点——《非零和博弈》[357]。相反，在尤瓦尔·赫拉利[358]看来，新石器时代是人类无法逃离的一个陷阱，它使得人类变得更不幸福了。

"幸福"是个很主观的概念，标准很难定义，但我们可以根据生物学的标准而不是主观看法去评价它。事实上，从事种植业和畜牧业的人类，其身形相比他们从事狩猎和采集的祖先更矮小了，而且由于他们从事的日常工作相当违反自然，且为了掘地和磨谷，需要一直弯着腰，因此也出现了骨骼关节的问题。奇怪的是，农业生产不但使人类的体型缩小，还使其脑容量也变小了[359]。

既然如此，为何自新石器时代以来，农业还开始扩展了呢？这其实只是因为从事种植和畜牧业的人类的人数远远高于从事狩猎—采集工作的人类，因此前者的社会结构更高度组织化、技术更发达，因此在军事上也更强大。这是一个自我循环的过程，逻辑自洽。人更多，就更能扩张，也更容易改变环境。

为何从事农业的人类数量会更多？这主要是因为人类能够通过改变生态环境为己所用，使得他们占据的土地出产的粮食完全为人类所用，通过这种方式，在同一个空间内就可以养活更多的人[360]。此外，由于从事农业的人坐着的时间更久，饮食更规律，因此在两次分娩之间的时间也可能会缩短，从三至四年生一个孩子缩短到每两年生一个孩子，甚至更短。

农民的寿命会比狩猎—采集者的寿命更长吗？令人吃惊的是，从哈扎族（坦桑尼亚埃亚西湖一代的原住民，至今仍以从事狩猎和采集活动为主）的数据来看，他们的死亡率和18世纪瑞士或其他任何地区——比如卡斯蒂利亚一带——的农民的死亡率大致是相同的。在两个案例——当今的狩猎—采集者和18世纪的农民中——成年人最普遍的死亡年龄（在统计上叫作模型）在70岁左右，尽管由于儿童死亡率很高，因此在婴儿出生时的期待寿命（即实际平均寿命）变得更低[361]。

很明显，直到工业革命前夕为止，人类的死亡率并没有下降。在中世纪甚至近代，狩猎—采集者的死亡率数据跟欧洲和中国的农民相比并没有更高或更低。但在19世纪末期和20世纪，社会的工业化大规模地改善了人口结构，预期寿命（或者说儿童死亡率）和实际寿命都得到了延长。如今，我们的寿命比当今的狩猎—采集者和中世纪的农民的寿命都长（成年人的死亡年龄在统计学上比过去年长……而且年龄还在往上增长），而且我们也不太担心自己的孩子会幼年早夭。整体而言，白发人送黑发人的情况不太会发生。因此从这一点来说，我们毫无疑问是赢了。

那么，历史是否具有一个主要的方向性呢？如果当真如此，这个方向又是什么？19世纪的文化人类学家（比如英国学者爱德华·伯内特·泰勒和美国学者路易斯·亨利·摩尔根）确信，随着各个时代的发展，文化也在不断进化——社会和科技都从简单向复杂进化——这种进化方式与我们在生物进化中观察到的模式相类似。此外，考古学家也持同样论点，越往前回溯，社会的形态就越原始。

但北美人类学家弗朗茨·博厄斯则直接否定了文化进化的理论，他认为这种理论存在种族主义的倾向，认定维持着旧时代的社会形态的文化要劣于其他大型文明。而根据博厄斯的看法，每种文明都有其自身特点和活力，不能按照进步的程度排出先后名次。在博厄斯看来，文化的进化并非是单向性的，而应该是多元化的。

文化人类学家沃尔特·戈德施密特在2006年出版的最新著作中回忆道，当他刚开始进行这项专项研究时（他在1942年完成了博士论文），文化进化论还是一个备受排斥的理论，但如今这种理论已经回归主流，文化的进化已经开始和生物学的进化相提并论[362]。戈德施密特论述道，2500年以前，希腊古典文化繁荣昌盛；这个数字再往前翻上一倍（5000年前）则是城邦文明的诞生；再往前翻一倍，就是人类新石器文明，即农业和畜牧业的起源；再翻一倍则是远古时期的洞穴艺术；这个时间再拉长一倍，我们能够发现人类历史最早的宗教信仰迹象（戈德施密特没有继续往下计算，但如果我们再把这个时间乘以二，就能回溯到人类最早在非洲开始使用象征符号的时代）。因此，戈德施密特总结道，人类文明发展的路径是指数级上升的曲线："这一段卓越的历史正是文化进化的产物。"

因此，从二十世纪中叶以来，博厄斯理论的地位逐渐被弱化了，越来越多的作者再一次提出了人文历史也有呈指向性发展的趋势，论据就在于在文化发展中也存在众多的趋同演化现象。换句话说，如果一个文明的进化方向不再向着社会越来越复杂的方向发展，偏离了这种发展轨道或者停止发展的话，必然会有另一种文明将其取而代之。因此，人文历史也具有发展规律，是可以被预测的。

如果是那样的话，文明的演化中也将存在某种科学定律，就像物理、化学或生物学的定律一样，任何现象都不能脱离这种既定定律的支配。因此在科学实验中，如果反复重复相同的起始条件，就一定会一次又一次得到相同的实验结果。

尤瓦尔·赫拉利与罗伯特·赖特也坚信人文历史的发展具有指向性，人类社会将会逐渐进化得越来越复杂、规模越来越庞大，因此，世界会变得越来越小。因此，人文历史的发展箭头指向一个全球化的未来，而我们现在就在沿着这条发展道路前进的过程中。费利佩·费尔南德斯·阿梅斯托就曾生动地解释过 [363]，地球上不同民族之间的各种发现是如何互相关联起来的。

尽管仍有部分伟大的思想家如以赛亚·伯林或卡尔·波普尔等人曾经否认人文历史可以预测并遵循一定发展规律的看法，但毫无疑问，在当今时代，认为文化发展的本质是向着更大、更复杂的社会结构发展的理论占了主流（社会变得更高度组织化和分工细化，出现更多的行业细分）[364]，而这种发展最终会走向一个全球化的未来社会，其中素昧平生的社会成员可以实现高度的沟通。

因此，至少从旧石器时代末期开始，在人文历史的发展过程中有一种强

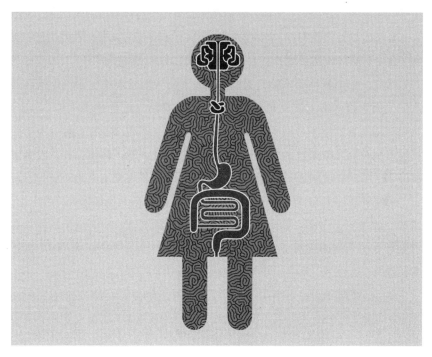

图二十二：新石器时代是好是坏

新石器革命对人类和生态系统都意味着彻底的改变。因为人类不再是从自然界获取食物，而是改为自己生产。食物变得更单一，生活更艰苦，而预期寿命却没有因此得到延长。

农业和畜牧业能够发展的理由单纯只是因为它们确保了地球上能够有更多的人类得以生存。在此之后还要过上数千年，人类的生活质量才会有显著的提升。在我们这个年代以前，大部分的人类都没有享受到这些益处，而即便在当代，生活质量的提高也尚未惠及全人类。

大的决定论的影响。在冰川时代的末期，当时的社会已经做好了预适应，从通过自然界提供的食物中汲取养分（利用地球的馈赠）转向通过劳动来生产生活必需品的经济模式。可能在此过程中会有一个过渡阶段，人类通过改造生态环境来满足自身利益，因此很可能在旧石器时代的末期，人类就已经掌握了改变自然环境的手段了。

然而，根据罗纳德·赖特的说法，人文历史的发展指向了一个错误的方向，因为技术的发展就是一个陷阱。每当我们向这个方向多前进一步，每当我们继承自旧石器时代的技术多发展一步，都会以牺牲一部分生物圈环境为代价。首先是澳大利亚和美洲的大型生物灭绝，然而我们并没有因此停步。所有的文明都以摧毁生态环境为代价。有些文明因此而自我毁灭了，由于耗尽了所在地区必须的自然资源，无法维持大型都市人口的生存，这些文明走向了崩溃。另一些文明通过开拓新的土地，或寻找新的尚未被开垦殆尽的大陆而存活了下来。欧洲文明就是这样以牺牲美洲大陆的生态为代价得以延续的。

如今，地球上已经不存在任何未经开拓的处女地或海洋，我们也将无处可去，但我们现在仍有时间改变这种错误的历史发展方向，避免走向自我毁灭的陷阱。

但也许，我们的时间已经不多了，这也符合费米悖论的解释——也许宇宙中所有的文明都最终会走向毁灭。因此，外星人才会从来没有拜访过地球，我们也从未接收到他们的讯息。宇宙中星系间的距离确实非常遥远，但当人类最早用自己的双脚走出非洲时，其挑战程度也不亚于去开拓一个新的星球。而相比空间，时间的长度要更加广阔。如果人类的每一代人中都有一批人从出生地出发向前移动数百公里，在新的位置建立据点的话，那么一个世纪能有四代人，只要100年的时间，这些人就可以出现在远离自己的曾祖父母出生地400公里以外的地方。而实际上，一个人只要两到三天就可以走完100公里的路了。归根到底，1000年也就只是十个世纪，从地质时间的角度来看不过沧海一粟。我们可以从美洲印第安人的例子中看出人类的地理扩张速度有多快，在不到2000年的时间内，他们的分布从阿拉斯加一直延续到了巴塔哥尼亚。

但在这种假设中，重点在于这些旅行者在出发时就必须完全将自己的家乡抛在身后，终生不复返，而他们在家乡的亲友将再也不会得到关于他们的消息了。五个世纪以前，当波利尼西亚航海家到达复活节岛（他们所谓的拉帕努伊岛）时，他们怎么可能会想到自己的起源，也是整个人类物种的起源，其实远在非洲呢？实际上，所有人都对此一无所知，直到当今技术结合基因科学和考古技术的发展，人类的起源之谜才终于得到解答。

一个星际文明只要愿意一直向前，不断地探索自己的边界，就可能会、应该会、迟早会遍布宇宙的各个角落，不管它们的起源来自何方[365]。除非所有这些文明都是最近才诞生的，或所有这些文明都已经自我毁灭了，或者，我们人类的科技文明是当今宇宙中仅存的能够进行星际航行的发达文明。


宇宙中是否有可能存在一个发达的文明，只是没有星际航行的能力？赫拉利曾经说过人文历史的发展是指向性的，他总结道，如果回溯1万年（即新石器时代刚开始的时候），把整个人文历史的发展从头开始重新再来一遍，新的世界势必会和现在不同。比如说，基督教或者伊斯兰教也许不会取得成功。他表示，人文历史不能用绝对的模式来解释，也无法预判，而是混沌、混乱的，没有任何规律可循。

我猜想，赫拉利在这里指的只是人文历史中的各种具体细节，因为如果我没有记错的话，他自己曾经说过，全球化的整体趋势是可以预判的。赫拉利说，一个没有基督教或者没有罗马帝国的人文历史是完全可以想象的，我也认同这一点。这些事件不过只是历史发展中的小插曲。我也同样可以想象大西庇阿在扎马战役中反被汉尼拔打败，或是罗马人与迦太基人签订互不侵犯条约，尽管历史学家对这种可能性存疑。我认为，这两个国家之间迟早会发生冲突，因为地中海领域容不下两个帝国，而罗马有可能会在战争中胜出，因为它的社会组织化的程度高于迦太基。

赫拉利准确地指出，所谓的科技革命是在公元17世纪（以及公元16世纪末期）在欧洲开始的，原因就在于人类在此时开始正视自己的无知。我们开始承认自己并非一无所知，也承认我们无法从经书上得到所有问题的答案。根据赫拉利的观点，我们今日所熟悉的科技发达的世界得益于三大势力的联合：科学的力量，帝国（政治的力量）和经济影响（金钱），三者之间实现了优势互补。

那么，如果当时在西方不存在适当的政治社会背景，科学技术还能在其他地方发展吗？比如在奥斯曼帝国、中国或印度？

在历史上，在所有曾经存在过的文明中，只有西方文明在巴洛克时期（文艺复兴之后）发展和应用了我们当今使用的科技。科技的发展没有发生趋同演化，欧洲、美洲和亚洲的科学家并没有不约而同地发现元素周期表、量子物理、血红蛋白和地壳运动的原理并在这些领域互相交流。但是，就像历史上常见的独一无二的案例一样，我们有理由怀疑，这也有可能是第一个占据领先位置的文明阻碍了其他文明在科技领域的继续发展（就像生命的起源或抽象思维的诞生一样，在历史上都只发生过一次）。

斯蒂芬·格林布拉特在他的杰作《大转向》中提出，科技发展的转折点源于人们在一家德国修道院中发掘出的一本古书——《物性论》的抄本，作者是公元前1世纪的罗马学者提图斯·卢克莱修·卡洛斯。这项奇迹般的发现改变了一部分自然哲学家的思维模式，促使他们开始对世界的运行寻求自然主义（而不是非自然主义）的解读。也许格林布拉特的说法有点夸大了，毕竟人文历史的命运不该单由一本书来决定。还是说，确实有这种可能性？想想三大宗教各自的圣书。不过总而言之，毫无疑问的是，如果当时没有发生文艺复兴时期的古典思潮的回归，西方的历史以及之后的整个世界的历史，都将有所不同。

在巴洛克时代的科技革命中（在科学史中是这样定义它的），一批自然哲学家基于共同的信念而行动，也非常清楚自己追求的理想，但并非所有的科学史学家都认同巴洛克科技革命这个说法，而认为自然哲学的发展只是中世纪和文艺复兴之后的自然延续[366]。此外，在17世纪，实际上只有物理学的发展实现了飞跃，而化学发展的重大变革则是在18世纪发生的，生物学在19世纪（通过进化论），地理学是在20世纪（通过大陆板块学说）。

还有许多人认为，科学的基础来自基督教对一位理性的神的神迹解读，是为了更合理地理解这些现象，同时在解读过程中，随着研究的深入，对相关的原理的了解也越来越透彻。因为在这些神圣的经文中，还有很大一部分未被解读透彻，仍有许多疑团有待发掘。这种思潮巅峰期的代表是中世纪修士托马斯·阿奎那，他用来自异教的亚里士多德的理论和基督教的信仰来探索科学。因此，科学具有某种只有欧洲基督教世界才能提供的理论根基。

只有一点是明确的，17世纪的自然科学家认为自己已经非常先进了，并认为自己发起的革新将完全颠覆他们的前辈们在文艺复兴时期的成果。他们尤其反对过去的神秘主义思潮，反对为自然现象强加目的、意图或感受的做法。与这些前辈相反，现代科学家只在自然现象中单纯地寻找机械的规律。因此可以说，自17世纪以后，我们看待自然的方式完全改变了，通过这种变革，一大批欧洲学者在那个时代投身科学，推动了科学机制论走上主导地位。

然而我依然很难相信，如果上述的这一切没有发生，难道我们就永远不会发现自己是生物进化的产物，或是发现基因、宇宙大爆炸和相对论的原理了吗？我们有可能生活在一个与17世纪别无二致的社会，但是却没有实现科学和技术的进步吗？

1945年3月10日，德日进在法国驻北京大使馆召开了一场讲座，主题是"生命与星球：此刻在地球上正在发生什么？"[367]讲座的最后一段提到：

> 那么，不难想象，当人类完成自身的调整，成为彻底的完全体之后，我们的生命形式将会进一步走向成熟，届时，我们将会脱离地球和行星短暂易逝的原始能量的束缚，从物理上脱离这颗星球，到达一个"欧米茄点"，其中只存在物质不可逆转的本质。这种现象从外部看来类似死亡，但本质上只是一种形态上的转变，使人类可以到达一个超越自我的境界。我们不是通过星际航行技术，从外部脱离这颗地球，而是从自身内部，从精神层面脱离，也就是说，就

像将所有的物质宇宙都浓缩于自身内部。

现代生物学的伟大天才之一、诺贝尔奖得主彼得·梅达沃曾在他1961年发表的一篇文章中猛烈地抨击过德日进的著作。丹尼尔·丹尼特和理查德·道金斯也曾拿这些评论取笑过他。雅克·莫诺在1970年的一篇文章中，也表达了他对自己这位同胞的不满："德日进的生物哲学不值得浪费我们的时间，尽管令人吃惊的是，这些论调甚至在科学界都获得了巨大的成功。这种成功恰恰证明了我们的焦虑，证明了我们迫切想要追求新的人与自然的平衡的愿望。德日进用他的小把戏满足了我们的这种心理。"[368] 最令彼得·梅达沃和雅克·莫诺不满的地方在于，德日进的理论看似是建立在科学基础之上的，其实确实纯粹建立于信仰之上。

1964年，辛普森在自己的书中这样描写德日进[369]："在德日进主义的群体中具备一切宗教崇拜的特征，追随者奉德日进为先知，这还是比较不夸张的形容，原因部分来自人们对他的个人魅力的回忆，因为他确实是个非常和蔼可亲的人士，其个性中结合了无与伦比的热情与智慧，同时，他对除了这个议题以外的所有话题都保持着极其谦逊的态度。"辛普森在另一段文字中又再次强调了一遍"所有认识德日进的人都能感受到他的热情友善"，以补充他之前形容的"德日进首先是一名基督徒，其次才是一名科学家"。

上述这些评论都自有其道理，但我认为都还没有准确地说中德日进现象之所以会出现的本质原因。

德日进的理论分成两个部分。一方面来说，德日进的著述中所谓的科学（这种伪装的科学让梅达沃和莫诺之类的学者们非常鄙夷）其实在试图模糊自然与超自然之间的边界，而在德日进看来两者其实是一回事。他认为一切都是自然。另一方面，在他的作品中的重要篇章，即关于宇宙的进化的论述中，德日进是通过古生物学家们熟知的生命历史的过往经验，来推断未来的发展，这种方法在我们看来又是很合理的。通过这种方式，考古学中的化石发现都成了他用来证明"未来会有这么一天"的证据。实际上，德日进本人也是这么描述自己的研究方式的。但在我看来，他的研究方法其实明明是倒过来的。首先先有一个对于未来的设想，随后再回溯到过往去寻找例证。打从一开始，德日进的理论吸引人的地方就在于它对未来的假设，而不在于对过去的描述或解读。这种对过去的解读实际上只是一种证明方式，一种所谓的科学证据，来证明其预言的严肃性，证明他对未来的设想是具有自然主义基础的。没有人会把德日进当作一位古生物学家来看，而只会说他是一位预言家，因为他的视角是看向未来而不是过去的。

但是，雅克·莫诺还告诉我们，德日进并不是提出"重新寻找人与自然之间古老平衡的万物有灵论，或通过建立某种新的理论，来证明从生物圈的进化到人类的出现都是宇宙进化的自然延续"的第一人。相反，德日进只不过是延续了19世纪的进步主义思潮，这其中也包括斯宾塞的实证主义和恩格斯与马克思的辩证唯物主义。莫诺甚至提出，万物有灵论的根源甚至可以追溯到辩证唯物主义，因为辩证唯物主义中有主观研究的部分，辩证法的（所谓的）规则暗示着在科学研究中占主导地位的客观视角原则在某些情况下是被忽视的。

为了证明这一点，莫诺引用了弗里德里希·恩格斯的一段描述（出自《自然辩证法》），这段文字可以确凿地证明，恩格斯也认为人类的思维能力甚至人类自身都是宇宙进化的必然结果。这一观点与德日进的论调令人诧异地接近。以下是莫诺引用的引文：

> 但是，不论这个循环在时间和空间中如何经常和如何无情地完成着，不论有多少亿个太阳和地球产生和灭亡，不论要经历多长时间才能在一个太阳系内而且只在一个行星上形成有机生命的条件，不论有多么多的数也数不尽的有机物必定先产生和灭亡，然后具有能产生思维的脑子的动物才从它们中间发展出来，并在一个很短的时间内找到适于生存的条件，而后又被残酷地毁灭，我们还是确信：物质在其一切变化中仍然永远是物质（恩格斯不认可热力学第二定律），它的任何一个属性在任何时候都不会丧失，因此，物质虽然必将以铁的必然性在地球上再次毁灭物质的最高的精华——思维的精

神，但在另外的地方和另一个时候又一定会以同样的铁的必然性把它重新产生出来。

这是真正的信仰。

雅克·莫诺的作品《偶然性与必然性》中的最后一段话非常有名："古老的联盟已经破裂；人类最终意识到，在无边无际、冷漠无情的宇宙中，他们的诞生纯属出自偶然。没有任何既定的使命，也没有任何注定的命运。人类只能在想象中的天堂和黑暗蒙昧的现实中做出选择。"

这段话体现出莫诺与任何历史决定论者都截然不同的立场。一切都并非注定，从细胞的诞生到人类的出现，都一样存在完全不会发生的可能性，但这并不意味着进化的过程是无法被解读的：

> 我希望读者能够正确理解我的意思。当我说根据基本的原则，任何生物的出现都不能预测时，我并不是在说它们的进化路径也不能用这些基本原则去解读。有些现象被继承了下来，另一些则有迹可循……在我看来，生物圈的无法预测性在于我们不知道原子会是如何互相组合的，就像我手中的这块鹅卵石一样……理论上，这块鹅卵石并非注定会存在，也并没有被赋予一定能够出现的特权。

可以想象，莫诺的这种立场与宗教机构是背道而驰的，但他与辩证唯物主义的捍卫者之间的冲突甚至还要更加激烈。后者认为辩证唯物主义用科学的方式对从宇宙诞生之初到那个时代（1970 年）的全部历史进行了科学的解读。如我们之前所说，在那个时代，马克思主义几乎就是科学界的宗教（至少在法国的学术圈和文化圈中是如此）。

可怜的莫诺，他是多么的勇敢，竟敢同时挑战天主教和马克思主义。两者都认为从宇宙诞生之初到 21 世纪，再到未来的历史发展都是有既定模式可循的，而莫诺则指出了这些理论中非科学的部分，揭示了其泛神论的本质。

赫胥黎的思想在很多方面与德日进相类似，尽管前者是无神论的达尔文主义者，而后者则是（自然神论的）信徒和目的论者。赫胥黎将进化描述成"无目的的过程"（progress without a goal），而德日进则认为进化是有一个明确的目标的（他著名的欧米茄点）。但两位学者都是通过过往的化石记录来证明自己对于未来的观点的（赫胥黎是通过古生物学家布鲁姆的学说）。

赫胥黎在给德日进的《人的现象》英文版的第一版作序时，热情洋溢地盛赞了他的这位法国耶稣会信徒伙伴的人品和他的作品，并认为两人在学术探索的道路上殊途同归。两人都期待着我们的物种未来会发生积极的变化，并将这种美妙的变化（通过我们）进一步扩散到所有的生物甚至是非生物物质之上。德日进止步于欧米茄点，但赫胥黎甚至认为在此之上还能更进一步。在上述序言的一个脚注中，他写道：

> 想必，当他（德日进）描述这种被称为"欧米茄点"的阶段（人类趋同演化的最终状态）时，他真心认为这就是真正的最终结局了，但我们也可以单纯地将这种状态看作一个新的阶段或新的结构模式，在此之后会发生的情况则已经超越了当今人类的想象，尽管目前尚处于萌芽阶段的超心理学中某些超感知觉的发现，有可能会为我们进一步理解这种状态带来一些启发。

和德日进一样，赫胥黎也向往着模糊自然与超自然之间的边界。

赫胥黎和德日进都曾经历过世界大战，因此也都向往着一个更美好的世界，期待人性能比过去、比现在有所进步。在这两位科学家和学者看来，人类的进化尚未盖棺定论。两人也同样都认为，某种美好的未来能够影响到人类和所有现存的物质，甚至影响整个宇宙。我们在这里讨论的是一首生命的史诗，甚至是某种新的宇宙创世纪的诞生，一段延续数亿年的荣耀历史。因为在赫胥黎和德日进看来，人类的进化是进化整体上的延续，而不是一个个别的案例。人性化并不是一组个别生物的历史，而是整个进化走向下一步的先驱。两人都认可进化整体存在进步的看法，因此，赫胥黎在《人的现象》的前言中才会说道，进化是对抗热力学第二定律的一大胜利。前者会导致所有事物不可避免地最终走向混沌，而相反，进化却能够随着时间的推移，反而增加生物的组织化和复杂程度。

如我们之前提到的，赫胥黎赋予人类一个伟人的使命。我们是世间仅存的还存有进步潜力的生命，而在他看来，其他生物的创新潜力已经枯竭。

赫胥黎是一位很有时代责任感的人士，一位积极的社会活动家，但他并不信任他那个年代的任何大型政治体制，无论是资本主义、马克思主义，还是法西斯主义或曰纳粹主义。这三种体制在他看来都欠缺人情味（尽管他曾经有一段时间比较推崇苏联体制）。赫胥黎提出的改进建议是将社会体系建立在更人性化的基础之上。他的目标是科学人道主义，用科学的方法来规划社会。他也建议这种政治体制介入纯生物学的进化过程中，而要实现这一点，在他那个年代，唯一的手段就是推广优生学，即对人类繁殖实行控制。

上文提到的德日进在北京讲座的尾声中提到的设想，很像著名物理学家、科幻小说家亚瑟·C.克拉克在《童年的终结》（1954年）中描述的结尾：

> 在强光的无声冲击下，地核释放出了积蓄已久的能量，顷刻间引力波一次又一次地冲击整个太阳系，其他行星并没有受到很大影响，它们依旧沿着古老的轨道运行着，就像水面漂浮的木塞随着石头投入水中所产生的涟漪在轻轻荡漾。

> 地球永远消失了，他们吸走了它最后的物质。地球养育了他们，帮他们度过了变形的关键时期，就像麦粒为胚芽提供养分，让它朝着太阳生长一样。

至少在《童年的终结》和《2001太空漫游》两部作品中，亚瑟·C.克拉克看起来似乎与德日进持有类似的理念，尽管不带宗教意味，即一种更高级的宇宙意志会引导我们，吸引我们，它会引导进化过程中所有重大的转变，直至其终结[370]。又一次地，对于将来的展望来自对历史的回顾。又一次地，自然与超自然之间的界限被模糊了，就像阿尔弗雷德·拉塞尔·华莱士曾把人类智慧的出现归于某种精神意志，而非自然选择的原因一样。

最后要提一句，我们知道德日进曾经读过尼采[371]，知道他的"超人"理论，即认为某种全新的人类将会出现。尼采也同样认为人类现在还在未完成的形态，但他所认为的"超人"是一个个体现象，而德日进和克拉克描绘的未来转变则会发生在所有人类的身上。


康威·莫里斯在他的著作《进化符文：世界如何自我觉醒》中，也鼓励大家比达尔文再多想一步。这本书的副标题表明，作者认为进化是宇宙自我觉醒的一个过程，他在书中也多次强调了这个观点。

比达尔文更进一步的境界是什么？康威·莫里斯谈到这一点时说法晦涩（人们在预言未来时经常如此，华莱士、德日进、克拉克都不例外）。但如果我没有理解错他的意思，他认为真正的科学至此才刚刚开始。莫里斯说，当我们完成所有重大的科学发现之后，科学的道路并不会因此走到尽头，而是会出现一种新的科学，向我们揭示迄今为止隐藏起来的更深层次的真实，按照柏拉图的描述，这个隐藏的世界其实一直就与我们同在。

看起来，康威·莫里斯在某种程度上认可柏拉图在《理想国》中描述的关于真实的"洞穴奇迹"理论。在书中，柏拉图描绘了一个理想的世界，他认为我们在出生以前就曾经生活在那样的世界中，只是在来到人世之后就将它忘记了。而真实其实是一个层叠的结构。在柏拉图的预言中，我们如今生活的物质世界只不过是那个真实世界的一个投影，就像在一个洞穴中，在篝火的映照下，人和物行动的影子都会投射在洞穴的墙壁上一样。但由于我们是面向墙壁、背对篝火而坐，因此我们只能看见这些影子，而无法直接观察到最纯粹的、一成不变的真实，这个真实世界永恒地存在于此。但也许有朝一日，我们能够理解这些深层次的真实，正如康威·莫里斯所说的，进化的过程就是整个宇宙逐渐认识自我的过程[372]。

我可以把所有这些作者对未来做出的预言——不管有没有宗教的成分在内——统一概括为"某种美妙的奇迹即将来临"，因为所有这些预言都试图突破庸俗的现实世界（普通的日常）和某种美妙、壮丽，也许是超自然的未来世界之间的边际。我们不知道未来究竟会具体发生什么事，但这个美好的未来奇迹一定是闪耀的、美丽的，而且最重要的是，一定是充满爱的。

因此，这些关于未来的理论不管其内容如何，都能够受到如此热烈的追捧。在我们这个物种之中，利他主义与自私自利、集体主义和个人主义究竟哪个更占上风一直存在争议，对我们来说，如果能够确保未来的人类能够在不丧失自我个性的情况下仍能团结在一起，一定会感觉更加幸福。这个关于未来的前景描述显示，在未来，个体仍有保持与众不同的自由，但同时又能出于友爱而团结一致，同时彻底地摒除自私倾向的影响——目前在生物学上，这一尝试还从来没有成功过。

关于人类的未来备受关注的前景之一来自赫拉利在《未来简史》中的描述，他表示，未来的世界将完全交由算法支配，人类的影响在其中将变得无关紧要，除了极少数具有特别资质的个体（超级权力者），得益于所有的科学进步（尤其是使人接近永生的技术突破），这些人几乎等同于神，凌驾于所有机器之上，并推动机器的不断优化。

安东尼奥·达马西奥认为这样的现代反乌托邦世界相当平淡无聊（并希望赫拉利只是用他的预言来警告人类提前规避未来可能会发生的风险）。而如我们之前所说的，威尔森认为基因工程技术只会局限于用来根除一些遗传性疾病。

霍金在他的遗作中[373]也同样预言了一种与赫拉利的描述相接近的未来，即通过基因工程的改造（虽然目前的法律禁止这样做），更聪明、更长寿的超级人类将会出现——而且也更温和，面对这些超人类，普通的人类不是被排除，就是沦为二等公民。霍金并不认为这样的未来是我们期望的，但他认为这种情况注定不可避免，而且就会在我们所在的这个1000年内发生。因此，他认为在太空史诗《星际迷航》中，其中的人类在350年以后还和我们现在没有什么差别是不可思议的。"无论如何，人类必须要优化自己的思维能力和身体能力，才能更好地应对他们身处的越来越复杂的世界，并克服新的挑战，比如星际航行。如果人类要在电子机器面前维持自身的生物系统，那么他们也必须要增加这套系统的复杂性。"

因此，（不管我们愿不愿意）在 20 世纪中叶，某些进化论研究者们[374]提出的通过科学手段制造更优秀、更聪慧、更温和的新人类的设想看起来注定将会付诸实践。这些研究者们提出，人类物种必须引领和主导未来的进化方向。在当时，要实现这个目标只能通过优生学（或者说，是只选择优秀的个体来繁衍后代），但如今我们还拥有基因工程的技术手段。这在他们看来也许是一种理想的未来，但在我看来却仿佛一场噩梦：不管这些科学家当时的设想是多么的出于人道主义的善意，其结果却在试图创造一个一切都在规划内的社会时，带来了各种不良后果。

这是因为，科学的发展应该尊重自然的客观性原则，既没有理想状态，也没有好坏的评判标准。我们无法在自然界中找到值得追随的典范，也无法从中得出区分好坏的标准。在自然的世界中，科学应该只研究事情是什么样的，而不是它应该是什么样的。

但这并不意味着我们人类在生物学基础层面上缺乏道德规范，因为其他动物也同样拥有道德观。我们的本性是道德的。弗兰斯·德瓦尔在他的著作《倭猩猩与十诫》的结尾处写道：

> 道德观源自更基础的来源，在其他动物的行为举止中都有所体现。最近几十年来的科学发现证明，人类的道德并不是掩饰人性本恶的薄弱外壳，之前的悲观看法并不正确。恰恰相反，在我们的进化历史中，人性呈现出了相当友善的一面，若非如此，我们就不可能发展到今天这个地步。

但如果我们想在此基础之上更进一步的话，我们依然还是需要回归人类本身。除了人类，我们还有谁能借鉴参考呢？

在这么多页的讨论之后，让我们最后一次回到本书的核心议题——我们为何在此？

在罗伯特·赖特看来，文化的进化是生物学进化上的延续。康威·莫里斯曾为罗伯特·赖特的著作写过一篇热情洋溢的书评[375]，其中高度赞赏了罗伯特·赖特对两种进化模式的并行特质和其中普遍的趋同演化现象的研究。但是，他很遗憾赖特没有在对历史事实进行研究的基础上更进一步。康威·莫里斯认为，罗伯特·赖特已经走到了海边，但却止步于此。他也不满足于赖特对于人类命运的浅显窥视。但是，康威·莫里斯在自己的书评中总结道，海边已经有一艘船在等着我们，舵手将随时待命，准备带我们驶向未知的海洋。我们是否有勇气登上这艘船？他问道。

辛普森对于进化的可预测性和我们的物种的未来的看法则走向另一个极端，如他在1950年写下的这段文字所说：

（在古生物学中）如今根据过去的历史趋势来预测未来的情况变得少见了；学者们通常研究的是祖先的历史，而非后代的未来。当他们偶尔做此尝试时，对未来的预测也通常比对过去的推断更不可靠，因为后者至少能有历史上的各种（进化）演变事实作为真实数据支持其论证，而我们却不可能根据过去发生的事件来推测未来的变化或新的趋势。在报纸的周日增刊中，我们常常看到有人援引（真实的或想象的）人类起源的例证来证明自己对未来的推测。但在理性的科学研究中，我们必须承认，至少基于这种基础（历史过往）去预测未来是不可能的[376]。

伟大的数学家、控制论的发现者诺伯特·维纳在1964年（他去世的那一年）曾经批评过经济学家试图用牛顿时代的古代物理学中的数学应用到社会学分析上的行为[377]，因为经济学要复杂得多，其中没有长时期的规律（统一的一系列数据）可循，任何技术、社会或经济领域的变革都会影响工业生产。他以第一座用铝材料而非钢材建造的摩天大楼为例，这一事件彻底改变了钢材的供需，并因此改变了经济。维纳提出，经济学的竞争就像是《爱丽丝梦游仙境》中那场混乱的槌球比赛一样。在比赛中，槌球棒是红鹤，槌球是刺猬，士兵们手脚着地当球门。自然了，无论对红鹤、刺猬还是士兵来说，去当球棒、槌球和球门都不是他们应尽的义务，但所有人都照这个样子同时在比赛中竞争并争吵，与此同时，红心王后则不停地叫嚣着要砍掉这个或者那个的头。

控制论是研究系统的组织结构和规律的理论。但基于上述理由，维纳认为控制论的规律很难适用于社会科学，至少用现今的数学是做不到的，但维纳用来形容经济学的言论对于进化学也同样适用，在这个领域的竞赛中，比赛规则也常常会改变，或者更准确地说，可能根本就没有游戏规则。因此，我们根本无法预测在进化的每个阶段，究竟谁能赢得这场比赛。另外，红心王后这场谁都不遵守规则的槌球比赛也很像是威尔森关于进化的迷宫比喻，在这个迷宫中，路径也是时时刻刻在变化的，不停地有新的通道打开，又有旧的通道关闭。

我们不可能同时采纳辛普森和康威·莫里斯的理论。因为一方认为进化在本质上是可以预测的，而另一方则认为进化不能预测（尽管后者认同在有些情况下或者说是很多情况下，会发生趋同适应的现象）。我们必须在两个立场中选择其一。

我个人站在辛普森一边，理由如下：因为实验科学（所谓的硬科学）和历史、社会、经济等学科（所谓的软科学）之间的区别就在于对未来的预测能力[378]。我建议可以做一次回顾性的预测练习，这是本书的思想实验之一。让我们回溯到生命历史中的不同阶段，从最简单的细胞开始，在假设我们对未来一无所知的情况下，对未来进行预判。我的实验结果告诉我，我对每个阶段的预判都出现了错误。但我将交给读者自己判断自己的结论，这也是本书的精神。

我个人并不认为生物学和文化上的进化可以相提并论。也许人类社会向着全球化发展的趋势确实势不可当，至少在过去的人文历史中能够看得出这种趋势：尽管有逆全球化的离心力的存在，但不管发生了多少历史倒退时间，其趋势最终是向着高度集中的向心力发展的。毫无疑问，自从人类建立起最初的帝国开始，我们可以预言，这些帝国的发展趋势就是不断壮大，吞并越来越多的其他民族并将他们同化，直至最后只剩几个甚至只剩一个大帝国。亚历山大大帝建立的马其顿帝国就有这种全球化的倾向，其中囊括了欧洲、非洲和亚洲。因此我们可以得出结论，所有帝国的本性就是要扩张的。

但在生物学进化的案例中，我则倾向埃及人的"生命之树"理论，一棵没有主树干却有很多分支的无花果树，每根树枝都是同样重要。

关于未来……自1950年以来，游戏规则已经改变了很多，想必远超辛普森当年的想象。如今，生物圈和我们这个物种自身的未来取决于我们自己，而非在此之前不久还曾凌驾于一切之上的自然力量。我本人也同样无法预言未来会发生什么，但我会尽我所能，为人类争取一个更公平、更自由、更团结友爱的世界。我会尊重对我们在这场旅途中的同伴——其他的物种，同时那些没有生命的对象也同样值得我们郑重相待：山川、河流、海洋。

总之，我本人不会登上康威·莫里斯的船，而只会在岸边读读卢克莱修的书，但是……选择权在读者您自己的手中。


古生物学家辛普森承认他对神秘主义观点彻底无感：

> 我对未来没有任何看法，也无法认同任何其他人对于未来的预言。走向宗教的道路对我而言已经关闭了，但我也并没有权力或理由去质疑宗教或对他人的价值观评头论足。我不认为未来是明确的，但在我看来，我们有办法通过其他途径去实现它。只有当其他人试图证明自己的预言不容置疑，并试图由此不恰当地插手其他领域时，我才会表示反对……


我本人也将会和辛普森一样，对未来观点的提出者保持尊重，但我也同样不认同他们提出的在地球、在我们人类身上"将会发生某种美妙的奇迹"的预言。我相信的是，某些美好的事情已经在发生了，或者至少说，我们有能力促使其发生。实际上，我们可以想象人类的未来会比现在更美好，我们能够与其他物种和谐共存，共同进化，一起生活在一个美丽的星球之上。而我相信，不管关于未来的神秘预言是否存在，我们都可以通过我们人类自己的努力，让全体人类团结起来去实现这个美好的未来。

今天，就在我写下本书的最后一个章节之际，战争仍在延续。尽管许多真正关心地球的环保志士已经做了许多无私的努力，但时至今日，森林仍在流失，海洋中的生命仍在消逝，而我们本可以避免这些情况的发生。但同样也是在如今这个时代，许多脑死亡的病人的器官能够移植给生命垂危的重症病人，尽管这在今日已经算不上什么新闻。这些器官捐赠者背后是一些破碎的家庭，但他们无私地做出了这样的生命馈赠，通过这种充满爱的行动挽救生命，以此寻求慰藉。人们仍在互相拥抱，老师们仍在课堂中教导孩子们未来要为人正直，要成为比我们这一代更好的人。

我们不仅仅可以梦想一个更美好的未来。我们应该去亲自实现它。

当本书的创作进入尾声时，有一天，我应邀前往大加纳利亚群岛的拉斯帕尔马斯岛，在一个助产士大会上发表演讲（在另一场会议上，我因对人类生育进化研究的学术成就而被提名为"名誉助产士"）。那天，我正沿着特里亚纳大街散步，在街道的尽头，矗立着我崇敬的艺术家马丁·奇里诺（他就在最近刚去世）创作的一座雕像，名为"旋风"，它立即令我（当我看着形成最后一个气旋的大循环时）联想起了时光的流逝和未来的不确定性。

在螺旋的另一边，树立着城市旅游局的一块广告招牌，我在其中吃惊地读到了以下文字：

预言未来最好的方式，就是亲自动手去实现它。

# 尾注

1 不过如果有读者对这个话题感兴趣的话，推荐一本理查德·道金斯的杰作《地球上最伟大的表演：进化的证据》，其中作者列举了很多证明进化存在的证据。

2 这一发现源自最近对古巴比伦时期（前1900年至前1600年）的一块记事板普林顿322（古巴比伦的一块记事板，据信于公元前1800年左右写下，记载了古巴比伦的数学，板上的表格列出了勾股数，现收藏于美国哥伦比亚大学）的最新研究成果。

3 但毕达哥拉斯的理论只在平面世界，即欧几里得几何空间（这一理论由欧几里得提出）才成立。在曲面的世界，这一理论并不成立。

4 思考事情如果按另一种方式发生会怎样（尤其是关于那些重要战役的走向）的灵感源自有些关于"另一种历史可能性"的极为有趣的作品，例如罗伯特·考利在1999年出版的作品《What if：史上二十起重要事件的另一种可能》。该书的第一章分析了耶路撒冷的亚述围城战。当时，一场瘟疫——犹太人认为那是耶和华的旨意——席卷了包围耶路撒冷城的亚述军队，迫使其撤兵。作者在这个章节中写道，如果当时耶路撒冷真的陷落了，那在日后的数个世纪中就不会出现基督教和伊斯兰教等宗教，我们今天的世界也将完全是另一个模样。

5 通过如今的生物科学技术，我们已经能在区区一个细胞（受精卵，即卵子受精后的状态）的状态下就开始调整人类胚胎（虽然该实验尚未应用于临床），修复会导致既定疾病的基因突变，如先天性心肌肥大症。这一手段是通过基因编辑技术（剪切粘贴基因组），即著名的CRISPR技术来实现的。

6 这是社会文明形态发展的一个中期阶段，英语叫作"酋邦"（chiefdoms），即一个由酋长或部落首领（领主或头目）管理的社会，还未发展成国家（王国或共和国），但已经比部落制更先进，领土面积更大，拥有多个社群。这种社会结构覆盖大面积的区域，不仅仅只限于本地社群。在这个社会结构中已经有了上层阶级的存在，即有了门第观念，贵族阶层世代相传；同时也有了下层阶级的区分，即底层的庶民。社会人类学家在近代的太平洋群岛以及美洲和非洲都发现过酋邦制的存在。当罗马人首度攻入西班牙语世界时，当时的伊比利亚半岛就处于这个状态，社会处于各个领主（如伊比利亚各个小国的君主）的管理之下。其实加那利群岛的印第安部落（在西班牙人来袭之前）也已经进化到类似的状态（特内里费岛和大加那利岛都有各自的领主统治），但这些我就留给专家来解说了。

7　*Reinventing Darwin*（1995）.

8　但德日进生前未能将其理论付诸出版（他遭到了教会的封禁），他的作品《人的现象》出版（1955年，就在他去世后的同年）时，新达尔文主义的主要理论已经成型，德日进的理论没有受到学术界的认可，也不受正统天主教教会学派的待见。德国哲学家与神学家迪特里希·冯·希尔德布兰在他1967年出版的《上帝之城中的特洛伊木马》中专门花了几页来批评他，将之称为"伪先知"。

9　Evolución para todos. *De cómo la teoría de Darwin cambia nuestro pensar*（2007）；Darwin's Cathedral. *Evolution, Religion and the Nature of Society*（2002）.

10　*El bonobo y los diez mandamientos*（2013）.

11　*El bonobo y los diez mandamientos*（2013）.

12　目的论是哲学中的一部分，主要研究事物背后的目的性。但相比名词，人们更常用的是其形容词"目的性的"。

13　哲学家费尔南多·萨瓦特尔在他的《哲学词典》中的"自然"与"死亡"条目中对相关立场已经做出了精妙的描述。

14　美国哲学家丹尼尔·丹尼特在他1995年出版的知名著作《达尔文的危险想法》中，将之称为一种"算法"。在此我借机说明一下，我引用的作品中某些源自英语版本，我将标题翻译成了西班牙语，某些则是在得知有翻译后参考了翻译的版本。但不管是在哪种情况下，我标记的出版日期都是该书以母语第一次出版时的日期，因为我认为让大家了解这些著作首次问世的历史性时刻具体发生在哪年是相当重要的。相反，我没有在引用这些作品时标明出版社的信息，因为在如今的网络时代，这些信息是很容易查到的。

15　这里也可称为同样的结构、构造或规律；这里使用"设计"一词与所谓的"高等智慧设计论"并无关系，后者只是一种伪装成科学理论的创世论，其本质是一种宗教理论。

16　如果我在引用辛普森的理论时没有特别提到出处，则说明这个引用出自他1964年出版的杰作《生命观点》（*This View of Life*），这部作品集收录了这位伟大的古生物学家之前发表过的众多关于进化论的研究结论。

17　我们比较的是演变开始时的前提条件，想要了解这些条件如何导致了结果时的不同变量。

18　参见《枪炮、病菌与钢铁——人类社会的命运》。

19　参见《崩溃：社会如何选择成败兴亡》。

20　这些应该算作结果时的变量。

21　Nicholas P. Evans et al. Quantification of Drought During The Collapse of The Classic Maya Civilization. *Science* 361: 498 501（2018）.

22　有人质疑伽利略是否真的做过这样一个实验，但这无关紧要，因为他提出的这个理论本身是正确的。

23    这里的引用出自布莱恩·考克斯与杰夫·福修在 2010 年出版的《人人能懂的相对论》。阿西莫夫在他的作品《地球以外的文明世界》中也曾举过同样的例子。

24    *How Extremely Stupid Not to Have Thought of That.*

25    大卫·杜齐曾在他的作品《真理的结构》中审慎地表达过这一观点。

26    有一本小书曾专门探讨过这个议题——《无意识的选择：理解达尔文的关键》，另一部更大篇幅的作品《达尔文的时钟：关于自然世界之美的解读》则对达尔文本人和他的进化论有过更深入的探讨。

27    Pascal Wagner-Egger et al. Creationism and conspiracism share a common teleological bias. *Current Biology* 28：867-868（2018）。

28    *The Pony Fish's Glow*（1997）。

29    尽管钟表的这个比喻是佩利的前人先提出的。

30    *El juego de lo posible*（1981）。

31    时代的观念对于当时的科学理论的影响，是古生物学家斯蒂芬·杰·古尔德最喜欢的议题之一："许多科学家没有意识到，所有的理论思考都是基于当时的社会环境做出的，因此，看待所有的科学作品时，都应该考虑到它背后的人文因素的影响。"（参见《进化论的结构》，2003 年，古尔德写的最后一部作品，也是他在科学领域的绝唱）达尔文曾经公开承认，在他建立天择理论时，曾经受到英国经济学家马尔萨斯（《人口原理》，1798 年）的很大启发，使他能够更好地理解生物之间争夺生存权的斗争。根据马尔萨斯的理论，在生存资源允许的前提下，人口就会增长，但一旦人口增长的速度超过了资源的上限，就会出现食物紧缺的情况，导致悲惨的后果（除非资源能够同步地对应增长）。

32    这些生存资源是不可或缺的，但同时又很匮乏。

33    达尔文因此将进化形容为"将自然从多样性中择选出的调整传承至下一代"。

34    《物种起源》中写道："自然选择的过程是通过不断地保存生物所遗传至下一代的许多细小的变化，日积月累而形成的，进化的每一个具体功用都通过一个又一个个体传承保存，就像现代地理学理论也已经放弃了一场洪水就能造就一个山谷的说法。这就是天择理论，如果它是一个正确的原理，那么我们就该相信，新的生物物种还会渐渐地演化出现，但不会是因为某种剧烈的、突然的结构变化而导致。"

35    生物学家们会时刻记得一个概念：生物社群之间是相互联系的，就像人类社会的分工一样。因此，许多生物学家会经常谈起一个物种在某个生态圈中的职能（比如，秃鹫就被称之为自然的清洁工，专干清理尸体的脏活）。在这种说法（物种的职能）的背后蕴含的概念在于承认自然界的高度系统化，所有生物共同构筑成一个完整的生态环境，这个说法听起来很符合逻辑，也能够自圆其说（我们都希望事情的发生有其目的性，这个世界的存在具有意义），但实际上我们很快就会看到，这种说法其实并不正确。而且，这个说法其实与达尔文的进化理论是背道而驰的，根据达尔文的说法，生物个体只关心自己的利益，顶多加上自己的后代的利益。

36    利基是生态位概念在商业上的延伸，指针对企业的优势细分出来的市场，产品进入这个市场有盈利的基础。

37　事实上，所有动植物都是各自领域的专家，每个物种在自己的领域中的谋生能力都十分优秀（我找不到更好的说法来表达生物"赚得自己那份口粮"的行动）。所谓的"适应性最强的""适应得最好的"这种表达（英文叫作"the fittest"），同样也可以称为"调节得最好的""最合适的""最适应的""融合得最好的"。但是，这里指的是融合到哪里去、适应什么呢？其实，指的就是嵌入这些生物各自的生态位，即它们"在自然界生态系统中的一席之地"。

38　达尔文引用的"所有谜题中的最大谜题"这种说法出自哲学家约翰·赫歇尔。他在 1836 年 2 月 20 日写给查尔斯·莱尔的一封信中写道："一些物种会被另一些所取代。自然，这回应了'所有谜题中的最大谜题'。"达尔文在剑桥读书时，曾经拜读过约翰·赫歇尔的著作《试论自然哲学研究》。后来他曾说过，这本书和亚历山大·冯·洪堡的《新大陆热带地区游记》共同激起了他投身科学事业的决心。

39　*Vida e Historia.*

40　理查德·道金斯在他的著作《地球最伟大的表演：进化的证据》中曾经举过这个例子。该理论甚至还可以解释，为何有些亚洲象会完全没有象牙了。理查德·道金斯用这个大象的例子作为证据来证明进化论的正确性，而这一案例"就发生在我们眼前"。事实上，整本书都在努力通过各种各样的证据，来证明进化论的正确性。

41　有些人认为进化是朝着一个目标直线前进的，而非自然界竞天择的结果，这种理论被称为"直生论"（这个词已经好久不用了）。有人认为，正是辛普森在 1944 年出版的《进化的节奏与模式》一书正式宣告了直生论的终结。自那以后，自然选择理论才被公认是促成进化的唯一原因。外部的环境变化造就了物竞天择的竞争，因此进化的动力源自外因，而不是像有些自然学家和目的论者在各种不同版本的直生论里提出的那样，源自生物的内因。

42　《论类人生物的非普遍性》一文最初独立发表于美国《科学》杂志上（1964 年），后来辛普森将其作为一个独立的章节加入他的作品《生命观点》中。在他 1978 年出版的自传中，辛普森回忆了写作这一章节曾经给他带来最大的困扰："在这篇文章中，我表达了自己个人的观点，但并不是没有依据的。我认为人类几乎不可能在宇宙中找到另一种与我们类似的类人生物，并能够与我们建立有效的沟通交流途径。我至今依然坚持这样的观点。但在很多情况下，我的这个观点都被错误解读了。"但即便那些正确理解了他的意思的读者，也依然声称辛普森在本文中表现的态度过于尖酸刻薄，并对他提出了种种可怕的指控，如指责他反对科学进步、对生命的孕育缺乏尊重等，甚至时至今日，如果有人敢提起辛普森对于外星生命的质疑，依然会遭到激烈的辩驳。

43　*The Runes of Evolution*（2015）.

44　费米悖论阐述的是对地外文明存在性的过高估计和缺少相关证据之间的矛盾。

45　*El juego de lo posible*（1981）.

46　参见《可能性的游戏》。

47　参见《基因之河》。

48 卢米埃尔兄弟 1895 年拍摄的短片《火车进站》。

49 源自英国摄影师埃德沃德·迈布里奇于 1872 年拍摄的一组照片。

50 阿塔普埃尔卡山"遗骨峡谷"中的考古遗址曾发掘出生活在几十万年以前的史前人类的遗骨。科学家成功地通过对这些遗骨的基因解读，破解出这些史前人类的线粒体基因组，尽管信息遭到了劣化，且支离破碎。其中，一个有丝分裂体的基因组拥有 1600 多对基因代码（或曰符号）。人类的核心基因组要比这长得多，高达三亿多对基因，但通过阿塔普埃尔山的发掘工作，我们至少开始对生命的奥秘有了初步的认知，尽管目前为止的发现还只是庞大的信息量中很小的一部分。

51 胡安·安东尼奥·阿吉莱拉·莫雄曾在一本有趣的作品《地球生命的起源：生物学的最大挑战》中探讨过这个话题。我本人也一直都对生命的历史这个话题十分感兴趣，我曾在与伊格纳西奥·马丁内斯合著的《地球母亲》，以及与米拉格罗·阿尔加巴合著、由杰出的弗吉斯绘制插画的作品《元素，亲爱的人类》中都专门探讨过这个议题。

52 核苷酸本身又由三个分子部分组成：一个含氮碱基、一个五碳糖（核糖或脱氧核糖）和一组磷酸基团。

53 RNA 仅由一条核苷酸单链组成，而 DNA 则由两条双链构成。

54 腺嘌呤（A）、鸟嘌呤（G）、胞嘧啶（C）和尿嘧啶（U）。

55 腺嘌呤（A）、鸟嘌呤（G）、胞嘧啶（C）和胸腺嘧啶（T）。

56 胚种论是一种假说，猜想各种形态的微生物存在于全宇宙，并借着流星、小行星和彗星播撒、繁衍。

57 Francis H. C. Crick y Leslie E. Orgel. Directed Panspermia. *Icarus* 19: 341-346（1973）.

58 在他的作品《马拉喀什的谬误之石：关于自然历史的倒数第二次思考》中，古尔德指出："地球上的生命就像它该有的那样古老。"在书中他推导道，如果一个行星的体量、与恒星的距离和星球的构成跟地球一样，那么这个星球上最基础生命的诞生几乎是注定的，是"该星球上自动运作的物理和化学反应将会形成的必然结果"。

59 参见《地球以外的文明世界》。

60 参见霍金的遗作《十问：霍金沉思录》。

61 有些多细胞生物如果其细胞内没有不同种类的细胞器和细胞质，也被归类为原生生物，比如大部分的藻类。

62 理查德·道金斯也认为出现真核细胞生物的可能性是很低的，因此，我们如能够出现在这里实属幸运（参见《祖先的故事：生命起源的朝圣之旅》）。

63 伟大的微生物学家琳·玛古利斯最早提出内共生理论并将之加以完善。

64 这里仅指当整体是由各个个体有序构成，且不同的个体成分各不相同的情况下。

65 用专业术语来说，是开启了一个新的"宙"，名为"显生宙"，因为生命体的化石在这个时代的岩石中被广泛发现；因此，显生宙从词源学的解释来说，其名字就意味着"可以看见的生命"。显生宙被分为三个"代"（古生代、中生代和新生代），而每代中又有好几个不同的阶段。

66　尽管脊索动物和棘皮动物看起来没有任何相似之处，但两者都属于后口动物，也就是说，两者的胚胎发育过程是相同的。胚胎上发育出的第一个开口，或曰胚孔，并不是这些生物的嘴部，而直到第二个开口打开才形成了嘴（"后口"一词就意味着"口后开"），而第一个胚孔则会形成肛门。通过这个解释，我希望大家明白，通过对个体或本体的研究，我们能从物种的进化或发育过程中找到有价值的线索。

67　埃迪卡拉生物群系的出现时间早于显生宙时期，当时的地质时期属于元古宙，始于距今 25 亿年以前，在距今 5.41 亿年前结束。

68　当今的所有生物，除了多孔生物（海绵）、刺胞生物（腔肠动物、海蜇、珊瑚等）和栉水母（浮游动物中有很多）之外，都是三胚层结构的，也就是说它们不同的身体结构和器官都源自三层叶状的胚胎发育而来，由这个胚胎发展成我们所知的原肠胚，胚胎内部由于向内塌陷（内陷）而形成一个凹槽，从胚胎壁向内陷入（就像一个被截破的气球）。这三层胚胎层分别被称为内胚层、中胚层和外胚层。海绵只有一层胚层，腔肠动物、珊瑚和海蜇以及所有栉水母类的动物则有两层胚胎层。毫无疑问，三胚层结构的生物是最为复杂的，尽管多孔生物、刺胞生物和栉水母的发展也并不可谓不复杂。

69　Ilya Bobrovsky et al. Ancient Steroids Establish the Ediaca ran Fossil Dickinsonia As One Of the Earliest Animals. *Science* 361: 1246-1249 (2018).

70　即进化到三胚层结构。

71　洛夫洛克是一位英国科学家，他创立了著名的"盖亚假说"。该假说认为，生命具备维持地球环境稳定，以确保地球生存的职能，并且地球能自动修正其中的偏差部分。也就是说，星球本身能够自我修正，就像地球自己就是一个超级生命体一样。洛夫洛克认为"盖亚"并不只是一个比喻，而是一种真实存在的生命形式（或与之类似的某种存在）。理查德·道金斯曾在自己的著作《延伸的表现型》中批判盖亚作为超级生命体的理论。在我看来，盖亚理论自有其道理和独到之处，但我也同样认为它只是一个比喻。

72　Jochen J. Brocks et al. The rise of algae in Cryogenian oceans and the emergence of animals. *Nature* 548: 578-581 (2017).

73　更准确地说，在两次雪球时代之间的非冰川时期，也就是大约 6.5 亿年以前，曾出现过藻类的爆发式增长，并对细菌形成绝对优势。

74　但这个比喻只属于录影带的那个年代，我不确定年轻一代是否还能理解这种比喻。在最近的30 年间，电子和通信技术发生了天翻地覆的进步。

75　为了说明偶然性的影响力对于生命的历史发展来说是不可或缺的，古尔德引用了《巨大的不公》中的章节（参见《马拉喀什的谬误之石：关于自然历史的倒数第二次思考》）。古尔德想说明，为了创造出生命体的正确形式需要等待许多时间（我首先会想到的例子是鱼龙，而古尔德则用了巨大的摩亚鸟——一种位于新西兰的不会飞行的大鸟——作为例子），但在此期间，任何一种自然灾难（在鱼龙的例子中，它需要和海洋中的其他蜥类进行生态竞争）或人为因素（毛利人到达新西兰岛）都将造成它突然的、无可逆转的毁灭。古尔德对于人类的历史也抱有同样的观点，他认为人类也同样受到这种不公平的前提条件的影响（比如一个完整的文明也许花费了数个世纪甚至上千年才发展繁荣起来，但一次外国军队的军事袭击就能将其毁于一旦）。但古尔德也承认，虽然人类基于自身的短暂生命，会认为这些历史战乱将严重地影响自身，但从更广阔的视角来看，随着时间的推移，我们还是能看到人类的科技没有受到太严重的影响，而仍在进步。但在我看来，古尔德并没有再进一步地思考，面对当前复杂的社会形势和国家体量以及全球化的影响等要素，人类的历史是否还能保持直线前进。

76 无颌脊椎动物在学术上被分类成"无颌总纲"（这个名字就概括了这些生物的主要特征），而有颌脊椎动物已占据当今的大多数，它们在分类上属于"有颌下门"。

77 当时的无颌脊椎动物中有一种名为甲胄鱼的生物，它的身体都被骨质的甲板所覆盖，并由此而得名（甲胄鱼鱼如其名：它的皮肤就是它的甲胄）。

78 尽管达尔文本人曾在 1844 年时，在给罗伯特·钱伯斯的《创造博物学的奇迹》一书题词时写道："为了不要使用'优越'或'低劣'这样的词。"

79 *Otras mentes: el pulpo, el mar y los orígenes profundos de la consciencia*（2016）．

80 实际上，达尔文提出过一套关于遗传学的理论，听起来也很符合逻辑（即符合大众一般常识），但结果却被证明是错的，就连达尔文也曾被直觉欺骗。而在他那个时代，来自摩拉维亚布尔诺地区的奥古斯丁教派修士孟德尔却提出了正确的理论，但达尔文在其有生之年没有意识到孟德尔遗传学理论的伟大意义。

81 这里的"众"指的是人类，也仅仅只有人类——尽管有些科学家认为有些其他的哺乳动物比如巨猿、大象和一些鲸类也会对死亡体现出好奇心，它们面对死亡时的有些举动看起来像是想表达什么——但正如费尔南多·萨瓦特尔所说，正是我们对死亡的认知，而非死亡本身，是我们人类之所以成为人类的原因。但是，在人类的进化历史中，我们到底是从什么时候开始意识到这一点，从而改变了我们呢？

82 这个例子摘自奥地利科学家卡尔·冯·弗里希的一本有趣的著作《十二个小小的房客》。卡尔·冯·弗里希曾与康拉德·洛伦兹和尼古拉斯·庭伯根共同荣获诺贝尔奖，以表彰他们为现代动物行为学和伦理学奠定了基础。

83 在有性生殖的过程中，细胞以一种特殊的方法分裂，这种分裂方式被称为"减数分裂"，它曾是许多学生的噩梦。通过减数分裂，染色体的数量被一分为二，最终结果能够产生四种类型的细胞，每个都携带一半的染色体信息，四种细胞在基因上都各不相同。

84 用专业术语来说的话，个体拥有两条染色体，被称为"二倍体"，而配子中只有一条染色体，被称为"单倍体"。

85 John Dupré，El legado de Darwin. *Qué significa la evolución hoy*（2003）．

86 这里的克隆指的是基因上完全相同的一组个体的整合。

87 而这个祖先应是只属于这一系生物独有的，不和其他系的生物共享。

88 在那个时代还有另一种令人惊叹的脊椎动物种类，例如体型巨大的盾皮鱼纲，这种鱼的周身都被骨甲所覆盖，如今已经消亡了。

89  体内骨头是软骨的鱼在学术上被列为"软骨鱼纲",而体内骨头为硬骨的鱼被列为"硬骨鱼纲"。

90  正式的学名是"肉鳍鱼亚纲"。

91  学术上被称为"肺鱼纲"。

92  如鱼石螈类的化石,是来自 3.65 亿年前的棘螈的化石,生动地展示了第一批四足生物的形象。

93  学术上被称为"单系类群"。而相反,一层阶元在支序分类学中则被称为"并系群"。类群中的物种源自一个共同的祖先,但有些分支被去除了,就像一个家庭中有些成员缺失了。一个兄弟或姐妹被排除出了这个家庭,因此这个总群体并不完整。阶元和进化枝的概念是不同的,因为前者回溯的祖先并不是仅属于这个物种独有的。这个物种的后代中,也包括其他被这一系分类给排除在外的。

94  最显著的部分特征包括光滑无毛的皮肤,以及在发育过程中所经历的变态,类似蝌蚪发育成青蛙的过程。

95  这个概念最早是在 1987 年的一篇科研论文中提出的,但后来作者在《祖先的故事:生命起源的朝圣之旅》中又对其进行了详尽的阐述。

96  道金斯曾经举过一个"所有可能存在的动物的博物馆"例子:假设这个博物馆是一个超空间,其中的一条条回廊都以直角分隔(在超空间中,所有的轴线都是相互垂直的)。有时候,有些走廊被屏障阻碍,因此我们无法走进这些走廊。但我们时不时会突破某些障碍,进入这些原本被阻断的走廊,在其中,我们将见到各种全新的生命体,它们的形象前所未见,它们的多种可能性突破了我们的想象。但实际上,它们一直就在那里,在墙后的另一侧。

97  *La peligrosa idea de Darwin*(1995).

98  *Una luz fugaz en la oscuridad*(2015).

99  罗默认为,羊膜的出现是进化史上另一次幸运的意外。

100  同样,理由在于传统的分类方法是根据进化的程度来对物种进行区分的,按照这种分类方式,爬行动物属于羊膜四足动物中不属于哺乳动物或鸟类的那一批。而哺乳动物的概念本身又代表了一种进化程度的层级,因此,哺乳动物的直系非专属祖先也可以被认作爬行动物,因为它们还没有越过将哺乳动物区分开来的进化层级的界限。这些远古生物还没有越过那道门槛,也就是说它们还没有出现典型的哺乳动物所具备的一系列特征。

101  有些现代分类法承认蜥形生物的生物枝,并认为其中应囊括所有现存的和几乎所有已成为化石的蜥形纲生物(包括鸟类)。

102  按照古典的分类法属于翼龙目一类。

103  哺乳动物的颞颥孔通常位于其颊弓处。其他羊膜动物(如蜥蜴、鳄鱼、恐龙和鸟类)拥有两个颞颥孔(双孔亚纲),而乌龟则没有任何颞颥孔(无孔亚纲)。

104  在古生物学中被称为"犬齿兽亚目"。犬齿兽亚目和其他哺乳动物在进化分类中同属于兽孔目。

105  思想实验,德语叫作 Gedankenexperiment,翻译成英文就是 thought experiment。

106  我在这里使用了"考古预言"这个新词汇。2000 年,曾经有人预言过世界未来的走向,未来我们如果能用这种"考古预言"检验一下当时的预言是否准确,也许就能验证"历史是否可以预测"这个问题的答案了。届时，我们将猜中多少呢？

107　举个例子来说，并没有某种推力推动生物的进化只能向前发展。一旦排除了生机论的观点，对应的解读就很机械化了。

108　现代也常称其为"开花植物"。

109　如今我们还常常讲到"人类世"，即人类的时代，其特征是由于人类活动造成的大规模物种灭绝。人类世说法的支持者认为，从地质时间来看，人类世正式开始于 20 世纪中叶。

110　*Los tres jinetes de cambio climático*（2005）.

111　该假说被称为"early Anthropocene"（我将之翻译成"早人类世"），认为人类活动导致全球变暖的现象早在工业时代开始、温室气体被排出之前的几千年前就已经开始了。

112　*The Mammal Like Reptiles of South Africa And The Origin Of Mammals*（1932）；*The Coming Of Man: Was It Accident Or Design？*（1933）；*Finding The Missing Link*（1950）.

113　而事实是在那个时代，肉鳍类的鱼在水中占据主导地位，尽管当时它们已经濒临消失。布鲁姆所谓的鱼类的肉鳍不是适应环境的进化，而是反适应性（对其适应环境起到反作用）的论调，完全就是愚蠢之辞，从中恰恰印证了布鲁姆的目的论主义的偏见。

114　Que se puede leer en Goran Strkalj and B. Sherman, *South Africa And Evolution: An Unpublished Manuscript By Robert Broom*. Annals of the Transvaal Museum 40, 123-130 (2003).

115　该理论认为，我们的起源完完全全是与宇宙大爆炸同步发生的，早在第一个原子诞生之初就已开始。在长达 140 亿年的宇宙史前时代，生命始终在倾向于发展成人类的形式。于贝尔·里维斯、乔尔·德·罗奈、伊夫·柯本斯与多米尼克·西莫内等人在 1996 年曾经写过一本书来介绍这些理论，该书的书名就已经说明了一切——《世界上最美丽的历史：关于我们起源的秘密》。而早在 1891 年，鲁德亚德·吉卜林也曾在一部小说中使用过类似的标题——《世界上最好的故事》。

116　后更名为《人的现象》。

117　如果想要更好地了解这位杰出的古生物学家的生活与学术成就，我们可以看看他的一本精彩的自传《向不可能让步——一部非传统的自传》。书中有几页生动的描述，谈到了他两次到访西班牙的经历，涉及当时全国最有影响力的几位古生物学家，包括米格尔·克鲁萨芬和埃米利亚诺·阿吉雷等。其中，加泰罗尼亚古生物学家米格尔·克鲁萨芬是定向演化说的狂热支持者，该学说认同德日进提出的生物沿着既定路线直线进化的理论。

118　按照雅克·莫诺的说法，世界自身只有一个任务，一个目标，那就是生物适应性的调整，但仅局限于生物学中的生命体和相关功能，不涉及其他领域的实验科学。如心脏存在的目的是为了泵血，但一个哺乳动物的心脏是进化中的产物，而产物本身不具备自己的目标，因为进化不是指某个具体的生物。我们也可以用同样的原理去解释一些动物的本能。因此，在生物学中，我们更喜欢使用"存在价值"这个词（由科林·皮腾德里在 1958 年提出），以及它的形容词形式"有存在价值的"，来替代"目的"和"有目的的"这种说法，后者常用于哲学领域（预设某项事物是为了某个原因而存在）。根据这种方式，在生物学家的描述中，生物为了实现某个功能而从祖辈继承下来的身体器官和行为模式都具有自己的存在价值。实际上，威廉斯曾在 1966 年（在他的重要作品《自然选择和进化》中）提出，驱动生物对环境的适应性（即功能形态学）的背后力量是它们的存在价值。雅克·莫诺也曾在他著名的作品《偶然性与必然性》中介绍过这个概念并对其展开深入解读，他认为，存在价值是生物的两大主要特性之一。而生命的另一大特性则在于其不变性，即通过 DNA 存储信息传递给下一代，以复制出同样特性的生命体的能力。

119 我在古生物学和进化研究领域共同合作的同事、我的朋友约迪·奥古斯丁，曾写过一些有趣的作品来介绍这些学术理论，如《进化和相关寓言》（1994 年）、《生命的棋局：关于进化中的进步性的思考》（2010 年）。

120 当然了，我不能想象从欧洲入侵的物种如野生袋鼠会像兔子一样在澳大利亚泛滥成灾。相反，北美的浣熊如今在欧洲确实造成了问题。是否就是因为它们的到来，才导致欧洲与伊比利亚本地的猞猁和狼群几乎全军覆没？

121 *El pulgar del panda*（1980）.

122 准确地说，是一个亚门，但众所周知，这是最重要的一门。达尔文也举了这一门下其他亚门的例子，来展示生物的祖先是如何进化成脊椎动物（的身体结构）的，但我在这里的分析中不想令大家感到混淆。

123 *Richard Dawkins and the problem of progress.* En Alan Grafen y Mark Ridley（editores）Richard Dawkins. How a scientist changed the way we think：145-163（2006）.

124 名单如下：罗纳德·费希尔、霍尔丹、休厄尔·赖特、朱利安·赫胥黎、特奥多修斯·多布然斯基、乔治·盖洛德·辛普森、G. 莱迪亚德·斯特宾斯和恩斯特·迈尔。其中，头三位科学家被认为是人口遗传学之父和新达尔文主义的先驱（他们将孟德尔主义和自然选择理论合理兼容），而非新达尔文主义之父。后五位科学家可以称得上是新达尔文主义之父（将生物学其他领域的理论概括进伟大的达尔文现代综合理论中）。

125 *Meaning Of Evolution*（1949）.

126 霍尔丹向来睿智，他曾评价道，我们对所谓的上帝的唯一所知，就是他看起来似乎在造物时对鞘翅目生物具有很大的热情。他说，我们已经发现了接近三十万种鞘翅目生物，而相较之下，鸟类只有九千种，哺乳动物约有一万种，而上帝造人竟然只造了一次。另外，上帝看起来也很喜欢星星。这点我们只要抬头看看夜空就知道了（在天空还未被人类活动的光污染所影响之前）。

127 可以参考霍尔丹和赫胥黎用交通工具的例子解释的进化发展模式：1. 由动物拉车；2. 蒸汽机驱动；3. 马达驱动的交通工具；4. 飞机。在 1927 年，飞机已被视为是人类未来的交通出行工具，但当时还未被认为是运输工具。他俩还评价道，新的交通方式的出现，取代了旧的动物牵引的方式，但并没有将它们彻底根绝（在有些乡村地区的交通网络中仍然存在用动物来拉车的现象）。同样地，新的生物出现后，旧的古老生物即便被挤到了边缘位置，但依然能与之共存。不仅如此，他们还观察到，每当一种新的交通工具诞生，随后就会爆发多样性的同类机器的增长，新的机器将会变得丰富多样，并取代与它们功用相同的旧款机器。因此，霍尔丹与赫胥黎总结道，生物的进化和科技的进化是完全相同的，在两个领域中，进化都会带来进步和更好的设计（但我要在这里再重复一次，我认为所有这些理论都是出自赫胥黎的手笔）。

128 Richard Dawkins and John Richard Krebs, *Arms Races Between and Within Species*. Proc. R. Soc. Lond. B, 205: 489–511（1979）.

129 霍尔丹与赫胥黎没有使用"军备竞赛"这种表达方式，但那只是因为在他们那个年代还没有发明这种说法。

130 参见《地球最伟大的表演：进化的证据》。

131 "微观进化"这个术语（在小范围内发生的进化）指的是物种内部发生的变化，发生在组成该物种的不同族群之间，和某个单一物种的生命有关。古生物学家所使用的"宏观进化"（在大范围内发生的进化）这个术语指的是物种大类的进化历史，如犬科动物、猫科动物、反刍动物、灵长类动物，等等。宏观进化中所涉的时间概念比微观进化中要宽泛得多，以数百万年记，而不是以某几个代际为时间单位。举个例子，人类在最近几千年来对为适应不同的环境文化做出的调整适应，比如肤色的改变、成年人对乳糖的耐受度和对高纬度生活的适应性等，都是在微观进化的范畴内的。而我们之前所说的，捕食者和被捕食者之间的生物适应性竞争，则属于宏观进化。

132 但并不是百分之百地全面拥护，也不是一直拥护；在过去一个世纪以来，辛普森花了足足34年的时间反对大陆板块漂移说，否认是陆地板块的移动改变了地球发展的历史，在这一点上他完全搞错了。但是，我们要带着敬意指出，辛普森之所以会持有错误的立场，是因为大陆漂移说的反对者们给出的古生物学数据中有许多错误。然而，到了20世纪60年代和70年代，能够支持大陆板块漂移说的地理学和古生物学证据已经确凿，这时，辛普森也愿意大大方方地承认自己之前的错误。现代板块构造说之于地理学，就像进化论之于生物学一样至关重要，能帮我们理解大陆为何会合并，又为何会分开。与此相反，辛普森从未认可过亲缘分支分类法或支序分类学之类的知名生物分类学，但生物学和古生物学科中最终采纳了这些分类法，这在本书中也有所展现。

133 斯蒂芬·杰·古尔德（在《马拉喀什的谬误之石：关于自然历史的倒数第二次思考》中）曾经对拉马克的科学思想展开了严谨的分析解读，重塑了一个伟大的科学家（对于现代"生物学"的起源，他自然是有贡献的），而非我们常见的那种可悲、可笑的拉马克的形象，指责他"犯了巨大的错误"，愚蠢地相信生物能把自己在一生中所习得的经验遗传给下一代。对于拉马克的"进步阶梯"理念，即认为进化将不可阻挡地呈上升趋势的看法，古尔德解释道，拉马克的这个想法后来曾有所改变，他甚至最终认可了进化分支模型的演绎，摒弃了单线进化的理论。有趣的是，他是在参加了一次他的对手乔治·居维叶的讲座后改变了他的想法的。那次讲座的内容是关于不同类型的蠕虫内部的生物学。古尔德说，他能够放弃很受认可的理论的勇气，恰恰证明了他伟大的人格魅力以及他作为科学家的一贯坚持。我很认同这个说法。

134 但是不考虑身高的因素。去掉身高这条很重要，因为一个大型哺乳动物的大脑肯定比一个小型同类的大脑要大，但这无法与体重对比。一般来说，大脑的体积增长比身体的体积增长的速度要慢，因此，在比对不同大小的物种的脑化程度时，如果将大脑／身体的比例作为参数，其数值就将会越来越小。从而我们会吃惊地发现，从这个比例来看，一只老鼠的大脑／身体比例将会远远高于我们人类。两个变量之间不同的增数变量在生物学中被称为"异速增长"。因此，为了在数学方程中配平异速增长所带来的影响，我们应该假设所有生物都用同样的体积来比对，这样我们才能公平地对比老鼠、狼、斑马、牛、人类、海豚和大象的大脑占比，来看看哪个生物的大脑是最大的。平衡异速生长的方程式是 $Y=aX^b$，其中变量 $Y$ 是大脑的重量，而变量 $X$ 则是身体的重量。指数 b 在生物学中一般在 2/3 到 3/4 之间。要测量水中的哺乳动物还有另一个额外的困难，因为在水中，重力的影响被削弱了，因此大脑体积所占的身体比例又会不一样。水中的动物可以拥有巨大的身体，长着厚厚的绝缘油脂，而不会因自身重量而窒息。

135  Evolution Of The Brain And Intelligence（1973）；Brain Size And The Evolution Of Mind（1991）.

136  举例来说，上述结论对反刍动物就并不适用，尽管对于骆驼是适用的（骆驼也会反刍，但它们属于另一个门类）。在犬科动物（狼群）中能够看到脑化程度的进步，但在猫科动物（猫、鬣狗、麝香猫、獴）中则不然。灵长类动物的脑化程度当然有进步，奇蹄目动物也一样，不管是在貘、犀牛还是马的脑部都能观察到这种进步。*Encephalization is not a universal macroevolutionary phenomenon in mammals but is associated with sociality*. PNAS 107:21582-21586（2010）.

137  一位更近代的法国古生物学家让·皮维多曾经（在他 1963 年的作品《从第一批脊椎动物到人类》中）明确地说过："我们无法直接衡量一只爬行动物和一只哺乳动物之间的复杂性之差，也无法直接衡量哺乳动物与人类之间的复杂性差别。德日进曾经解释过，在两者之间需要一个中间变量。机体结构的复杂性差别在这里被心智的复杂性差别所取代。"

138  在赫胥黎与霍尔丹 1927 年合著的作品中，两人用图表的形式展示了生物进步的过程：一个向量整合了两根轴线个体化和聚合化。个体化的轴线是"生物在一个整体中独自分离并特殊化"的能力；而聚合化的轴线则是"各自独立的生物个体聚合起来成为一个生物群整体"的能力。在个体化的趋势上人类胜出，而在聚合化的轴线上，一些高度发达的人类社会结构也位列其中，但其完善程度仍不及昆虫和一些无脊椎生物的动物群。但如果将两个变量相加来做比较，现代人类依然位于进化进步性的顶峰。我认为赫胥黎为这个理论付出了比霍尔丹更多的心血，来寻找一种客观的衡量生物进步性的方式，证明人类是发展最完善的物种。

139  Eörs Szathmáry and John Maynard Smith. The Major Evolutionary Transitions. *Nature* 374:227-232（1995）. 两位作者同年还出版了同主题的书（《进化中的重大转变》）。

140  理查德·道金斯在《祖先的故事：生命起源的朝圣之旅》中，认同了上述两位作者的观点，但他还补充了几个其他的重大转变事件，比如动物身体的分节等，并强调了以下几个大事件的重要性：胚种和体细胞发展的分化、配子的出现（就像把整个身体浓缩在一个单独的细胞中，来创造另一个身体）、祖细胞通过性的结合，将基因以组合的形式传递给下一代（下一代必将成为另一个独一无二的个体），以及雄性与雌性的性别分化，等等。

141　*La peligrosa idea de Darwin*（1995）.

142　在这里，"设计"这个词指的是工业领域的设计，而不是现代常用的用于指代装饰艺术，过去我们将之称为"风格"。

143　即辛普森所谓的"转变"或"突破"，道金斯所说的进化性的提升，或是丹尼特的"吊车"。

144　道金斯在这个清单中还列入了腹足动物扭转身体的能力。对于身体只有一瓣的软体动物来说（例如蜗牛等），当它还是幼虫时期时，能够扭转身体的方向是一项重大的创新。在进化中，每组生物都需要跨越各自不同的进化分界线。

145　赛鹅图，出现于 16 世纪欧洲的游戏，通常使用两颗骰子来决定代表鹅的棋子的前进步数。途中若抵达某些特定的格子有特定规定，以优先抵达终点为胜利。

146　但在这里有必要澄清，神经系统通过神经元传递信号的方式和电流通过电缆的现象背后的机制是完全不一样的，两者传递信号的原理也并不相同，而人类大脑和计算机的运作方式更是大相径庭。

147　参见《非零和博弈：人类命运的逻辑》。

148　我们可以将这种试错机制看成某种一直在运作的信息处理机制，其中会随机地对各种突变所导致的不同情况试错。正如我们所知，生物的突变是随机的、不可预测的，随后是由环境本身来决定哪些突变能够更好地适应它，哪些突变则是错误的。

149　*The Meaning of Evolution: A Study of The History of Life and of Its Significance for Man*（1949）.

150　在零和博弈中，如果有一方获胜，就一定有一方失败，不存在所有人都能赢的局面，因为战利品的总量是不变的。但在进化中，这个总量是会变的，因为地球上的生命形式会变得越来越多。

151　在亲缘分支分类学（又称支序分类学）中有许多奇怪的术语，共有衍征也被称为"近裔共性"。

152　被称为"森林古猿模式"。

153　但奇妙的是，自第一版以来，每一版的最后一个单词都是"evolved"，即"进化的"。

154　我曾有幸与优秀的加泰罗尼亚生态学家拉蒙·玛格莱夫交流过，当时他已经退休。玛格莱夫告诉我，他对这个议题也很关注，因为从生态学的角度看，生态的发展也是有方向性、可预见的，但也没有既定的程序可循。这种过程被称为"生态演替"，指的是如果一场天灾——比如地震或洪水——毁灭了一个生态系统，随后该系统会从零开始重新进化，我们将会看到它是如何重新实现复杂的生物多样性的。首先会出现一批打头阵的物种，通常都是生命力特别顽强的那种，随后从它们开始过渡到其他生物，之后终将逐步修复之前的生态平衡。但尽管围绕这个议题有许多讨论，玛格莱夫并不认为生态演替能够帮助大家理解进化的概念。

155　出自《基因与物种起源》，参考版本为 1951 年第三版修改版本。

156　*Tempo and Mode in Evolution* (1944).

157　Johan Lidgren et al. Softtissue Evidence for Homeothermy and Crypsis in A Jurassic Ichthyosaur. *Nature* 564: 359–365 (2018).

158　在澳大利亚的有袋动物中缺少这种"生态形态"，即羚羊的形态，尽管确实有狼的形态。生态形态学是一种生物学理论，研究的是物种的身体形态和生态位之间的关系。最显著的趋同适应会导致不同的物种演化出同样的生态形态，比如鼹鼠的生态形态。

159　也就是说，恐龙和哺乳动物的生态形态没有相似性。

160　参见《祖先的故事：生命起源的朝圣之旅》。

161　"在平行演化的案例中，自然选择论的解释是平行演化是同一个生物群体在它们占据的生态环境空间中整体发生了适应度的平行变化；而趋异演化（多样性辐射）则是在同一个生态空间中，同一个生物群体内根据对具体生态位的适应度细分出多种内部的变化。至少，这个理论能够合理地解释比如……首批哺乳动物的进化等现象。"这段话首次出现于1960年的《生命历史》中，后又在1964年的《生命观点》中重复了一遍。

162　参见《化石与生命历史》。这部伟大的著作出版于辛普森去世前一年，是他全部思想的集大成之作。该书的西班牙语版本由古生物学家艾莉莎·维拉翻译，译笔精美。

163　在流体静力学的骨骼结构中，流体的形态能确保身体不会被来自外界的压力压扁，并可运用自身的肌肉来对抗这种压力。除了蚯蚓之外，男性生殖器的机制也与之类似，在交配时生殖器会因充血而勃起。

164　*Systematics and the Origin of Species* (1942).

165　这也是该概念最重要的视觉化呈现：一个网状的图形，曾被广泛地引用。这里要事先说明，并非所有人都接受魏敦瑞的这幅网状图是为了说明人类网状进化理论的这个观点，因为在这幅图中没有明显的横线和纵线，只是在一个大的正方形中用四根柱子分隔，在每个被分的小方块中又用小的分隔块隔开（这是一幅很少见的图，是使用小隔间而非网格来分隔的）。在此之后，美国古生物学家威廉·W.豪威尔斯又在他的著作《制造中的人类》中对魏敦瑞的图形进行了进一步的简化，以一个带有四个灯臂的支形吊灯的形象加以诠释。支持"族群间基因交换"的多地起源说的现代拥护者曾批评威廉·W.豪威尔斯的示意图过于简化，歪曲了魏敦瑞的原意，但实际上我们并不清楚魏敦瑞的原图到底想要明确表达什么。

166　早在1944年，遗传学家多布然斯基就曾提出过人类在进化过程中始终是一个整体物种的观念，他一直以来都坚持这一看法，在南非发现了新的化石证明人类进化之初曾有分化现象时也不例外（这个化石发现也是唯一的一个分化证据）。在1970年（在《进化过程中的遗传学》一书中）他曾说："人类的进化是一次前进演化的完美案例。自更新世之初以来，原始人这个物种只有两个分支（非洲南方古猿和罗百氏傍人），而从更新世中期至现在，我们都是沿着一种单一的物种形式（先是直立人，然后是智人）延续下来的。"

167　伊恩·塔特索尔就曾经提出，他很诧异迈尔居然没有发现他的多地起源说理论和新达尔文主义中的前进演化模式之间是有自相矛盾之处的（迈尔也是新达尔文主义的初创者之一）。前进演化对生物进化整体成立，但不是单一指代人类进化的。

168　或者至少是说，符合进化是单一目标的、进步性的这一看法。

169　出于历史原因，大部分科普作者倾向于将类人猿统称为"猿类"，但在这里我们使用"类人猿"这个术语，以避免大家将类人猿与和我们最接近的猿类相混淆（如长臂猿、猩猩、大猩猩、黑猩猩等），这些猿类动物在英语中被称为"apes"。

170 古尔德曾将自己的最后一部作品、其科学理论的遗训《进化论的结构》献给了艾崔奇与弗巴。

171 或者是身体中原来并没有被使用的某个部分被用来扩展某种新的功能。

172 当我们谈到某种结构、功能或行为如何利于生物的生存和繁殖时，我们常常会使用"便利性"这种说法，而不考虑这种特征是否是由于当时的外部环境而产生的（如果答案是肯定的，那就应该叫作"适应性"）还是某个特征本来是基于其他外部环境而产生，但在这里改变了功能（这种情况就叫作"扩展适应"）。由此可见，许多科学家对这些细节还是非常慎重的。

173 Stephen Jay Gould y Richard Lewontin, *The Spandrels of San Marco and the Panglossian Paradigm: A Critique of the Adapta tionist Programme*, Proc. Roy. Soc. Lond. B, 205:581‑598 (1979).

174 在马达加斯加，狐猴过着与世隔绝的生活，不必面临竞争，因此它们在当地也繁衍出多样的后代，其中甚有大型的种类。不幸的是，两千多年以前，人类航海家来到这座岛上，导致了当地多样化的动物群大规模地减少，如今，由于当地猴子居住的森林遭到大幅度破坏，它们的数量仍在继续不断减少。

175 这种说法一定程度上会令人混淆，因为在之前传统的基于进化层级的分类阶元分类法中，人科只特指我们人类的祖先和近亲。非洲的进化枝组（大猩猩/黑猩猩/人类）如今被专业地称为人亚科组。黑猩猩和人类共同组成人族（一个族指的是从专属共同祖先那里继承了共同基因组的动物群体），而我们人类本身，加上我们的祖先和近亲，则属于其中的人亚族。

176 第三类的大猿，即亚洲的红毛猩猩，则几乎从来不下地，因此，我们可以说它们几乎没有在陆地上移动的能力，只能在树木间移动。当它们必须在地面上行走时，它们会将双手握成拳撑在地上让身体直立，笨拙地移动。

177 1994 年由北美科学家蒂姆·怀特率考察队发掘。

178 新达尔文主义理论认为自然选择的压力决定了进化的方向。自然选择的过程既是随机的，同时又是决定性的。变化是随机出现的（这就解释了它的"随机性"），但自然选择的压力能够决定谁能更好地适应环境。

179 1974 年由北美科学家唐纳德·约翰森发现并命名。

180 "小脚"是在1994 年由罗纳德·J.克拉克发现的，他曾花费许多时间在斯泰克芳丹的山谷中挖掘岩石下的化石骨架。这具化石的实际年代仍有争议。罗纳德·克拉克认为它来自 300 万年以前，但并非所有人都认同这一观点。

181 "小脚"的腿比手臂长，这意味着它在双足行走时比"露西"更有效率。"小脚"的身高也比"露西"更高，但直到我们对"小脚"的骨架有进一步的透彻了解之前，我们最好还是保持谨慎的态度。

182 在这部生命历史的电影中，新的生物种类突然出现的速度，也取决于被发现的相关化石之间的时间间隔（就像两帧具体的镜头）。两个相距 100 万年的化石和相距 1000 万年的化石之间的差别程度是不一样的。但无论如何，如果进化完全是渐进式发生的，那么即便发掘的化石之间相隔的时间跨度很长，其突变的程度仍会减少。

183 甚至连一只黑猩猩都做不到这一点：保持身体垂直站立，膝盖和臀部外翻。

184 古尔德与艾崔奇认为，辛普森所说的前进演化（他们将之称为系统渐进式演化）是新达尔文主义者比较偏好的进化模式理论，尽管在艾崔奇和古尔德看来，原始的达尔文主义对这个议题的态度要开放得多。

185 被称为"脉络膜层"。

186 在辛普森的时代（20 世纪 30 年代和 40 年代），有一些生物学家如理查德·戈德施密特和O.H. 申德沃尔夫等人捍卫骤变说理论，但辛普森对此丝毫不感兴趣。

187 *En El significado de la evolución.*

188 "最好将该种（指南方古猿）从猿类开始的分支视为一个快速进化或量子式进化（辛普森于1944 年提出的理论）的案例。它可能很快将会成为我们保存得最完整的档案记录之一。"

189 "确实，直立行走是一项颇为剧烈的变化。正如沃什伯恩所说的，这毫无疑问是一起量子式进化的实例，这个概念是由辛普森（在 1944 年）提出的。"

190 更可能的情况是，辛普森本人并没有亲自出席大会，只是寄去了他的发言稿。我之所以会有这种怀疑，是因为他没有出现在论坛参会者的合影中（并非所有参会者都参加了合影环节，但主要参会者确实都在合影之中），而且他在自己那本细节描述十分详尽的自传中对这件事只字不提。

191 沃什伯恩在 1950 年那场历史性的大会中也曾经说过，髋骨的一个变化（更具体地说，是指髂骨翼缩短并朝向侧面）对于南方古猿获得直立行走能力来说是不可或缺的。他的观点甚至更加激进："我相信，这个简单的变化就是人类进化的起点。"沃什伯恩从生物动力学角度给出的解释与我在这里给出的解释有所区别——我为他做了些补充——他的理论主要重视的是髋关节的扩张（由臀大肌来拉动），而非臀中肌和臀小肌拉动的髋关节外展，这在我们的物种和我们的祖先的身体结构中都有体现。

192 正如古尔德在他的作品《个体发生和系统发生》一书中指出的，居维叶的"器官相伴原理"并非每次都能得到彻头彻尾的验证。确实，世界上没有长着角和蹄子的肉食性动物，这条规律不允许任何例外，但一个几乎和黑猩猩一样的大脑确实可以安在一个相当接近人类的身体中，也就是说，在一个身体中可能会同时出现原始特征和现代特征。这就是所谓的碎片化进化模式。

193 在原稿中这个理论曾以复数形式出现——Punctuated equilibria，但古尔德后来引用该术语时，使用了单数形式——Punctuated equilibrium。

194 比如，塔特索尔认为，间断平衡主义者认为间断平衡会在所有的物种分化、形态改变的情况中发生，也就是说，当所有族群的基因被隔离的情况下都会发生间断平衡，而他认为这一理论有些太过了。塔特索尔依然认为，物种在其生命周期中仍会累积变化。同时，塔特索尔也认为，物种分化的现象比艾崔奇和古尔德认为的更常发生。如果有人对进化论历史的这些理论争议有进一步的兴趣，推荐可以读读伊恩·塔特索尔在 1995 年所写的一部有趣的作品，在其中他介绍了古生物学的发展历史，以及它是如何影响了进化理论尤其是现代综合理论和间断平衡理论的发展的，这本书叫《化石寻踪：我们对人类进化的了解正确吗》。在他之后于 1998 年出版的一部作品《成为人类：人类的独特性与进化》中，塔特索尔也再次精辟地总结了人类进化史上的这些理论争议。

195　*El fenotipo extendido*（1982）.

196　*Una luz fugaz en la oscuridad*（2015）.

197　理查德·道金斯提出的"基因"概念不是经典的基因概念。它不是指一个用来制造蛋白质的原成分，而是宽广得多的一个理念，其中可包含多个基因。道金斯不认为每个行为都只有一个基因具体对应，而认为那是一组基因编码共同作用的结果。

198　这个洞穴叫作"升星洞"，坐落在被称为"人类的摇篮"的一片知名区域内。该地带的众多山洞曾发掘出大量的不同人族物种的化石。

199　如果事实真的如此，那他们就不属于人属了，因为同一属来自同一进化枝（只有一个起源，而非两个），而他们被称为"肯尼亚平脸人"。

200　已知的最后一种南方古猿属南方古猿源泉种，由李伯杰在南非马拉帕的山洞发掘，距今200万年。

201　我们可以认为它们的适应带，即山头，此后被别的物种所替代了。也可能是先有别的物种在残酷的生态竞争中占据了这个山头，才导致了旁人的灭绝。新的山头占据者会是谁呢？有可能是直立人，也有可能是狒狒。

202　这种模式更接近艾崔奇和古尔德提出的间断平衡的理论。

203　中新世的初期和中期的分界点发生在距今约78万年以前，当时地球的磁极位置发生了变化。

204　Juan Luis Arsuaga et al. *Neandertal Roots: Cranial And Chronological Evidence From Sima De Los Huesos*. Science 344: 1358-1363（2014）.

205　在更新世的晚期，最后一个温暖的时期到来了，这也是冰川期间的最后一次间隔，在此之后就是最后一次大型冰川时期的周期。这个过渡在大约12.6万年以前发生。

206　Jean-Jacques. Hublin et al. New fossils from Jebel Ir houd, Morocco and the pan African origin of Homo sapiens. *Nature* 546: 269-292（2017）.

207　毫无疑问，瑞典科学家斯万特·帕博是对创建现代古生物基因学全新理论做出最大贡献的研究者，他在自己的作品《尼安德特人：寻找失落的基因组》中介绍过这段历史。

208　Viviane Slon et al. The genome of the offspring of a Nead nerthal mother and a Denisovan father. *Nature* 561: 113-116（2018）.

209　Axel Barlow et al. Partial genomic survival of cave bears in living brown bears. *Nature Ecology & Evolution* 2: 1563-1570（2018）.

210　Eleftheria Palkopoulou et al. *A comprehensive genomic history of extinct and living elephants*. PNAS 115: 25662574（2018）. 古棱齿象是一种长着直直的象牙的古象，现已灭绝，在更新世中期、冰川间歇期时代的欧洲和西班牙的古迹中常常能发掘它们的化石。而在冰川时期，它们则会被猛犸象替代。后者同样已经灭绝了，但距离我们的时代要更近一些。

211　Phylosophy of Science 63: 262-277（1996）.

212 Israel Hershkovitz et al. The earliest modern humans out side Africa. *Science* 359: 456-459（2018）.

213 Wu Liu, María MartinónTorres y otros colegas han publi-cado dientes de Homo sapiens en China datados en torno a 100.000 años: The Earliest Unequivocally Modern Humans In Southern China. *Nature* 526, 696-699（2015）.

214 更精确地说，从地理学的角度看，当时的生态环境从MIS 5的温暖阶段下降到MIS 4的寒冷阶段。

215 Eugene I. Smith et al. Humans Thrived In South Africa Through The Toba SuperVolcanic Eruptions ~74,000 Years Ago. *Nature* 555: 511515（2018）.

216 最近刚刚发布了"小脚"的完整骨骼形态。我们终于拥有了南方古猿的完整骨骼结构信息了，在此之前，"露西"的化石中缺失了许多部分，比如从头骨开始就缺了很大的一块。

217 在距今50万年到25万年之间，在欧洲各地似乎出现了多种多样的人类分支，其中有些化石的形态更像早期智人，而另一些（比如来自于白骨之坑的那些）更像是尼安德特人。早期智人的痕迹包括发掘于法国鲁西永托塔韦勒遗迹的一批化石，它们的发现者亨利与玛丽－安托瓦内特·德·吕姆莱将其命名为"托塔卡直立人"，而我则会用"托塔卡人"代称它们。在切普拉诺（意大利）发掘出的一个古人类头骨也可以列入这一范畴。相反，我不喜欢"海德堡人"这一命名，因为其命名的依据仅仅来自于一块下颌骨（发掘自德国毛尔地区的一个遗迹），因此提供不了太多关于这个物种的具体信息。

218 Los mitos de la evolución humana（1982）.

219 "物种的选择"这个概念最早是由美国古生物学家史蒂芬·M.斯坦利提出的。尼尔斯·艾崔奇偏向用"species sorting"一词来解释该现象，尽管该词的词根在西班牙语中找不到对应的翻译。我们姑且将之称为"物种的分类"，但这个说法并没完全表达出原文的意思。

220 这部作品第一版（1859年版）的原始标题为《关于物种起源》。直到1872年，最长（也被公认为是决定性版本）的第六版出版时，达尔文才在标题中删除了"关于"一词。在《物种起源》中，达尔文并未直接谈到人类的起源，也没有谈论我们（非常独特的）思想能力的来源，尽管在这本书的最后，他谈到是他的进化理论（自然选择理论）引发了对这些问题的探讨。

221 遵循华莱士的理论，现在的进化生物学家将性别选择视为更广阔的自然选择领域中一个比较特殊的个例。

222 格列高里·马拉农（在其1940年的著作《生命与历史》）中曾经精辟地解释道，服装（及其相关的装饰品）除了保暖作用之外，还具有另外两种功用——显示穿衣者的社会阶层和性别。但他没有提到的是，服装和装饰品还有界定个人身份的作用，可以通过其特性帮助其他部落、民族或团体识别出他。

223 达尔文还犯了另一个错误——他曾以为我们这个物种的皮肤之所以是光滑的，是源于一种女性特征，也就是说，光滑无毛的皮肤原本是性别选择的产物，只是最终也扩展到了另一个性别上。然而实际上，人类的皮肤之所以光滑，是为了通过我们特有的排汗方式起到温度调节的作用，这一特征在我们的祖先以及所有的人属物种中都有同样的体现。之后，人类的皮肤才从浅色（就和黑猩猩一样）过渡到深色，通过黑色素来保护表皮不受太阳光辐射的伤害。

224　Arslan A. Zaidi et al. Investigating the Case Of Human Nose Shape And Climate Adaptation. *Plos Genetics* 13: e1006616 (2017).

225　在这个研究中，他还评论了量子式进化的理论，即在很短的地质时间内出现大规模变化的进化模式。

226　尽管早在 1930 年，费希尔就曾隐约提到过该理论的核心思想，在 1955 年，霍尔丹也曾提及这一理论，但是汉密尔顿将这一理论最终整理成型，用来解释动物社会中的遗传进化。

227　参见《物种起源》第五版（1869 年）。

228　这里需应用汉密尔顿著名的不等式方程来解释这一概念。为了实现基因层面的利他行为，需要满足 rB>C 这个公式，其中 r 指的是产生利他行为的这两个个体（提供帮助者和接受帮助者）之间的血缘关系系数（从 0 到 1），换句话说，即在源于共同的祖先（共同的基因起源）的两个个体之间随机选择的基因有多高的相似度。B 是指行动者的利他行为对于接受者的繁殖利益的增加量，而 C 指的是执行利他行动的个体需要付出的繁殖成本。在适应度理论的拥趸看来，这一不等式对于社会生物学中整体适应度理论的伟大意义，等同于爱因斯坦著名的方程式 $E=mc^2$ 之于相对论。

229　我使用"源自祖先继承的共享基因"这一说法，因为只有这些基因是肯定相同的。两个亲戚之间可能会有许多相同的基因，因为不管怎么说，他们隶属于同一个种群，但对于祖先继承以外的基因的情况我们还不清楚。

230　约翰·梅纳德·史密斯曾经在霍尔丹提出整体适应度理论的雏形之后对它进行加工。根据梅纳德·史密斯回忆，曾经有一次，霍尔丹在一个伦敦的俱乐部（叫作"橘子树俱乐部"，现在已经没有了）中在餐巾纸上运算，随后确认他愿意为了两个兄弟或八个表兄弟献出自己的生命。比尔·汉密尔顿并未对人们将他的理论的雏形归因于霍尔丹表示不满，但他对这个故事的可信度提出了质疑，认为这是编造的。梅纳德·史密斯还说，霍尔丹在 1955 年发表的一篇文章中就已提出了整体适应度的理论（*Population Genetics*. New Biology 18: 34–51），但我倾向于认为那篇论文并未清楚地阐明这个理论，因此不能说是霍尔丹发现了这条定律。毫无疑问，整体适应度理论的真正作者应该是威廉·唐纳·汉密尔顿。

231　当然了，并非所有的动物都会照顾自己的子女。有许多动物会听任自己的后代自生自灭，它们的后代有许多因此而死亡，也因为这个原因，这些动物通常会产有多个后代。

232　被称为"染色体倍性性别决定系统"，在这套系统中，雄性为单倍体（只有一条染色体），而雌性为双倍体（有两条染色体）。雄性从未受精的卵中诞生，而雌性则从精卵结合的受精卵中诞生。

233　"亲属选择"这个术语最早是由约翰·梅纳德·史密斯在 1964 年发表的一篇文章中首次使用的，背后有一段历史。梅纳德·史密斯是汉密尔顿关于整体适应度理论的伟大论文的第一批审稿人之一。杂志的编辑建议汉密尔顿将论文分成两篇独立的文章发表，因此耗费了他好几个月的时间。在此期间，梅纳德·史密斯则在世界上最有影响力的科学杂志《自然》上发表了一篇关于亲属选择的论文。尽管梅纳德·史密斯为此道歉了，但汉密尔顿从未原谅过他的这一行为。至少李·艾伦·杜加金在他的杰作《什么是利他主义》中是这么说的，弗兰斯·德瓦尔（在 2013 年出版的《倭猩猩与十诫》一书中）也曾提到，约翰·梅纳德·史密斯在这段历史中扮演了一个不光彩的角色。同样的事情还在他与乔治·普莱斯合作研究进化稳定策略时也发生过，这个我们稍后再说。

234  演化生物学家罗伯特·萨波斯基曾经将威廉斯奉为演化生物学上的大神之一（参见《好好表现：我们最好与最坏的行为背后的生物学原理》2017 年版）。他推崇的另一位演化生物学大神也是英国人——比尔·汉密尔顿。

235  英国动物学家 V.C. 温 - 爱德华在 1962 年曾经捍卫过这一观点（参见《分散的动物与社交行为之间的联系》）。作者认为，动物种群的规模要根据它们能占有的环境资源进行调整适应，因此，个体会自愿进行生殖控制，也就意味着它们会限制自己孩子的数量——放弃拥有更多孩子的权利——来满足集体的利益。他认为，这种利他行为只能通过群体选择来实现。

236  David Sloan Wilson y Edward O. Wilson. Rethinking the Theoretical Foundation of Sociobiology. *The Quaterly Review of Biology* 82：327-348 (2007).

237  *The Pony Fish's Glow* (1997).

238  因为，产生毒素当然要付出代价。毒素和其他物质一样，并不能凭空生成，制造毒素会造成新陈代谢的负担，即对机体的经济价值造成负担。这种投资必须要有收益来弥补。

239  出自《自然选择的遗传学理论》，被许多科学家视作达尔文时代之后最重要的理论著述。

240  这里推荐大家读一下由兰道夫·内塞作为第一作者所著的《我们为什么生病——达尔文医学的新科学》，这本书提供了一个看待疾病的全新视角。

241  *The Pony Fish's Glow* (1997).

242  认为进化基本就是基因流动的变化这个概念已经很落伍了。这个概念最早是由群体遗传学的创始人之一、英国科学家罗纳德·费希尔（与英国科学家霍尔丹和美国科学家休厄尔·赖特一起）提出的。

243  这一概念最早是由乔治·普莱斯提出的，梅纳德·史密斯与他一起在 1973 年的《自然》杂志上发表了一篇相关论文。到了 1978 年，梅纳德在《研究与科学》杂志上发表了一篇研讨进化的经典论文，并在其中提出了这一理论。乔治·普莱斯是一个很特别的人物，人生经历十分传奇。奥伦·哈曼曾为他写过一本自传——《一个利他主义者之死》，该书介绍了普莱斯为解读利他主义所做的科学贡献，以及他个人的悲剧人生。

244  假设警察抓到了两名抢劫案的嫌疑犯，并分别审讯两人。两名嫌疑犯在审讯前已被分别告知，在他们认罪或不认罪的结果下，分别会获得怎样的判决。如果两人都拒不认罪（也就是说，两人进行合作），根据法庭现有的证据，两人最多只会获刑 1 年。如果两人都认罪了，则分别获刑 8 年。如果一名嫌犯认罪，而另一人拒不认罪，则认罪的嫌犯可被当场释放，说谎的那位则因此将被判处 10 年监禁。在这样的条件下，占主导地位的战略将会是认罪，作为结果，两位嫌犯都将被判刑 8 年。这就是所谓的"纳什平衡"，由数学家、诺贝尔经济学奖得主约翰·纳什提出（如果你看过电影《美丽心灵》，应该会对他有印象）。处于这种情况下，为何人们会倾向于认罪？因为如果你认罪了，你的同伙也认罪了，那你会获刑 8 年；而如果你认罪了而对方没有认罪，你将会获得自由。相反，如果你没有认罪，对方却认罪了，你就会被判刑 10 年；如果你和对方都没有认罪，则你的刑期减为 1 年。8 年刑期（在最坏情况下）和自由（在最好情况下）的结果，好于 10 年刑期（在最坏情况下）和 1 年刑期（在最好情况下）的结果。因此在这种情况下，最终两名嫌犯都会认罪。

245　无需说明，动物不能根据自己的喜好来决定生下的后代是雄性还是雌性，而是由个体的基因构成来决定。如果个体的基因导致它们只会生下雄性，最终，它们会拥有很多雄性的孙辈，这在一个雄性为少数的群体中将具有优势。同理，如果个体只生雌性，在一个雌性为少数的群体中它也将同样具有优势。

246　更准确地说，为了保持 1∶1 的两性比例，每个性别的后代数量应保持一致，因为一旦在物种中一个性别的死亡率高于另一个，为了弥补缺口，该物种就会产下更多这个性别的后代，但分摊到每个个体身上，需要留下该性别后代的压力会相应变小。

247　Stuart A. West et al. Social Semantics: Altruism, Coopera tion, Mutualism, Strong Reciprocity And Group Selection. *J. Evol. Biol.* 20: 415–432 (2007).

248　Robert L. Trivers. The Evolution of Reciprocal Altruism. *Quarterly Review of Biology* 46: 35–57.

249　参见 2017 年 11 月 25 日的《世界报》。

250　道金斯在《自私的基因》的序章中，提到以下作者曾为他创建这一全新理论奠定了根基：乔治·C. 威廉斯、约翰·梅纳德·史密斯、汉密尔顿与泰弗士。

251　由于一个基因可能会体现不同效果的表现型，理论上，有可能会呈现外貌上的特征，并同时使得个体对其他体现出相同特征的同伴做出利他主义的举动。我们假设有一种基因会使胡子变成绿色，那么有着绿色胡子的个体就能互相识别，而且即使彼此不是近亲也会互相提供帮助。通过这种方式，这种绿胡子基因会成为群体中的大多数。但道金斯认为一个基因同时起到两种效果——即出现某种特征，并影响这种特征的携带者实施互相帮助的行为——的情况并不多见。

252　更准确地说，是等位基因之间的斗争。等位基因是指一个群体中某种基因体现出的不同的表现形式。举个例子，桦木蛾有白色和黑色两种。由于桦树的表皮一般是白色的，因此白色的桦木蛾能够更好地伪装自己，从而能更好地适应环境。但在有些工业地带，由于受到污染的关系，桦树的表皮变成了黑色，那么在这种情况下，黑色的桦木蛾才能更好地适应环境。最近，人们确实发现了使桦木蛾变成黑色的变异基因（等位基因）。

253　这一形容出自 19 世纪的英国作家塞缪尔·巴特勒。

254　参见《人与自然》。这部作品是谢灵顿在 1937 年与 1938 年的演讲稿的合集。

255　频率依赖选择论的原理在经济学的世界中更好理解。如我们所知，不管木匠、律师、医生或渔夫都会想到一个没有竞争者的街区去营生，而会避免去那些已经有很多同行的街区。在新的街区中竞争越少，他们的生意就会越好，就像在一个族群中如果雄性很少，那么雄性的性别就会有优势，而如果雌性越少，雌性的性别则越具有优势一样。

256 其等位基因。

257 Desde Darwin. Reflexiones sobre historia natural (1978).

258 值得注意的是，勒沃丁、罗斯与卡明将企业主与仇外者相提并论。当时柏林墙还未被推倒，而在我看来，作者们似乎是站在墙的另一边的。为了证明自己的理论，勒沃丁、罗斯与卡明指出（尽管听起来更像一个指控）相比自由主义，威尔森曾将自己定义为北美的新保守主义者。不管怎么说，类似的争论为社会生物学定下了基调。

259 参见《历史的系统》。在该书中，作者提到了著名社会学家埃米尔·涂尔干的观点，即人类没有与生俱来的天性，其个性可以完全通过后天的教育来打造。

260 How Did Humans Evolve？ Reflections On the Uniquely Unique Species（1990）.

261 参见《道德动物》。

262 这里要注意亲属选择论对于繁衍和抚养后代的优先考虑，但生物社会学家关注的重点更多是在于男女行为表现的不同。

263 *Human nature and the limits of science*（2001）.

264 古尔德曾经在 1997 年 6 月 26 日的《纽约书评》上发表过一篇评论，尖锐地批评了罗伯特·赖特书中的理论。

265 杜普雷也同样反对道金斯的"自私的基因"理论，他认为这个说法过于"唯基因为中心"。

266 "不管我们的祖先以打猎还是耕田为生，或是两者兼而有之；不管他们是以大家族的形式群居，还是分成小股的部落；不管首批男性对异性是忠诚还是淫乱；这些都基本不会对如今 20 世纪末的我们（或对我们会成为什么样子）造成多大的影响……我们的复杂行动原理毫无疑问是随着智人的问世才开始诞生的，但过去古老的生活方式与我们如今的生活已经大相径庭。"（参见《成为人类：人类的独特性与进化》）

267 *The Meaning of Human Existence*（2014）.

268 参见《我们何以为人》，一本十分推荐一读的作品。

269 但是跳跃进化说的余迹依然存在，这一学说首先通过某种方式在辛普森的量子演化说中再现，随后又出现在了神经突变理论中，该理论认为智人的创造能力、符号认知能力和心智都是突然出现的。

270 *En Una luz fugaz en la oscuridad* (2015).

271 与胚胎的折叠艺术类似的一个比喻是将胚胎发育比作 3D 打印。毋庸置疑，这个星球上的生物都能通过胚胎折叠的方式成长，因此按照道金斯的说法（参见《黑暗中的微光》），这一原理应该也能适用于所有发生过进化的行星。拉马克提出的将成长经历中所获得的特质都遗传给后代的理论，则更像 3D 打印的原理，因为在 3D 打印时，复制过程中可将母体身上的一切都原样拷贝，包括母体在其一生中经历过的一切在它的身上所留下的痕迹。

272 沿用卡尔·冯·弗里希在《十二个小客人》之中的描述。

273 或称"真社会性"，英语为 eusociality。

274 *La conquista social de la Tierra*（2012）.

275　Judith Rich Harris. "Where is the child's environment?　A group socialization theory of development". *Psychological Review* 102: 458-489 (1995).

276　所有这些还令我联想起奥特加·伊·加塞特提出的学校是否应该强迫孩子们学习《堂吉诃德》的话题（这个话题在当时颇具争议性）。奥特加认为这是一个错误，因为我们不该教育孩子如何成为一个好的大人，而应该教育他们如何成为一个好的孩子。而众所周知，孩子们是要与其他孩子一起玩耍的。

277　更准确地说，他是对所谓的套数性别决定系统产生了怀疑，因为它仅仅建立在膜翅目这样一套如此独特的基因系统上，在这套系统中，一部分个体为单倍体（只有一套染色体），而另一些个体为双倍体（拥有两套染色体）。

278　也就是说，它们的基因不是单倍体，而是双倍体的（这是正常的情况，即两性都为双倍体并拥有两套染色体）。

279　在我和曼纽尔·马丁-莱奥切斯合著的《不可磨灭的印记》一书中，我们分析了新达尔文主义的创立者设想的乌托邦社会，这些"幸福的社会"通常将优生学作为社会调节的工具。

280　Martin A. Nowak et al. The Evolution of Eusociality. *Nature* 466: 1057-1062 (2010).

281　Evolución para todos. De cómo la teoría de Darwin cambia nuestro pensar (2007) y Does Altruism Exist?　Culture, Genes and The Welfare of Others (Foundational Questions in Science) (2015).

282　多层级选择论的理论由戴维·斯隆·威尔逊与哲学家埃利奥特·索伯在 1998 年出版的《利他主义行为：进化与心理》一书中首次提出。

283　转座子是一种 DNA 序列，它们能够在基因组中通过转录或逆转录，在内切酶的作用下，在其他基因组上出现。

284　换句话说，我们人类是双倍体，而我们所产生的配子则是单倍体。

285　也就是把另一个等位基因，即这个基因的变体留下了。在同源染色体内，一个基因抢了与它相对的另一个基因的机会（或者说位置）。当然，如果这两个等位基因本身完全相同，那就不存在基因组内冲突的情况。

286　威尔逊的理论深受 1995 年厄尔什·绍特马里和约翰·梅纳德·史密斯提出的大型过渡演化的影响，尽管后者并不认同群体选择论，两人指出："我们更认可威廉斯提出的接近'基因中心论'（或'遗传中心论'）的说法，道金斯对该理论做过更详尽的说明。事实上，有过渡演化的明显特征……可以证明这一理论。在有些关键的环节，只有一个或几个基因素材的副本流传了下来，因此一定存在某种紧密的基因联系，能将这些个体联合起来形成一个上级组织。汉密尔顿在他关于社会行为学的解释中曾经首次引用过这一原理，但我们认为该原理的适用范围远比这个更广泛。"

287　经过一番仔细研究后，达尔得出的结论是两性在这些特质上是有区别的："我意识到有些作者怀疑两性之间是否存在固有的差异，但怀疑这一点，比怀疑某些更低等的动物是否存在第二性特征更没有可能。"

288 华莱士在他 1889 年的作品《达尔文主义》中提出并阐述了这个观点。

289 当然了，达尔文也不是从一开始就一直这样立场明确的。达尔文在搭乘"小猎犬号"完成环游旅行后写下《小猎犬号环球航行记》，在其中他写道，"有一种共识认为灵魂是某种额外附加的能力"。

290 在西班牙语中也有"心灵主义"的说法，但这不完全等同于唯灵论。

291 Raymond A. Dart. The predatory transition from ape to man. *International Anthropological and Linguistic Review* 1: 201-213（1954）。达尔特在论文中重述了他于 1959 年在与丹尼斯·克雷格合著的论文《缺失链条的冒险》中提出的关于分离阶段的理论。

292 被称为"骨齿角文化"。

293 座谈会的内容于 1966 年结集出版。

294 古尔德在《从达尔文开始》中也谈"杀手猿"理论，该理论的拥护者（达特、洛伦兹、阿德雷和德斯蒙德·莫利斯）认为，我们的本性中仍然遗传着我们的非洲食人族祖先凶残好斗的本性。古尔德提到，继《2001 太空漫游》之后，斯坦利·库布里克又继续在他的下一部电影《发条橙》中探讨了人类的好斗本性，他认为这种本性理论上是天生的。古尔德继续介绍道，在电影中提出了一个两难的道德困境——我们是该容许集权主义者对人类进行集体洗脑来控制这种天性（剥夺人类先天的好斗本性），还是应该在民主的环境下容忍这种本性的存在（并与之共存）？

295 正如彼得·J. 鲍勒在 1987 年的作品（《人类进化理论：1844—1944，一个世纪的辩论》）中指出的，达特并非新达尔文主义者。如我们之前所说，与他的理论相似的新达尔文主义者的理论版本应该是我们的基因携带了我们在进化历史中发展出的社会生物学和心理学特质。

296 26 年后，弗兰斯·德瓦尔写了一部作品专门探讨灵长类动物的暴力行为和冷静机制（《在灵长类中建立和平》，1959 年）。自从洛伦兹在 1960 年出版《攻击性：被误解的天性》以来，学界对黑猩猩的攻击性有了更多深入的了解，并发现它们其实有时非常暴力，而且体格也很强壮，能够轻而易举地杀死自己的同类。一只黑猩猩的手臂的力量要超过人类的手臂，它的犬齿也十分有力，因此，黑猩猩完全不是洛伦兹想象的那种弱小的生物。与此对应的是，黑猩猩也拥有非常完善而有效的攻击性安抚机制。弗兰斯·德瓦尔认为，洛伦兹说人类攻击性源于天生的说法是正确的（不管听起来令人多么难以接受），但他在书中犯了一个大错，那就是他曾以为我们人类自身的生理结构不足以令我们产生阻止攻击性的机制。

297 尽管历史上在冷兵器时代、赤手空拳贴身肉搏的时代，也都发生过大屠杀事件，因此许多人读到这里都会怀疑是否真的有什么有效的机制能够阻止人类的攻击性。

298 克雷格·B. 斯坦福在《狩猎的猿》中说过，肉类在猿类的社交生活中有重要地位。由于肉类是很受黑猩猩喜爱的食物资源，因此它在黑猩猩的社会中，变成了一种用来收买友谊或寻找性伴侣的社会货币，这种情况也许在人类的进化过程中曾扮演重要的角色。

299 Entre otras, Darwinismoy asuntos humanos (1979), The Biology of Moral Systems（1987）y How Did Humans Evolve？Re flections on the Uniquely Unique Species（1990）。

300 "Balance of power"，这个表述在冷战时代常常被应用，用来指代当时的两个超级大国——苏联和美国之间的军备竞赛。

301 亚历山大还认为均势平衡竞争还要求人类的血统不能分化，这个观点我并不认同。我认为，均势平衡恰恰造就了更多血统的多样性。

302 仔细看来，均势平衡竞争的理论其实与狩猎假设的理论完全没有冲突，实际上，理查德·D.亚历山大（于1990年）在他的论文前言中，就引用了达特在1954年出版的著作的内容。尽管均势平衡竞争开始的时代远晚于南方古猿的时代，也因此与人类进化的起点完全无关，但两者都具有种间（狩猎行为）和种内（同物种之间不同的部落的斗争）攻击性的特征，正如电影《2001太空漫游》中展现的那样。

303 Darwinismo y asuntos humanos (1979).

304 其他群居类的灵长类动物似乎很清楚谁是自己的亲属以及双方之间的亲戚程度是什么关系。

305 出自电影《教父》。

306 按照威廉·爱伦斯的说法（How Has Evolution Shaped Human Behavior？Richard Alexander's Contribution To An Important Question. *Evolution and Human Behavior* 26: 1-9, 2005），他在人类行为学研究方面有两个杰出贡献，一个是均势平衡理论，另一个就是间接互惠机制。

307 理查德·D.亚历山大并不认为进化本身能够造成真正的利他主义行为，也就是说，他不认可非人类的物种能够通过进化，做出牺牲自己的基因存活的机会来帮助群体或物种的事情来，但这并不意味着"作为过去的进化过程的产物，进化不能造就某种思考器官，对这些倾向性有所意识"。

308 *The Social Function of Intellect*. En P.P.G. Bateson and R.A. Hinde (eds). Growing Points in Ethology: 303-318 (1976).

309 Richard D. Alexander, How Did Humans Evolve？ Reflections on the Uniquely Unique Species（1990）.

310 在我与曼纽尔·马丁-莱奥切斯合著的《不可磨灭的印记》一书中，我们曾经列举过人类标志性的特质清单，通过这些特质可以定义人类。

311 "我步入丛林，因为我希望生活得有意义。我希望活得深刻，吸取生命中的所有精华……以免当我生命终结时，却发现自己从没有活过。"

312 "心智理论"一词最早由D.普雷马克与G.伍德拉夫在《黑猩猩是否具有"心智理论"？》这篇论文中提出，Does The Chimpanzee Have A "Theory Of Mind"？ *Behavioral and Brain Sciences* 4: 515-526（1978）。

313 Tipos de mentes (1996).

314 参见克里斯多夫·克鲁彭叶等，Great Apes Anticipate That Other Individuals Will Act According To False Beliefs. *Science* 354: 110-114（2016）。标题翻译为《大型猿类能够预测其他个体由于错误理念而做出的行动》。在同期的《科学》杂志上，弗兰斯·德瓦尔还对这篇论文给出了有趣的评价——*Apes Know What Others Believe. Understanding False Be-*

*lief Is ot Unique to Humans*。美国《科学》杂志 354:39-40（2016）。这个标题的翻译为《猿类知道其他同类的想法，理解错误观念的能力并非人类所独有》。

315　1987 年，汉弗莱在纽约自然历史博物馆的《詹姆斯·阿瑟纪念演讲系列》中，曾经发表过一次很有趣的演讲，该演讲的内容随后被公开，在互联网上就可以很方便地找到。在这次演讲中，他提到了对俄国画家的一幅画作的分析，我们稍后就会讲到。

316　参见《奇怪的顺序：生命、感觉与文化的创立》。

317　尽管黑猩猩可以有限地掌握部分人类创造的符号，比如一张卡片，但它们从来不会在自己互相沟通时使用这些符号，即便在都统一受过训练的黑猩猩之间也不会。

318　*Los mitos de la evolución humana.*

319　我们可以把乔治·撒切尔的这种人类计划理论视为某种骤变说理论，之前我们在介绍德弗里斯的基因突变说时曾经介绍过该理论，尽管撒切尔的理论探讨的更多是现代人的适应性。当艾崔奇与塔特索尔引用"量子式神经进化飞跃"一词时，我们不免会联想到辛普森所提出的量子式进化理论，尽管该理论也不完全属于经典的骤变说理论。

320　咽部的位置低，就意味着喉管（位于咽部上方的一根垂直的管道）会很长，反之亦然。有人认为，喉管长比喉管短更有利于调节声音。我们很难确认尼安德特人和其他如今只剩化石的人属物种的咽部到底在什么位置，但可以明确的是，它们的脸和口腔（嘴）确实比我们这个物种要长（从前到后的长度），这意味着他们的发音器官肯定是要分成几段的。总而言之，尽管尼安德特人在外形上与我们有许多不同之处，但以他们的生理结构，要和人类一样说话完全是绰绰有余的，只要他们具备理解以声音进行符号编码的象征思维能力即可。

321　我的理论基础来自伊格纳西奥·马丁内斯关于现有物种和化石物种的发声及视听能力的研究。

322　参见《化石寻踪：我们对人类进化的了解正确吗》《成为人类：人类的独特性与进化》《大地之子：寻找我们人类的起源》。

323　塔特索尔支持间断平衡学说，他认为我们这个物种的起源是在短时间内出现的，最早来自非洲大陆中地理上与世隔绝的一个小部落。

324　又称"赤铁矿"或"红铁石"。

325　出自电影《黑客帝国》系列。

326　如果这个突变基因占据主导地位的话。因为他的孩子们可能继承到的具有语言能力的祖细胞中，只有一个等位基因是突变的，而另一个等位基因则是常规的，不具备语言能力。

327　这种记忆被称为工作记忆（working memory），也就是说，能够在脑中同时储存许多想法（许多信息），我们这个物种的工作记忆能力也高于其他所有物种，在解释我们独一无二的思维能力时，这个事实也可能非常重要。也许我们在这一领域也比尼安德特人更强。

328　尽管他们确实会在夜里睡觉时做梦，鉴于哺乳动物和鸟类都在睡觉时会出现快速眼动睡眠状态。REM 这个缩写来自"快速眼动睡眠"（Rapid Eye Movement），因为醒着的观察者会发现睡着的观察对象会在梦中移动自己的眼球，且有肌肉反应。动物和人类一样会做梦吗？答案几乎是肯定的。鉴于动物的世界是化学性的，主要由气味和味觉信息组成，它们的梦会是什么样的呢？胎儿在子宫中时，REM 状态也占据了很多时间。一个胎儿会梦到什么呢？

329    The Bridge to Humankind. How Affect Hunger Trumps the Selfish Gene (2006).

330    Dirk L. Hoffman et al. Symbolic Use Of Marine Shells And Mineral Pigments By Iberian Neandertals 115.000 Years Ago. *Science Advances* 4: eaar5255（2018）. Dirk L. Hoffman et al. UTh Dating of Carbonate Crusts Reveals Neandertal Origin of Iberian Cave Art. *Science* 359: 912-915（2018）.

331    已经有人对这些西班牙山洞遗址中发现的史前艺术的年代是否有那么古老提出了质疑，而这些壁画的发现者也已经对批评家的评论给出了自己的答复。我个人曾经有幸在坎塔布里亚的拉帕西耶加山洞中就近观察了考古学家是如何对这些理论上来自尼安德特人的艺术作品展开年代调查的，但老实说，我离开那个山洞时，内心的困惑却比走进山洞时更深了。

332    我们将阿塔普埃尔卡的史前人类称为"前人"。

333    英国科学家罗宾·邓巴曾经研究过类人猿灵长生物中脑化程度与社会规模之间的关系，并在 20 世纪 90 年代时提出了"社会脑学说"理论。最新研究证明，鲸鱼和海豚中也同样存在脑化程度、社会规模和行为丰富度之间的正比关系，参见基兰·C.R. 福克斯等，The social and cultural roots of whale and dolphin brains. *Nature Ecology & Evolution* 1: 1699-1705（2017）。

334    在实验中不会询问实验对象的感受，而是会记录下实验对象的哪块大脑区域处于激活状态，来判断他们是否做好了与他人共同承担苦难的准备。大脑是不会说谎的。参见格利特·海恩等，Neural Responses to Ingroup and Outgroup Members' Suffering Predict Individual Differences in Costly Helping. *Neuron* 68: 149-160（2010）。

335    杰里森将这一时刻与当时的生态环境变化相联系了起来。在距今约 500 万年以前，这种环境变化导致地中海变得干燥了。实际上这种气候的干燥是由于地理原因造成的（地壳板块的移动所导致），使得直布罗陀海峡变窄，大型湖泊中的水分被蒸发，地中海的储水量减少，但这些变化并没有影响到我们的祖先在非洲的生态环境。我们的祖先那时也还没有开始狩猎。这两件事——气候和生态环境的变化以及开始吃肉的饮食习惯改变——都出现在更晚之后，我们之前有介绍过，是在距今 250 万年以前，但这并不影响杰里森理论的核心观点。

336    参见《什么是记忆》。这本书非常实用，值得推荐，我在各个章节的引言写作中也多少模仿了一点该书的风格。

337    *Tipos de mentes* (1996).

338    以上说明来自霍尔丹在 1926 年发表的一篇杰出的论文，名为《论合适的体格大小》。尽管在古生代时期，昆虫的体型要比现在大得多，比如当时曾经出现过巨大的蜻蜓，但那是因为当时空气中的含氧量要明显高于现代。

339    但我猜，对一只海豚而言，它的幸运选择就应该是在水中生活的能力、鱼鳍和回声定位能力。

340    *En su libro The Meaning of Human Existence* (2014).

341    尽管它们在过去有可能具备这些特征，并通过性别选择而非自然选择将这些特征保留至今。也就是说，它们可能会出于对角或犬牙的喜爱而保留下它们。就像我们人类如今已经不需要保持苗条的体型才能存活，但我们依然视平坦的肚子和运动员似的体型为美。尽管科技高速发展，但人类的审美准则并没有因此发生剧烈的变化，我们依然喜欢雕塑般的体型。但以上看法是我的结论，并不是威尔森的。

342　参见《制造中的人类》。在之前介绍辛普森的量子式进化理论以及冷泉港会议时，我已经提到过威廉·豪威尔斯的名字，在魏敦瑞关于人类进化的一幅图像说明中也提到过一次。

343　豪威尔斯还提出通过另外一项思维实验来回答这个问题，即假设如果人类从我们的星球上消失，接下来将会发生什么。豪威尔斯怀疑大型猿类还有没有可能进化到我们的程度，因为它们已经在自己的生态位中过于细分。如果在这场实验中再去掉所有灵长类或所有哺乳动物的影响，这种疑问就会变得越来越大，更不要说如果整个脊椎动物全部从生物圈消失后的结果了。

344　这里我要向一位伟大的巴塞罗那人文科学家豪尔赫·万根斯堡致敬，他已经在 2018 年 3 月去世了。在他的诸多名言中，有一句话适用于这种情况："在进化过程中，鱼鳍会阻碍认知：尽管一头海豚也许会产生某种天才的想法，但它要如何实现这种想法呢？"我读到的下一句格言在名为"关于手的格言"一章中，其中说道："将手打开、摊平、展开，向卓越致敬。"我想象着自己向豪尔赫挥手致意的样子。

345　或者应该称为"肯尼亚卢多尔夫人"，因为这两种平行演化的物种并不同构成一组进化枝，因此也不能用共同的名称去命名。因此我在这里的"人属"一词上打上了引号。

346　*Evolution. The Modern Synthesis*（1942）.

347　参见《进化：现代综合理论》（1942）。

348　朱利安·赫胥黎同样也对"科普定律"或者说是非细分定律深信不疑。

349　参见《朱利安·赫胥黎与进化终结论》，《进化历史杂志》28:181-217（1995）。马克·斯威利兹的这篇文章非常有助于帮助理解朱利安·赫胥黎的进化终结理论。

350　树鼩是一种小体型的哺乳动物，来自亚洲东南部，在哺乳动物中自成一派（树鼩目）。传统上我们认为，灵长类动物的祖先就处于它们的这种进化程度，而树鼩也是与当代灵长目最接近的物种，尽管如今它们与飞行狐猴或鼯猴更加接近（皮翼目），后者也来自亚洲东南部。但是，一个当代的物种能够代表古代物种的理念在当今的进化生物学理论中已经不太适用了，就像进化程度这种说法也不太被提及了一样。

351　辛普森在 1950 年给朱利安·赫胥黎的一封邮件中提到了（尽管没有给出详细解释）他认为有袋动物、食虫动物、灵长动物、啮齿动物、食肉动物和偶蹄目动物仍然有进化的发展潜能（出自马克·斯威利兹，《朱利安·赫胥黎与进化终结论》，《进化历史杂志》28:181-217〔1995〕）。

352　参见《生命观点》。

353　英语叫作"fabric"，这里用拉丁语 fabrica 来指代某种事物的结构和组织。布鲁塞尔的解剖学家安德雷亚斯·维萨里的解剖学巨作就叫作 *De humanis corporis fabrica*（《人体的构造》），而他的杰出弟子、西班牙人胡安·瓦尔弗德·德·阿穆斯科的著作叫作《人体构造的历史》。

354  这些概率并不是相加，而是相乘。

355  Yinon M. Bar-On et al. The Biomass Distribution On Earth. *PNAS* 115: 6506-6511（2018）.

356  Armas, gérmenes y acero. Breve historia de la humanidad en los últimos 13.000 años（1997）; *Nature* 418: 700-707（2002）.

357  该书的英文标题是 Nonzero（《非零和博弈》），因为罗伯特·赖特认为在人类历史的发展中，文明的不断进化是一次非零和博弈，也就是说，其中所有人都可以获利，而不存在一方的获胜必须要以另一方的失败为代价这种说法。这本书的西班牙语翻译更准确——《全民赢家》。

358  参见《人类简史》（2013）。

359  在这个方面，以下的数据令人不安。有些家养动物比它们的野生祖先体型更大，另一些体型则更小，但所有家养动物的脑容量都缩小了。我们人类是否也使自己家养化了呢？

360  我也曾在自己的作品《原住民：人类进化中的饮食》中讨论过这个问题。

361  Cave, C. & Oxenham, M. Int. J. *Osteoarchaeol* 26: 163-175（2016）.

362  "我并不认为现在还会有多少人类学家否认我们这个物种的历史中存在着文化进化的现象，尽管在我刚开始从事这一行时，早在19世纪就已经被提出的文化进化论曾一度遭到排斥。这是因为传统的文化进化论在深层次中传递着民族中心论的精英意识信息，这一精英意识贯穿着从猿类到我们（欧美人）的发展历程。"参见《通向人类的桥梁：饥饿如何影响自私的基因》。

363  Los conquistadores del horizonte. *Historia mundial de la exploración*（2006）.

364  尽管社会复杂度和组织化的程度不管是从生物学还是社会学层面上都很难界定，但不可否认，相比旧石器时代，当今社会具有更多的职业细分，也就是说在社会这个机体中有更多细分的行业。

365  与波利尼西亚人用来横跨太平洋的双体船相对应的概念可能是亚瑟·C.克拉克的小说《与罗摩相会》中描述的星际飞船，一个中空的圆柱，内部包含一个能够自给自足的小世界（生物圈），星际文明可以在其中延续数千年（尽管小说并没有明确说明飞船内部发生了什么）。

366  持不同观点的科学家中包括史蒂文·谢平，他曾经出版过一部杰出著作《科学的革命：另一种解读》（1996）。

367  1955年德日进死后，这场讲座内容才出版，收入他的作品《人的未来》中。

368  在此之前不久，莫诺还写道："万物有灵论在自然和人类之间建立了一种平衡，如果没有这种平衡，人类就会意识到他们的处境只存在可怕的孤独。"

369  参见《生命观点》。

370  1953年，亚瑟·C.克拉克发表了一篇短篇小说《相会于黎明》，小说描述了一群星际调查团的科学家沿着银河寻找可能存在类人生物的星球，并最终在星际的某个交汇处找到了一颗这样的行星。小说中没有明确说明，但这颗行星很可能就是地球。小说中的星际旅行者后来不得不匆匆离开，因为他们自己的母星发生了某些糟糕的事情（他们所在的星球的帝国到了末期，而这些科学家所属的文明正在疯狂地走向自我毁灭）。因此，在亚瑟·C.克拉克1953年发表的这篇小说中，原始的人类在技术发展过程中没有得到来自外星访客的任何帮助，他们必须自己开拓道路。相反，在《2001太空漫游》中，外星文明则引导和推动了人类的进步。尽管如此，这个短篇故事仍被视为《2001 太空漫游》第一部分的前传。亚瑟·C. 克拉克还在 1948 年写过一部名为《监督者》的短篇小说（尽管实际发表于 1951 年），其中提到了月球上的金字塔，这部作品被更明确地视为《2001 太空漫游》第二部分的前传。

371 Gracias a Claude Cuénot（"Pierre Teilhard de Chardin. Las grandes etapas de su evolución"，(1967).

372 康威·莫里斯曾经编纂过一本书，其中收录了不同作者对于真实的二重结构的解读和进化是否具有方向性的探讨——《生物学的生存结构：趋同演化是否足够普遍，能够体现进化的方向性？》。

373 参见《十问：霍金沉思录》。

374 如罗纳德·费希尔、朱利安·赫胥黎、乔治·盖洛德·辛普森、赫尔曼·穆勒或霍尔丹本人。我在与曼纽尔 · 马丁－莱奥切斯合著的《不可磨灭的印记》一书中对此有详尽论述。

375 发布于 2000 年 6 月 30 日的《纽约时报》。

376 George Gaylord Simpson. Some Principles of Historical Biology Bearing On Human Origins. *Cold Spring Harbor Sympo sia on Quantitative Biology* 15: 55-66（1950）.

377 Dios y golem, S. A.

378 但在这里我必须要为软科学辩护几句。软科学无法预测未来通常是因为它研究的系统过于复杂。软科学研究的对象包括社会、脑结构或生物学社会结构等（更不要说整个生物圈了），这些系统的复杂程度，远远不是用试管或者物理实验室的实验能重新组合出来的，但这也并不意味着软科学在面对像气候学这样复杂的系统时，无法在一个较短的时间段内给出预判（如我们所看的天气预报）。

# 生命简史

作者 _ [西班牙] 胡安·路易斯·阿苏亚加　译者 _ 姚云青

产品经理 _ 黄迪音　装帧设计 _ 肖雯　产品总监 _ 李佳婕　技术编辑 _ 白咏明
责任印制 _ 刘世乐　出品人 _ 许文婷

果麦
www.guomai.cn

以 微 小 的 力 量 推 动 文 明

**图书在版编目（CIP）数据**

生命简史 / (西) 胡安·路易斯·阿苏亚加著；姚
云青译. -- 上海：上海科学技术文献出版社, 2022（2023.12重印）
    ISBN 978-7-5439-8627-5

    Ⅰ. ①生… Ⅱ. ①胡… ②姚… Ⅲ. ①生命科学
Ⅳ. ①Q1-0

    中国版本图书馆CIP数据核字（2022）第124837号

图字：09-2022-0414


责任编辑：苏密娅
封面设计：肖 雯


**生命简史**
SHENGMING JIANSHI
〔西〕胡安·路易斯·阿苏亚加  著    姚云青    译
出版发行：上海科学技术文献出版社
地    址：上海市长乐路 746 号
邮政编码：200040
经    销：全国新华书店
印    刷：嘉业印刷（天津）有限公司
开    本：710mm × 960mm    1/16
印    张：27
字    数：350 千字
印    数：7,001-10,000
版    次：2022 年 9 月第 1 版    2023 年 12 月第 2 次印刷
书    号：ISBN 978-7-5439-8627-5
定    价：68.00 元
http://www.sstlp.com